Einführung in die Ölhydraulik

Von Dr.-Ing. Hans Jürgen Matthies
o. Professor em. an der
Technischen Universität Braunschweig

2., überarbeitete und erweiterte Auflage
Mit 275 Bildern und 17 Tafeln

B. G. Teubner Stuttgart 1991

Prof. Dr.-Ing. Hans Jürgen Matthies

Geboren 1921 in Teterow in Mecklenburg. Von 1940 bis 1945 Kriegs-
dienst. Von 1946 bis 1949 Studium des Maschinenbaus an der Technischen
Universität Stuttgart. Von 1950 bis 1954 wissenschaftlicher Assistent am
Institut für Landmaschinen der Technischen Hochschule Braunschweig
(Prof. Dr.-Ing. G. Segler), 1954 Promotion. Von 1954 bis 1958 Mitarbeiter
der Firma Gebrüder Welger, Maschinenfabrik, Wolfenbüttel (Chefkonstruk-
teur). Von 1958 bis 1990 o. Professor für Landmaschinen an der Technischen Universität Braunschweig. Seit 1990 emeritiert. Seit 1974 o. Mitglied
der Braunschweigischen Wissenschaftlichen Gesellschaft.

CIP-Titelaufnahme der Deutschen Bibliothek

Matthies, Hans J.:
Einführung in die Ölhydraulik / von H. J. Matthies.
2., überarb. u. erw. Aufl.
Stuttgart : Teubner, 1991
    (Teubner-Studienbücher : Maschinenbau)
ISBN 978-3-519-16318-3   ISBN 978-3-322-94107-7 (eBook)
DOI 10.1007/978-3-322-94107-7

Satz: Elsner & Behrens GmbH, Oftersheim

Umschlaggestaltung: W. Koch, Sindelfingen

Vorwort

Die Ölhydraulik hat dem Maschinenbaukonstrukteur völlig neue Möglichkeiten für die
Gestaltung seiner Maschinen und für die Verwirklichung neuer Konstruktionsideen er-
öffnet. Viele Funktionen, die früher mit mechanischen Mitteln nur unter erheblichem
Aufwand erfüllt werden konnten, lassen sich mit Hilfe der Hydraulik einfacher und
präziser verwirklichen. Darüber hinaus bietet die Ölhydraulik auch dem Anwender aufgrund der besseren und leichteren Bedienbarkeit der Maschinen und ihrer meist größeren
Vielseitigkeit erhebliche Vorteile.

Der Maschinenbaustudent, nicht zuletzt aber auch der bereits in der Praxis tätige Ingenieur, hat oft Schwierigkeiten, sich einen Überblick über den Stand der Technik auf dem
Gebiet der Ölhydraulik zu verschaffen. Es fehlen ihm häufig die ausreichenden Grundkenntnisse, um die Funktion hydraulischer Geräte und Anlagen zu verstehen und um
solche Anlagen für den eigenen Bereich selbst zu entwickeln.

Dieses Lehrbuch soll dazu beitragen, hier Abhilfe zu schaffen. Es wendet sich daher in
erster Linie an den Maschinenbaustudenten und auch den in der Praxis tätigen Ingenieur, der sich die notwendigen Grundkenntnisse auf diesem Gebiete aneignen und sie
bei der Arbeit in seinem Tätigkeitsbereich anwenden will.

Das Buch wurde aus einer vom Verfasser seit 1970 an der Technischen Universität
Braunschweig gehaltenen Vorlesung entwickelt. Bei seiner Gestaltung wurde besonderer
Wert auf didaktische Gesichtspunkte gelegt. Ein straff gegliederter Inhalt, die ausführliche Darstellung der für die Anwendung der Ölhydraulik notwendigen Grundlagen und
die auf das wesentliche beschränkte, auf Systematik bedachte zeichnerische Darstellung
der Geräte und Schaltungen erlauben es dem technisch ausgebildeten Leser, sich ohne
Vorkenntnisse auf diesem Gebiet in die Ölhydraulik einzuarbeiten.

In der vorliegenden 2. Auflage wurden die Anwendungsbeispiele um einen neuen Abschnitt über sekundärgeregelte hydrostatische Antriebe und um weitere Beispiele aus
den Gebieten der mobilen und der stationären Arbeitsmaschinen erweitert. Darüber
hinaus wurden zahlreiche Verbesserungen vorgenommen. Für Hinweise und Anregungen
dazu danke ich vielen Lesern; gleichzeitig bitte ich aber um Verständnis, wenn nicht alle
Vorschläge berücksichtigt werden konnten.

Zum Aufbau der Vorlesung und zur Gestaltung der 1. Auflage des Buches haben die
Herren Dr.-Ing. O. Böinghoff, D. Hoffmann, M. Kahrs und B. Link beigetragen. Dafür
gilt ihnen mein Dank. Für die Mithilfe bei den Korrekturen und Ergänzungen zur
2. Auflage danke ich besonders den Herren Dipl.-Ing. H. Esders, Dr.-Ing. W. Friedrichsen
und Dipl.-Ing. J. Möller.

Braunschweig, im September 1990   H. J. Matthies

Inhalt

1 Einführung

  1.1 Begriffe 11
  1.2 Aufbau und Funktion ölhydraulischer Antriebe 12
  1.3 Technische Eigenschaften ölhydraulischer Antriebe 15
  1.4 Geschichtliche Entwicklung der Ölhydraulik 16

2 Grundlagen für Entwicklung und Betrieb ölhydraulischer Antriebe

  2.1 Grundlagen über Druckflüssigkeiten 20
      2.1.1 Aufgaben und Anforderungen 20
      2.1.2 Arten und Stoffdaten 21
      2.1.3 Physikalisches Verhalten 24
          2.1.3.1 Viskositätsverhalten. 2.1.3.2 Dichteverhalten.
          2.1.3.3 Luftaufnahmevermögen
  2.2 Grundlagen aus der Hydrostatik 31
      2.2.1 Hydrostatisches Verhalten von Flüssigkeiten 31
      2.2.2 Energiewandlung mit Kolben und Zylinder 32
      2.2.3 Energiewandlung mit rotierendem Verdränger 33
  2.3 Grundlagen aus der Hydrodynamik 34
      2.3.1 Kontinuitätsgleichung 34
      2.3.2 Bernoulli'sche Bewegungsgleichung 35
      2.3.3 Druckverlust in Rohrleitungen 36
          2.3.3.1 Grundlegende Betrachtungen. 2.3.3.2 Laminare Rohr-
          strömung. 2.3.3.3 Turbulente Rohrströmung
      2.3.4 Druckverlust in Krümmern und Leitungselementen 43
      2.3.5 Druckverlust in Ventilen und Geräten 46
      2.3.6 Volumenstrom durch Drosseln 46
      2.3.7 Leckölverlust durch Spalte 48
      2.3.8 Kraftwirkung strömender Flüssigkeiten 49
  2.4 Grundlagen aus der Gleitlagertechnik 50
  2.5 Schaltzeichen 53

3 Energiewandler für stetige Bewegung (Hydropumpen und -motoren)

  3.1 Axialkolbenmaschinen 59
      3.1.1 Schrägachsenmaschinen 59
      3.1.2 Schrägscheibenmaschinen 62
      3.1.3 Taumelscheibenmaschinen 64
      3.1.4 Berechnung von Axialkolbenmaschinen 65

3.2   Radialkolbenmaschinen   68
    3.2.1   Innenbeaufschlagte Maschinen   68
    3.2.2   Außenbeaufschlagte Maschinen   70
    3.2.3   Berechnung von Radialkolbenmaschinen   70
3.3   Zahnrad- und Zahnringmaschinen   71
    3.3.1   Außenzahnradmaschinen   71
    3.3.2   Innenzahnradmaschinen   73
    3.3.3   Zahnringmaschinen   74
    3.3.4   Berechnung von Zahnrad- und Zahnringmaschinen   75
3.4   Flügelzellenmaschinen   75
    3.4.1   Einhubige Maschinen   76
    3.4.2   Mehrhubige Maschinen   76
    3.4.3   Berechnung von Flügelzellenmaschinen   77
3.5   Sperr- und Rollflügelmaschinen   77
    3.5.1   Sperrflügelmaschinen   77
    3.5.2   Rollflügelmaschinen   78
    3.5.3   Berechnung von Sperr- und Rollflügelmaschinen   78
3.6   Schraubenmaschinen   79
3.7   Betriebsverhalten von Verdrängermaschinen   80
    3.7.1   Betriebseigenschaften der Bauarten   80
    3.7.2   Wirkungsgrade und Kennlinienfelder   80
    3.7.3   Förderstrom- und Druckpulsation   88
    3.7.4   Pulsationsdämpfung   92

4   Energiewandler für absätzige Bewegung (Hydrozylinder, Schwenkmotoren)

4.1   Einfachwirkende Zylinder   96
    4.1.1   Plunger- oder Tauchkolbenzylinder   96
    4.1.2   Normaler einfachwirkender Zylinder   96
    4.1.3   Mehrfach- oder Teleskopzylinder   97
4.2   Doppeltwirkende Zylinder   99
    4.2.1   Zylinder mit zweiseitiger Kolbenstange (Gleichlaufzylinder) . .   99
    4.2.2   Zylinder mit einseitiger Kolbenstange (Differentialzylinder) . .   100
4.3   Detailgestaltung und Einbau von Hydrozylindern   101
    4.3.1   Endlagendämpfung   101
    4.3.2   Einbau von Hydrozylindern   102
4.4   Schwenkmotoren   102
    4.4.1   Schwenkmotoren mit mechanischer Übersetzung   103
    4.4.2   Schwenkmotoren mit direkter Beaufschlagung   104

5   Elemente und Geräte zur Energiesteuerung und -regelung (Ventile)

5.1   Betätigungsmittel für Ventile   105
    5.1.1   Übersicht   105
    5.1.2   Schaltende elektromechanische Wandler   107

5.1.3   Proportionalwirkende elektromechanische Wandler 109
         5.1.3.1 Geschichtliche Entwicklung. 5.1.3.2 Torque-Motoren.
         5.1.3.3 Tauchspulen. 5.1.3.4 Proportionalmagnete
5.2   Wegeventile. 114
      5.2.1   Konstruktive Gestaltung 114
      5.2.2   Nichtdrosselnde Wegeventile 118
              5.2.2.1 Direkt betätigte nichtdrosselnde Wegeventile. 5.2.2.2
              Über Vorsteuerventil betätigte nichtdrosselnde Wegeventile
      5.2.3   Drosselnde Wegeventile 120
              5.2.3.1 Mechanisch betätigte drosselnde Wegeventile. 5.2.3.2
              Elektromechanisch betätigte proportionalwirkende Wegeventile
      5.2.4   Betriebsverhalten von Wegeventilen 126
              5.2.4.1 Druckabfall in Wegeventilen. 5.2.4.2 Statisches und
              dynamisches Verhalten von proportionalwirkenden Wegeventilen
5.3   Sperrventile 131
      5.3.1   Einfache Rückschlagventile 132
      5.3.2   Entsperrbare Rückschlagventile 132
      5.3.3   Drosselrückschlagventile 132
5.4   Druckventile 133
      5.4.1   Druckbegrenzungsventile 134
      5.4.2   Druckverhältnisventile (Druckstufenventile) 135
      5.4.3   Folgeventile (Zuschaltventile) 136
      5.4.4   Druckregel- oder Druckreduzierventile (Druckminderventile) . . 137
      5.4.5   Differenzdruckregelventile (Druckgefälleventile) 137
      5.4.6   Verhältnisdruckregelventile (Druckverhältnisventile) 138
      5.4.7   Kombinierte Druckventile 138
      5.4.8   Proportional-Druckventile 140
      5.4.9   Betriebsverhalten von Druckventilen 141
5.5   Stromventile 143
      5.5.1   Drosselventile 143
      5.5.2   Stromregelventile 144
      5.5.3   Stromteilventile 146
      5.5.4   Proportional-Stromventile 147
      5.5.5   Betriebsverhalten von Stromventilen 148
5.6   2-Wege-Einbauventile 149
5.7   Ventilanschluß- und Verknüpfungsarten 154

6 Elemente und Geräte zur Energieübertragung

6.1   Verbindungselemente 156
      6.1.1   Rohr- und Schlauchleitungen 156
      6.1.2   Rohr- und Schlauchverbindungen 159
6.2   Dichtungen. 160
      6.2.1   Statische Dichtungen 160
      6.2.2   Dynamische Dichtungen 161

6.2.3   Betriebsverhalten von Dichtungen 162
6.3   Ölbehälter 163
6.3.1   Allgemeines 163
6.3.2   Offene Ölbehälter 163
6.3.3   Geschlossene Ölbehälter 164
6.4   Filter 165
6.4.1   Allgemeines 165
6.4.2   Filterelemente 166
6.4.3   Einsatzarten und Filterbauarten 167
6.5   Hydrospeicher 169
6.5.1   Allgemeines 169
6.5.2   Speicherbauarten 169
6.5.3   Berechnung von Speichern 171
6.5.4   Sicherheitsbestimmungen 173
6.6   Wärmetauscher 174
6.6.1   Heizer (Vorwärmer) 174
6.6.2   Kühler 174
6.7   Schalt- und Meßgeräte 176

7 Steuerung und Regelung hydrostatischer Antriebe

7.1   Allgemeines 178
7.2   Methoden zur Veränderung des Volumenstroms 179
7.2.1   Verwendung von Doppel- oder Mehrfachpumpen 180
7.2.2   Verwendung von Konstantpumpe und Drosselventil 181
7.2.3   Verwendung von verstellbaren Verdrängermaschinen 183
7.3   Steuerung mit Verstellpumpen 185
7.3.1   Grundlagen 185
7.3.2   Steuerungsarten 186
          7.3.2.1 Mechanische und elektrische Steuerungen. 7.3.2.2
          Hydraulische Steuerungen. 7.3.2.3 Kombinierte Steuerungen
7.4   Regelung mit Verstellpumpen 192
7.4.1   Grundlagen 192
7.4.2   Regelungsarten 193
          7.4.2.1 Druckregelungen. 7.4.2.2 Stromregelungen. 7.4.2.3
          Leistungsregelungen. 7.4.2.4 Kombinierte Regelungen

8 Planung und Betrieb hydrostatischer Anlagen

8.1   Schaltungsbeispiele 200
8.1.1   Schaltungen für einzelne Verbraucher 201
8.1.2   Schaltungen für mehrere Verbraucher 204
8.1.3   Systemschaltungen 207
8.2   Planung und Berechnung 211

8.2.1 Bestimmung der Grunddaten 212
   8.2.1.1 Planungsschritte. 8.2.1.2 Funktionsdiagramme.
   8.2.1.3 Antriebsart und Betriebsdruck. 8.2.1.4 Planungsbeispiel
8.2.2 Leistungsfluß und Wirkungsgrade 222
8.2.3 Wärmetechnische Auslegung. 223
   8.2.3.1 Grundlagen. 8.2.3.2 Erwärmungsverlauf. 8.2.3.3 Berechnungsbeispiel
8.3   Überlegungen zum Betriebsverhalten 229
   8.3.1 Schwingungs- und Kavitationserscheinungen 229
   8.3.2 Eigenschaften der Druckflüssigkeit 230
   8.3.3 Sonstige Einflüsse 231

9 Anwendungsbeispiele

9.1   Hydrostatische Getriebe 232
9.2   Sekundärgeregelte hydrostatische Antriebe 236
9.3   Hydraulik in mobilen Arbeitsmaschinen 242
9.4   Hydraulik in stationären Arbeitsmaschinen 255

Normen und Richtlinien 261

Literaturverzeichnis 263

Sachverzeichnis 267

Zusammenstellung der wichtigsten Formelzeichen

Zeichen	Bedeutung	Einheiten
A	Fläche, Querschnitt	m^2
A_1	Kolbenfläche	m^2
A_2	Kolbenringfläche	m^2
A_3	Kolbenstangenfläche $A_3 = A_1 - A_2$	m^2
b	Konstante (Viskositäts-Temperatur-Verhalten)	K
C	Wärmespeichervermögen	kJ/K
c	Konstante (Viskositäts-Temperatur-Verhalten)	K
c, c_p	Spezifische Wärmekapazität	$kJ/(kg \cdot K)$
D	Außendurchmesser, Teilkreisdurchmesser	m
d	Durchmesser, Innendurchmesser	m
e	Exzentrizität	m
F	Kraft	N
f	Frequenz, Pulsationsfrequenz	s^{-1}
g	Erdbeschleunigung	m/s^2
h	Abstand, Spalthöhe, Zahnhöhe usw.	m
I, I_N	Strom, Nennstrom	A
K	Kompressionsmodul	$Pa = N/m^2$; bar*
k	Konstante (Viskositäts-Temperatur-Verhalten)	$Pa \cdot s = Ns/m^2$
k_s, k_t, k_x	Druckverlust-Faktoren	—
ℓ	Länge, Rohrlänge	m
M	Drehmoment	Nm
m	Masse	kg
$\dot{m}$	Massenstrom	kg/s
n	Drehzahl	s^{-1}
n	Polytropenexponent	—
P	Leistung	W
p, p_0	Druck, Atmosphärischer Druck	$Pa = N/m^2$; bar*
$\bar{p}$	mittlere Flächenpressung	$Pa = N/m^2$; bar
Q	Volumenstrom	m^3/s
Q_{Wa}	Abgegebene Wärme	kW/s
R	Lagerradius, Krümmungsradius	m
Re	Reynolds'sche Zahl	—
r	Radius	m
S	Wärmeabgabevermögen	kW/K
So	Sommerfeldzahl	—
s	Weg, Steigung	m
t	Zeit	s
T	Temperatur	K
U	Innere Energie	kW s

* $1 \text{ bar} = 10^5 \text{ Pa} = 10^5 \text{ N/m}^2$; Pa: Pascal

V	Volumen, Verdrängungsvolumen	m^3
v	Geschwindigkeit	m/s
W	Arbeit	$kW\,s$
z	Kolbenzahl	—
α	Wärmeübergangskoeffizient	$kW/(m^2 \cdot K)$
α	Bunsen'scher Lösungskoeffizient	—
α	Viskositäts-Druckkoeffizient	$Pa^{-1};\,bar^{-1}$
α	Durchflußzahl	—
β	linearer Wärmeausdehnungskoeffizient	K^{-1}
γ	Wärmeausdehnungskoeffizient	K^{-1}
δ	Ungleichförmigkeitsgrad	—
δ	Spalthöhe	m
ϵ	Expansionszahl	—
η	Dynamische Viskosität	$Pa \cdot s = Ns/m^2$
η	Wirkungsgrad	—
ϑ	Temperatur	$°C$
κ	Isentropenexponent	—
κ	Kompressibilität	$Pa^{-1};\,bar^{-1}$
λ	Wärmeleitkoeffizient	$kW/(m \cdot K)$
λ_R	Rohrwiderstandsbeiwert	—
μ	Reibungszahl	—
ν	kinematische Viskosität	m^2/s
ξ	Widerstandsbeiwert	—
ρ	Dichte	kg/m^3
τ	Reibungsschubspannung	$N/m^2 = Pa$
τ	Zeitkonstante	s
ψ	Relatives Lagerspiel	—
ω	Winkelgeschwindigkeit	s^{-1}

Indices

1	Antrieb	Ss	Schrägscheiben-Bauweise
2	Abtrieb	Ts	Taumelscheiben-Bauweise
A	Arbeitsgang, Ausgang	Anl	Anlage
D	Drossel	Betr	Betrieb
E	Eilgang, Eingang	Kühl	Kühler
K	Kolben	Umg	Umgebung
L	Lecköl, Last	k	Kolben
P	Pumpe	n	normal
R	Rückhub	q	quer
V	Vorhub	t	tangential
HD	Hochdruck	v	Verlust
MD	Mitteldruck	eff	effektiv
ND	Niederdruck	th	theoretisch
Sa	Schrägachsen-Bauweise		

1 Einführung

1.1 Begriffe

Die „Hydraulik" war im ursprünglichen, umfassenden Sinn die Wissenschaft von der Bewegung der strömenden Flüssigkeiten, insbesondere des Wassers, dessen griechischer Name Hydor ist. Da man als Mittel für den Betrieb von hydraulischen Maschinen, wie beispielsweise von hydraulischen Pressen, seit Beginn des 20. Jahrhunderts nicht mehr das korrosionsfördernde Wasser, sondern das gegen Korrosion schützende und gleichzeitig schmierende Mineralöl benutzte, hat sich der Begriff „Ölhydraulik" gebildet. Die Ölhydraulik befaßt sich mit der Energieübertragung in Maschinen und Anlagen mittels Mineralöl, bzw. in bisher begrenztem Umfang auch mittels anderer Flüssigkeiten. Genau genommen gehören zur Ölhydraulik die Gebiete der ölhydrodynamischen Energieübertragung und der ölhydrostatischen Energie- und Signalübertragung.

Während beim h y d r o d y n a m i s c h e n A n t r i e b die von einem Pumpenrad erzeugte Strömungsenergie des Öls auf ein Turbinenrad übertragen und dieses so in Rotation versetzt wird (Bild **1.1**), ist der h y d r o s t a t i s c h e A n t r i e b dadurch gekennzeichnet, daß hier in der Regel eine mechanisch angetriebene Pumpe einen druckbeladenen Ölstrom erzeugt, der in einen Zylinder oder in einen Hydromotor geleitet wird, wo seine Druckenergie wieder in mechanische Energie umgewandelt wird (Bild **1.2**). Entscheidend ist, daß hier nicht die Strömungsenergie, d. h. die kinetische Energie des Ölstromes, zur Energieübertragung verwendet wird, sondern die dem Volumenstrom innewohnende Druckenergie. Die Strömungsenergie ist in hydrostatischen Anlagen gegenüber der Druckenergie in der Regel vernachlässigbar klein. Umgekehrt kann auch die Druckenergie bei der hydrodynamischen Energieübertragung meist vernachlässigt werden.

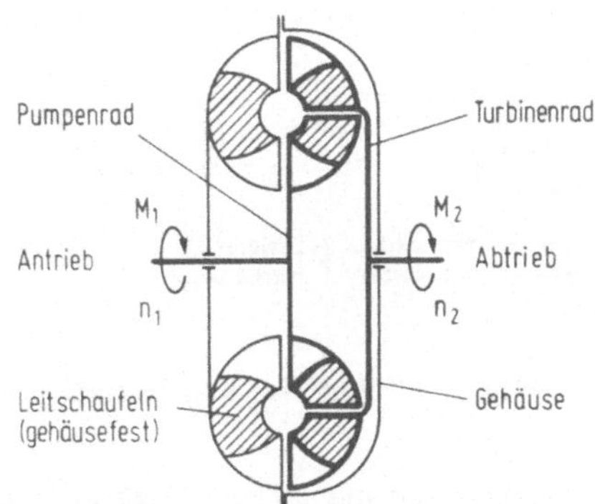

1.1
Schema eines hydrodynamischen Antriebs

Hydrodynamische Antriebe sind, beispielsweise in Form des bekannten Föttinger-Wandlers oder in Form der Flüssigkeitskupplung, für viele Antriebszwecke unentbehrlich. Gegenüber den hydrostatischen Antrieben treten sie jedoch sowohl hinsichtlich ihrer Bedeutung für den gesamten Maschinenbau als auch hinsichtlich der Vielfalt ihrer Aufbau- und Funktionsmöglichkeiten weit zurück. Wohl auch aus diesem Grunde wird im Sprachgebrauch für den exakten Begriff „ölhydrostatische Antriebe" allgemein der eigentlich übergeordnete Begriff „ölhydraulische Antriebe" oder statt „Ölhydrostatik" einfach „Ö l h y d r a u l i k" verwendet. Entsprechend der erwähnten großen Bedeutung der hydrostatischen Antriebe wird sich dieses Buch ausschließlich mit der Darstellung der Grundlagen der Ölhydrostatik und mit der Gestaltung ölhydrostatischer Antriebe befassen.

Der Begriff ölhydraulischer „A n t r i e b" ist nicht als Antrieb im Sinne eines Motors zu verstehen, sondern eigentlich als ölhydraulisches Getriebe, das mit einem mechanischen Getriebe, beispielsweise mit dem Riementrieb, vergleichbar ist (Bild **1.2**).

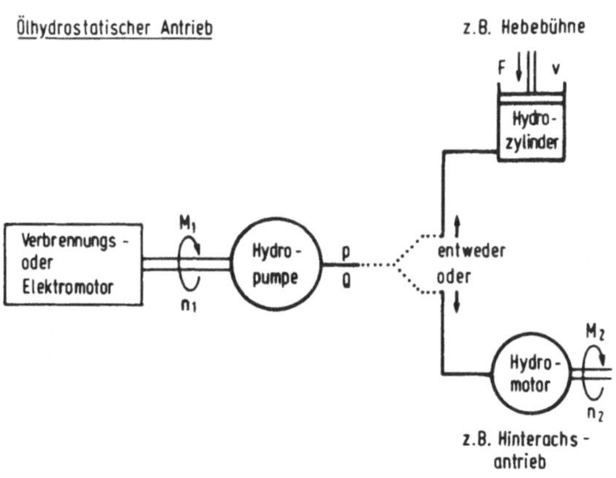

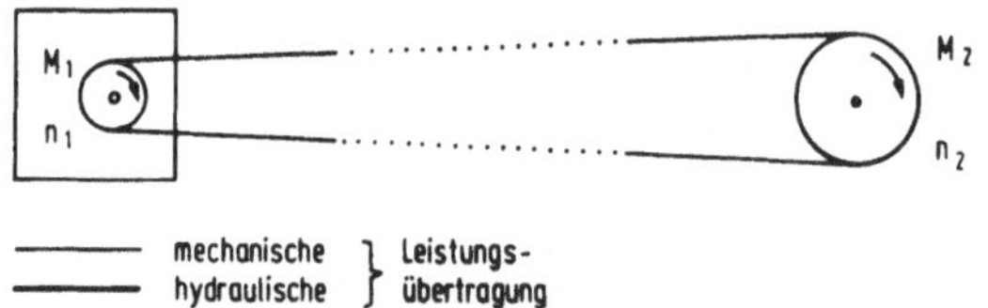

1.2
Vergleich eines ölhydrostatischen mit einem mechanischen Antrieb

1.2 Aufbau und Funktion ölhydraulischer Antriebe

Die Bestandteile und das grundsätzliche Zusammenwirken der einzelnen Baugruppen eines hydraulischen Antriebes zeigt Bild **1.3**. Der hydrostatische Teil besteht danach aus der Hydropumpe als dem Druckölerzeuger und dem Hydrozylinder oder dem Hydromotor als dem Druckölverbraucher. Dazwischen befinden sich die Ölleitungen, die Steuerventile und das sonstige Hydraulikzubehör, wie Filter, Kühler, Speicher und

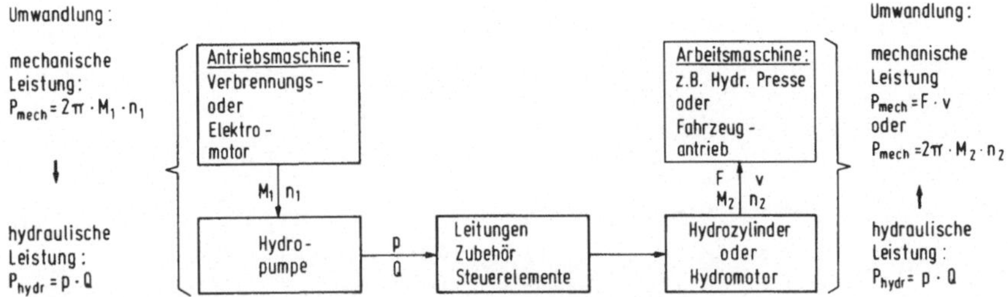

1.3 Blockschaubild zur Leistungsübertragung in Hydraulikanlagen

dergleichen. Als Antriebsmaschine wird in der Regel ein Elektro- oder ein Verbrennungsmotor verwendet; er treibt die Pumpe mit dem Drehmoment M_1 und der Drehzahl n_1 an und liefert damit die mechanische Leistung

$$P_{mech} = 2\pi \cdot M_1 \cdot n_1 \tag{1.1}$$

die in der Hydropumpe in die hydraulische Leistung

$$P_{hydr} = p \cdot Q \tag{1.2}$$

umgewandelt wird, wobei p der von der Arbeitsmaschine verlangte Öldruck, Q der aus der Antriebsdrehzahl und den Pumpenabmessungen sich ergebende Volumenstrom ist. Der druckbeladene Ölstrom wird im Hydraulikteil der Anlage über Rohre oder Schlauchleitungen und Steuerventile in den Hydrozylinder oder in den Hydromotor geleitet, wo die hydraulische Leistung wieder in die von der Arbeitsmaschine benötigte mechanische Leistung umgewandelt wird. Letztere wird für den Hydrozylinder aus der geforderten Kolbenkraft F und der Kolbengeschwindigkeit v ermittelt:

$$P_{mech} = F \cdot v \tag{1.3}$$

oder für den Hydromotor aus dessen Abtriebsdaten bzw. aus den von der Arbeitsmaschine verlangten Daten:

$$P_{mech} = 2\pi \cdot M_2 \cdot n_2 \tag{1.4}$$

Die schematisierte technische Ausführung und die Darstellung des Antriebes mit Hilfe von Schaltzeichen ist für einen Hydrozylinder in Bild **1.4** wiedergegeben. Es zeigt oben das Zusammenwirken von Hydropumpe, Hydrozylinder und Ölbehälter. Verwendet werden hier eine sogenannte Konstantpumpe, d. h. eine Pumpe mit konstantem Verdrängungsvolumen (konstantes Fördervolumen je Pumpenumdrehung, auch „Hubvolumen" genannt) und ein sogenannter doppeltwirkender Zylinder. Die Pumpe saugt das Öl aus dem Ölbehälter und liefert den Volumenstrom Q und den Druck p an den Zylinder. Der Volumenstrom ist proportional der Pumpendrehzahl und bestimmt die Kolbengeschwindigkeit; das Antriebsmoment ist proportional dem Druck, der sich jedoch entsprechend der Kolbenlast einstellt.

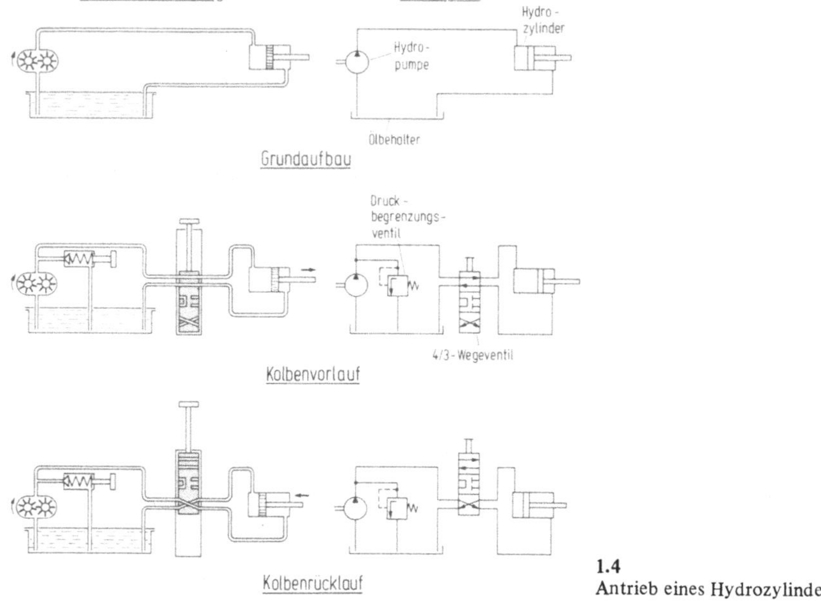

1.4
Antrieb eines Hydrozylinders

Da die Pumpe nur einseitig fördert, der Zylinder sich jedoch in beiden Richtungen bewegen und daher von beiden Seiten mit Öl beaufschlagt werden soll, ist ein Wegeventil nötig, das den Ölstrom jeweils auf die gewünschte Seite des Kolbens lenkt. Das Wegeventil bestimmt Start, Stop und Bewegungsrichtung, d. h. den gesamten Bewegungsablauf des Kolbens. In der mittleren Darstellung in Bild **1.4** ist das Wegeventil auf Kolbenvorlauf geschaltet, d. h. so, daß der von der Pumpe kommende Ölstrom in den linken Zylinderteil unter die große Kolbenfläche strömt, sich der Kolben also nach rechts bewegt. Dabei ist dafür gesorgt, daß das aus dem rechten Zylinderteil von der Kolbenringfläche verdrängte Ölvolumen durch das Wegeventil in den Ölbehälter zurückfließen kann. Für den Kolbenrücklauf (Bild **1.4** unten) wird der Ventilkolben nach oben geschaltet, so daß die diagonal liegenden Bohrungen zur Wirkung kommen. In der mittleren Ventilstellung, der sogenannten Ruhestellung, sind beide Zuleitungen zum Zylinder abgesperrt, und der Pumpenölstrom kann nahezu drucklos in den Behälter zurückfließen.

Zur Bruchsicherung einer Hydraulikanlage und ihrer Geräte oder zur Begrenzung des Öldruckes auf einen Maximalwert werden Druckbegrenzungsventile verwendet. Auf die eine Seite des Kolbens eines solchen Ventils wirkt der Pumpenöldruck, auf die andere Seite eine einstellbare Druckfeder. Sobald die aus dem Öldruck sich ergebende Kolbenkraft größer wird als die Federkraft, gibt der Ventilkolben den Durchfluß zum Ölbehälter frei. Das in Bild **1.4** eingezeichnete Druckbegrenzungsventil schützt so den gesamten Antrieb gegen Überlastung bei Betriebsstörungen; es spricht auch an, sobald der

Kolben seine jeweilige Endlage erreicht hat. Der Pumpenölstrom fließt dann über das Druckbegrenzungsventil in den Öltank zurück, die dabei entstehende Wärme wird mit dem Öl abgeführt.

Mit derselben Schaltung kann auch ein Hydromotor betrieben werden. Bild **1.5** zeigt Schema und Schaltplan für einen sogenannten Konstantmotor, d. h. für einen Hydromotor mit konstantem Verdrängungsvolumen (mit konstantem Aufnahmevolumen je Umdrehung, auch „Schluckvolumen" genannt). Der Motor hat zwei Drehrichtungen, die durch Umschalten des Ventils erreicht werden können. Das Druckbegrenzungsventil dient hier zur Drehmomentbegrenzung gegen Überlastung.

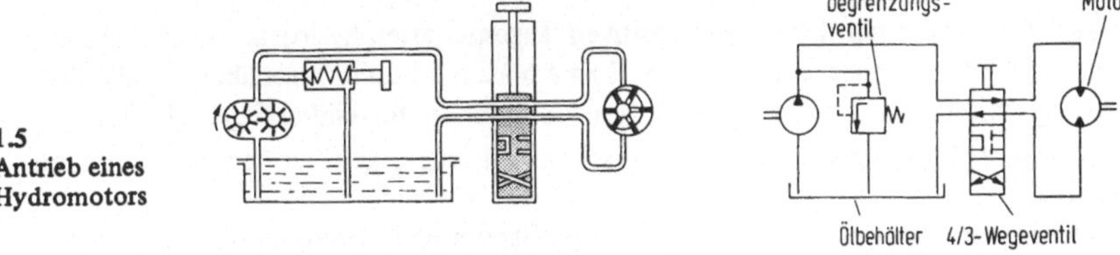

**1.5
Antrieb eines
Hydromotors**

1.3 Technische Eigenschaften ölhydraulischer Antriebe

Die Ölhydraulik hat dem Maschinenbaukonstrukteur völlig neue Möglichkeiten für die Verwirklichung von Konstruktionsideen in die Hand gegeben. Besonders seit Normbauteile in großem Umfang und in vielfältiger Ausführung zur Verfügung stehen, sind die Voraussetzungen für die erfolgreiche Lösung technischer Aufgaben mit Hilfe der Hydraulik in hervorragendem Maße gegeben. Der Konstrukteur kann heute komplizierte mechanische Antriebe durch relativ einfache hydraulische Antriebe ersetzen. Er kann aber vor allem dann, wenn er sich von den vorhandenen Lösungen mechanischer Art freimacht und die Möglichkeiten der Ölhydraulik voll ausnutzt, mit oft geringerem Konstruktions- und Herstellungsaufwand zu neuen Lösungen gelangen, die die früheren hinsichtlich ihrer Vielseitigkeit und ihrer Arbeitsleistung weit übertreffen. Der als Ersatz für den Seilbagger entwickelte Hydraulikbagger ist ein Beispiel hierfür. Solche Erfolge gelingen erfahrungsgemäß jedoch nur, wenn versucht wird, die neue Konstruktion den Eigenschaften und den gegenüber mechanischen, elektrischen oder pneumatischen Lösungen oft neuartigen Möglichkeiten der Ölhydraulik anzupassen.

Die wesentlichen p o s i t i v e n E i g e n s c h a f t e n der hydraulischen Antriebe seien daher im folgenden kurz dargestellt:

1. Einfacher Aufbau mit Hilfe von Normbauteilen.

2. Freizügige Anordnung aller Bauteile, ohne Rücksicht auf die Lage der mechanischen Aggregate.

3. Übertragung großer Kräfte bei relativ kleinem Konstruktionsvolumen infolge des geringen Leistungsgewichts hydraulischer Pumpen und Motoren (das Verhältnis der Leistungsgewichte von Hydromotor zu Elektromotor liegt bei etwa 1 : 10).

4. Gutes Zeitverhalten (Beschleunigungs- oder Verzögerungsvermögen) von Hydromotoren infolge ihres geringen Massenträgheitsmomentes (das Verhältnis der Mas-

senträgheitsmomente von Hydromotoren zu Elektromotoren liegt bei gleichem Drehmoment etwa bei 1 : 50).

5. Einfache Umwandlung von rotierender in oszillierende Bewegung und umgekehrt.

6. Einfache Bewegungsumkehr.

7. Stufenlose Übersetzungsänderung unter Last (besonders vorteilhaft für mobile Arbeitsmaschinen)

8. Einfache Bruchsicherung durch Druckbegrenzungsventil.

9. Einfache Überwachung durch Manometer.

10. Gute Möglichkeiten zur Automatisierung von Bewegungen.

Diesen, für den Konstrukteur sehr positiven, Eigenschaften hydrostatischer Antriebe stehen eine Reihe von n e g a t i v e n E i g e n s c h a f t e n gegenüber, die die Einsatzmöglichkeiten begrenzen. Es sind dies vor allem die folgenden Eigenschaften:

1. Geringerer Wirkungsgrad der hydraulischen Antriebe gegenüber den mechanischen Antrieben

infolge von Druckverlusten durch Flüssigkeitsreibung in Rohren und Elementen und infolge von Leckölverlusten in den Spalten der Elemente.

2. Schlupf zwischen An- und Abtrieb

infolge von Leckölverlusten und Kompression des Öls, so daß keine exakte Synchronisierung von Bewegungsabläufen möglich ist.

3. Hoher Herstellungsaufwand

infolge der Präzision der Hydraulikelemente.

1.4 Geschichtliche Entwicklung der Ölhydraulik

Wie einführend erwähnt, hatte der Begriff „Hydraulik" ursprünglich eine sehr umfassende Bedeutung. In der 11. Auflage des Brockhaus Conversations-Lexikons heißt es 1866 noch:

„Hydraulik ist ein Theil der angewandten Mathematik und im besondern der Hydromechanik, d. h. der Mechanik flüssiger Körper. Der Name wird in einem weitern und einem engern Sinne gebraucht: im erstern begreift H. die wissenschaftliche Betrachtung alles dessen, was auf die Bewegung tropfbarer Flüssigkeiten Bezug hat; im letztern beschäftigt sie sich nur mit den praktischen Anwendungen, welche von der Bewegung des Wassers gemacht werden, umfaßt also die Wasserbaukunst, ferner die Untersuchung der Quellen, die Wasserhebung, den Bau und die Kenntniß der Wasserräder, Wassersäulenmaschinen u.s.w."

Diese Begriffsbestimmung hat sich bis in unser Jahrhundert hinein erhalten. Hundert Jahre später, in der 17. Auflage des Brockhaus-Lexikons wird 1969 unter „Hydraulik" jedoch verzeichnet:

„Die Lehre und technische Anwendung von Strömungen inkompressibler Flüssigkeiten (Rohrhydraulik). Unter Einschränkung des Begriffes werden hydrostatische Antriebe (Druckmittelgetriebe) mit Hydraulik bezeichnet. Sie arbeiten wegen der korrosiven Eigenschaften des Wassers mit Öl als Übertragungsmedium (Ölhydraulik)."

In diesen beiden Beschreibungen spiegelt sich der Wandel wider, der sich in der Bedeutung des Begriffs „Hydraulik" vollzogen hat. Lange Zeit nach der Wasserhydraulik entwickelte sich die Ölhydraulik zu einem bedeutenden Bereich der Technik. Entsprechend dieser Entwicklung sind auch die für die Wasserhydraulik entwickelten Maschinen die Vorläufer der ölhydraulischen Maschinen gewesen.

Über Handhebel betätigte Kolbenpumpen sind schon aus der Zeit vor Christi Geburt bekannt geworden. So berichtet Vitruv [1] von Ktesibios, der in der ersten Hälfte des 3. Jh. v. Chr. gelebt und u. a. eine Kolbenpumpe mit zwei Zylindern erfunden hat. In den in einem Wasserbehälter senkrecht nebeneinander stehenden Zylindern arbeiteten zwei mit einem Handhebel gegenläufig bewegte Kolben. Sie saugten das Wasser durch die in ihren Böden befindlichen Einlaßventile an, um es über Auslaßventile in einen zwischen ihnen montierten, mit Druckrohr versehenen Druckbehälter zu fördern.

In den darauf folgenden Jahrhunderten, selbst noch im Mittelalter, war die Druckwasserhydraulik offensichtlich von nur geringer Bedeutung, obwohl die Wasserräder zum Antrieb von Arbeitsmaschinen sich seit dem 8. Jh. in zunehmendem Maße verbreiteten. Erst zu Beginn der Neuzeit, etwa vom 16. Jh. an, werden zahlreiche Bestrebungen sichtbar, Druckwasserpumpen zu entwickeln, speziell um die sogenannten „Wasserkünste" zu betreiben. Schon zu dieser Zeit wurden fast alle wichtigen Pumpenbauarten erfunden, die auch heute für die Ölhydraulik von Bedeutung sind. So beschreibt schon Ramelli in einem 1588 erschienenen Buch [2] eine sogenannte „Capselkunst" (Bild **1.6**), die nichts anderes darstellt als eine der heute auch in der Ölhydraulik gebräuchlichen Flügelzellenpumpen.

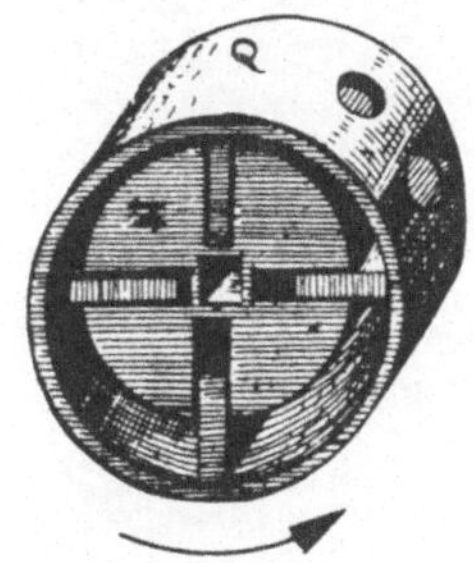

1.6 Flügelzellenpumpe zur
Wasserförderung, 1588
von Ramelli [2] be-
schrieben

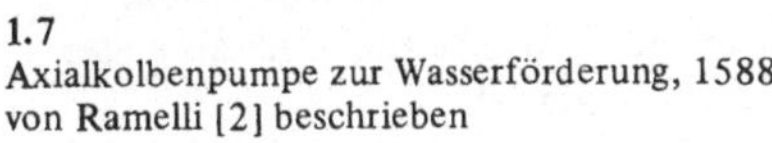

1.7
Axialkolbenpumpe zur Wasserförderung, 1588
von Ramelli [2] beschrieben

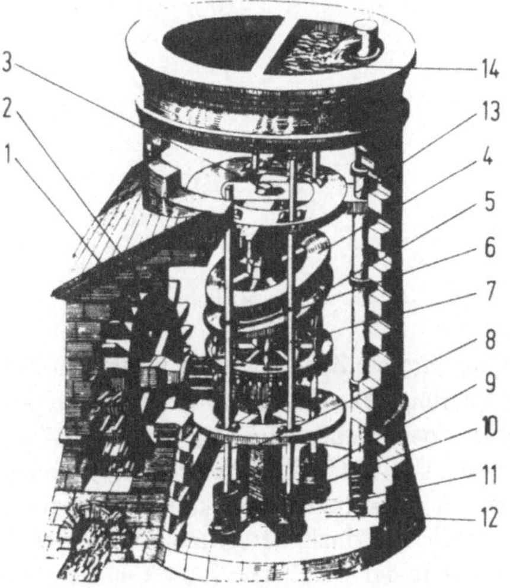

Im selben Buch wird auch eine mit mehreren axial bewegten Kolben ausgerüstete Pumpe beschrieben, die als eine der ersten Vorläufer unserer heutigen Axialkolbenpumpe angesehen werden kann (Bild **1.7**). Über ein Wasserrad 1 und ein Winkelgetriebe 2 werden die Triebwelle 3 und mit ihr die Taumelscheiben 4 und 5 angetrieben. Die zwischen den beiden Taumelscheiben laufenden Rollen 6 sind mit den Kolbenstangen 7 verbunden, so daß die an ihrem unteren Ende befestigten Kolben bei Drehen der Triebwelle 3 in den Zylindern 8, 9, 10, 11 eine Hubbewegung ausführen. Über Ventile saugen sie Wasser aus dem Behälter 12 an und fördern es über das Druckrohr 13 in den höher gelegenen Behälter 14.

Auch die heute zahlenmäßig sehr weit verbreitete Zahnradpumpe ist schon seit Jahrhunderten bekannt. Sie wurde 1597 von Johannes Kepler erfunden (Bild 1.8). In seiner um 1604 gemachten Eingabe [3] beschreibt K. seine Erfindung, indem er besonders darauf hinweist, daß für diese Pumpe keine Ventile nötig sind. Er schreibt:

„Zwo oder mehr Wellen in einem verschlossenen Casten, die da ghüb angehen, und jede sechs mehr oder weniger Holkehlen, sampt sechs runden leisten im umkreiß statt, daß also die Wellen im umbtreiben, mit oder ohne füetterung wasser halten, und eine die andere auslähre. Durch wölliches mittel die Pompen Heb- von Truckwergkh in continuum gebracht werden und nit aussetzen, und kheine Ventilen von nöthen seind."

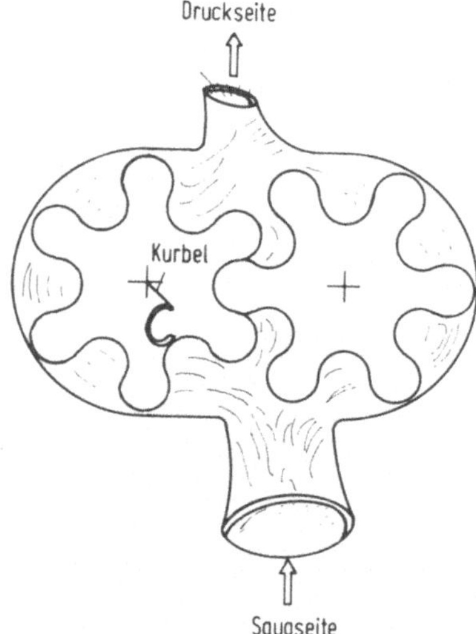

1.8
1597 von Johannes Kepler erfundene Zahnradpumpe
(nach 1617 von W. Schickard gezeichneter Skizze)

Später wird die Zahnradpumpe unter dem Namen „Machina Pappenheimiana" in der Ausführung bekannt, wie sie 1724 von Leupold [4] im „Theatri Machinarum Hydraulicarum" beschrieben wird. Alle diese Entwicklungen haben aber sehr viel später erst Eingang in die Maschinenbautechnik gefunden. Blaise Pascal hat wesentliche Grundlagen für die weitere Entwicklung der Hydrostatik gelegt. Er war es auch, der als erster um 1660 das Prinzip der hydraulischen Presse wie folgt beschrieb:

„so man in der Wand eines sonst von allen Seiten geschlossenen, mit Wasser gefüllten Gefäßes zwei Öffnungen anbringt, von denen die eine 100mal größer ist als die andere, diese Öffnungen mit genau passenden Kolben versieht und den kleinen Kolben durch einen Mann verschieben läßt, so erhält man die Kraft von 100 Männern."

Die erste praktische Ausführung der hydraulischen Presse wurde jedoch erst mehr als 130 Jahre später von Joseph Bramah geschaffen, der im Jahre 1795 ein Patent darauf erhielt. Seine Erfindung wurde in der damaligen Literatur als die wichtigste Erfindung nach der Dampfmaschine bezeichnet.

Im 19. Jh. folgten rasch aufeinander weitere Anwendungen der Druckwasserhydraulik, beispielsweise in Form von Schmiedepressen (1861, John Haswell), von Materialprüfmaschinen (um 1850, Ludwig Werder), von Gesteinsbohrmaschinen (1877, Alfred Brandt), Ankerwinden u. a.. Schließlich wurden auch hydraulisch betriebene Kräne und Aufzüge gebaut.

Die Entwicklung hydrostatischer Maschinen, die mit Öl angetrieben wurden, begann praktisch erst im 20. Jh., und auch hier konnten nur langsame Fortschritte erzielt werden, da die hydraulischen Antriebe gegenüber den elektrischen Antrieben zunächst noch schwieriger zu erstellen und zu handhaben waren.

1905 stellten die Amerikaner Williams und Janney ein mit Taumelscheiben arbeitendes hydrostatisches Getriebe in Axialkolbenbauweise vor, das mit Drucken bis zu 40 bar arbeitete und erstmals mit Mineralöl als Druckflüssigkeit betrieben wurde. Die erste brauchbare Radialkolbenmaschine entwickelte Hele Shaw 1910. Hans Thoma, der 1922 schon eine schnellaufende Radialkolbenmaschine vorgestellt hatte, erhielt 1924 das Patent auf die dann rasch bekanntgewordene Axialkolbenmaschine in Schrägachsenbauweise. Sie wurde ab 1940 für Drucke bis zu 350 bar in Serie gebaut, mehr als 10 Jahre vor den einfacheren Axialkolbenmaschinen in Schrägscheibenbauweise.

Nach dem Zweiten Weltkrieg setzte eine rasche Entwicklung aller ölhydraulischen Maschinen, Ventile und Bauelemente ein. Sie führte nicht nur zu großen Stückzahlen und zu einem umfassenden Angebot für den Konstrukteur, sondern auch zu weitgehender Normung. Dadurch wurde es dem Maschinenbauer möglich, aus einer großen Zahl von Normbauteilen die für seine Aufgabe geeigneten Antriebselemente auszuwählen. Die Folge war ein rasches Vordringen der Ölhydraulik im gesamten Maschinenbau. Auf den Gebieten des Werkzeugmaschinenbaus, der Verarbeitungsmaschinen, des Schiffsbaus, des Flugzeugbaus, des Kraftfahrzeugbaus, des Landmaschinen- und Schlepperbaus, und nicht zuletzt auf dem Gebiet der Baumaschinen sind die ölhydraulischen Antriebe heute nicht mehr wegzudenken. Diese Entwicklung wird am besten dadurch gekennzeichnet, daß der Jahresumsatz auf dem Gebiet der ölhydraulischen Geräte und Elemente in der Bundesrepublik Deutschland von 1966 bis 1981, also innerhalb von nur 15 Jahren, von 0,4 Milliarden auf etwa 2,2 Milliarden DM anstieg.

2 Grundlagen für Entwicklung und Betrieb ölhydraulischer Antriebe

In diesem Abschnitt sollen die wesentlichen Grundlagen zusammengefaßt werden, die der Maschinenbaukonstrukteur für die Entwicklung und für die Beurteilung des Betriebsverhaltens ölhydrostatischer Antriebe und Anlagen benötigt. Dabei werden die allgemein bekannten physikalischen Grundlagen, wie z. B. die Grundlagen aus der Hydrostatik oder aus der Hydrodynamik, nur in der Form und in dem Umfang dargestellt, wie sie für die Lösung von Aufgaben aus dem Gebiet der Ölhydraulik erforderlich sind.

2.1 Grundlagen über Druckflüssigkeiten

Die Druckflüssigkeiten sind die Energieträger im Hydrauliksystem. Kenntnisse über die Art der Druckflüssigkeiten und über deren Eigenschaften und Betriebsverhalten sind für die Entwicklung und für den Betrieb von Hydraulikanlagen von zumindest ebenso großer Bedeutung wie die Kenntnis der Bauelemente und ihrer Funktion, denn sie beeinflussen nicht nur die Funktion einer Anlage, sondern auch ihren Wirkungsgrad und ihre Lebensdauer in entscheidendem Maße.

2.1.1 Aufgaben und Anforderungen

Aufgaben. Aufgabe der Druckflüssigkeit ist es, Kräfte und Bewegungen zu übertragen, d. h., die Übertragung des in der Hydropumpe erzeugten Förderstromes und des statischen Druckes zum Hydrozylinder, bzw. zum Hydromotor, zu übernehmen. Darüber hinaus soll sie für Schmierung und Korrosionsschutz und nicht zuletzt auch für die Wärmeabfuhr aus den Elementen der Anlage sorgen. Auch die zuletzt genannten Aufgaben sind wesentlich für den sicheren und wirtschaftlichen Betrieb eines hydraulischen Antriebs und für seine Lebensdauer.

Anforderungen. Die Anforderungen an die Druckflüssigkeit ergeben sich aus diesen Aufgaben. Sie können jedoch von Anlage zu Anlage sehr verschiedenartig sein und sich unter Umständen teilweise widersprechen. Hier seien die wichtigsten Anforderungen wiedergegeben [5, 6].

1. Günstiges Viskositäts-Temperatur-Verhalten.
Es sollte über einen weiten Temperaturbereich eine möglichst geringe Viskositätsänderung erfolgen.

2. Gute Schmier- und Verschleißschutzeigenschaften.
Dabei ist zu beachten, daß, besonders bei hydraulischen Kolbenmaschinen, das Mischreibungsgebiet sehr häufig und noch dazu oft bei kleinen Gleitgeschwindigkeiten durchfahren werden muß. Mangels eines ausgebildeten hydrodynamischen Schmierfilms in diesem Bereich muß die Druckflüssigkeit in der Lage sein, die Oberflächen der Elemente ausreichend zu benetzen, um Reibung und Verschleiß klein zu halten.

3. Gute Korrosionsschutzeigenschaften und gute Verträglichkeit gegenüber Dichtungen, anderen Gummi- und Kunststoffelementen und Buntmetallegierungen.

4. Alterungsbeständigkeit, auch unter harten Betriebsbedingungen, wie sie beispielsweise bei mobilen Maschinen vorliegen.
Alterungsbeständigkeit bedeutet Widerstand gegen Säurebildung infolge Oxydation und gegen Schlamm- und Harzbildung infolge Polymerisation.

5. Gutes Luftabscheidevermögen.
Wesentliche Eigenschaften der Druckflüssigkeiten, wie Kompressibilität, Verschleißverhalten, Wärmeleitung u. a., werden beeinträchtigt, wenn sich Luft in ungelöster Form, d. h. in Form von Blasen, in der Flüssigkeit befindet.
Weiter müssen Druckflüssigkeiten eine ausreichende Scherfestigkeit, gutes Wasserabscheidevermögen und eine gute Filtrierbarkeit aufweisen und möglichst wenig zu

Schaumbildung neigen. Auch sollte ein gutes Luftlösevermögen vorhanden sein, d. h.,
die Fähigkeit der Druckflüssigkeit, Luft in gelöster Form, also nicht in Form von
Blasen, in sich aufzunehmen.

2.1.2 Arten und Stoffdaten

Arten. Für die hydrostatische Kraftübertragung werden hauptsächlich die folgenden
Arten von Druckflüssigkeiten verwendet:
Druckflüssigkeiten auf Mineralölbasis,
schwerentflammbare Druckflüssigkeiten.

M i n e r a l ö l e sind die bei weitem am häufigsten verwendeten Druckflüssigkeiten;
es sind Öle, die speziell für die Verwendung in Hydraulikanlagen gemischt und mit
Zusätzen verschiedenartiger Wirkstoffe (Additive) versehen sind. Die Zusätze sollen
die oben beschriebenen Eigenschaften der Mineralöle verbessern, wie also z. B. das
Viskositäts-Temperatur-Verhalten, die Schmier- und Verschleißschutz- und die Korrosionsschutzeigenschaften oder die Alterungsbeständigkeit.

S c h w e r e n t f l a m m b a r e D r u c k f l ü s s i g k e i t e n haben eine erheblich
höhere Zündtemperatur als Mineralöle; sie finden daher in feuer- und explosionsgefähr-
deten Anlagen Verwendung, wie z. B. im Bergbau oder in Hüttenwerken. Unterschieden
werden wasserhaltige Druckflüssigkeiten auf Mineralölbasis und wasserfreie Druckflüssigkeiten auf synthetischer Basis.

Tafel 2.1 gibt einen Überblick über die in der Ölhydraulik verwendeten Druckflüssigkeiten, über ihre charakteristische Zusammensetzung und ihre Einsatzbereiche.

Beim Einsatz von schwerentflammbaren Flüssigkeiten sind die im Vergleich zu Mineralölen teilweise schlechteren Eigenschaften zu beachten, wie z. B. die geringere Schmier-
fähigkeit, das schlechtere Korrosionsverhalten oder die niedrige Viskosität bei HFA-
Flüssigkeiten. Mit Ihnen können die in normalen Hydraulikanlagen üblichen Druck-
und Temperaturwerte nicht erreicht werden [7, 8]. Schlechtere Verschleißschutzeigenschaften sind bei HFC-Flüssigkeiten zu erwarten, HFD Flüssigkeiten weisen eine höhere
Dichte, ein schlechtes Viskositäts-Temperatur-Verhalten auf und sind aggressiv gegenüber manchen Dichtungswerkstoffen. In jedem Fall müssen die verwendeten Hydraulik-
bauelemente auf diese Druckmedien abgestimmt sein.

Weiterhin werden, vor allem in der Mobilhydraulik, auch M o t o r e n - u n d G e -
t r i e b e ö l e als Hydraulikflüssigkeit eingesetzt. Diese Druckflüssigkeiten werden oft
auch in einem gemeinsamen Ölkreislauf ebenso zur Motor- bzw. Getriebeschmierung,
wie auch zu Kraftübertragungsaufgaben im Hydrauliksystem verwendet.

Gelegentlich werden für mobile Anlagen und niedrige Außentemperaturen auch
A u t o m a t i c T r a n s m i s s i o n F l u i d s (ATF) als Druckmedien eingesetzt,
z. B. in PKW-Servolenkungen.

Stoffdaten für Druckflüssigkeiten. M i n e r a l ö l e werden in Viskositätsklassen
(Viscosity Grade: VG) eingeteilt, für die eine Bezugstemperatur von 40 °C gewählt

Tafel 2.1 Überblick über die wichtigsten Druckflüssigkeiten (nach Eckhardt [5])

Bezeichnung der Druckflüssigkeit		Charakteristische Zusammensetzung	Einsatzbereiche
national*)	internat.		
Mineralöle			
H	HH	alterungsbeständig, ohne Wirkstoffzusätze	in Anlagen ohne besondere Anforderungen (nur noch selten)
HL (H-L)	HL	mit Wirkstoffen zum Erhöhen des Korrosionsschutzes und der Alterungsbeständigkeit	in mäßig beanspruchten Anlagen mit hohen thermischen Beanspruchungen
HLP (H-LP)	HM	wie HL, jedoch Zusätze zur Verminderung des Freßverschleißes und zur Erhöhung der Belastbarkeit	in Hochdruckanlagen
HV	HV	wie HLP, jedoch Zusätze zur Verbesserung des Viskositäts-Temperatur-Verhaltens	bei tiefen oder stark schwankenden Temperaturen
H-LPD	(−)	wie HLP, jedoch Zusätze zur Lösung von Ablagerungen (detergierend) und schmutztragend und begrenzt wasserbindend (dispergierend)	in Anlagen mit Wasserzutritt zur Ölfüllung
Schwerentflammbare Flüssigkeiten			
HFA (HSA)	HFA	Öl-in-Wasser-Emulsion mit max. 20% Öl	z. B. im Bergbau, hydr. Pressen, Temperaturbereich 5 bis 55 °C
HFB (HSB)	HFB	Wasser-in-Öl-Emulsion mit max. 60% Öl	üblich im britischen Steinkohlebergbau, Temperaturbereich 5 bis 60 °C
HFC (HSC)	HFC	wäßrige Polymerlösung mit 35−55% Wasser	in feuergefährdeten Anlagen bei mäßigen Drücken, Temperaturbereich −20 bis 60 °C
HFD	HFD	wasserfreie synthetische Flüssigkeit	in feuergefährdeten Anlagen bei hohen Temperaturen und hohen Drücken, Temperaturbereich −20 bis 150 °C

*) alte Bezeichnung in Klammern

wurde. Die Klassenzahl gibt daher die kinematische Mittelpunktsviskosität bei 40 °C an (s. Tafel 2.2).

Für den Betrieb ölhydraulischer Anlagen sind bestimmte Viskositätsgrenzen einzuhalten, die in der Regel vom Hersteller der Anlage vorgeschrieben werden. Sie sind Erfahrungswerte und können etwa wie folgt angegeben werden:

ν_{max} (Kaltstart): $\quad$ 50...1000 mm²/s (cSt)

$\nu_{Betrieb}$ (Dauerbetrieb): $\quad$ 15... 80 mm²/s (cSt)

ν_{min} (Kurzzeitbetrieb): $\quad$ 10 mm²/s (cSt)

Tafel **2.2** ISO-Viskositätsklassen für Hydrauliköle nach DIN E 51524 (August 82)

Viskositätsklasse	Kinematische Mittelpunktviskosität bei 40 °C in mm²/s (cSt)
ISO VG 10	10
ISO VG 22	22
ISO VG 32	32
ISO VG 46	46
ISO VG 68	68
ISO VG 100	100

S c h w e r e n t f l a m m b a r e   F l ü s s i g k e i t e n werden nach dem sogenannten „5. Luxemburger Bericht" in die in Tafel **2.3** wiedergegebenen vier Viskositätsbereiche eingeteilt.

Tafel **2.3** Viskositätsklassen für schwerentflammbare Druckflüssigkeiten nach 5. Lux. Bericht, (Vollständige Bezeichnung z. B. HFA-1)

Viskositätsbereich	Kinematische Viskosität bei 50 °C in mm²/s (cSt)
HF..−1	1 bis 1,5
HF..−2	11 bis 14
HF..−4	20 bis 40
HF..−8	50 bis 70

Für M o t o r e n - u n d G e t r i e b e ö l e wird die SAE-Klassifikation verwendet. Für den Einsatz in Mobil-Hydraulikanlagen kommen u. a. die in Tafel **2.4** wiedergegebenen Werte in Betracht; diese Tafel gibt einen zusammenfassenden Überblick über die wichtigsten Stoffdaten der gebräuchlichen Druckflüssigkeiten. Zum Zwecke des Vergleichs wurden die Werte für Wasser mit eingetragen.

Normen. Infolge ständiger Fortschritte auf dem Gebiet der Ölhydraulik und der Druckflüssigkeiten und infolge der Notwendigkeit nationale und internationale Normen einander anzupassen, bleibt auch die Normung der Druckflüssigkeiten in ständiger Bewegung. Im Literaturverzeichnis sind daher nur die für den Konstrukteur wichtigsten Normen und Richtlinien aufgeführt worden.

Tafel **2.4** Zusammenfassung der wichtigsten Stoffdaten für Druckflüssigkeiten

Stoffeigenschaften	Formel-zeichen	Einheit	Mineralöl
Kinematische Viskosität bei 40 °C	ν	mm^2/s	10−100
Dichte bei 15 °C	ρ	g/cm^3	0,85−0,91
Wärmeausdehnungskoeffizient	γ	1/K	$\sim 6,5 \cdot 10^{-4}$
Kompressibilität	κ	1/bar	$\sim 7 \cdot 10^{-5}$
Kompressionsmodul	K	bar	$\sim 1,4 \cdot 10^{4}$
Bunsen'scher Lösungskoeffizient	α	1	$\sim 0,09$
Spezifische Wärmekapazität	c	$kJ/(kg \cdot K)$	1,83−1,91
Wärmeleitkoeffizient bei 20 °C	λ	$W/(m \cdot K)$	0,11−0,14
Flammpunkt	t_{Flamm}	°C	125−205
Zündtemperatur	$t_{Zünd}$	°C	310−360
Maximale Betriebstemperatur	t_{max}	°C	90

2.1.3 Physikalisches Verhalten

2.1.3.1 Viskositätsverhalten

Begriff der Viskosität. Die Viskosität oder Zähigkeit verdient besondere Beachtung, denn sie ist eine für die Arbeit auf dem Gebiet der Ölhydraulik besonders wichtige Kenngröße.

Sie gibt Auskunft über die innere Reibung der Druckflüssigkeit, bzw. zusammen mit der Dichte der Druckflüssigkeit über den Widerstand, den sie beim Durchströmen, z. B. von Rohrleitungen, verursacht, und vor allem auch über die Tragfähigkeit der Druckflüssigkeit, d. h. über deren Fähigkeit, Maschinenelemente, beispielsweise Wellen in Gleitlagern oder Kolben in Zylindern, zu tragen.

Die Viskosität wird am besten veranschaulicht durch das bekannte Beispiel zweier mit kleiner Geschwindigkeit parallel gegeneinander bewegter Platten, zwischen denen sich eine Flüssigkeit befindet (Bild **2.1**). Bleibt die untere Platte in Ruhe, und wird die obere Platte mit der Geschwindigkeit $v_{xPlatte}$ nach rechts bewegt, so behält die untere, unmittelbar an der Platte haftende Flüssigkeitsschicht die Geschwindigkeit 0, während die an der oberen Platte haftende Schicht die Geschwindigkeit der Platte annimmt. Im Spalt zwischen den Platten ergibt sich die lineare Geschwindigkeitsverteilung $v_x(y)$ und

es verhält sich:

$$\frac{v_x(y)}{y} = \frac{v_{xPlatte}}{h}$$

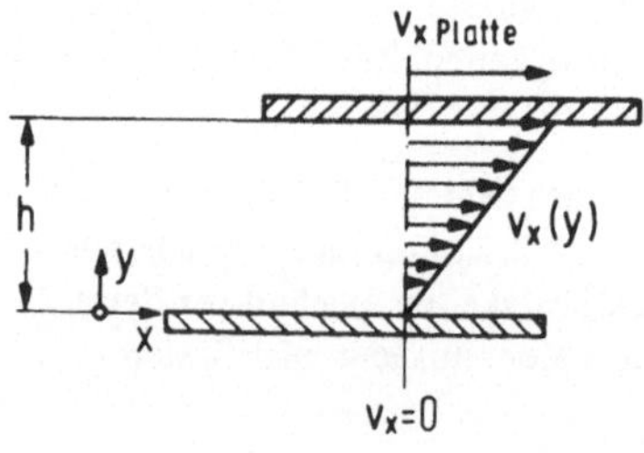

2.1
Geschwindigkeitsverteilung in einer Flüssigkeit zwischen zwei parallel zueinander bewegten Platten

| Schwerentflammbare Flüssigkeiten | | | Motoren-öle | Getriebe-öle | Wasser |
HFA	HFC	HFD			
1,5–10	22–68	15–100	32–96	32–100	~1
~0,99	1,04–1,09	1,14–1,45	0,88–0,92	0,88–0,92	~1
	~7 · 10⁻⁴	~7,4 · 10⁻⁴			2 · 10⁻⁴
~4,4 · 10⁻⁵	~3 · 10⁻⁵	~3,5 · 10⁻⁵			~4,5 · 10⁻⁵
~2,27 · 10⁴	~3,3 · 10⁴	~2,9 · 10⁴	wie Mineralöl	wie Mineralöl	2,2 · 10⁴
	~0,09	~0,09			0,02
	3,1–3,3	1,1–1,7			4,183
~0,54	~0,4	~0,13			0,598
>55	–	210–240	170–260	175–250	–
	–	450–670			–
55	60	150			–

Daraus ergibt sich der auf die Flächeneinheit bezogene Reibungswiderstand, die sogenannte Reibungsschubspannung τ

$$\tau = -\eta \cdot \frac{dv_x}{dy} \tag{2.1}$$

Das ist das bekannte Newton'sche Reibungsgesetz für ideale Flüssigkeiten, in dem der
Proportionalitätsfaktor η die d y n a m i s c h e   V i s k o s i t ä t bedeutet.

Für die Arbeit in der Ölhydraulik hat die k i n e m a t i s c h e   V i s k o s i t ä t ν
meist eine größere Aussagekraft, weil sie das Strömungsverhalten der Flüssigkeit unter
dem Einfluß von Massenträgheit und Schwerkraft beschreibt. Sie ergibt sich mit der
Flüssigkeitsdichte ρ aus η zu:

$$\nu = \frac{\eta}{\rho} \tag{2.2}$$

Für die Viskosität werden die folgenden Einheiten verwendet:
Dynamische Viskosität η:

$$1 \text{ Ns/m}^2 = 1 \text{ Pa} \cdot \text{s} = 10^3 \text{ mPa} \cdot \text{s}$$

oder $1 \text{ P(Poise)} = 100 \text{ cP} = \frac{1}{10} \text{ Ns/m}^2$

Kinematische Viskosität ν:

$$1 \text{ m}^2/\text{s} = 10^6 \text{ mm}^2/\text{s}$$

oder $1 \text{ St(Stoke)} = 100 \text{ cSt} = 100 \text{ mm}^2/\text{s}$

Beide Viskositäten sind im starken Maße temperatur- und druckabhängig.

Viskositäts-Temperatur-Verhalten (VT-Verhalten). Mit zunehmender Temperatur sinkt die Viskosität der Druckflüssigkeit; die Druckflüssigkeit wird dünnflüssiger, der durch sie verursachte Reibungswiderstand, aber auch ihre Tragfähigkeit werden kleiner. Das VT-Verhalten wird durch die folgende empirisch gewonnene Gleichung beschrieben, die für mineralische Öle bei atmosphärischem Druck gilt:

$$\eta(\vartheta) = k \cdot e^{\frac{b}{c+\vartheta}} \tag{2.3}$$

Sie wird auch in der Form

$$\ln \eta(\vartheta) - \ln k = \frac{b}{c+\vartheta}$$

verwendet. Die Konstante k wird darin in Ns/m^2, die Konstanten b und c werden in °C eingesetzt.

Deutlicher als aus der obigen Gleichung erkennt man die starke Abhängigkeit der Viskosität und der Temperatur aus dem in Bild **2.2** wiedergegebenen Diagramm. Es zeigt insbesondere, daß eine Temperaturänderung im Bereich niedriger Temperaturen eine wesentlich stärkere Viskositätsänderung zur Folge hat als im Bereich höherer Temperaturen. So ergibt sich beispielsweise für das im Bild **2.2** genannte Mineralöl bei einer Erhöhung der Temperatur

von 20 auf 30 °C eine Viskositätsänderung von 134,5 auf 75,4 mm^2/s,
von 60 auf 70 °C eine Viskositätsänderung von 20,7 auf 14,9 mm^2/s.

Der Konstrukteur braucht das VT-Verhalten der vorgesehenen Druckflüssigkeit in der

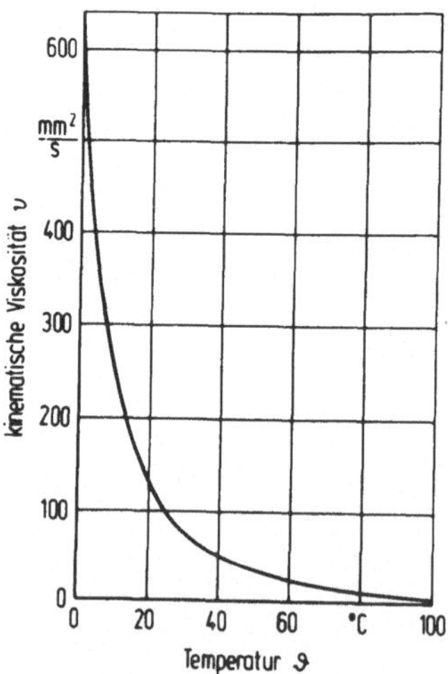

2.2 Änderung der kinematischen Viskosität ν mit der Temperatur (Hydrauliköl HL 46, VI 100, p_0 = 1 bar)

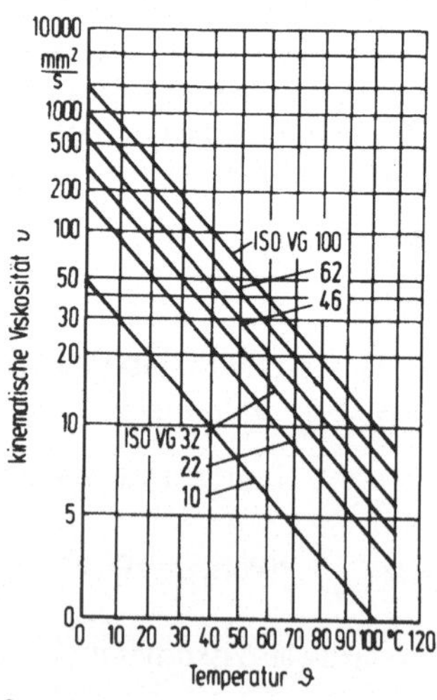

2.3 Ubbelohde-Diagramm als Beispiel zur Ermittlung des Viskositäts-Temperatur-Verhaltens (Hydrauliköle ISO VG 10 ./. 100, VI 100, p_0 = 1 bar)

Regel nicht mit Hilfe der Gleichung (2.3) zu berechnen, sondern er kann es aus einem der von den Mineralöl-Firmen erstellten, von Ubbelohde entwickelten, einfach-logarithmischen Diagrammen (Bild 2.3) direkt ablesen.

Zur Beschreibung des VT-Verhaltens, besonders zum Vergleich zweier oder mehrerer Öle, wird als weitere Kenngröße häufig der V i s k o s i t ä t s i n d e x (V I) verwendet. Je höher er liegt, umso flacher verläuft die VT-Kurve im Ubbelohde-Diagramm, d. h. umso weniger stark ändert sich die Viskosität in Abhängigkeit von der Temperatur. Der VI liegt bei den üblichen Mineralölen um 100, und er kann durch Zugabe von Wirkstoffen gesteigert werden.

Viskositäts-Temperatur-Druck-Verhalten (VTD-Verhalten). Mit zunehmendem Druck erhöht sich die Viskosität der Druckflüssigkeit. Die Flüssigkeit wird dickflüssiger, der durch sie verursachte Reibungswiderstand, aber auch ihre Tragfähigkeit werden größer. Das VTD-Verhalten kann aus einer empirisch entwickelten Gleichung ermittelt werden:

$$\eta(p) = \eta_0 \cdot e^{\alpha(p - p_0)} \tag{2.4}$$

Darin sind η_0 in Ns/m^2 die dynamische Viskosität beim atmosphärischen Druck p_0 in bar und α in 1/bar der V i s k o s i t ä t s - D r u c k - K o e f f i z i e n t. α ist abhängig von der Ölstruktur, der Viskosität und der Temperatur. Die für Mineralöl üblichen Werte für α liegen zwischen 1,3 und 2,4 $\cdot$ 10^{-3} bar^{-1}.

Auch das VTD-Verhalten kann aus Diagrammen (siehe z. B. Bild **2.4**) entnommen werden.

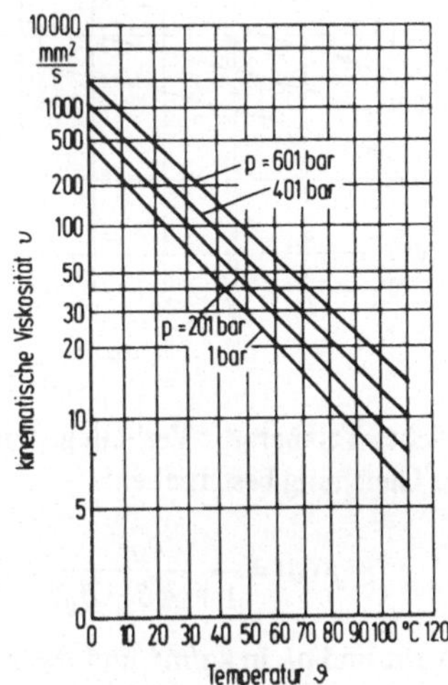

2.4
Diagramm zur Ermittlung des Viskositäts-Temperatur-Verhaltens (Hydrauliköl HL 46, VI 100)

Der Einfluß des Druckes auf die Viskosität ist nicht so gravierend wie der der Temperatur. Bei einer Temperatur von etwa 30 °C ergibt sich bei einer Erhöhung des Druckes von 1 auf 300 bar ein Anwachsen der Viskosität um etwa den Faktor 2.

Bei höherer Temperatur hat der Druck einen geringeren Einfluß auf die Viskosität als bei niedriger Temperatur.

2.1.3.2 Dichte-Verhalten

Die Dichte ρ der Druckflüssigkeit ist das Verhältnis der Masse m zum Volumen V:

$$\rho = \frac{m}{V} \qquad (2.5)$$

Sie ist eine maßgebliche Kenngröße für die Berechnung des Strömungswiderstandes, d. h. der Strömungsverluste, und auch eine Kenngröße für die Bestimmung der Stoßverluste in Rohren und Bauelementen. Auch sie ist temperatur- und druckabhängig. Die Temperatur- und Druckabhängigkeit der Dichte wird zweckmäßigerweise aus Diagrammen entnommen. Man erkennt aus dem in Bild 2.5 beispielhaft dargestellten Diagramm, daß die Dichte mit zunehmender Temperatur ab- und mit zunehmendem Druck zunimmt, daß Temperatur und Druck die Dichte aber nicht annähernd in dem Maße beeinflussen, wie die Viskosität. Temperatur- und Druckeinfluß auf die Dichte lassen sich auch in Form von Gleichungen darstellen.

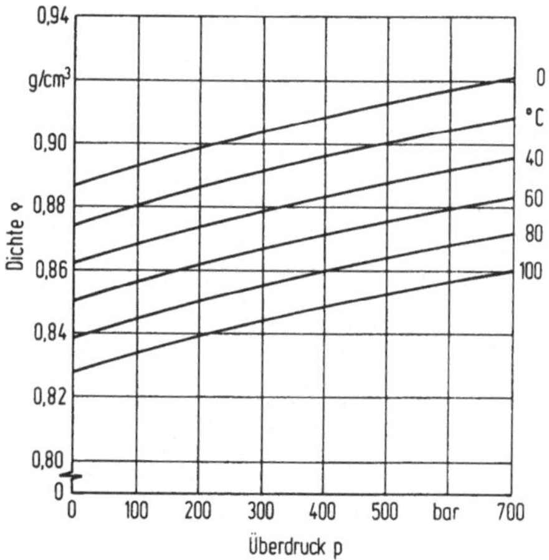

2.5
Diagramm zur Darstellung des Dichte-Druck-Verhaltens in Abhängigkeit von der Temperatur (Hydrauliköl HL 46, VI 100)

Dichte-Temperatur-Verhalten. Das Dichte-Temperatur-Verhalten wird durch die folgende Gleichung beschrieben:

$$\rho(\vartheta) = \frac{\rho_0}{1 + \gamma(\vartheta - \vartheta_0)} \qquad (2.6)$$

Darin sind ρ_0 in kg/m³ und ϑ_0 in °C die Bezugsgrößen und γ in 1/K der Wärmeausdehnungs-Koeffizient. Geht man davon aus, daß die Dichte der Druckflüssigkeit für eine Temperatur von 15 °C gegeben ist, so gilt:

$$\rho(\vartheta) = \frac{\rho_{15°C}}{1 + \gamma(\vartheta - 15)}$$

Der Wärmeausdehnungs-Koeffizient γ beschreibt das Ausdehnungsverhalten bei konstantem Druck:

$$\gamma = \frac{1}{V_0} \left(\frac{\delta V}{\delta \vartheta} \right)_p$$

Mit steigendem Druck nimmt γ ab.

Nimmt man — was praktisch zulässig ist — für Mineralöl im üblichen Betriebsbereich ein lineares Dichte-Temperatur-Verhalten an, so gilt:

$$\gamma = \frac{\Delta V}{V_0 \cdot (\vartheta - \vartheta_0)}$$

Für die Volumenänderung einer Druckflüssigkeit, beziehungsweise für deren Dichteänderung infolge einer Temperaturänderung, ergeben sich also die folgenden Zusammenhänge:

$$\Delta V = V(\vartheta) - V_0 = \gamma \cdot V_0 \cdot (\vartheta - \vartheta_0)$$

$$\Delta\rho = \rho(\vartheta) - \rho_0 = -\gamma \cdot \rho(\vartheta) \cdot (\vartheta - \vartheta_0)$$

Als Anhaltswerte für γ können bei Atmosphärendruck angenommen werden für:

Mineralöl $0{,}65 \cdot 10^{-3} \ K^{-1}$
HFC-Druckflüssigkeit $0{,}70 \cdot 10^{-3} \ K^{-1}$
HFD-Druckflüssigkeit $0{,}75 \cdot 10^{-3} \ K^{-1}$

Die folgenden Beispiele veranschaulichen die Bedeutung des Temperatureinflusses:

Erhöht man bei Atmosphärendruck die Temperatur von 15 auf 65 °C, also um 50 °C, so verringert sich die Dichte von 0,877 auf 0,847 g/cm^3, d. h. um etwa 3,4%.

Eine Temperaturerhöhung um 10 °C bedeutet eine Vergrößerung des Ölvolumens um etwa 0,7%.

Dichte-Druck-Verhalten. Das Dichte-Druck-Verhalten einer Druckflüssigkeit ist für die Beurteilung der dynamischen Eigenschaften einer hydraulischen Anlage von Bedeutung. Es folgt der Gleichung:

$$\rho(p) = \frac{\rho_0}{1 - \kappa \cdot (p - p_0)} \tag{2.7}$$

Darin sind ρ_0 in kg/m^3 und p_0 in bar die Bezugsgrößen und κ in 1/bar die K o m p r e s - s i b i l i t ä t , sie beschreibt das Kompressionsverhalten bei konstanter Temperatur:

$$\kappa = -\frac{1}{V_0} \cdot \left(\frac{\delta V}{\delta p} \right)_\vartheta$$

Der reziproke Wert von κ ist der Kompressions-Modul:

$$K = \frac{1}{\kappa}$$

Wie Bild **2.5** zeigt, kann man für praktische Berechnungen von einem etwa linearen

Dichte-Druck-Verhalten ausgehen. Unter dieser Voraussetzung gilt:

$$\kappa = - \frac{\Delta V}{V_0 \cdot (p - p_0)}$$

Die Volumen-, beziehungsweise die Dichteänderung, in Abhängigkeit vom Druck ergibt sich wie folgt:

$$\Delta V = V(p) - V_0 = - \kappa \cdot V_0 \cdot (p - p_0)$$

Als Anhaltswerte können gelten für:

Mineralöl $\qquad\qquad\quad \kappa = 0,7 \cdot 10^{-4}$ 1/bar; K = 1,4 $\cdot 10^4$ bar
HFC-Druckflüssigkeit $\quad \kappa = 0,3 \cdot 10^{-4}$ 1/bar; K = 3,3 $\cdot 10^4$ bar
HFD-Druckflüssigkeit $\quad \kappa = 0,35 \cdot 10^{-4}$ 1/bar; K = 2,85 $\cdot 10^4$ bar

Die Kompressibilität von Hydraulikölen muß insbesondere bei Drücken über 150 bar berücksichtigt werden. Sie ist umso größer, je niedriger Viskosität und Druck sind und je höher die Temperatur ist. Die folgenden Beispiele veranschaulichen die Bedeutung des Druckeinflusses:

Erhöht man bei 15 °C den Druck von 1 auf 301 bar, also um 300 bar, so vergrößert sich die Dichte von 0,877 auf 0,892 g/cm^3, d. h. um etwa 2,1%

Ein Druckanstieg um 100 bar bedeutet eine Verkleinerung des Ölvolumens um etwa 0,7%.

2.1.3.3 Luftaufnahmevermögen

Luft kann in Mineralölen in Form von

gelöster Luft und in Form von

ungelöster Luft, d. h. in Blasenform enthalten sein.

Solange sie in gelöster Form im Öl enthalten ist, beeinflußt sie die Öleigenschaften nicht, d. h. auch die Kompressibilität des Öles bleibt unbeeinflußt. Im Sättigungszustand kann Mineralöl bei Atmosphärendruck etwa 9 Volumenprozent Luft in gelöster Form aufnehmen, d. h. 90 cm^3 auf einen Liter Öl. Während das Luftaufnahmevermögen des Öles mit der Erhöhung des Druckes wächst, wird es von der Temperatur kaum beeinflußt. Das Henry'sche Gesetz ermöglicht die Berechnung des Luftvolumens V_L, welches das Öl in gelöster Form maximal aufnehmen kann:

$$V_L = V_{\ddot{O}l} \cdot \alpha \cdot \frac{p}{p_0} \qquad\qquad (2.8)$$

$V_{\ddot{O}l}$ ist das Ölvolumen bei Atmosphärendruck, α der Bunsen'sche Lösungskoeffizient, dessen Wert für Mineralöl mit 0,09 angesetzt werden kann, weil er nahezu unabhängig von der Temperatur ist. Für p ist der Absolutdruck einzusetzen.

Sobald das Aufnahmevermögen des Öles für gelöste Luft überschritten wird, bilden sich Luftblasen im Öl. Auch kann in Öl gelöste Luft an den Stellen der Anlage in Luftblasen übergehen, an denen der Sättigungsdruck unterschritten wird, d. h. in der Ansaugleitung, in engen Krümmungen, hinter Drosselstellen usw. Ebenso können Luftblasen durch Ansaugen von Luft, durch Leckstellen oder durch Mitreißen von Luft beim Einströmen des Öles in Behälter entstehen.

Luftblasen verkleinern den Kompressionsmodul K, so daß das Öl kompressibler wird.
Sie können bei Druckerhöhung z. B. hinter einer Pumpe, schlagartig zusammenbrechen
und dabei ruckweise Bewegungen oder Drehzahlsprünge sowie Geräusche und Bruch-
oder Verschleißschäden (Kavitation) verursachen. Daher kommt dem Luftabscheidevermögen bei der Gestaltung entsprechender Vorrichtungen, vor allem in Ölbehältern,
eine besondere Bedeutung zu.

2.2 Grundlagen aus der Hydrostatik

2.2.1 Hydrostatisches Verhalten von Flüssigkeiten

Bei der theoretischen Entwicklung der Strömungsmechanik ging man von der idealen
Flüssigkeit aus. Eine solche reibungsfrei und inkompressibel gedachte Flüssigkeit kann
– wenn sie beispielsweise in einen Behälter gefüllt worden ist – nur Normalkräfte, das
heißt Druckkräfte, auf Behälterwände und -boden übertragen. Die im Behälter in Bild
2.6 an den Stellen A, B und C gemessenen Drucke p sind also verschieden gerichtet,
aber immer senkrecht zu Behälterwänden und Boden. Ihre Größe wächst mit dem Eigengewicht der betrachteten Flüssigkeitssäule, das heißt mit dem Abstand h des Meßpunktes
von der Flüssigkeitsoberfläche.

$$p = \rho \cdot g \cdot h \tag{2.9}$$

Tangentialkräfte, beziehungsweise Schubspannungen an den Wänden oder zwischen den
Flüssigkeitsschichten, treten bei einer idealen Flüssigkeit nicht auf. Sie sind jedoch –
wie im Abschnitt 2.3 gezeigt werden soll – bei der Betrachtung der Bewegungsvorgänge
von Hydraulikölen sehr wohl zu beachten.

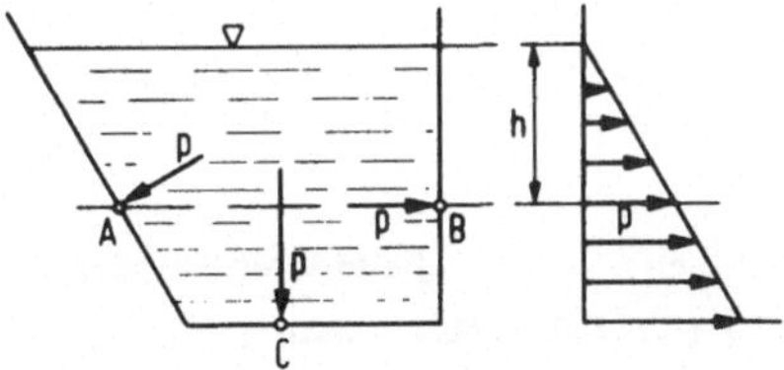

2.6 Druckverteilung in einem mit idealer Flüssigkeit gefüllten Behälter

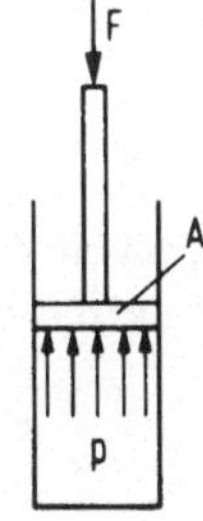

2.7
Kräfte am Kolben eines Zylinders

Bei der Berechnung ölhydrostatischer Anlagen kann das Eigengewicht der Flüssigkeitssäule in der Regel unberücksichtigt bleiben, da es gegenüber den von außen aufgebrachten Druckkräften vernachlässigbar klein ist.

Der über eine äußere Kraft erzeugte Druck ist (Bild 2.7):

$$p = \frac{F}{A} \tag{2.10}$$

Er kann durch absätzige Bewegung eines Verdrängers, beispielsweise eines Kolbens im Zylinder, oder durch stetige Bewegung eines Verdrängers, beispielsweise mit einem im Gehäuse rotierenden Verdränger (Zahnradpumpe), erzeugt werden. An Hand der Betrachtung der erwähnten beiden Möglichkeiten zur Erzeugung hydrostatischen Druckes soll dies im folgenden gezeigt werden.

2.2.2 Energiewandlung mit Kolben und Zylinder

Für die in Bild **2.8** gezeigte Hebevorrichtung wird der aufzubringende **Arbeitsdruck**

$$p = \frac{F_1}{A_1} = \frac{F_2}{A_2} \tag{2.11}$$

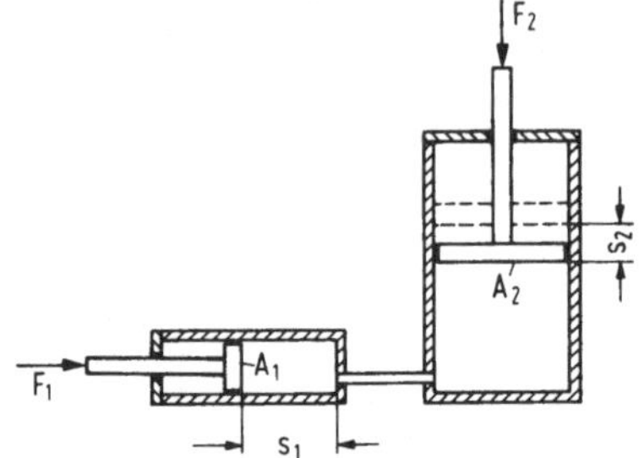

2.8
Schema einer Hebevorrichtung mit Kolben und Zylinder

Sieht man von Lecköverlusten ab, so verdrängt der Kolben mit der Fläche A_1, wenn er um den Weg s_1 bewegt wird, das Flüssigkeitsvolumen:

$$V_1 = V_2 = A_1 \cdot s_1 = A_2 \cdot s_2 \tag{2.12}$$

Es ist also

$$\frac{s_1}{s_2} = \frac{A_2}{A_1} \tag{2.13}$$

Dem im Verhältnis zu s_1 kleineren Weg s_2 des Kolbens A_2 steht die größere Hubkraft F_2 gegenüber, die mit der kleineren Kolbenkraft F_1 erzeugt werden kann:

$$F_2 = \frac{A_2}{A_1} \cdot F_1$$

Umgekehrt wird die Hubgeschwindigkeit v_2 kleiner als die aufgebrachte Geschwindigkeit v_1, denn es ist

$$\frac{v_1}{v_2} = \frac{A_2}{A_1} \tag{2.14}$$

Die auf dem Wege s_1 (s_2) aufgewendete Kolbenkraft F_1 (F_2) ergibt die Arbeit

$$W = F_1 \cdot s_1 = F_2 \cdot s_2 \tag{2.15}$$

und die **Leistung**

$$P = F \cdot v \tag{2.16}$$

mit $F = A \cdot p$ und $v = \dfrac{Q}{A}$ wird

$$P = p \cdot Q \tag{2.17}$$

Darin ist Q der Volumenstrom.

2.2.3 Energiewandlung mit rotierendem Verdränger

Im Bild **2.9** ist das Schema einer Pumpe mit rotierendem Verdrängerkolben dargestellt.
Der Kolben mit der Fläche A legt bei einer Umdrehung den Weg $2\pi \cdot r$ zurück und verdrängt dabei das Flüssigkeitsvolumen

$$V = 2\pi \cdot r \cdot A \tag{2.18}$$

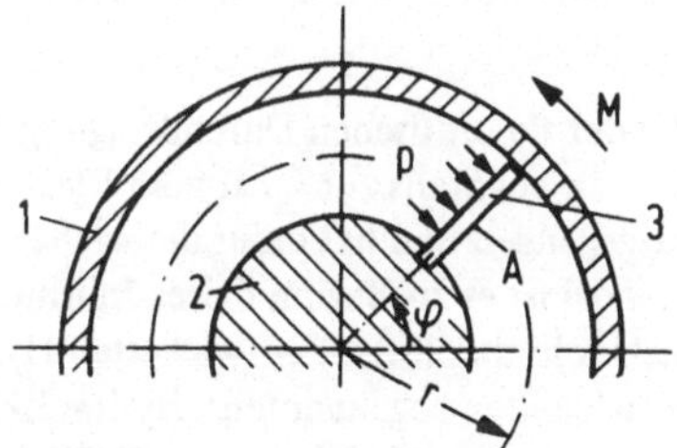

2.9
Schema einer Pumpe mit rotierendem Verdränger
1 Gehäuse, 2 Rotor, 3 Flügel

Dieses Verdrängungsvolumen nennt man bei einer Hydropumpe das „Hubvolumen",
bei einem Hydromotor, der den druckbeladenen Flüssigkeitsstrom aufnimmt, das
„Schluckvolumen".
Der Volumenstrom ist mit der Drehzahl n dann:

$$Q = V \cdot n \tag{2.19}$$

Betrachtet man bei verlustfreiem Betrieb ein aus Pumpe (1) und Motor (2) bestehendes
Hydrogetriebe, so ist der von der Pumpe abgegebene Volumenstrom Q_1 gleich dem vom
Motor aufgenommenen Volumenstrom Q_2

$$Q_1 = Q_2 = V_1 \cdot n_1 = V_2 \cdot n_2$$

Es ist also

$$\frac{n_1}{n_2} = \frac{V_2}{V_1} \tag{2.20}$$

Das für die in Bild **2.9** gezeigte Verdrängermaschine aufzubringende **Drehmoment** ist

$$M = p \cdot A \cdot r \tag{2.21}$$

p ist dabei der von der Pumpe aufgrund der Anforderung des Verbrauchers erzeugte
Druck.

Mit $A = \dfrac{V}{2\pi \cdot r}$ wird

$$M = \frac{p \cdot V}{2\pi} \qquad (2.22)$$

oder $\quad M = \dfrac{p \cdot Q}{2\pi \cdot n} \qquad (2.23)$

Damit wird die von einer Maschine mit rotierendem Verdränger aufgenommene oder abgegebene **Leistung**

$$P = M \cdot \omega = M \cdot 2\pi \cdot n \qquad (2.24)$$

$$P = p \cdot Q \qquad (2.25)$$

2.3 Grundlagen aus der Hydrodynamik

Bei der theoretischen Durchdringung der Strömungsmechanik, bzw. der Hydrodynamik, ist man ebenfalls zunächst vom Idealfall der reibungsfreien, inkompressiblen Flüssigkeit ausgegangen und hat dafür die wichtigsten Berechnungsgleichungen entwickelt. Erst Prandtl ist es zu Beginn dieses Jahrhunderts gelungen, eine Synthese zwischen der damals rein theoretisch entwickelten Hydrodynamik und der in der Praxis von Ingenieuren entwickelten sogenannten „Hydraulik" herzustellen, indem er in seinen Ansätzen zusätzlich zu den bis dahin ausschließlich betrachteten Schwerkräften und Druckkräften auch die durch die Viskosität realer Flüssigkeiten verursachten Reibungskräfte berücksichtigte.

Grundlage für die Berechnung hydraulischer Anlagen bilden jedoch die für ideale Flüssigkeiten entwickelte Kontinuitätsgleichung und die Bernoulli'sche Bewegungsgleichung. Von wesentlicher Bedeutung für die Praxis sind die Methoden zur Berechnung des Strömungswiderstandes, den die Rohrleitung dem durch sie hindurchfließenden Ölstrom entgegensetzt, das heißt die Methoden zur Berechnung des Druckverlustes oder des Druckabfalls in Rohrleitungen. Sie sollen daher im folgenden besonders ausführlich behandelt werden.

2.3.1 Kontinuitätsgleichung

Für die stationäre Strömung einer reibungslosen, inkompressiblen Flüssigkeit gilt das Gesetz von der Erhaltung der Massen. Es besagt, daß der durch den Querschnitt A_1 (Bild **2.10**) fließende Massenstrom $\dot{m}_1$ gleich dem durch den kleineren Querschnitt A_2 fließenden Massenstrom $\dot{m}_2$ ist; bei Flüssigkeiten mit gleichbleibender Dichte gilt dies auch für die instationäre Strömung.

Der Massenstrom, also die in der Zeiteinheit durch einen bestimmten Rohrquerschnitt fließende Flüssigkeitsmasse, ist

$$\dot{m} = \rho \cdot A \cdot v \qquad (2.26)$$

Entsprechend Bild **2.10** gilt damit:

$$\rho_1 \cdot A_1 \cdot v_1 = \rho_2 \cdot A_2 \cdot v_2 \qquad (2.27)$$

und bei gleichbleibender Flüssigkeitsdichte

$$A_1 \cdot v_1 = A_2 \cdot v_2 \qquad (2.28)$$

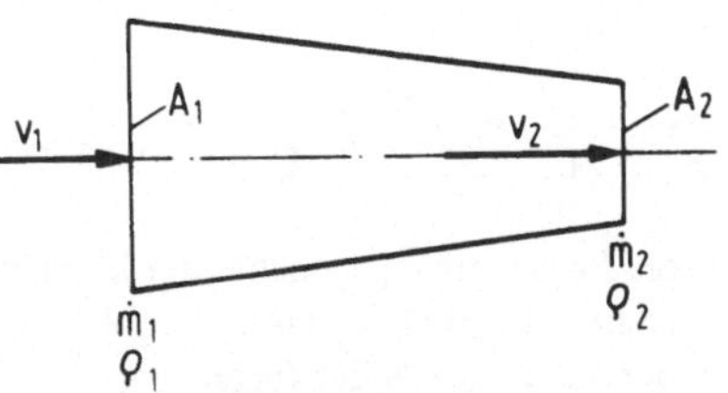

2.10 Flüssigkeitsströmung durch ein sich verengendes Rohr

2.3.2 Bernoulli'sche Bewegungsgleichung

Die Bernoulli'sche Gleichung geht davon aus, daß der Energieinhalt einer stationär und reibungslos strömenden Flüssigkeit in jedem Punkt des Strömungsquerschnitts und zu jeder Zeit konstant ist. Sie gilt für den speziellen Fall der eindimensionalen Strömung, stellt also einen Sonderfall der für den allgemeinen Fall und für dreidimensionale Strömung erstellten Navier-Stoke'schen Differentialgleichungen dar [9]. Trotzdem kann sie als eine ausreichende Grundlage für die Entwicklung von Berechnungsmethoden auf dem Gebiet der Ölhydraulik verwendet werden.

Der Energieinhalt an einem bestimmten Punkt der Stromlinie einer reibungsfrei strömenden idealen Flüssigkeit setzt sich zusammen aus der kinetischen Energie der strömenden Flüssigkeit, der ihr innewohnenden Druckenergie und ihrer Lageenergie. Er wird durch die entsprechenden Drucke $\dfrac{\rho \cdot v^2}{2}$, p und $\rho \cdot g \cdot h$ bestimmt. In dem in

Bild **2.11** dargestellten Rohrelement ändert sich der Gesamtdruck entlang einer Stromlinie von 1 nach 2 aufgrund der Veränderung der Geschwindigkeit v, des statischen Druckes p und aufgrund der Höhendifferenz h von 1 nach 2. Das Gesamtverhalten der strömenden Flüssigkeit wird durch die Bernoulli'sche Gleichung beschrieben:

$$p_1 + \frac{\rho_1 \cdot v_1^2}{2} + \rho_1 \cdot g \cdot h_1 = p_2 + \frac{\rho_2 \cdot v_2^2}{2} + \rho_2 \cdot g \cdot h_2 \qquad (2.29)$$

Für inkompressible Flüssigkeit wird:

$$p_1 + \frac{\rho \cdot v_1^2}{2} + \rho \cdot g \cdot h_1 = p_2 + \frac{\rho \cdot v_2^2}{2} + \rho \cdot g \cdot h_2$$

2.11
Flüssigkeitsströmung durch ein geneigtes Rohr
unterschiedlichen Querschnittes

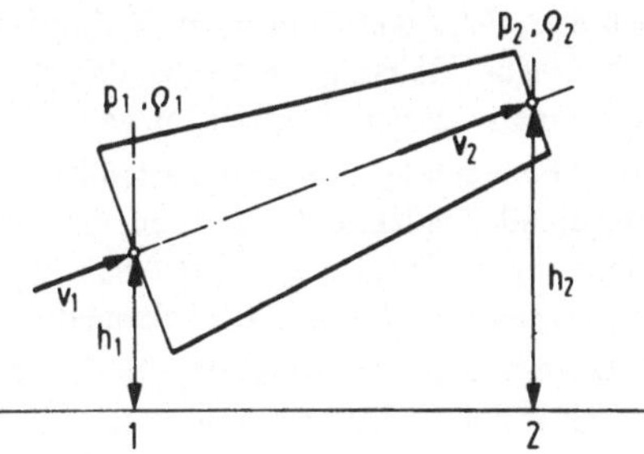

Allgemein ist dann:

$$p + \frac{\rho \cdot v^2}{2} + \rho \cdot g \cdot h = const. \qquad (2.30)$$

Da die Lageenergie gegenüber der kinetischen und der statischen Druckenergie bei der Betrachtung fast aller praktischen Anwendungsfälle in der Ölhydraulik vernachlässigt werden kann, gilt in der Regel:

$$p + \frac{\rho \cdot v^2}{2} = const. \qquad (2.31)$$

Aus dieser, zunächst für inkompressible und reibungsfreie Flüssigkeiten und auch nur für isotherme Zustandsänderungen gültigen, vereinfachten Bewegungsgleichung können nun die für die Berechnung von Hydraulikanlagen wichtigen Gleichungen für den Druckverlust in Hydraulik-Rohrleitungen entwickelt werden, wobei dann die Kompressibilität der Hydraulikflüssigkeiten und deren Reibverhalten zu berücksichtigen sind. Dies soll im Abschnitt 2.3.3 gezeigt werden.

2.3.3 Druckverlust in Rohrleitungen

2.3.3.1 Grundlegende Betrachtungen

Im Gegensatz zu den idealen Flüssigkeiten sind die realen Flüssigkeiten bekanntlich weder inkompressibel noch reibungsfrei, vielmehr hat die Reibung eine ganz wesentliche Bedeutung für die Berechnung und die Beurteilung dynamischer Vorgänge mit Flüssigkeiten, insbesondere auch für die Bestimmung des Strömungswiderstandes bei der Durchströmung von Rohren und Elementen. Bei einer realen Flüssigkeit treten – wie erwähnt – sowohl innerhalb der Flüssigkeit, das heißt zwischen ihren Schichten, als auch zwischen Flüssigkeit und durchströmter Rohrwand, außer den in Abschnitt 2.2 behandelten Normalkräften, zusätzlich Tangentialkräfte, bzw. -spannungen auf. Diese Schubspannungen [9] bewirken die Reibung zwischen den strömenden Flüssigkeitsschichten und das Haften der Flüssigkeit an der Rohrwand und damit einen erheblichen Widerstand, das heißt einen Druckabfall beim Durchströmen des Rohres. Sie wachsen mit zunehmender Viskosität der Flüssigkeit und sie sind bei Hydrauliköden infolgedessen wesentlich größer als bei den in der Strömungsmechanik meist betrachteten Flüssigkeiten kleinerer Viskosität, wie beispielsweise Wasser. Bei Berücksichtigung der Reibung des strömenden Mediums ergeben sich dementsprechend auch abgewandelte Berechnungsgleichungen.

Bei der Berechnung einer kompletten Hydraulikanlage müssen darüber hinaus noch die Druckabfälle berücksichtigt werden, die zusätzlich in Krümmern, Formstücken, Rohrverbindungen, Ventilen usw. entstehen. Diese zusätzlichen Strömungswiderstände werden in getrennten Abschnitten behandelt.

Die Entwicklung einer Gleichung für den Druckabfall, den eine reibungsbehaftete Flüssigkeit bei der Durchströmung eines Rohres erfährt, gelang Prandtl, indem er den

Druckabfall der kinetischen Energie der strömenden Flüssigkeit proportional setzte:

$$\frac{dp}{d\ell} = -\lambda_R \cdot \frac{1}{d} \cdot \frac{\rho \cdot v^2}{2} \qquad (2.32)$$

Durch Integration dieser Gleichung erhält man die folgende Gleichung für den Druckabfall bei inkompressibler stationärer und isothermer Strömung:

$$\Delta p = p_1 - p_2 = \lambda_R \cdot \frac{\ell}{d} \cdot \frac{\rho \cdot v^2}{2} \qquad (2.33)$$

In dieser Gleichung bedeuten (siehe Bild 2.12)

$\Delta p = p_1 - p_2$ den Druckabfall, der bei der Durchströmung des Rohres vom Querschnitt 1 zum Querschnitt 2, d. h. entlang der Rohrlänge ℓ entsteht

d den Innendurchmesser des Rohres

v die auf den freien Rohrquerschnitt bezogene Strömungsgeschwindigkeit

ρ die Dichte der Flüssigkeit

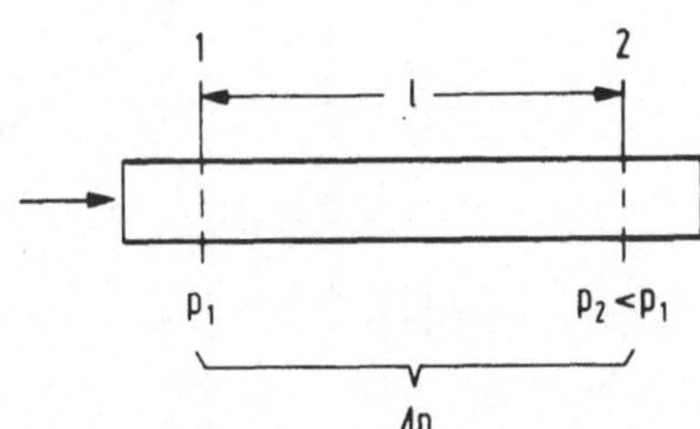

2.12
Druckabfall in geraden Rohren

Der Proportionalitätsfaktor λ_R ist der Rohrwiderstandsbeiwert, der wiederum eine Funktion der Reynolds'schen Zahl Re ist.

$$\lambda_R = f(Re) \qquad (2.34)$$

$$Re = \frac{v \cdot d}{\nu} = \frac{v \cdot d \cdot \rho}{\eta} \qquad (2.35)$$

mit ν als kinematischer, η als dynamischer Viskosität.

Man unterscheidet grundsätzlich zwischen dem für das Gebiet der Ölhydraulik besonders wichtigen Bereich der l a m i n a r e n S t r ö m u n g (Schichtenströmung, Stromlinien parallel zur Rohrachse, Zähigkeitskräfte überwiegen die Massenträgheitskräfte) und dem Bereich der t u r b u l e n t e n S t r ö m u n g (ungeordnete Strömung, Querbewegung auch senkrecht zur Rohrachse, Massenträgheitskräfte überwiegen die Zähigkeitskräfte).

Darüber hinaus muß beachtet werden, daß Strömungsvorgänge in beiden Bereichen sowohl i s o t h e r m als auch n i c h t i s o t h e r m ablaufen können. Während in der Technik in vielen Fällen Medien mit kleinerer Viskosität verwendet werden, wie Gas und Wasser, und man dabei mit isothermer Strömung rechnen kann, hat Hydrauliköl eine sehr hohe Ausgangsviskosität, so daß Strömungsvorgänge in der Regel nichtisotherm ablaufen. Jedoch kann man näherungsweise mit abiabatem Verlauf rechnen.

Die Abhängigkeit des Widerstandsbeiwertes λ_R von der Reynoldszahl ist von Prandtl, seinen Mitarbeitern und anderen Forschern ausführlich untersucht worden. Das Ergebnis dieser Untersuchungen ist das Diagramm in Bild **2.13**. Es ist für die Benutzung in der Ölhydraulik aus zwei Gründen nicht unproblematisch. Erstens berücksichtigt es die bei der Ölströmung vorliegenden nichtisothermen Verhältnisse nicht, so daß sich ohne Benutzung von Korrekturfaktoren zu hohe Druckabfälle ergeben würden. Zweitens interessiert in der Ölhydraulik vor allem auch der Bereich kleiner Reynoldszahlen, anders als in der übrigen Strömungsforschung, wo man meist mit Werten über Re = 10^3 auskommt. Für Berechnungen auf dem Gebiet der Ölhydraulik wird daher das Arbeitsdiagramm in Bild **2.14** empfohlen.

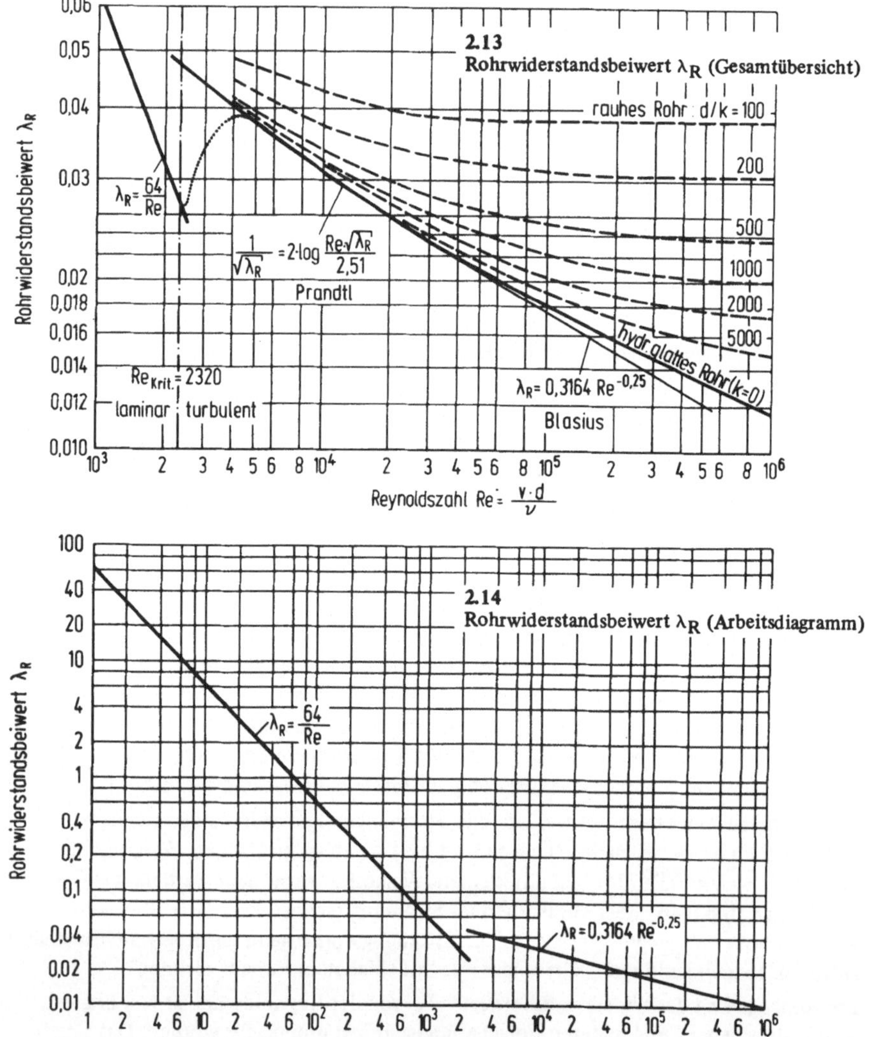

2.3.3.2 Laminare Rohrströmung

Isotherme Strömung. Bei isothermer, laminarer Rohrströmung entsteht ein parabelförmiges Strömungsprofil (Bild **2.15**). Die mittlere Strömungsgeschwindigkeit über dem Rohrquerschnitt kann dabei aus der maximalen Geschwindigkeit errechnet werden; sie ist:

$$v = 0{,}5 \cdot v_{max} \tag{2.36}$$

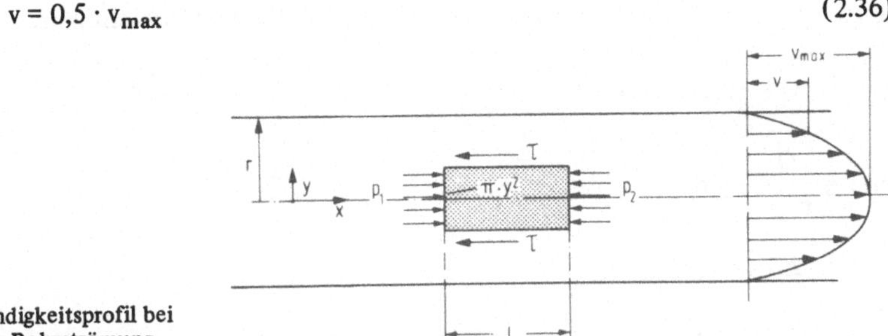

2.15
Geschwindigkeitsprofil bei
laminarer Rohrströmung

Für den Bereich der laminaren Strömung kann man eine Gleichung für den Druckabfall in Rohren ohne Zuhilfenahme experimenteller Untersuchungen analytisch entwickeln. Da die dazu notwendigen Betrachtungen einen guten Einblick in die Strömungsvorgänge im Rohr geben, sollen sie hier durchgeführt werden.

Es möge dazu das im Flüssigkeitsstrom mitfließende kleine Flüssigkeitselement $\pi \cdot y^2 \cdot \ell$ (Bild **2.15**) betrachtet werden, das sich im Gleichgewicht mit der umgebenden, im Strom fließenden Flüssigkeit befinden soll. Auf die Stirnflächen dieses Zylinderelements wirken dann links die Druckkraft $p_1 \cdot \pi \cdot y^2$ und rechts die infolge der Druckverluste entlang der Länge ℓ etwas kleinere Kraft $p_2 \cdot \pi \cdot y^2$. Insgesamt wirkt also

auf die Stirnflächen die Druckkraft: $\qquad (p_1 - p_2) \cdot \pi \cdot y^2$

ihr entgegen wirkt infolge der Schub-
spannung auf die Mantelfläche die Kraft: $\qquad 2\pi \cdot y \cdot \ell \cdot \tau$

bei Gleichgewicht gilt mit $\qquad p_1 - p_2 = \Delta p$

$$\Delta p \cdot \pi \cdot y^2 = 2\pi \cdot y \cdot \ell \cdot \tau \tag{2.37}$$

τ ist nach dem Newton'schen Reibungsgesetz

$$\tau = -\eta \cdot \frac{dv}{dy}$$

so daß $\qquad \dfrac{dv}{dy} = -\dfrac{\Delta p}{\eta \cdot \ell} \cdot \dfrac{y}{2} \tag{2.38}$

Durch Integration erhält man den Maximalwert der Strömungsgeschwindigkeit in der Rohrachse

$$v_{max} = \frac{\Delta p}{4 \cdot \eta \cdot \ell} \cdot r^2 \tag{2.39}$$

Der durch den Rohrquerschnitt fließende Volumenstrom ist gleich dem Inhalt des Rotationsparaboloids

$$Q = \pi \cdot r^2 \cdot \frac{1}{2} \cdot v_{max}$$

Setzt man Gl. (2.39) für v_{max} ein, so führt das zu dem von Hagen und Poisseulle ermittelten Gesetz für den Volumenstrom bei laminarer, isothermer Rohrströmung:

$$Q = \frac{\pi \cdot r^4}{8 \cdot \eta \cdot \ell} \cdot \Delta p \qquad (2.40)$$

mit $v = \dfrac{Q}{\pi \cdot r^2}$ wird

$$\Delta p = 8 \cdot \eta \cdot \frac{\ell}{r^2} \cdot v \qquad (2.41)$$

Man erkennt aus dieser Gleichung, daß der Strömungswiderstand Δp im laminaren Bereich linear mit der Geschwindigkeit wächst.

Setzt man die Gleichungen (2.41) und (2.33) gleich, so wird

$$\lambda_R = \frac{64}{Re} \qquad (2.42)$$

Dies ist die Gleichung für die laminare Gerade in Bild **2.13** und **2.14**; sie gilt gleichermaßen für glatte und für rauhe Rohre.

Nichtisotherme Strömung. Obwohl in der Praxis meist mit isothermer Rohrströmung gerechnet wird, ist bei den überwiegenden Anwendungsfällen der Ölhydraulik — anders als bei Strömungsvorgängen mit Wasser oder Luft — nichtisotherme Strömung vorhanden. Vereinfachend können in vielen Fällen jedoch adiabate Verhältnisse vorausgesetzt werden.

Hydrauliköl hat eine um etwa 10^2-fach höhere Viskosität als Wasser, und die Viskosität ist sehr stark temperaturabhängig (siehe Abschnitt 2.1). Hohe Anfangsviskosität bedeutet aber hohe Reibung, insbesondere zwischen Öl und Rohrwand, dadurch entsteht dort eine Temperaturerhöhung und ein entsprechender Abfall der Viskosität (Bild **2.16**). Dies hat schließlich eine Verringerung des Strömungswiderstandes zur Folge, die bei der Berechnung des Druckabfalles berücksichtigt werden muß.

Nach Kahrs [10] kann das unter Verwendung der allgemeinen Druckabfallgleichung

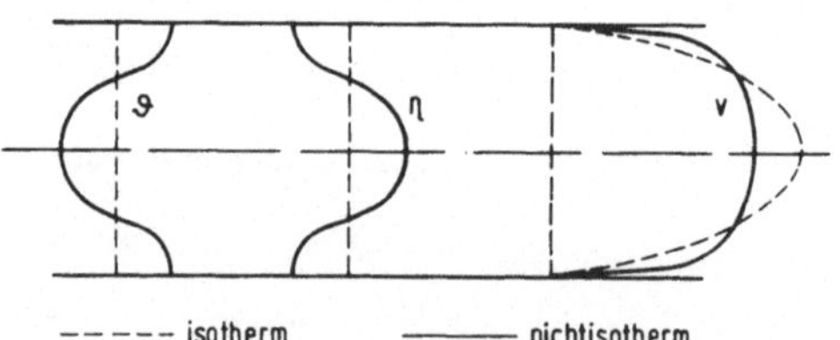

2.16
Temperatur- (ϑ), Viskositäts- (η) und Geschwindigkeitsverlauf (v) über dem Rohrquerschnitt bei isothermer und nichtisothermer Rohrströmung

(2.33) dadurch geschehen, daß man diese Gleichung durch die folgenden beiden Faktoren ergänzt:

k_s-Faktor (Bild 2.17):

er berücksichtigt den Einfluß von Temperatur- und Viskositätsänderung über dem Rohrquerschnitt und ist im wesentlichen von dem Produkt aus der mittleren Strömungsgeschwindigkeit v und der mit der mittleren Temperatur $\bar{\vartheta}$ über dem Rohrquerschnitt errechneten dynamischen Viskosität $\bar{\eta}$ abhängig.

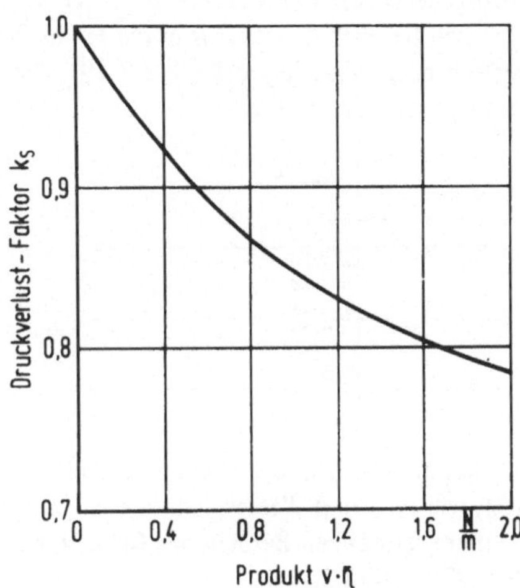

2.17
Druckverlustfaktor k_s für nichtisotherme Strömung

k_x-Faktor (Bild 2.18):

er berücksichtigt den Einfluß von Temperatur- und Viskositätsänderung über der Rohrlänge und ist stark durckabhängig.

Die Druckabfallgleichung für nichtisotherme, laminare Strömung ist damit:

$$\Delta p = k_s \cdot k_x \cdot \lambda_R \cdot \frac{\ell}{d} \cdot \frac{\rho \cdot v^2}{2} \tag{2.43}$$

Werte für den k_s- und k_x-Faktor können aus den Bildern 2.17 und 2.18 entnommen werden.

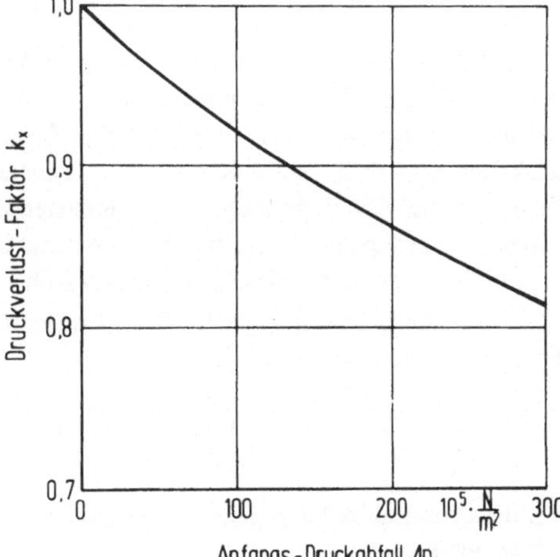

2.18
Druckverlustfaktor k_x für nichtisotherme Strömung (näherungsweiser Verlauf)

2.3.3.3 Turbulente Rohrströmung

Isotherme Strömung. Für den Geschwindigkeitsverlauf über dem Rohrquerschnitt ergibt sich bei turbulenter Strömung ein im Verhältnis zur laminaren Strömung mehr abgeflachtes Strömungsprofil (Bild **2.19**). Die mittlere Geschwindigkeit über dem freien Rohrquerschnitt v ist etwa

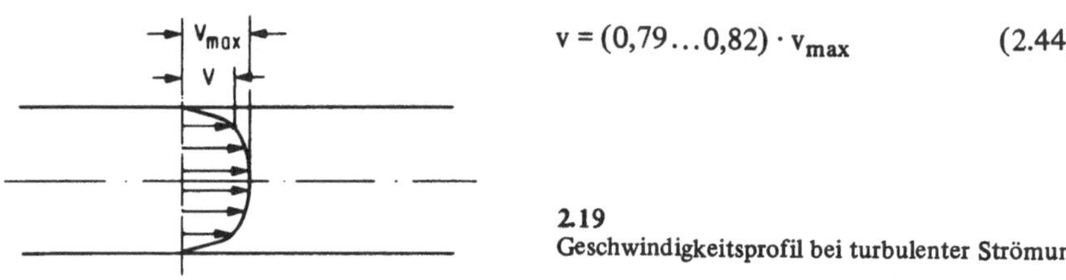

$$v = (0{,}79\ldots0{,}82) \cdot v_{max} \qquad (2.44)$$

2.19
Geschwindigkeitsprofil bei turbulenter Strömung

Bei den in der Strömungsmechanik üblicherweise betrachteten Medien kleinerer Viskosität, wie Luft und Wasser, findet der Umschlag von laminarer in turbulente Strömung in einem sehr engen Bereich der Re-Zahl statt. Er liegt bekanntlich in der Nähe von Re = 2320 (Bild **2.13**).

Bei Strömungen in Ölhydraulikanlagen läßt sich der Übergang infolge der in der Regel pulsationsbehafteten Strömung und infolge der örtlichen Verringerung der Viskosität meist nicht so genau festlegen. Vielmehr muß mit einem breiteren Übergangsbereich gerechnet werden [10], der etwa zwischen Re = 1900 und Re = 3000 liegt.

Im turbulenten Bereich sind der Längsbewegung der Strömung unregelmäßige Querbewegungen überlagert. Jedoch bildet sich in der Nähe der Rohrwand stets eine laminare Grenzschicht [9] aus, die man als „Schmierschicht" betrachten kann. Die Dicke dieser Grenzschicht verringert sich mit wachsender Re-Zahl.

Ist die Dicke der laminaren Grenzschicht größer als die größte Erhebung k an der Rohrwand, so spricht man von einem hydraulisch glatten Rohr. Es hat natürlich einen geringeren Strömungswiderstand zur Folge als ein rauhes Rohr. Bild **2.13** zeigt rechts den Verlauf des Rohrwiderstandsbeiwertes λ_R in Abhängigkeit von der Re-Zahl für den turbulenten Bereich. Man erkennt den für das hydraulisch glatte Rohr gültigen schwach gekrümmten Kurvenverlauf und die darüberliegenden von Colebrook und White entwickelten Kurven für rauhe Rohre mit verschiedenen Wanderhebungen k, bzw. mit dem Kennwert d/k. Die in der Ölhydraulik üblichen Präzisionsstahlrohre nach DIN 2391 haben sehr geringe Rauhigkeitswerte, die meist unter k = 0,01 mm liegen. Daher rechnet man in der Regel mit hydraulisch glattem Rohr.

Die Kurve für hydraulisch glattes Rohr kann mit der folgenden von Prandtl entwickelten Formel beschrieben werden.

$$\frac{1}{\sqrt{\lambda_R}} = 2 \cdot \log \frac{Re\,\sqrt{\lambda_R}}{2{,}51} \qquad (2.45)$$

Für die Ölhydraulik kann genügend genau auch mit der von Blasius vorgeschlagenen Ersatzgeraden

$$\lambda_R = 0{,}3164 \cdot Re^{-0,25} \tag{2.46}$$

gerechnet werden. Am einfachsten ist es jedoch, den gültigen Rohrwiderstandsbeiwert nach Errechnung der Re-Zahl aus dem Arbeitsdiagramm aus Bild **2.13** oder **2.14** abzugreifen. Das Diagramm in Bild **2.13** gibt einen guten Gesamtüberblick über den Verlauf des Rohrwiderstandsbeiwertes für laminare und turbulente Rohrströmung und über den Einfluß der Rohrrauhigkeit bei turbulenter Strömung. Das Diagramm in Bild **2.14** ist besonders zum Ablesen des Rohrwiderstandsbeiwertes für die in der Ölhydraulik vorkommenden kleinen Re-Zahlen geeignet.

Nichtisotherme Strömung. Auch bei turbulenter Strömung kann das nichtisotherme Verhalten der Ölströmung mit Hilfe eines Korrekturfaktors berücksichtigt werden. Der Wert dieses k_t-Faktors [10] ist aus dem Nomogramm in Bild **2.20** zu entnehmen. Damit wird für den turbulenten Bereich:

$$\Delta p = k_t \cdot \lambda_R \cdot \frac{\ell}{d} \cdot \frac{\rho \cdot v^2}{2} \tag{2.47}$$

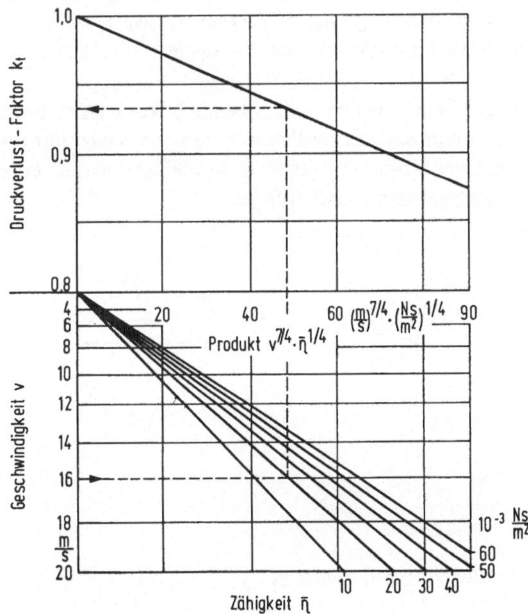

2.20
Nomogramm zur Bestimmung des Druckverlustfaktors k_t für nichtisotherme, turbulente Strömung (nach Kahrs [10])

2.3.4 Druckverlust in Krümmern und Leitungselementen

Bei der Durchströmung von Rohrkrümmern und Leitungselementen, wie Rohrverzweigungen, Rohrvereinigungen, Querschnittsveränderungen und Rohreinläufen, wird dem Ölstrom infolge von Sekundärströmungen in der Regel ein höherer Strömungswiderstand entgegengesetzt, als beim Durchströmen einer gleichlangen geraden Rohrleitung.

Es ist nicht möglich, allgemeingültige mathematische Zusammenhänge für die Berechnung des Widerstandes dieser Elemente anzugeben, zumal da in der Praxis sowohl laminare als auch turbulente Strömungsverhältnisse auftreten können.

Zur Berechnung des Druckverlustes oder Druckabfalls in diesen Elementen setzt man daher üblicherweise den Druckabfall dem Staudruck $\dfrac{\rho \cdot v^2}{2}$ proportional und erhält so

$$\Delta p = \zeta \cdot \frac{\rho \cdot v^2}{2} \tag{2.48}$$

Der Widerstandsbeiwert ζ ist für eine Vielzahl von Krümmern und häufig vorkommenden Einbauelementen experimentell ermittelt worden [11, 12]. Einige Werte für die in den Bildern 2.21 und 2.22 skizzierten Elemente werden nachstehend angegeben (Tafeln **2.5** bis **2.8**). Sie können für turbulente Strömung als annähernd konstant angenommen werden. Man erkennt die gravierenden Unterschiede, die sich allein auf Grund von Gestaltungsmaßnahmen für den ζ-Wert und damit für den Strömungswiderstand eines Einbauelements ergeben, besonders gut an den Beispielen für die Rohreinläufe. Schon eine nur gebrochene Einlaufkante bewirkt eine geringere Strahleinschnürung und damit einen etwa nur halb so großen Widerstandsbeiwert, wie ihn eine scharfe Kante hat. Mit abgerundeten Einlaufkanten kann man einen um Größenordnungen geringeren Widerstand erreichen.

Bei der Benutzung der angegebenen ζ-Werte ist zu beachten, daß sie bei Untersuchungen an Strömungen von Medien mit kleinerer Viskosität gewonnen wurden. Setzt man nichtisotherme Strömung voraus, so verkleinern sie sich entsprechend den im Abschnitt 2.3.3 wiedergegebenen Ausführungen.

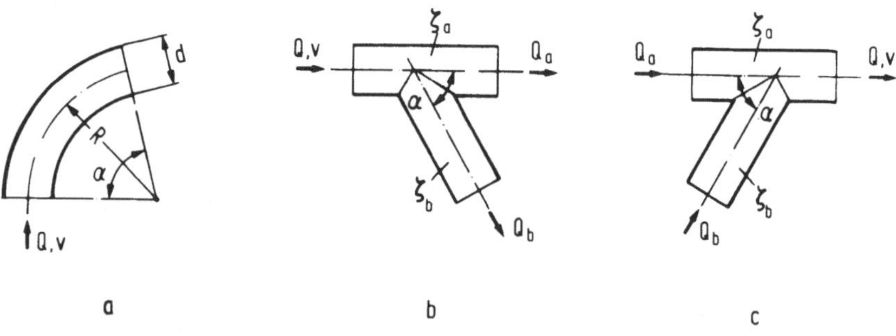

2.21 Rohrkrümmer, Rohrverzweigung, Rohrvereinigung

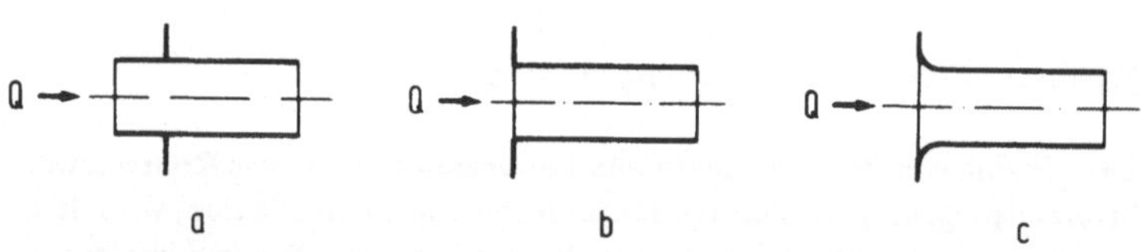

2.22 Rohreinläufe

Tafel 2.5 ζ-Werte für glatte Rohrkrümmer, entsprechend Bild **2.21a** (nach Eck [12])

$\dfrac{R}{d}$	$\alpha = 45°$	$\alpha = 90°$
1	0,14	0,21
2	0,09	0,14
4	0,08	0,11
6	0,075	0,09
10	0,07	0,11

Tafel **2.6** ζ-Werte für Rohrverzweigungen entsprechend Bild **2.21b**, nach Eck [12] (beide Rohre mit gleichem Durchmesser)

$\dfrac{Q_b}{Q}$	$\alpha = 45°$		$\alpha = 90°$	
	ζ_a	ζ_b	ζ_a	ζ_b
0,6	0,07	0,33	0,07	0,96
0,8	0,20	0,29	0,21	1,10
1,0	0,33	0,35	0,35	1,29

Tafel **2.7** ζ-Werte für Rohrvereinigungen entsprechend Bild **2.21c**, nach Eck [12] (beide Rohre mit gleichem Durchmesser)

$\dfrac{Q_b}{Q}$	$\alpha = 45°$		$\alpha = 90°$	
	ζ_a	ζ_b	ζ_a	ζ_b
0,6	0,05	0,22	0,40	0,47
0,8	−0,20	0,37	0,50	0,73
1,0	−0,57	0,38	0,60	0,92

Tafel **2.8** ζ-Werte für Rohreinläufe, nach Herning [11]

Einlaufform nach Bild **2.22**	scharfe Kante	gebrochene Kante
a	3,0	0,55
b	0,5	0,25
c	0,06 . . . . 0,005 je nach Wandrauhigkeit	

Darüber hinaus können sie nur für turbulente Strömungen als annähernd konstant angesehen werden. Im laminaren Bereich steigen sie mit abnehmender Reynoldszahl stark an.

Chaimowitsch [13] empfiehlt daher für den laminaren Bereich die Berücksichtigung eines Korrekturfaktors b (Bild 2.23), mit dem der Widerstandsbeiwert ζ zu multiplizieren ist. Damit gilt für den laminaren Bereich:

$$\Delta p = \zeta \cdot b \cdot \frac{\rho \cdot v^2}{2}$$

(2.49)

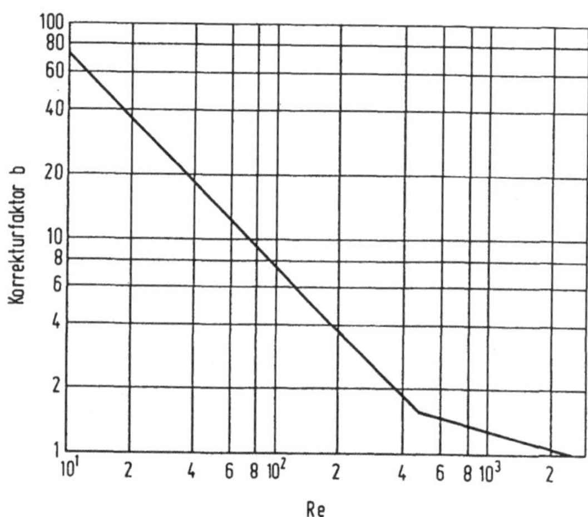

2.23
Korrekturfaktor b für den Widerstandsbeiwert von Krümmern und Leitungselementen bei laminarer Strömung (nach Chaimowitsch [13])

2.3.5 Druckverlust in Ventilen und Geräten

Besonders dann, wenn eine Hydraulikanlage eine größere Anzahl von Ventilen und Hydrogeräten enthält, ist auch die Berücksichtigung des Druckverlustes erforderlich, den diese Elemente hervorrufen. In der Regel benutzt man dazu die von der Herstellerfirma bereitgestellten Durchflußkennlinien, wie sie in Abschnitt 5 dargestellt sind.

2.3.6 Volumenstrom durch Drosseln

Drosseln werden in der Ölhydraulik überwiegend in Form von einfachen Drosselbohrungen oder von Drosselblenden verwendet; auch verstellbare Drosseln sind weit verbreitet. Die Aufgabe der Drosseln oder Blenden kann es sein, einen Ölvolumenstrom — — konstant oder einstellbar — so zu drosseln, daß der Verbraucher jeweils nur den von ihm benötigten Volumenstrom erhält. In Form von Blenden werden sie jedoch häufig auch — wie z. B. in Stromventilen — verwendet, um Volumenströme zu messen. Für die in Bild 2.24 dargestellte Blende gilt nach Bernoulli- und Kontinuitätsgleichung, ohne Berücksichtigung der Strömungsverluste,

$$p_1 - p_2 = \Delta p = \frac{\rho \cdot v^2}{2} \qquad (2.50)$$

$$Q = A_D \cdot v; \qquad A_D = \frac{\pi \cdot d^2}{4}$$

$$Q = A_D \cdot \sqrt{\frac{2 \cdot \Delta p}{\rho}} \qquad (2.51)$$

2.24
Messen des Volumenstroms mit Blende

Diese Gleichung gibt aber nur die theoretischen Zusammenhänge wieder. Um die in der Praxis bei verschiedenen Blendenformen auftretenden unterschiedlichen Strömungsverluste berücksichtigen zu können, sind umfangreiche Meßreihen durchgeführt worden. Dabei hat sich ergeben, daß man die wesentlichen, in der Praxis vorkommenden Verluste durch Einführung einer sogenannten Durchflußzahl α und einer Expansionszahl ϵ erfassen kann.

Die Durchflußzahl α berücksichtigt den Einfluß der Strömungsgeschwindigkeit, der Verengung und der Geschwindigkeitsverteilung an der Meßstelle, und sie ist eine Funktion des Öffnungsverhältnisses

$$m = \frac{A_D}{A} = \frac{d^2}{D^2} \qquad (2.52)$$

und der Re-Zahl

$$Re = \frac{v \cdot d}{\nu} \qquad (2.53)$$

$$\alpha = f(m^2, Re) \qquad (2.54)$$

Werte für α sind den Durchflußmeßregeln nach DIN 1952 zu entnehmen, und sie können auch in Taschenbüchern, z. B. [14], gefunden werden.

Die Expansionszahl ϵ beschreibt die Verluste, die bei der Expansion des Flüssigkeitsstroms hinter der Blende entstehen. Ihre Berücksichtigung ist besonders bei stark kompressiblen Medien erforderlich. In der Ölhydraulik kann man sie in der Regel unberücksichtigt lassen. Tut man dies, so wird die für den praktischen Gebrauch geeignete Gleichung für den Volumenstrom durch Blenden:

$$Q = \alpha \cdot A_D \cdot \sqrt{\frac{2 \cdot \Delta p}{\rho}} \qquad (2.55)$$

Weitere spezifische Gesichtspunkte für die Gestaltung und zur Beurteilung der Funktion von Drosseln und Blenden werden im Abschnitt 5.5 behandelt.

2.3.7 Leckölverlust durch Spalte

Durch die Spalte zwischen Kolben und Zylinder von Verdrängermaschinen oder Wegeventilen, zwischen Gleitschuh- und Schrägscheibe oder zwischen Steuerspiegel und Gehäuse von Axialkolbenmaschinen entweicht ein in der Regel kleinerer Teil des Ölvolumenstroms. Er dient zwar auch zur Schmierung der Elemente, geht jedoch für die Energieerzeugung verloren. Darüber hinaus können die Leckölverluste — auch wenn das Lecköl nach außen hin nicht verloren geht, sondern intern innerhalb der Maschine oder innerhalb eines Kreislaufs verbleibt — das Betriebsverhalten einer Anlage beeinflussen und Störungen verursachen. Daher ist oft eine überschlägige Vorausberechnung erforderlich. Sie kann mit Hilfe der im folgenden aufgeführten Gleichungen für die in Bild **2.25** skizzierten wichtigsten Spaltformen durchgeführt werden.

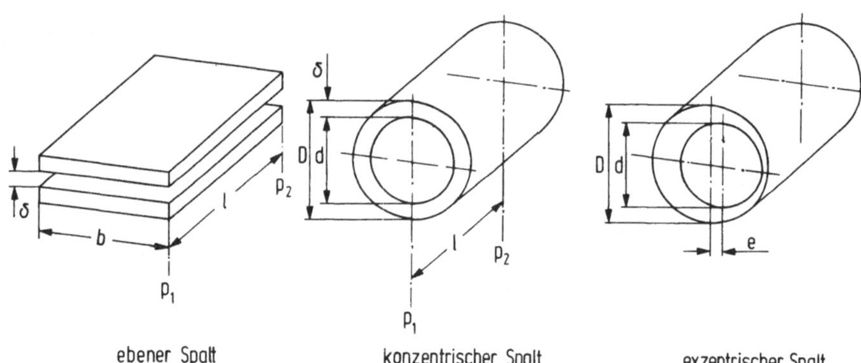

2.25 Wichtige Spaltformen

Unter der Voraussetzung, daß es sich um die üblichen relativ breiten Spalte mit kleinen Spaltdicken von bis zu etwa 20 μm und um laminare, isotherme Leckölströmung handelt, können die folgenden Gleichungen benutzt werden.

a) ebener Spalt:

$$Q_L = \frac{b \cdot \delta^3}{12 \cdot \eta} \cdot \frac{p_1 - p_2}{\ell} \qquad (2.56)$$

b) konzentrischer Spalt:

$$Q_L = \frac{\pi \cdot d \cdot \delta^3}{12 \cdot \eta} \cdot \frac{p_1 - p_2}{\ell} \qquad (2.57)$$

c) exzentrischer Spalt:

$$Q_L = \frac{\pi \cdot d \cdot \delta^3}{12 \cdot \eta} \cdot \frac{p_1 - p_2}{\ell} (1 + 1{,}5 \cdot \epsilon^3) \qquad (2.58)$$

darin sind: $\delta = \dfrac{D - d}{2}$; $\epsilon = \dfrac{e}{\delta}$

Für eine Kapillare vom Durchmesser d ist

$$Q_L = \frac{\pi \cdot d^4}{128 \cdot \eta} \cdot \frac{p_1 - p_2}{\ell} \tag{2.59}$$

Bei Berechnung der Leckölverluste durch Spalte ist zu beachten, daß in der Praxis auch hierbei meist mit nichtisothermer Strömung gerechnet werden muß; dabei steigen die Leckölverluste infolge der Erwärmung des Öls im Spalt und des damit verbundenen Absinkens der Viskosität an.

Turbulente Einlaufstörungen dagegen, die am Spalteingang ein völligeres Strömungsprofil und eine größere innere Reibung erzeugen, haben kleinere Leckölverluste zur Folge.

Über diese Gesichtspunkte hinaus muß oft auch beachtet werden, daß sich die Spaltweite und damit auch die Leckölverluste infolge unterschiedlicher Wärmeausdehnungskoeffizienten der Elemente während des Betriebes verändern können. Infolge der Tatsache, daß der Leckölstrom mit der 3. Potenz der Spaltdicke wächst, muß dieser Gesichtspunkt häufig besonders berücksichtigt werden.

Die Spaltdickenänderung $\Delta\delta$ zwischen Kolben und Zylinder kann beispielsweise wie folgt errechnet werden:

$$\Delta\delta = d \cdot (\beta_{Zyl} \cdot \Delta\vartheta_{Zyl} - \beta_{Kolb} \cdot \Delta\vartheta_{Kolb})$$

Dabei ist d der Kolben- bzw. Zylinderdurchmesser und β der lineare Wärmeausdehnungskoeffizient. Er kann für Temperaturen bis zu 100 °C − in 1/K − für GG mit $1 \cdot 10^{-5}$, für St mit $1{,}2 \cdot 10^{-5}$, für Ms mit $1{,}8 \cdot 10^{-5}$ und für Al mit $2{,}4 \cdot 10^{-5}$ eingesetzt werden.

2.3.8 Kraftwirkung strömender Flüssigkeiten

Sobald strömende Flüssigkeiten innerhalb oder außerhalb einer Rohrleitung auf Widerstände treffen, entwickeln sie auf Grund der ihnen innewohnenden Strömungsenergie Kräfte, die unter Umständen bei der Entwicklung von Hydraulikelementen oder bei der Projektierung einer Hydraulikanlage bedacht werden müssen. So können an einer dem Flüssigkeitsstrahl entgegengestellten Blechplatte Strahlstoßkräfte entstehen. Wenn diese Kräfte an den Stirnflächen von Ventil-Kolbenschiebern entstehen, so werden unter Umständen hohe Betätigungskräfte benötigt. In angeflanschten Querschnittsverengungen oder Rohrkrümmern können so Kräfte entstehen, die die Flanschverbindungen belasten.

Solche Kräfte lassen sich mit Hilfe des Impulssatzes bestimmen. Er kann bei der Behandlung vieler Strömungsaufgaben vorteilhaft eingesetzt werden, und er wird in den einschlägigen Werken über Strömungsmechanik, z. B. [15], ausführlich behandelt. Da seine Anwendung für den Hydraulikanlagen planenden Ingenieur kaum erforderlich ist, sollen hier nur für einige wichtige Fälle die Gleichungen angegeben werden, die zum Zwecke der Berechnung von auf Bauelemente wirkenden Kräften verwendet werden können.

Für die in Bild **2.26** skizzierten Elemente, ebene Platte, Rohrbogen und Düse, gelten die folgenden Gleichungen:

a) Strahlstoßkraft auf eine ebene Platte:

$$F = \rho \cdot Q \cdot v \cdot \sin \alpha \tag{2.60}$$

für die senkrecht zum Strahl stehende Platte ist $\alpha = 90°$ und es wird

$$F = \rho \cdot Q \cdot v = \rho \cdot A \cdot v^2 \tag{2.61}$$

b) Kraft auf Rohrkrümmer:

$$F = 2(p \cdot A + \rho \cdot Q \cdot v) \cdot \cos \frac{\beta}{2} \tag{2.62}$$

c) Kraft auf Düsenmantel:

$$F = \frac{\rho}{2} \cdot v^2 \cdot A_1 \cdot (\alpha - 1)^2 \tag{2.63}$$

$$\text{mit } \alpha = \frac{A_1}{A_2}$$

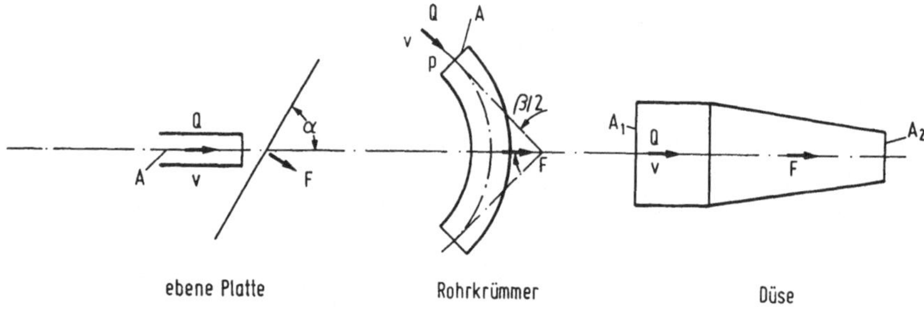

2.26 Strömungskräfte an Bauelementen

2.4 Grundlagen aus der Gleitlagertechnik

In der Ölhydraulik werden Gleitlager nicht nur in der üblichen Form als Lagerelement für eine rotierende Welle verwendet, sondern auch in Form des Zylinders mit hin und her bewegtem Kolben, beispielsweise einer Axialkolbenmaschine (Abschnitt 3.1), sowie in Form der Schrägscheibe einer Schrägscheiben-Axialkolbenmaschine (Abschnitt 3.1.2) mit gleitendem, die hohen Kolbenkräfte abstützenden Gleitschuh (Bild 2.27). Bei allen drei Gleitlagerarten ist ein Ölpolster oder ein Ölstrom erforderlich, um das sich bewegende Element auf seinem Führungselement (Lagerschale, Zylinder, Schrägscheibe) zu „tragen".

Für die Beurteilung der Funktion und des Betriebsverhaltens dieser drei für die Ölhydraulik sehr wichtigen Lagerarten ist ein Einblick in die Art der Entstehung des sogenannten Tragdruckes, d. h. des die Elemente Welle, Kolben oder Gleitschuh tragenden Öldruckes, von großer Bedeutung.

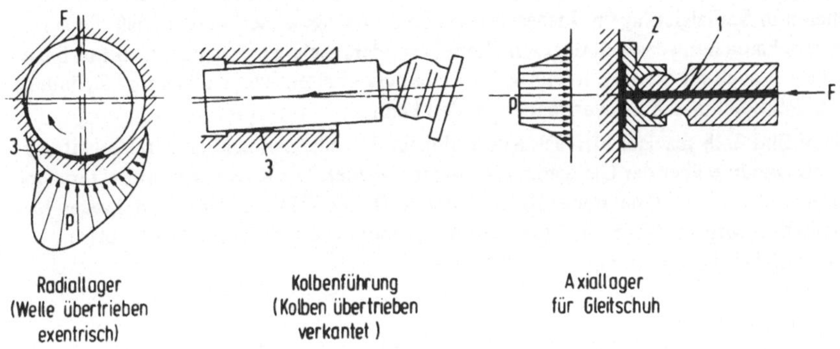

<table>
<tr><td align="center">Radiallager
(Welle übertrieben
exentrisch)</td><td align="center">Kolbenführung
(Kolben übertrieben
verkantet)</td><td align="center">Axiallager
für Gleitschuh</td></tr>
</table>

2.27 Gleitlager in der Ölhydraulik

Hydrostatischer und hydrodynamischer Tragdruck. Grundsätzlich kann man den Tragdruck einmal dadurch erzeugen, daß man von außen her in eine Tasche zwischen den beiden Elementen (z. B. in die Tasche 2 im Bild **2.27** rechts über die Bohrung 1) Öl zuführt, und es mit statischem Druck beaufschlagt. Man spricht dann von h y d r o s t a t i s c h e m   T r a g d r u c k oder von hydrostatischer Lagerung.

Andererseits kann sich in einem mit Schmieröl versorgten Lager ein Öldruck auf dynamischen Wege auch dadurch aufbauen, daß sich z. B. infolge schwach exzentrischer Lage einer Welle (Bild **2.27** links) oder eines schwach verkanteten Kolbens (Bild **2.27** mitte) ein sogenannter „Schmierkeil" 3 ausbildet. Welle oder Kolben fördern das Öl in den sich verengenden Spalt; mit enger werdendem Spalt, d. h. in Drehrichtung der Welle oder in Bewegungsrichtung des Kolbens wächst die Strömungsgeschwindigkeit, bzw. der dynamische Druck im Spalt, so daß sich ein h y d r o d y n a m i s c h e r T r a g d r u c k aufbaut.

In der Praxis der Ölhydraulik gibt es in einigen Fällen auch ein Zusammenwirken beider Arten des Druckaufbaus. So beginnt sich z. B. ein hydrostatisch entlasteter Gleitschuh (Bild **2.27** rechts) einer Schrägscheiben-Axialkolbenmaschine bei der Drehung des Zylinders auf einer Seite anzuheben und so einen Schmierkeil zwischen sich und der Schrägscheibe zu bilden. Dadurch entsteht zusätzlich zu dem hydrostatisch aufgebrachten Tragdruck noch ein kleinerer hydrodynamischer Tragdruck. Den Haupttraganteil übernimmt in der Regel der aufgegebene statische Druck, den Rest jedoch der auf dynamischem Wege entstehende Druck. Die Vorgänge bei der Druckentwicklung können hier nur sehr stark vereinfacht dargestellt werden. Ausführliche Angaben über diese Vorgänge in Radial- und Axiallagern findet man bei Vogelpohl [16] und — zusammengefaßt — bei Peeken [17], über die Vorgänge bei der Kolbenführung in Axialkolbenmaschinen bei Renius [18] und über die Bewegung der Gleitschuhe auf Schrägscheiben bei Böinghoff [19]. Die wichtigsten diesbezüglichen Zusammenhänge werden darüber hinaus bei der Behandlung der Axialkolbenmaschinen im Abschnitt 3.1 noch erläutert werden.

Darstellung der Reibungszustände. Untersuchungen von Renius [18] haben gezeigt, daß
Ähnlichkeit besteht zwischen dem Reibungsgeschehen in den Spalten zwischen Kolben
und Zylindern in Axialkolbenmaschinen und den Spalten zwischen Wellen und Lager-
schalen in Radialgleitlagern. Insbesondere konnte nachgewiesen werden, daß die zur
Veranschaulichung des Reibungsverhaltens besonders geeignete sogenannte S t r i b e c k -
K u r v e auch für die Beschreibung des Reibungsverhaltens von Kolben und Zylindern
in Axialkolbenmaschinen verwendet werden kann.

Die in Bild **2.28** gezeigte Stribeck-Kurve gibt für den allgemeinen Fall den Verlauf der
Reibungszahl μ über der Gleitgeschwindigkeit v wieder. Die Kurve beginnt bei der Gleitgeschwindigkeit v = 0 bei hoher Haftreibung, u. U. bei Reibung von Material gegen Material (Festkörperreibung), um dann mit wachsender Gleitgeschwindigkeit v bis zur Geschwindigkeit $v_{ü}$ auf ein Minimum abzufallen.

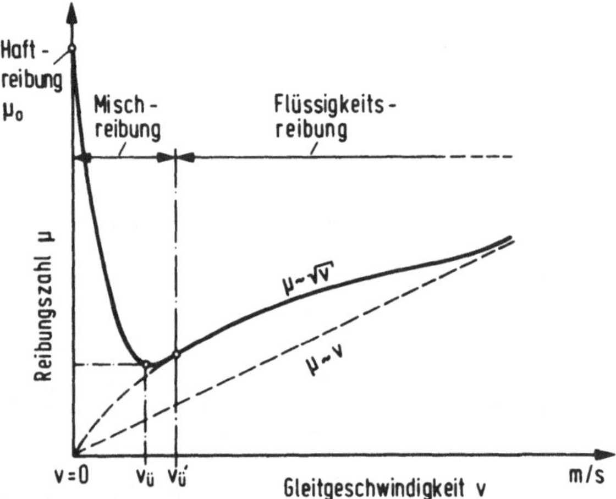

2.28 Verlauf einer Stribeck-Kurve
    $v_{ü}$: Gleitgeschwindigkeit bei minimaler Reibungszahl
    $v_{ü}'$: Gleitgeschwindigkeit beim Übergang von Mischreibung
        zu Flüssigkeitsreibung
    $\mu \sim v$: Petrov-Gerade

Von $v_{ü}$ an steigt die Kurve dann über ein sehr kurzes Stück progressiv an, um diesen Anstieg dann bei $v_{ü}'$ in degressiver Form fortzusetzen. Von diesem Wendepunkt an nähert
sie sich bei hoher Gleitgeschwindigkeit der nach Petrow benannten Geraden, die linear
zur Gleitgeschwindigkeit verläuft und leicht zu berechnen ist. Die Petrow-Gerade gilt
für konstante Schmierspaltweite, d. h. für Gleitlager mit konzentrischem Umlauf der
Welle.

Der der Gleitgeschwindigkeit $v_{ü}'$ entsprechende Punkt der Stribeck-Kurve markiert das
Ende des sogenannten Mischreibungsgebietes, bei dessen Durchlaufen Lager und Welle,
bzw. Kolben und Zylinder, einem relativ großen Verschleiß unterworfen sind, da hier
noch keine vollausgeprägte Schmierung vorhanden ist. Im Gebiet der Flüssigkeitsreibung
dagegen herrscht Vollschmierung, so daß hier mit sehr geringem Verschleiß zu rechnen

ist. Der Anstieg der Reibungszahl im Gebiet der Flüssigkeitsreibung ergibt sich auf Grund des zunehmenden Schergefälles in der Flüssigkeitsschicht (s. Gl. 2.1).

Die in Bild 2.28 wiedergegebene Kurve gilt für isotherme Verhältnisse, d. h. für konstante Lagertemperatur und damit konstante Viskositätsverhältnisse. Bei steigender Temperatur würde sich für den Bereich der Flüssigkeitsreibung eine etwas tiefer liegende Kurve ergeben. Steigende Lagerbelastungen haben bei etwa gleichbleibendem Reibzahl-Minimum eine Verlagerung der Minima zu immer höheren Gleitgeschwindigkeiten und immer breiter werdende Mischreibungsbereiche zur Folge. Außerdem ergibt sich mit steigender Lagerbelastung ein immer flacherer Verlauf des rechten Kurventeils für die Flüssigkeitsreibung.

Beim Einsatz vieler hydraulisch betriebener Maschinen, insbesondere von Mobilmaschinen, muß das Mischreibungsgebiet sehr oft durchfahren werden. Man muß daher Wert darauf legen, Hydromaschinen, wie Pumpen und Motoren, so zu gestalten, daß das Mischreibungsgebiet möglichst schmal wird und daß das Reibungsminimum bei $v_{ü}$ möglichst tief zu liegen kommt.

Für die Darstellung der Tragfähigkeit von Gleitlagern wird oft die dimensionslose sogenannte Sommerfeld-Zahl verwendet:

$$So = \frac{\bar{p} \cdot \psi^2}{\eta \cdot \omega} \tag{2.64}$$

In dieser Gleichung sind $\bar{p}$ die mittlere Flächenpressung im Gleitlager, ψ das relative Lagerspiel

$$\psi = \frac{R - r}{r}$$

mit R als Lager-, r als Wellenradius.

Für die Darstellung des komplexeren Reibungsgeschehens zwischen Kolben und Zylinder hat sich die Verwendung des reziproken und etwas vereinfachten Ausdrucks

$$\frac{\eta \cdot \omega}{\bar{p}} \tag{2.65}$$

als Kenngröße bewährt.

2.5 Schaltzeichen

Ähnlich wie in der Elektrotechnik können auch in der Ölhydraulik Schaltpläne mit Hilfe von Schaltzeichen erstellt werden. Die Hydraulik-Schaltzeichen sind in der Vergangenheit im Verlauf der internationalen Normung wiederholt Änderungen unterworfen worden und weitere, wenn auch voraussichtlich geringere Änderungen sind in Zukunft zu erwarten.

Nach der ursprünglichen nationalen Norm DIN 24 300 gilt heute in Deutschland die DIN-ISO-Norm 1219. Ergänzt und ausführlicher dargestellt sind die Schaltzeichen in den vom VDMA in Frankfurt herausgegebenen „Richtlinien für die Anwendung der DIN-ISO 1219".

Es kann nicht die Aufgabe dieses Buches sein, die Kenntnis der sehr vielfältigen Schaltzeichen vollständig zu vermitteln. Dies muß der Leser an Hand der obengenannten Normen selbst besorgen. Jedoch soll mit Hilfe der Tafeln **2.9 bis 2.11** ein Einblick in den Aufbau einiger der wichtigsten Schaltzeichen gegeben werden, deren Kenntnis für das weitere Studium des Buches unerläßlich ist.

Bei Betrachtung der Schaltzeichen ist zu beachten, daß sie nur die Funktion der Hydroelemente, beispielsweise einer Hydropumpe oder eines Ventils, beschreiben, keineswegs jedoch deren konstruktiven Aufbau. Das Schaltzeichen für eine Pumpe kann also z. B. eine Kolbenpumpe, eine Schraubenpumpe oder eine Zahnradpumpe bedeuten.

Tafel 2.9 Schaltzeichen für Energiewandler

Hydropumpen und -motoren

Konstantpumpe	konstantes Verdrängungsvolumen eine Förderrichtung Antrieb durch E-Motor	
Konstantpumpe	konstantes Verdrängungsvolumen zwei Förderrichtungen	
Verstellpumpe	verstellbares Verdrängungsvolumen zwei Förderrichtungen	
Konstantmotor	konstantes Verdrängungsvolumen eine Drehrichtung	
Verstellmotor	verstellbares Verdrängungsvolumen zwei Drehrichtungen	
Hydrokompaktgetriebe	Verstellpumpe und -motor für zwei Förder- und Drehrichtungen	

Hydrozylinder

Einfachwirkender Zylinder	in einer Richtung wirkend Rückbewegung durch äußere Kraft	
Doppeltwirkender Zylinder	in zwei Richtungen wirkend	
Doppeltwirkender Zylinder mit Dämpfung	Dämpfung beidseitig und verstellbar	
Teleskopzylinder	in einer Richtung wirkend Rückbewegung durch äußere Kraft	

Tafel 2.10 Schaltzeichen für Hydroventile

Wegeventile

3/2-Wegeventil	3 Anschlüsse, 2 Schaltstellungen (Anschlüsse in „Ausgangsstellung" zeichnen)	
4/3-Wegeventil	4 Anschlüsse, 3 Schaltstellungen (Anschlüsse in „Ruhestellung" zeichnen)	
2/2-Wegeventil	Sperrstellung, Durchflußstellung	
4/3-Wegeventil	Umlaufstellung von P nach T P: Pumpe, T: Ölbehälter (Tank) A, B: Verbraucheranschlüsse	
4/3-Wegeventil	Handbetätigt	
	direkt hydraulisch betätigt	
	über Vorsteuerventil indirekt hydraulisch betätigt	
	elektromagnetisch betätigt, Rückstellung durch Federn	
4/3-Wegeventil	nichtdrosselnd 2 Endschaltstellungen	
	drosselnd beliebig viele Zwischen-Schaltstellungen	

Druckventile

Druckbegren- zungsventil	begrenzt Druck im Zulauf durch Federkraft öffnet, wenn Druck im Zulauf zu groß	
Folgeventil	schaltet Verbraucher dazu, sobald Eingangs- druck den mit Feder eingestellten Wert erreicht hat	
Druckregel- ventil	hält Druck im Ablauf konstant schließt, wenn Druck im Ablauf zu groß	
Verhältnis- druckregelventil	hält Druckverhältnis zwischen Zu- und Ablauf konstant	

Tafel 2.10 Fortsetzung

Sperrventile, Stromventile

Rückschlag- ventil	sperrt, wenn Ausgangsdruck größer als Eingangsdruck	
Drosselventil	drosselt den Ölstrom durch Verengen des Durchfluß-Querschnitts	
2-Wege-Strom- regelventil	hält Ausgangsstrom durch Regelvorgang konstant Ölüberschuß über DBV in Tank zurück	
3-Wege-Strom- regelventil	hält Ausgangsstrom konstant führt Ölüberschuß in Tank zurück	
Stromteil- ventil	teilt Ölstrom in bestimmtem Verhältnis, unabhängig vom Druck	

Tafel 2.11 Schaltzeichen für Leitungen und Hydrogeräte

Leitungen, Leitungsverbindungen

Arbeitsleitung	Rohrleitung zur Energieübertragung	
Steuerleitung	Leitung zur Übertragung von Steuerenergie	
Leckleitung	Leitung zum Abführen von Leckflüssigkeit	
biegsame Leitung	z. B. Hochdruckschlauch	
Leitungs- verbindung	feste Verbindung, geschweißt, gelötet, geschraubt	
Schnell- kupplung	gekuppelt, mit zwangsgeöffnetem Sperrventil: entkuppelt, Sperrventile geschlossen:	

Hydrogeräte

Behälter		
Hydrospeicher	Speicherung hydraulischer Energie	
Filter		
Kühler		

3 Energiewandler für stetige Bewegung (Hydropumpen und -motoren)

Die ölhydraulischen Verdrängermaschinen — das sind die Hydropumpen und die Hydromotoren — werden hier aus Gründen der besseren Überschaubarkeit unter dem Begriff „Energiewandler[1]) für stetige Bewegung" zusammengefaßt und dadurch abgegrenzt von der anderen großen Gruppe der „Energiewandler für absätzige Bewegung", zu der vor allem die Hydrozylinder zählen.

Die Aufgabe der Hydropumpen ist es, mechanische Energie in hydraulische Energie umzuwandeln, die der Hydromotoren, die hydraulische Energie wieder in mechanische Energie zurückzuverwandeln. Für den Antrieb der Hydropumpen werden bei ortsfesten Anlagen in der Regel Elektromotoren, bei Mobilmaschinen, wie Erdbaumaschinen, landwirtschaftliche Schlepper und Maschinen, meist Dieselmotoren verwendet.

Betrachtet man ihre g r u n d s ä t z l i c h e   F u n k t i o n , so muß man (s. auch ISO 1219) Hydropumpen und -motoren mit konstantem Verdrängungsvolumen und solche mit veränderlichem Verdrängungsvolumen unterscheiden. Die ersteren nennt man Konstantpumpen und Konstantmotoren, die letzteren Verstellpumpen und Verstellmotoren (Bild 3.1). Unter Verdrängungsvolumen versteht man bei Hydropumpen das je Umdrehung geförderte Ölvolumen; es wird auch als Hubvolumen bezeichnet. Bei Hydromotoren wird das je Umdrehung aufgenommene Ölvolumen als Verdrängungs- oder als Schluckvolumen bezeichnet. Wie Bild 3.1 zeigt, gibt es ferner die Unterscheidung zwischen Maschinen mit einer Stromrichtung (Förderrichtung) und solchen mit zwei Stromrichtungen.

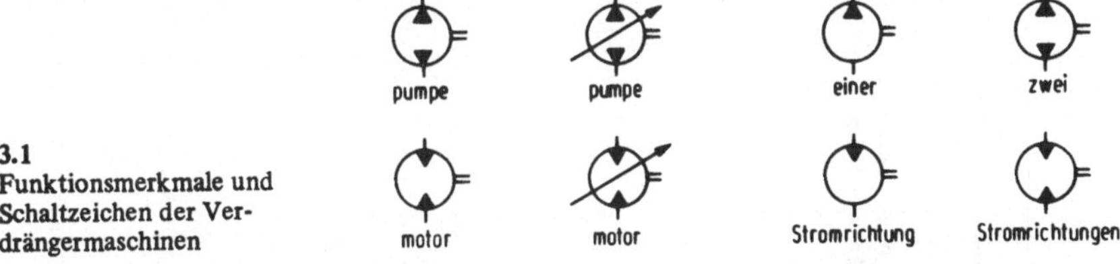

3.1
Funktionsmerkmale und
Schaltzeichen der Ver-
drängermaschinen

Eine systematisch geordnete Darstellung der B a u a r t e n der Verdrängermaschinen gibt Bild 3.2. Alle dort aufgeführten Maschinen (außer den Schraubenmaschinen) können grundsätzlich als Hydropumpen oder als Hydromotoren eingesetzt werden, obwohl einige Bauarten nur, oder doch überwiegend, als Pumpen bzw. als Motoren Verwendung finden. Der Aufbau und die Funktion der wichtigsten der hier aufgeführten Bauarten werden in den folgenden Abschnitten 3.1 bis 3.6, ihr Betriebsverhalten in Abschnitt 3.7 ausführlich behandelt.

---

[1]) Der Begriff „Energie w a n d l e r" wurde hier im Gegensatz zu dem in der Ölhydraulik oft benutzten Begriff „Energie u m f o r m e r" verwendet, weil Geräte, die eine Größe ohne Änderung ihrer Art verändern, in der Technik als Umformer, Geräte, die die Art der Größe (z. B. der Energie) verändern, jedoch als Wandler bezeichnet werden [20].

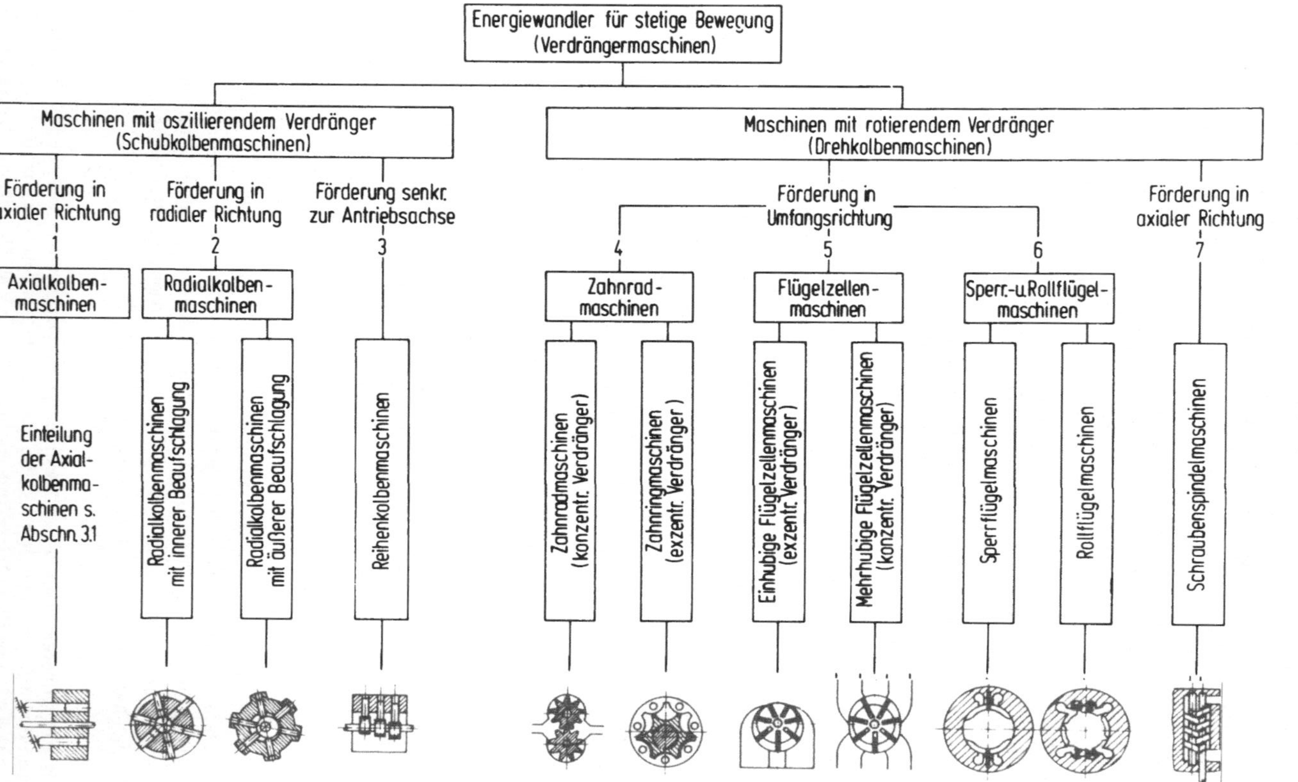

3.2 Systematische Einteilung der Energiewandler für stetige Bewegung

3.1 Axialkolbenmaschinen

Axialkolbenmaschinen werden in sehr großer Stückzahl hergestellt. Sie werden vor allem dort verwendet, wo hohe Drucke und mittlere Volumenströme erforderlich sind, wie z. B. in der Mobilhydraulik oder in der Flughydraulik. Bei hoher Leistungsdichte haben sie ein relativ kleines Bauvolumen und sind daher als Pumpe und Motor, besonders auch für die Verwendung in ölhydrostatischen Getrieben, geeignet.

Nach ihrer Kinematik unterscheidet man:

— Schrägachsenmaschinen
— Schrägscheibenmaschinen
— Taumelscheibenmaschinen

In den folgenden Abschnitten werden Aufbau und Funktion sowie die konstruktiven Merkmale der wichtigsten Bauarten der Axialkolbenmaschinen behandelt. Dabei werden bei allen Maschinen, die auch als Verstellmaschinen gebaut werden, die Verstellausführungen gezeigt und beschrieben, weil sie die umfassendere Ausführungsform darstellen. In der Regel werden diese Maschinen jedoch auch in Form von Konstantpumpen und Konstantmotoren hergestellt.

3.1.1 Schrägachsenmaschinen

Die Schrägachsenmaschine ist die älteste Bauart der Axialkolbenmaschinen. Die bekannteste Ausführung ist die von Hans Thoma entwickelte Maschine mit einem relativ zur Triebachse schwenkbaren Gehäuse (bzw. bei Konstantmaschinen schrägliegendem Gehäuse: Schräggehäuse-Bauart). Darüberhinaus gibt es eine weitere Ausführung mit einer relativ zur Gehäuseachse schwenkbaren (bzw. schrägen) Triebscheibe, die hier wegen ihrer geringeren praktischen Bedeutung nicht behandelt wird, die jedoch in der Gesamtübersicht in Bild **3.11** unter 1.2 aufgeführt ist.

Aufbau und Funktion. Die Schrägachsenmaschine in Thoma-Bauform ist in schematisierter Ausführung in Bild **3.3** dargestellt. Die Triebwelle 1 ist mit der Triebscheibe 2 fest verbunden. Die mit der Triebscheibe über die Kolbenstangen 3 verbundenen Kolben 4 sind im Zylinderblock 5 untergebracht, der auf dem Zapfen 6 drehbar gelagert ist. Der Zapfen 6 ist wiederum im Schwenkgehäuse 7 befestigt, das (im Außengehäuse 8) um die Achse A ÷ A schwenkbar angeordnet ist.

Beim Betrieb der Maschine als Pumpe wird die Triebwelle 1 angetrieben (s. Längsschnitt), so daß sie über Triebscheibe 2, Kolbenstangen 3 und Kolben 4 auch den Zylinderblock 5 in Rotation versetzt. Schwenkt man dann das Schwenkgehäuse 7 in die im Schnitt B ÷ B gezeichnete Stellung, so vollführen alle im Zylinderblock gelagerten Kolben Hubbewegungen; der in der Skizze in Schnitt B ÷ B gezeichnete obere Kolben wird sich bei einer Drehung des Zylinderblocks um $180°$ von dem gezeichneten unteren zum oberen Totpunkt bewegen (untere Kolbenstellung) und dabei einen Teilölstrom erzeugen. Bei weiterer Drehung um $180°$ wird er Öl ansaugen. Etwa die Hälfte der Kolben wird also einen Druck-, die andere Hälfte einen Saughub vollführen. Druck- und

Saugseite sind über die Druck- und Saugniere 10 der Steuerscheibe 9 mit dem Druckstutzen und dem Saugstutzen der Pumpe verbunden.

Beim Betrieb der Maschinen als Motor ergibt sich der umgekehrte Vorgang: Der von
der Hydropumpe über Druckstutzen und Druckniere in die Zylinder der Axialkolbenmaschine geförderte Drucköltstrom bewegt die Kolben vom oberen zum unteren Totpunkt, wobei die Kolbenkraft über die Kolbenstangen ein Drehmoment auf die Triebscheibe und damit auf die Triebwelle überträgt.

Konstruktive Merkmale. Von großer Bedeutung für die Funktion aller Axialkolbenmaschinen — so auch der Schrägachsenmaschinen — ist die A u s b i l d u n g d e r
S t e u e r s c h e i b e. Die Steuerscheibe hat, neben der Umsteuerung der Zylinderräume von Druck- auf Saugseite und umgekehrt, auch die Aufgabe, die axiale Lagerung
des Zylinderblocks zu übernehmen. Er wird meist ebenflächig ausgebildet, kann aber
auch sphärisch (zur zusätzlichen Aufnahme von Radialkräften) oder zylindrisch (bei
Taumelscheibenmaschinen) ausgebildet werden.

Von den beiden nierenförmig ausgebildeten Steuerschlitzen (s. Bild **3.3** unten) ist einer,
die „Saugniere" S, mit der Saugleitung, der andere, die „Druckniere" D, mit der Druckleitung verbunden. Über die Saugniere saugt jeweils etwa die Hälfte der im Zylinderblock sich bewegenden Kolben Öl in die Zylinderräume. Sobald sie ihren unteren Totpunkt erreicht haben, beginnt ihr Verdichtungshub, und auf ihrem Weg bis zum oberen
Kolbentotpunkt werden sie dabei über die Druckniere mit der Druckleitung verbunden.

Zwischen Druck- und Saugniere befindet sich jeweils ein Umsteuersteg, der wenig breiter ist als der Kolbendurchmesser. Der obere Steg (Bild **3.3**) wird von den Kolben durchlaufen, sobald sie ihren unteren Totpunkt (Übergang von Saug- zu Druckhub) erreicht
haben, der untere Steg bei Erreichen des oberen Totpunktes (Übergang von Druck- zu
Saughub). Beim Überlaufen der Stege befinden sich die Kolben kurzzeitig ohne Verbindung mit der Saug- bzw. der Druckleitung. Danach erfolgt eine plötzliche Verbindung, z. B. mit der Druckseite, so daß schlagartige Belastungen auftreten können, die
zu Schwingungen und zur Geräuschbildung führen, wenn man sie nicht durch entsprechende konstruktive Maßnahmen mindert. Dies geschieht in der Regel durch Anbringen
von Entlastungskerben, -nuten oder -bohrungen im Umsteuersteg, die einen allmäh-
lichen Übergang von der Saug- zur Druckseite bewirken. Bei Motoren sind diese Kerben
in beiden Umsteuerstegen vorzusehen, da die Drehrichtung meist nicht festgelegt ist.

Es muß erwähnt werden, daß man für Axialkolbenmaschinen in der Regel nicht — wie
in Bild **3.3** aus Gründen der besseren Übersichtlichkeit gezeichnet — eine gerade Anzahl von Kolben, sondern eine ungerade Anzahl verwendet, um die Förderstrom- und
Druckpulsationen möglichst klein zu halten.

Die auf Kolben und Zylindertrommel w i r k e n d e n K r ä f t e sind ebenfalls von
großer Bedeutung für die Funktion der Axialkolbenmaschinen. Sie werden weitgehend
durch die Bauart bestimmt.

Bei den Schrägachsenmaschinen wird die Kolbenkraft — wie erwähnt — an der Triebscheibe abgestützt. Geht man vom Betrieb der Maschinen als Motor aus und zerlegt die
auf die Triebscheibe wirkende Kolbenkraft F_k in eine Tangentialkraft F_t, die für die

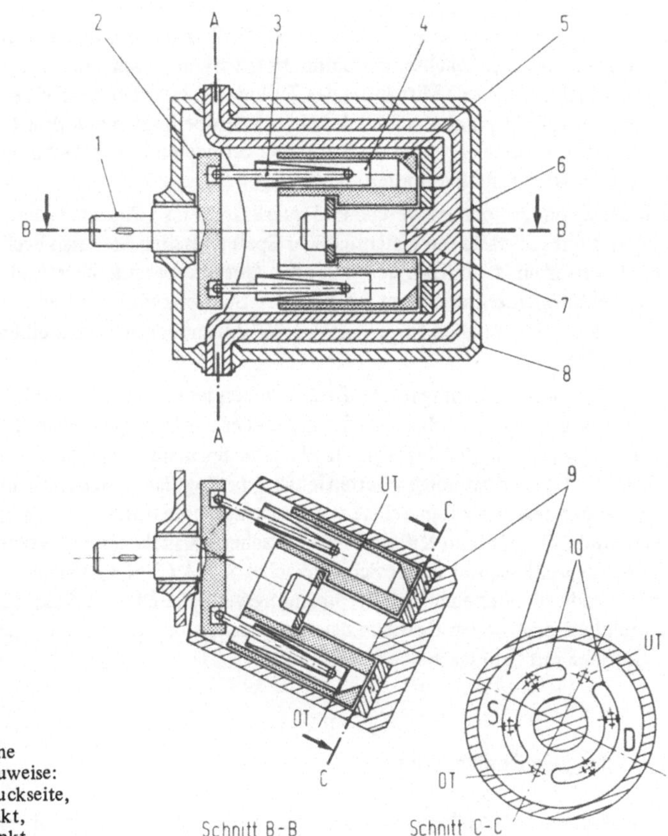

3.3
Axialkolbenmaschine
in Schrägachsen-Bauweise:
S: Saugseite, D: Druckseite,
OT: Oberer Totpunkt,
UT: Unterer Totpunkt

Drehmomententwicklung verantwortlich ist, und in eine Normalkraft F_n, so ergibt sich die Darstellung in Bild **3.4**. Tangentialkraft und Normalkraft sind:

$$F_t = F_k \cdot \sin \alpha$$
$$F_n = F_k \cdot \cos \alpha$$

$$(3.1)$$

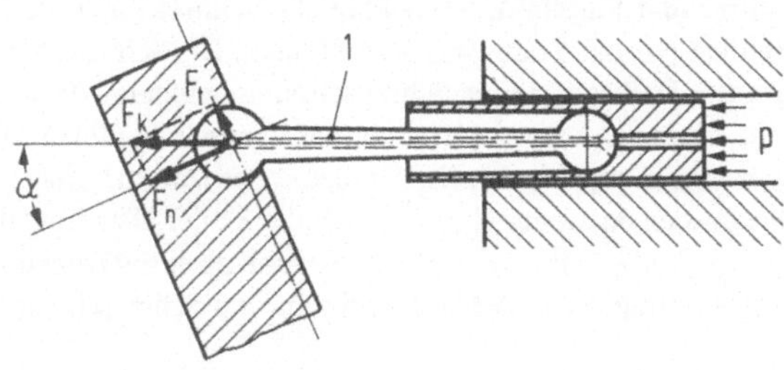

3.4
Kraftzerlegung bei Schrägachsenmaschinen
1 Bohrung für hydrostatische
Entlastung der Gelenke

Infolge der Kraftabstützung an der Triebscheibe, die insbesondere durch die Verwendung der Kolbenstangen ermöglicht wird, ergeben sich wesentliche V o r t e i l e für die Funktion der Schrägachsenmaschine. Hier wirken — sieht man von den relativ geringen Mitnahmekräften (Mitnahme des Zylinderblocks über die Kolbenstangen) und den Zentrifugalkräften ab — nämlich keine systembedingten Querkräfte auf Kolben und Zylinder. Infolge der dadurch bedingten geringeren Kolbenreibung hat diese Bauart ein sehr gutes Anlaufverhalten.

Auch der Zylinderblock ist weitgehend querkraftfrei, so daß auch ohne Einleitung größerer Andruckkräfte ein gleichmäßiger Spalt zwischen Steuerspiegel und Zylinderblock zu erwarten ist. Infolge der fehlenden Querkräfte an Kolben und Zylinderblock sind bei Schrägachsenmaschinen relativ große Schwenkwinkel α und entsprechend große Kolbenhübe möglich ($\alpha_{max} = 25° \div 40°$ gegenüber Schrägscheibenmaschinen $\alpha_{max} = 15° \div 18°$).

Diesen Vorteilen der Schrägachsen-Bauart stehen jedoch auch N a c h t e i l e gegenüber. Ein wesentlicher Nachteil ist der gegenüber der Schrägscheiben-Bauart größere Herstellungsaufwand, der durch die Kolbenstangenausführung, das Gelenk des Schwenkgehäuses und das notwendige zweite Gehäuse bedingt ist. Darüber hinaus muß der Ölstrom bei der beschriebenen Schwenkgehäusemaschine druck- und saugseitig durch längere und mit mehreren Krümmungen versehene Kanäle geführt werden, weil Saug- und Druckanschlüsse nur in der Schwenkachse A $\div$ A (Bild 3.3) angebracht werden können; dadurch entstehen höhere Strömungsverluste. Die mit dieser Maschine gestalteten hydrostatischen Getriebe bauen aus demselben Grund auch nicht so kompakt wie Getriebe mit Schrägscheibenmaschinen.

3.1.2 Schrägscheibenmaschinen

Schrägscheiben-Axialkolbenmaschinen wurden in größerer Stückzahl erst in den Jahren nach 1950 gebaut. Bei ihrem praktischen Einsatz ergaben sich zu Beginn ihrer Entwicklung oft erhebliche Schwierigkeiten, die vor allem auf die höhere Reibung zwischen Kolben und Zylindern zurückzuführen waren. Durch intensive Forschungs- und Entwicklungsarbeiten konnten diese Schwierigkeiten inzwischen aber beseitigt werden. Es werden Schrägscheibenmaschinen mit Gleitschuhen und solche mit Kugelkopfkolben unterschieden.

Aufbau und Funktion. Bei Schrägscheibenmaschinen ist der Zylinderblock 5 (Bild **3.5**) drehfest mit der Triebwelle 1 verbunden. Die Schrägscheibe 2 ist jedoch — im Gegensatz zur Triebscheibe bei Schrägachsenmaschinen — fest mit dem Gehäuse 7 verbunden, d. h., sie kann nicht mitrotieren; bei Verstellmaschinen ist sie lediglich im Gehäuse schwenkbar angebracht. Die Kolben 4 besitzen hier keine Kolbenstange, sondern sie stützen sich entweder über Gleitschuhe 3 oder über Kugelkopfkolben 9 direkt auf der Schrägscheibe 2 ab. Bei Maschinen mit Kugelkopfkolben ist zwecks reibungsärmerer Kraftübertragung zwischen Kugelkopf und Schrägscheibe meist noch eine Wälzscheibe 8 eingebaut.

Werden die Triebwelle 1 und mit ihr der Zylinderblock 5 in Drehung versetzt, so vollführen die Kolben eine Hubbewegung. Entweder durch Aufbringen eines ausreichenden Öldruckes auch auf die Niederdruckseite (Saugseite) oder aber — wie bei Maschinen mit Gleitschuhen häufig ausgeführt — durch Anbringen von sogenannten Niederhaltern muß dafür gesorgt werden, daß die Gleitschuhe, bzw. die Kugelkopfkolben, ständig an der Schrägscheibe, bzw. der Wälzscheibe, anliegen.

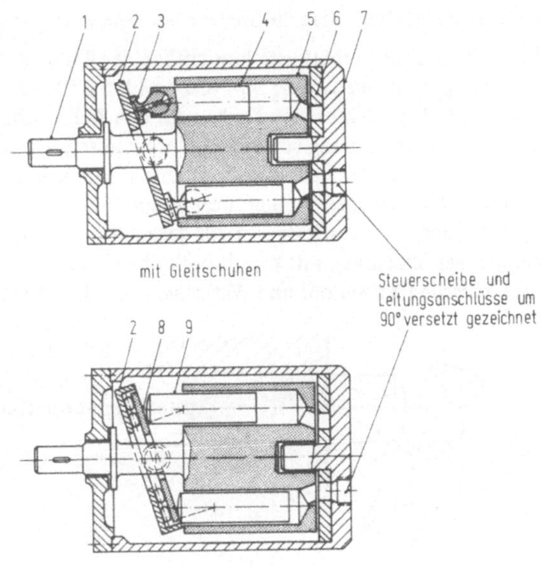

3.5
Axialkolbenmaschinen in Schräg-
scheiben-Bauweise

Konstruktive Merkmale. Die Kraftzerlegung am G l e i t s c h u h k o l b e n erfolgt im Mittelpunkt des Gelenkes zwischen dem Kolben und dem hydrostatisch entlasteten Gleitschuh in der in Bild **3.6** dargestellten Weise.

Die für die Drehmomentenerzeugung maßgebende Querkraft F_q und die nicht verwendbare Normalkraft F_n sind:

$$F_q = F_k \cdot \tan \alpha$$

$$F_n = F_k \cdot \frac{1}{\cos \alpha} \qquad (3.2)$$

3.6
Kraftzerlegung im Gleitschuhgelenk

Die Querkraft hat den Konstrukteuren zu Beginn der Entwicklung dieser Bauart besondere Probleme bereitet. Weil sie immer außerhalb der Kolbengleitfläche angreift, erzeugt sie hohe örtliche Flächenpressungen zwischen Kolben und Zylindern, die die Ursache für hohe Reibkräfte sind und zunächst vor allem bei denjenigen Einsatzfällen zu Betriebsschwierigkeiten geführt haben, wo — wie bei Bau- und Landmaschinen — das Mischreibungsgebiet sehr häufig durchfahren werden muß. Infolge der größeren Querkräfte ist auch mit einer höheren Querkraftbelastung des Zylinderblocks und mit einem nicht immer parallelen Spalt zwischen Zylinderblock und Steuerscheibe zu rechnen, was wiederum höhere Leckölverluste zur Folge haben kann. Man muß daher versuchen, den Zylinderblock so abzustützen, daß die Steuerscheibe möglichst kein Kippmoment aufzunehmen hat.

Etwas günstigere Verhältnisse hinsichtlich der Wirkung der Querkräfte ergeben sich für die Schrägscheibenmaschine mit K u g e l k o p f k o l b e n. Wie Bild **3.7** zeigt, wird die Querkraft auch hier vom Kolben auf den Zylinderblock übertragen, jedoch kann man durch Abstimmung von Kolbendurchmesser, Kugelkopfradius, Schwenkwinkel und Kolbenhub erreichen, daß die Querkraft etwa in der Mitte der Kolbengleitfläche angreift. Dadurch entsteht eine weniger große Querkraftbelastung an Zylindern und Zylinderblock. Trotz dieses Vorteils gegenüber der Gleitschuhmaschine ist der Einsatzbereich der Maschinen mit Kugelkopfkolben begrenzt, weil wegen der Hertz'schen Pressung zwischen Kugelkopf und Wälzscheibe der Druckbereich auf etwa 200 bis 250 bar begrenzt ist. Aus diesem Grund ist die Schrägscheibenmaschine mit Gleitschuhen die in der Praxis gegenüber der Maschine mit Kugelkopfkolben bevorzugte Maschine.

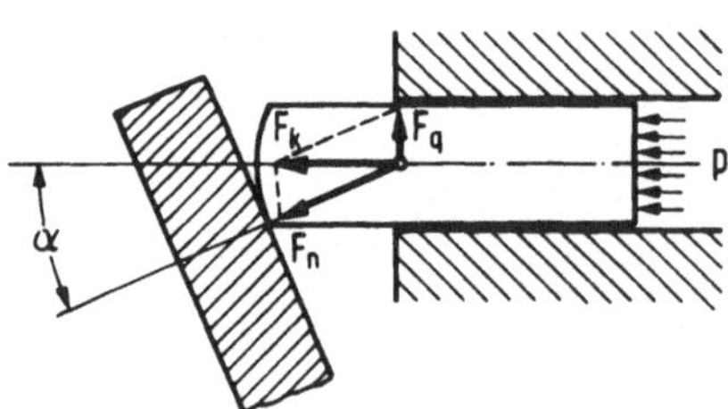

3.7
Kraftzerlegung am Kugelkopfkolben

3.1.3 Taumelscheibenmaschinen

Ein Beispiel für eine Taumelscheibenmaschine zeigt Bild **3.8**. Die Kolben 4 sind hier in einem gehäusefesten Zylinderblock gelagert, während die Taumelscheibe 2 und die Steuerscheibe 5 fest mit der rotierenden Triebwelle 1 verbunden sind. Auf die Taumelscheibe 2, die bei Verstellmaschinen — wie in Bild **3.8** gezeichnet — auf der Triebwelle schwenkbar angebracht ist, stützen sich die Kugelkopfkolben über die zwischengeschaltete Wälzscheibe 3 ab.

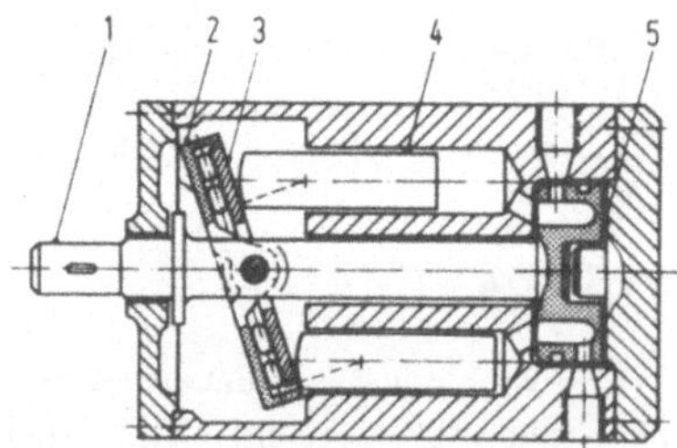

3.8
Axialkolbenmaschine in Taumelscheiben-Bauweise

Bei Drehung von Triebwelle und Taumelscheibe vollführen die Kolben eine Hubbewegung, und die mitrotierende Steuerscheibe verbindet über entsprechende Steuerschlitze die Saug- und die Druckseite des Zylinders mit den Ein- und Ausgangsanschlüssen der Maschine.

Taumelscheiben-Axialkolbenmaschinen sind in der Regel einfache und robuste, wenn auch teure, Maschinen mit geringen Leckölverlusten und relativ gutem Wirkungsgrad.

3.1.4 Berechnung von Axialkolbenmaschinen

Verdrängungsvolumen. Das Verdrängungsvolumen ist das Ölvolumen, das eine Hydropumpe je Umdrehung fördert (auch Hubvolumen genannt), bzw. das Ölvolumen, das ein Hydromotor je Umdrehung aufnimmt (auch Schluckvolumen genannt). Es ergibt sich aus den Abmessungen der Axialkolbenmaschine.

Aus der Darstellung in Bild **3.9** ergibt sich für die S c h r ä g a c h s e n m a s c h i n e n ein Hubweg

$$s = 2 \cdot r_{Sa} \cdot \sin \alpha$$

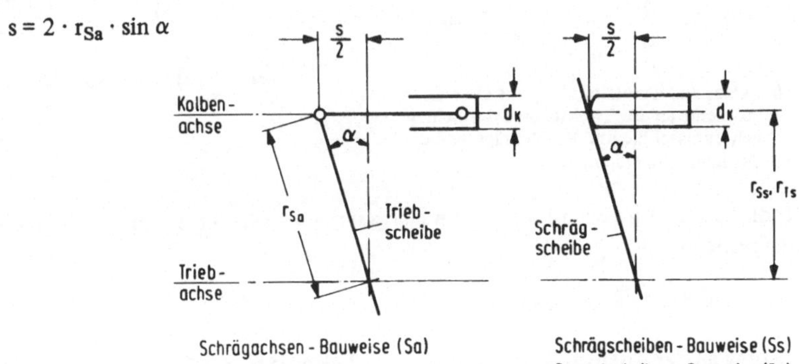

3.9 Skizzen zur Ermittlung des Verdrängungsvolumens von Axialkolbenmaschinen

Demnach wird das Verdrängungsvolumen V für eine Maschine mit z Kolben von der Fläche $A_k = \dfrac{\pi \cdot d_k^2}{4}$:

$$V = z \cdot s \cdot A_k$$

$$V = \frac{z}{2} \cdot \pi \cdot d_k^2 \cdot r_{Sa} \cdot \sin \alpha \tag{3.3}$$

Für die S c h r ä g s c h e i b e n - u n d d i e T a u m e l s c h e i b e n m a s c h i n e n ergibt sich entsprechend

$$V = \frac{z}{2} \cdot \pi \cdot d_k^2 \cdot r_{Ss,Ts} \cdot \tan \alpha \tag{3.4}$$

Mittleres Drehmoment. Wie im Abschnitt 3.1.1 beschrieben, wird das Drehmoment bei S c h r ä g a c h s e n m a s c h i n e n an der Triebscheibe entwickelt. Das mittlere Drehmoment ergibt sich daher aus der Summe der Tangentialkräfte F_t an der Triebscheibe und ihren zugehörigen Hebelarmen (s. Bild **3.10**). Da über den Weg π nur die halbe Kolbenzahl wirkt, ist der Ansatz für die Berechnung des mittleren Drehmomentes

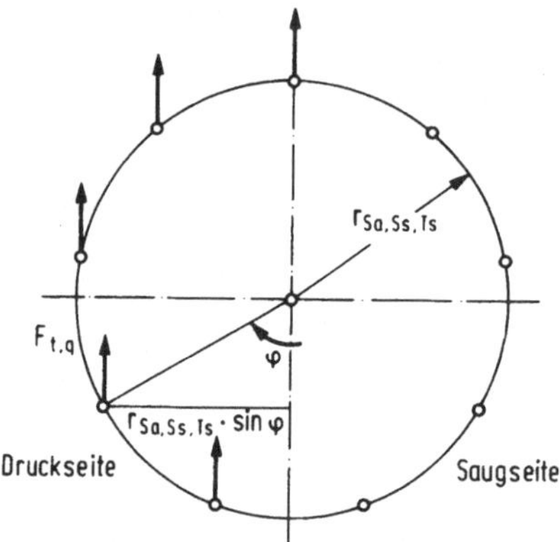

3.10 Skizze zur Ermittlung des mittleren Drehmoments an der Triebscheibe der Schrägachsenmaschine und der Schrägscheibe der Schrägscheibenmaschine

$$M = \frac{z}{2} \cdot \frac{1}{\pi} \cdot \int_0^\pi F_t \cdot r_{Sa} \cdot \sin \varphi \cdot d\varphi$$

$$= \frac{z}{2} \cdot \frac{1}{\pi} \cdot F_t \cdot 2r_{sa}$$

Mit Gl. (3.1):

$$F_t = F_k \cdot \sin \alpha$$

$$= p \cdot \frac{\pi \cdot d_k^2}{4} \cdot \sin \alpha \qquad \text{wird:}$$

$$M = \frac{z}{4} \cdot d_k^2 \cdot p \cdot r_{Sa} \cdot \sin \alpha \qquad (3.5)$$

Für die S c h r ä g s c h e i b e n - u n d T a u m e l s c h e i b e n m a s c h i n e n wird entsprechend:

$$M = \frac{z}{4} \cdot d_k^2 \cdot p \cdot r_{Ss,Ts} \cdot \tan \alpha \tag{3.6}$$

Leistung an der Triebwelle. Die mechanische Leistung an der Triebwelle der Pumpe, bzw. der Abtriebswelle des Motors ist:

$$P_{mech} = M \cdot \omega$$

$$P_{mech} = 2\pi \cdot M \cdot n \tag{3.7}$$

und die hydraulische Leistung:

$$P_{hydr} = p \cdot Q \tag{3.8}$$

Bei praktischen Rechnungen müssen natürlich die Wirkungsgrade berücksichtigt werden. Will man also die mechanische aus der hydraulischen Leistung berechnen, so gilt mit η als Wirkungsgrad:

$$P_{mech} = \frac{p \cdot Q}{\eta^{\pm 1}} \qquad \begin{array}{l} + \text{ für Pumpe} \\ - \text{ für Motor} \end{array} \tag{3.9}$$

Bild **3.11** gibt noch einmal einen Gesamtüberblick über die Bauformen von Axialkolbenmaschinen und über die zugehörigen Schemata für die Kraftzerlegung. Bei Betrachtung dieser Übersicht ist zu beachten, daß bei den unter 3. aufgeführten Taumelscheibenmaschinen das Moment M_0 über den feststehenden Zylinderblock am Gehäuse abgestützt wird, so daß sich das eigentliche Triebmoment M erst bei einer zweiten Kraftzerlegung ergibt.

Bauform Erzeugung d. Hubbewegung	Skizze der Bauform	Schema der Kraftzerlegung und Drehmomenterzeugung
1. Schrägachsenmaschinen Bei schräggestellter Zylinderblockachse oder Triebscheibenachse gegenüber Triebwellenachse wird bei Drehung von Triebwelle, Triebscheibe und Zylinderblock an den Kolben ein Hub erzeugt.	1.1 mit schwenkb. Zylinderblock 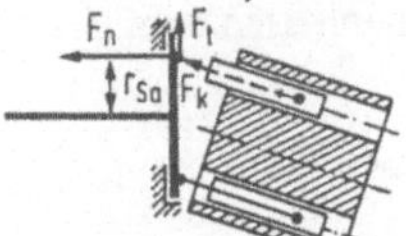	1.1 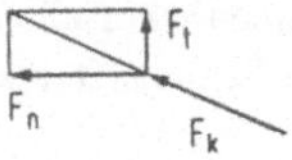 1.2 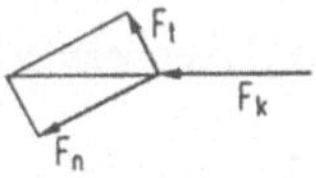
	1.2 mit schwenkb. Triebscheibe 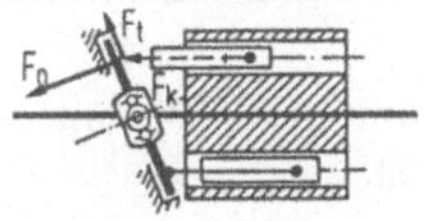 $M_{Tr.sch} \cdot \omega_{Tr.sch} = M_{Welle} \cdot \omega_{Welle}$	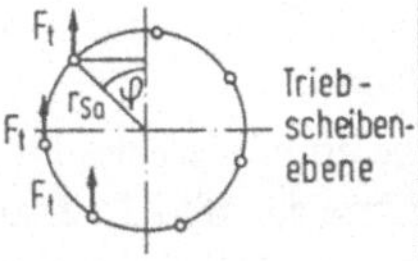 $M = \Sigma F_t \cdot r_{Sa} \cdot \sin\varphi$
2. Schrägscheibenmaschinen Bei schräggestellter Schrägscheibe gegenüber der Triebwellenachse wird bei der Drehung von Triebwelle und Zylinderblock an den Kolben ein Hub erzeugt.	2.1 mit Gleitschuhen 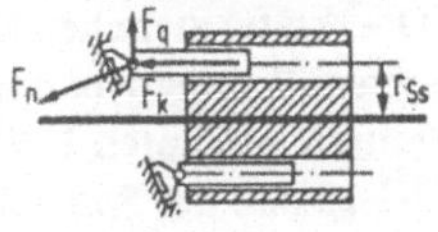	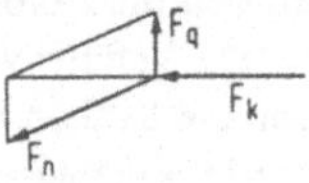
	2.2 mit Kugelkopf 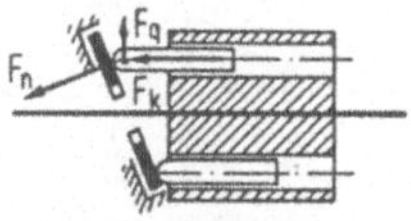	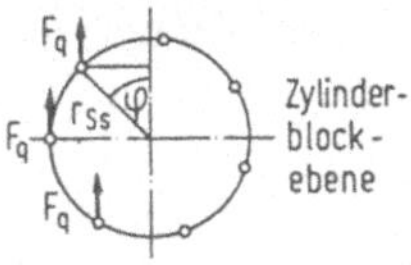 $M = \Sigma F_q \cdot r_{Ss} \cdot \sin\varphi$
3. Taumelscheibenmaschinen Bei schräggestellter Taumelscheibe relativ zum feststehenden Zylinderblock wird bei Drehung von Triebwelle und Taumelscheibe am Kolben ein Hub erzeugt (kinematische Umkehrung von 2)	3.1 mit Gleitschuhen 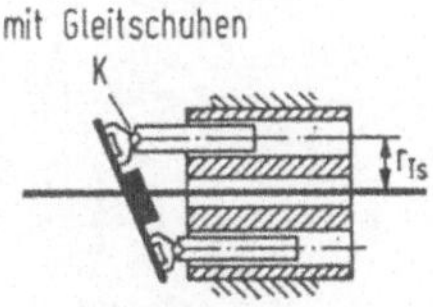	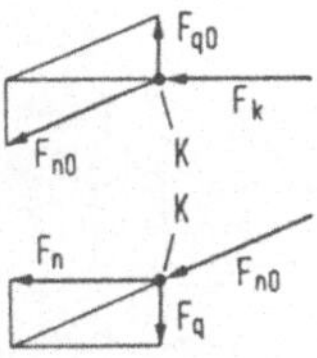
	3.2 mit Kugelkopfkolben 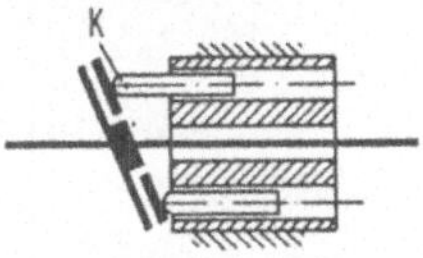	K = Kraftzerlegungspunkt $M_0 = \Sigma F_{q0} \cdot r_{Ts} \cdot \sin\varphi$ $M = \Sigma F_q \cdot r_{Ts} \cdot \sin\varphi$ M_0 stützt sich am feststehenden Zylinderblock und M an der Taumelscheibe ab.

3.11 Gesamtübersicht über die Bauformen der Axialkolbenmaschinen

3.2 Radialkolbenmaschinen

Bei Radialkolbenmaschinen sind die Zylinder in radialer Richtung sternförmig zur Antriebswelle angeordnet. Diese Maschinen können daher in der Regel kürzer ausgebildet werden als Axialkolbenmaschinen, haben dafür aber einen größeren Durchmesser. Man unterscheidet

— innenbeaufschlagte Radialkolbenmaschinen und
— außenbeaufschlagte Radialkolbenmaschinen.

3.2.1 Innenbeaufschlagte Maschinen

Bei den innenbeaufschlagten Radialkolbenmaschinen wird das Öl über einen gehäusefesten Steuerzapfen zu- oder abgeführt. Bild **3.12** zeigt eine bekannte Maschine dieser Bauart.

Die grundsätzliche Funktion ist unter Zuhilfenahme der dort abgebildeten Schemaskizze aus Bild **3.12** zu entnehmen:

Um den mit dem Gehäuse fest verbundenen Steuerzapfen 1 rotiert ein Zylinderstern 2, der von einer Triebwelle 3 angetrieben wird. In den Zylindern des Zylindersterns bewegen sich die Kolben 4, die durch Rollen 5 in den Nuten 6 eines sogenannten Umlaufgehäuses 7 geführt werden. Um Querkräfte zwischen Kolben und Zylinder zu vermeiden, werden die Kolben 4 im Zylinderstern 2 außerdem durch Gleitsteine 8 geführt. Ölzu- und -abfuhr erfolgen über Steuernuten im Zapfen 1. Wird das Umlaufgehäuse 7 mit Hilfe des Handrades 9, der Spindel 10 und der Spindelmutter 11 um den Zapfen 12 gedreht und dadurch in eine zum Zylinderstern 2 exzentrische Lage gebracht (siehe

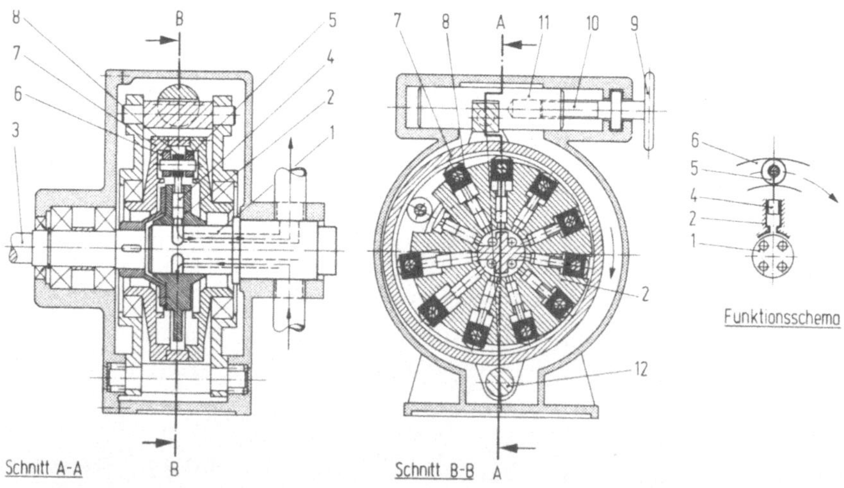

3.12 Innenbeaufschlagte Radialkolbenmaschine (nach Wepuko)

Schnitt B ÷ B in Bild **3.12**), so vollführen die Kolben bei Rotation des Zylindersterns eine Hubbewegung.

Die neuere Ausführung einer innenbeaufschlagten Radialkolbenmaschine zeigt Bild **3.13**. Auch hier sind die Kolben 1 sternförmig in einem Zylinderstern 2 angeordnet, der um den im Gehäuse 3 befestigten Steuerzapfen 4 rotiert. Wird der im Gehäuse 3 verstellbare Gleitring 5 in eine zum Steuerzapfen und zum Zylinderstern exzentrische Lage gebracht, so vollführen die über Gleitschuhe 6 am Gleitring abgestützten Kolben Hubbewegungen.

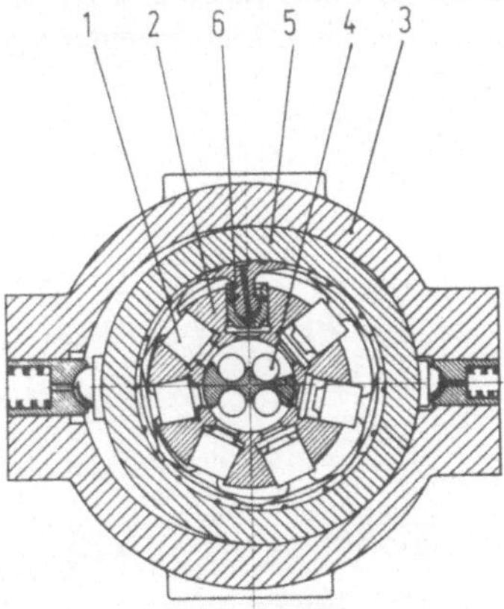

3.13
Innenbeaufschlagte Radialkolbenmaschine (nach Bosch)

Obwohl die in den Bildern **3.12** und **3.13** gezeigten Radialkolbenmaschinen grundsätzlich auch als Motoren verwendet werden könnten, werden sie in der Praxis als Pumpen eingesetzt. Die in Bild **3.14** skizzierte Maschine ist für den Einsatz als Motor konzipiert. Bei dieser Ausführung wird ein gehäusefester Zylinderstern 1 verwendet. Die innere Steuerwelle 2 und der äußere Nockenring 5 drehen sich. Durch Bohrungen in Zylinderstern und Steuerwelle wird den Kolben 3 Drucköl zugeführt. Durch ihren radialen Hub bringen sie über die Rollen 4 den Nockenring 5 zur Rotation. Entsprechend der Anzahl der in den Nockenring eingefrästen Nocken führen die Kolben je Umdrehung mehrere Hübe aus, so daß bei relativ niedriger Drehzahl höhere Abtriebsmomente entstehen.

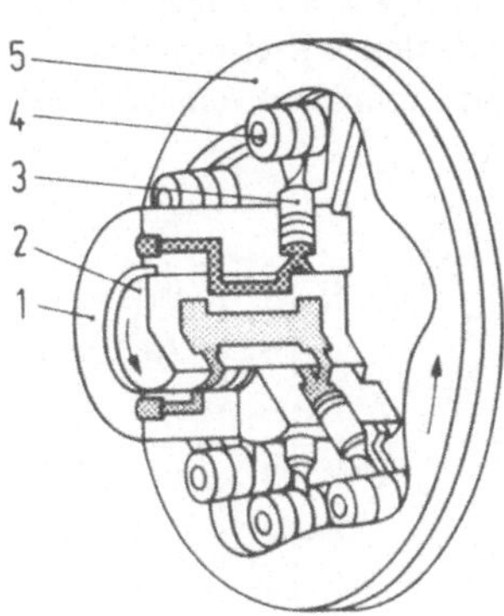

3.14
Innenbeaufschlagter Radialkolbenmotor (nach Hägglunds)

3.2.2 Außenbeaufschlagte Maschinen

Die in Bild 3.15 gezeigte Radialkolbenmaschine wird als langsamlaufender Hydromotor angeboten. Die Kolben 1 wirken bei dieser Maschine über hydrostatisch entlastete Gleitschuhe 2 auf den Exzenter 3 und die Triebwelle 4. Die Kolben sind in Lagern 5 geführt, die Gleitschuhe werden durch Stahlringe 6 auf dem Exzenter gehalten. Die Ölzu- und -abfuhr erfolgt über einen Kolbenschieber 7, der einen der beiden Ringkanäle (Hochdruckkanal 9 oder Niederdruckkanal 10) mit dem Kolbenraum verbindet. Der Schieber 7 wird von einem Antriebsexzenter 8 gesteuert, der gegenüber dem Exzenter 3 um 90° versetzt ist.

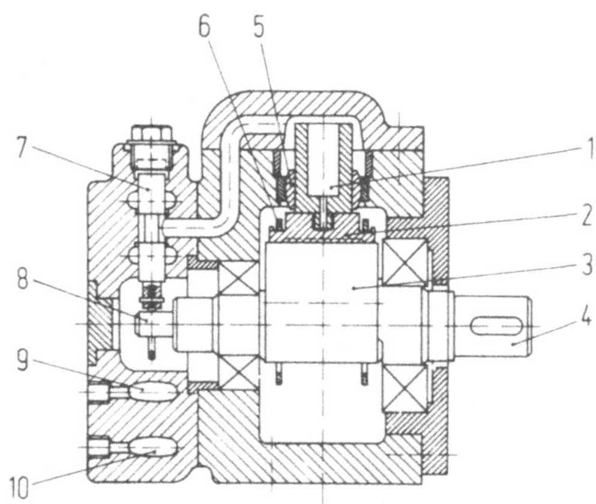

3.15
Außenbeaufschlagte Radialkolbenmaschine (nach Pleiger)

3.2.3 Berechnung von Radialkolbenmaschinen

Verdrängungsvolumen. In Bild 3.16 ist das Ersatzschaubild einer Radialkolbenmaschine dargestellt, in dem der ausgezogene Kreis den Zylinderstern, der strichpunktierte Kreis die von der umlaufenden Führungsrolle beschriebene, exzentrisch zum Zylinderstern verlaufende Kreisbahn bezeichnen möge. Mit der Exzentrizität e und für eine Maschine mit z Zylindern vom Durchmesser d_k ist das Verdrängungsvolumen:

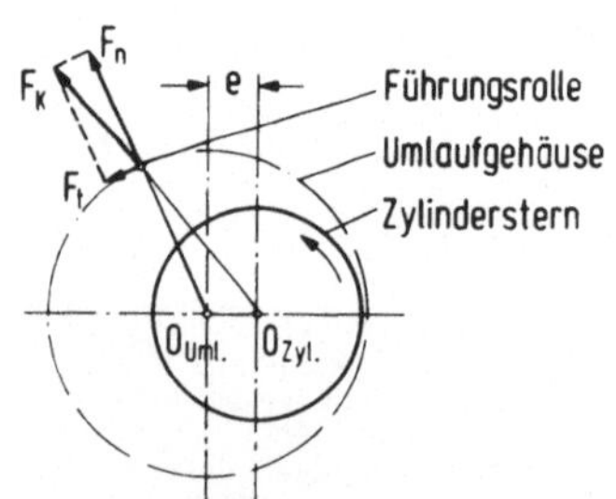

$$V = z \cdot \frac{\pi \cdot d_k^2}{4} \cdot 2e \qquad (3.10)$$

$$V = \frac{z}{2} \cdot \pi \cdot d_k^2 \cdot e \qquad (3.11)$$

3.16
Skizze zur Ermittlung des Verdrängungsvolumens von Radialkolbenmaschinen

Gleichung (3.11) gilt für Radialkolbenmaschinen mit einem Hub je Umdrehung. Bei Maschinen mit mehreren Hüben je Umdrehung, z. B. bei Nockenringmaschinen, ist das mit dieser Gleichung errechnete Verdrängungsvolumen noch mit der Anzahl der Hübe zu multiplizieren, die jeder Kolben bei einer Umdrehung macht.

Mittleres Drehmoment. Das mittlere Drehmoment ist

$$M = \frac{p \cdot V}{2\pi}$$

$$M = \frac{z}{4} \cdot p \cdot d_k^2 \cdot e$$

(3.12)

3.3 Zahnrad- und Zahnringmaschinen

Zu den wichtigsten Maschinen mit rotierenden Verdrängern gehören die Zahnrad- und Zahnringmaschinen. Auch sie können grundsätzlich als Pumpen und als Motoren verwendet werden, und sie werden in sehr großer Stückzahl hergestellt. Man unterscheidet zwischen

— Außenzahnradmaschinen und

— Innenzahnradmaschinen.

3.3.1 Außenzahnradmaschinen

Außenzahnradmaschinen bestehen im wesentlichen aus zwei ineinandergreifenden Zahnrädern, von denen das eine angetrieben, das andere mitgenommen wird (Bild **3.17**). Das Drucköl wird bei Rotation der Zahnräder in den Zahnlücken zwischen Zahnrad und Gehäusemantel gefördert. Sobald an der Saugseite ein Zahn die ihm entsprechende Zahnlücke verläßt, entsteht infolge der Volumenvergrößerung im Saugraum ein Unterdruck, der das Ansaugen bewirkt. Im Druckraum verdrängt der in die Zahnlücke eingreifende Zahn die Flüssigkeit in den Druckstutzen. Beim Eingreifen des Zahnes in die Zahnlücke wird Quetschöl zwischen den Zahnflanken eingeschlossen. Um ein Komprimieren dieses Öls und damit verbundene Druckspitzen zu vermeiden, wird das Quetschöl meist in entsprechenden Nuten im Gehäuse oder in den Lagerbuchsen abgeführt.

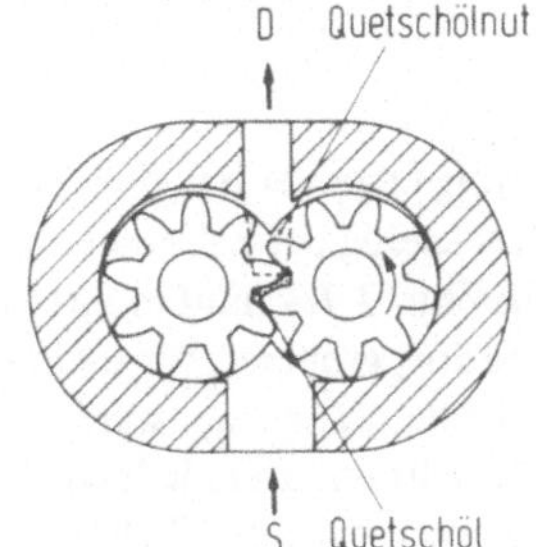

3.17
Funktion einer einfachen Zahnradpumpe
S: Saugseite, D: Druckseite

Bei einfachen Zahnradmaschinen treten, infolge der Spalte zwischen Zahnradstirnseiten und Gehäuse (Axialspalte) und zwischen den Zahnköpfen und dem Gehäuse (Radialspalte), größere Leckölverluste auf, insbesondere bei geringer Ölviskosität und hohem Druck. Um diese relativ hohen Leckölverluste zu verringern und damit den Wirkungsgrad und auch den zulässigen Druck der Maschinen zu erhöhen, wurden Zahnradpumpen entwickelt, bei denen die Axialspalte oder die Radial- und Axialspalte hydraulisch kompensiert — d. h. durch Druckkräfte verkleinert — werden können. Dies wird z. B. dadurch erreicht, daß die Zahnräder mit ihren Wellen in Buchsen gelagert sind (Bild 3.18

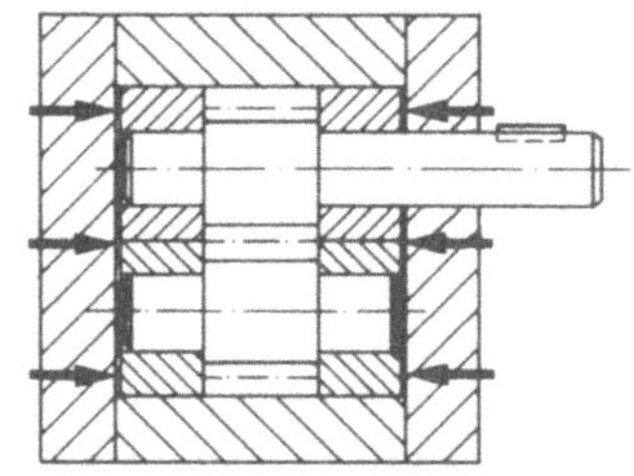

3.18
Zahnradmaschine mit Axial- und
Radialspaltausgleich (nach Bosch)

und 3.19), die axial und radial mit Drucköl beaufschlagt werden. Das Axialdruckfeld zwischen Buchsen und Gehäuse wirkt den an der Buchseninnenseite angreifenden Druckkräften entgegen (siehe Pfeile in Bild 3.18) und verhindert so eine Aufweitung des Axialspaltes. Gleichzeitig baut sich im druckseitigen Spalt zwischen Buchsen und Gehäuse ein Druckfeld auf, das die Buchsen auf der Saugseite im Gehäuse zum engeren Anliegen bringt. Hierdurch sowie durch die in gleicher Richtung wirkenden Druckkräfte an den Zahnrädern wird der Radialspalt zwischen Zahnkopf und Gehäuse wesentlich verkleinert. In diesem Bereich des kleinsten Radialspaltes, der auch Druckaufbaubereich genannt wird, erfolgt die Kompression der Druckflüssigkeit und damit die Abdichtung der Druckseite gegenüber der Saugseite.

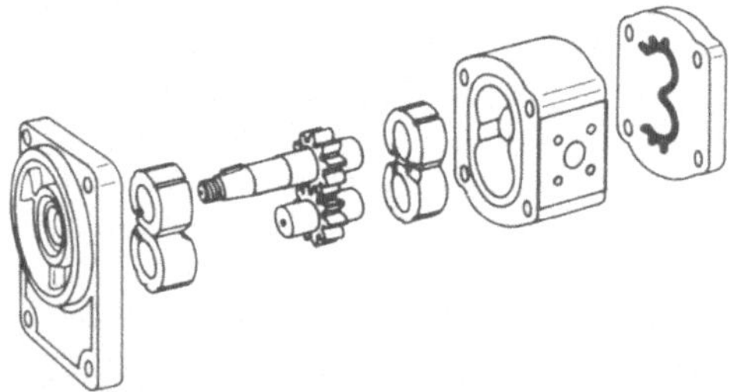

3.19
Zahnradmaschine mit Buchsen für axialen
und radialen Spaltausgleich (Bosch)

Infolge der Verdrängung des Öls beim Eingriff der Zähne in die Zahnlücken entstehen druckseitig bei Zahnradpumpen relativ hohe Förderstrom- und Druckpulsationen (siehe Abschn. 3.7.3) und in ihrer Folge Geräusche. Sie sind bei Innenzahnradpumpen wegen der dort größeren Eingriffslängen kleiner als bei Außenzahnradpumpen. Eine Vergrößerung der Zähnezahl würde auch bei Außenzahnradpumpen Verbesserungen in dieser Hinsicht schaffen, jedoch bei gleichem Verdrängungsvolumen auch ein größeres Bauvolumen zur Folge haben.

Eine wesentliche Verbesserung ist hier mit der in Bild **3.20** dargestellten Duo-Pumpe erreicht worden. Sie ist anstelle eines breiteren Zahnradpaares mit zwei schmaleren Zahnradpaaren ausgerüstet, deren Zähne 1 und 2 um eine halbe Zahnteilung gegeneinander versetzt sind. Beide Zahnradpaare sind durch eine Zwischenplatte voneinander getrennt, jedoch mit einem gemeinsamen Saug- und Druckanschluß verbunden.

Infolge der um eine halbe Phase gegeneinander versetzten Pulsation der Teilförderströme ergibt sich eine wesentlich geringere Gesamtpulsation und damit eine starke Geräuschreduzierung.

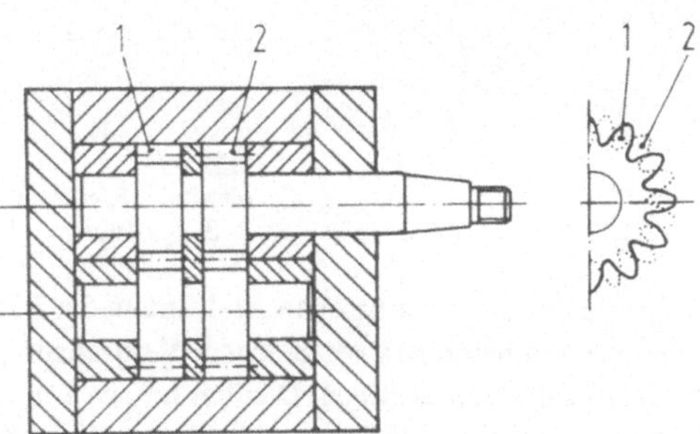

3.20
Zahnradpumpe mit gegeneinander
versetzten Zahnrädern (Bosch)

Wie erwähnt, können Zahnradmaschinen grundsätzlich als Pumpen und als Motoren verwendet werden. Da die praktischen Ausführungen der Zahnradpumpen jedoch unsymmetrisch, d. h. mit unterschiedlich ausgebildeten Druck- und Saugseiten, ausgeführt sind, kann bei Verwendung einer Pumpe als Motor nur die Druckseite beaufschlagt werden. Eine Drehrichtungsumkehr ist hier nicht möglich. Reversierbare Zahnradmotoren müssen vielmehr symmetrisch aufgebaut sein.

3.3.2 Innenzahnradmaschinen

Bei der in Bild **3.21** gezeigten Innenzahnradmaschine wird das Ritzel 1 angetrieben, das das Innenzahnrad 2 mitnimmt. Das Öl wird in den Lücken zwischen den beiden Zahnrädern und dem Füllstück 3 gefördert. Ähnlich aufgebaute Innenzahnradmaschinen gibt es auch mit hydraulisch einstellbaren Radial- und Axialspalten. Häufig werden Mehr-

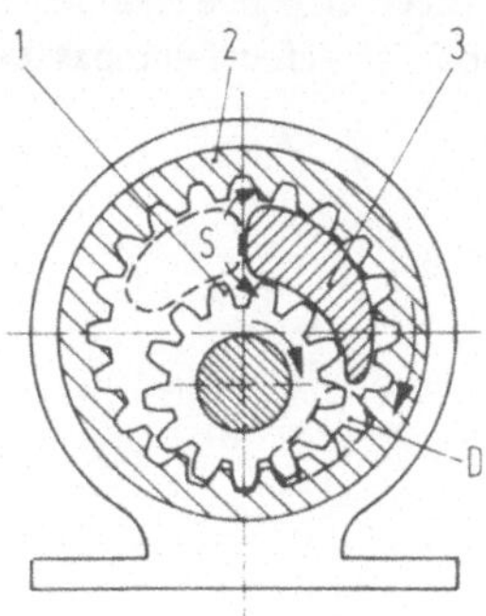

3.21
Innenzahnradpumpe
S: Saugöffnung, D: Drucköffnung

fach-Innenzahnradpumpen verwendet; ein Beispiel hierfür zeigt Bild 3.22. Innenzahn-radmaschinen werden in der Regel mit geradverzahnten Zahnrädern, jedoch mit unterschiedlichen Zahnformen (z. B. Evolventenverzahnung, Trochoidenverzahnung), hergestellt.

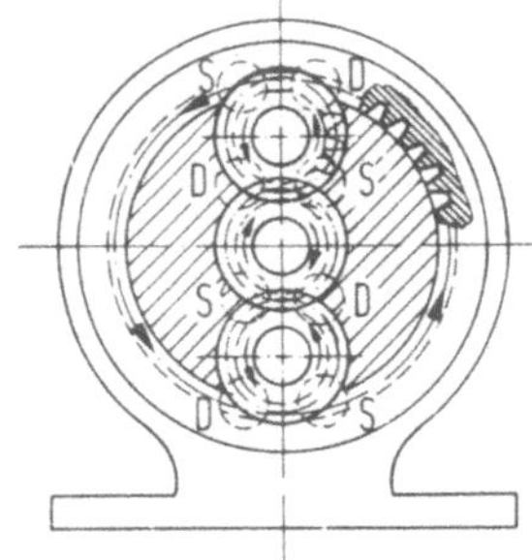

3.22
Mehrfach-Innenzahnradpumpe
S: Saugöffnungen, D: Drucköffnungen

Aufgrund der mehr zentrischen Anordnung des Ritzels und der Antriebswelle können Innenzahnradmaschinen bei gleichem Verdrängungsvolumen kleiner ausgeführt werden als Außenzahnradmaschinen. Darüber hinaus ermöglicht das Zusammenwirken von Ritzel und Innenzahnrad eine wesentlich größere Zahneingriffslänge und damit eine bessere Abdichtung zwischen Druck- und Saugseite sowie eine geringere Förderstrom- und Druckpulsation und geringere Geräuschentwicklung als bei Außenzahnradpumpen.

3.3.3 Zahnringmaschinen

Zahnringmaschinen werden für kleinere Drucke als Pumpen, überwiegend aber als Motoren, verwendet. Der Verdrängerteil der in Bild 3.23 gezeigten Maschine besteht aus einem gehäusefesten, innenverzahnten Außenring 1 mit sieben und einem außenverzahnten Rotor 2 mit sechs Zähnen. Die Zähne sind so ausgebildet, daß eine Abdichtung zwischen Außenring und Rotor erfolgt. Eine Hälfte der zwischen Außenring und Rotor entstehenden Zahnkammern ist jeweils mit der Druck-, die andere mit der Saugseite verbunden. Die Steuerung erfolgt durch ein rotierendes Verteilerventil. Während der Bewegung eines Rotorzahnes von einer Zahnlücke des Außenrings zur nächsten füllt und entleert sich jede Kammer einmal. Das Schluckvolumen des Motors ist daher relativ hoch, so daß bei kompakter Bauweise hohe Drehmomente aufgebracht werden können.

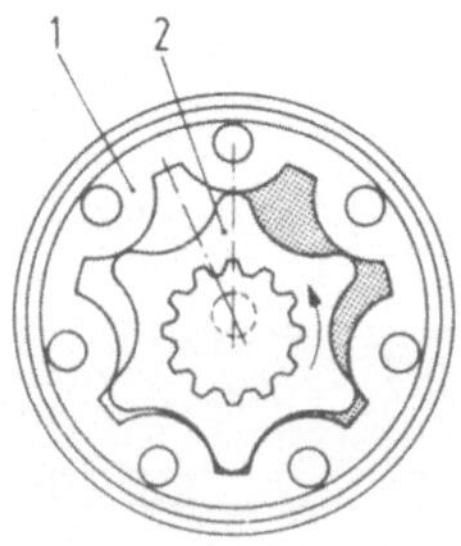

3.23
Zahnringmaschine
(Orbitmotor, Danfoss)

Der Wirkungsgrad ist infolge der höheren Leckölverluste jedoch nicht sehr hoch, so daß Zahnringmaschinen üblicherweise nur für kleinere Drucke bis zu etwa 150 bar benutzt werden.

3.3.4 Berechnung von Zahnrad- und Zahnringmaschinen

Verdrängungsvolumen. Z a h n r a d m a s c h i n e n : Für die überschlägige Berechnung von Zahnradmaschinen kann man davon ausgehen, daß Zähne und Zahnlücken das gleiche Volumen einnehmen. Mit dieser Voraussetzung ist mit z als Zähnezahl eines Zahnrades, h = 2m als Zahnhöhe, b als Zahnbreite, t = $\pi \cdot$ m als Zahnteilung, m als Modul und D als Teilkreisdurchmesser:

$$V = 2 \cdot \frac{z}{2} \cdot h \cdot b \cdot t \tag{3.13}$$

$$z \cdot t = z \cdot \pi \cdot m = \pi \cdot D$$
$$V = \pi \cdot D \cdot h \cdot b \tag{3.14}$$

Z a h n r i n g m a s c h i n e n : Mit z als Zähnezahl des Innenzahnrades und b als Zahnbreite ist nach Bild **3.24**

$$V = z \cdot (z + 1) \cdot (A_{max} - A_{min}) \cdot b \tag{3.15}$$

Mittleres Drehmoment.

$$M = \frac{p \cdot V}{2\pi}$$

Z a h n r a d m a s c h i n e n :

$$M = \frac{1}{2} \cdot h \cdot b \cdot D \cdot p \tag{3.16}$$

Z a h n r i n g m a s c h i n e n :

$$M = \frac{z \cdot (z + 1)}{2\pi} \cdot (A_{max} - A_{min}) \cdot b \cdot p \tag{3.17}$$

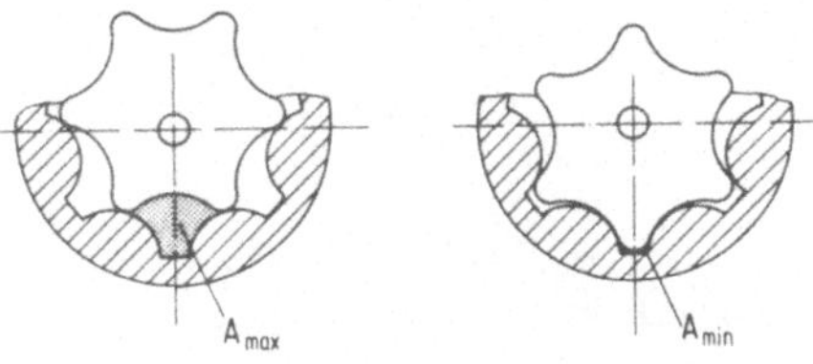

3.24 Skizzen zur Ermittlung des Verdrängungsvolumens von Zahnringmaschinen

3.4 Flügelzellenmaschinen

Flügelzellenmaschinen werden als
— einhubige Maschinen und
— mehr-, bzw. zweihubige Maschinen
hergestellt. Sie arbeiten mit innerer oder mit äußerer Beaufschlagung und können als Pumpen oder als Motoren verwendet werden. Bei innenbeaufschlagten Pumpen erfolgt

die Ölzufuhr ähnlich wie bei Radialkolbenmaschinen durch eine Welle, bei den mehr verbreiteten außenbeaufschlagten Flügelzellenmaschinen durch Öffnungen im Gehäuse. Mehrhubige Maschinen, die früher auch als Drehflügelmaschinen bezeichnet wurden, werden als Konstantmaschinen, einhubige auch als Verstellmaschinen, d. h. als Maschinen mit verstellbarem Verdrängungsvolumen gebaut.

3.4.1 Einhubige Maschinen

Bild **3.25** zeigt ein Beispiel für eine verstellbare einhubige Flügelzellenmaschine. Der über die Antriebswelle angetriebene Rotor 1 trägt zahlreiche Flügel 2, die durch Fliehkraft, durch Öl- oder Federdruck oder durch mehrere dieser Kräfte an der Innenfläche eines Gleitrings 3 zum Anliegen gebracht werden. Die Flügel können als Doppelflügel ausgebildet werden, d. h., sie können aus zwei in Umlaufrichtung hintereinander liegenden Teilen bestehen; man erreicht dadurch eine besonders gute Abdichtung zwischen Flügeln und Gleitring oder Gehäuse. Der Gleitring 3 kann mechanisch (z. B. mit Schrauben 4) oder hydraulisch in eine zum Rotor exzentrische Lage gebracht werden. Sobald der zwischen Flügeln, Gehäuse und Rotor eingeschlossene Raum sich erweitert, wird Öl aus der Saugleitung S und dem Saugschlitz 5 angesaugt, bei weiterer Drehung des Rotors erfolgt dann der Druckaufbau. Das Öl fließt über den Druckschlitz 6 in den Druckstutzen D.

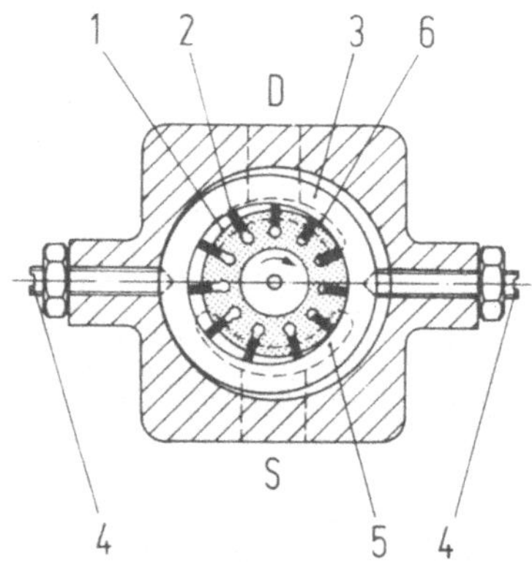

3.25 Verstellbare einhubige Flügelzellenpumpe (nach Mannesmann Rexroth)
S: Saugöffnung, D: Drucköffnung

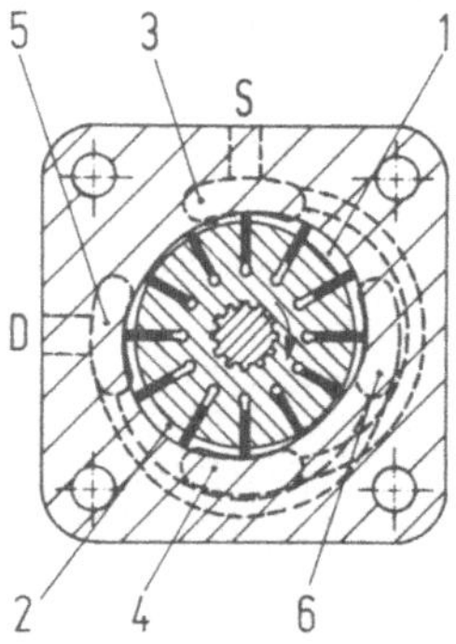

3.26 Doppelhubige Flügel-
zellenmaschine (nach
Sperry Vickers)
S: Saugöffnung,
D: Drucköffnung

3.4.2 Mehrhubige Maschinen

Bei der in Bild **3.26** skizzierten zweihubigen Flügelzellenmaschine sind um den Rotor zwei einander gegenüberliegende Verdrängungsräume 1 und 2 angeordnet, die mit je einem Saugschlitz 3, bzw. 4 und einem Druckschlitz 5, bzw. 6 verbunden sind. Die bei-

den Saugschlitze sind ebenso wie die beiden Druckschlitze miteinander und mit den
entsprechenden Stutzen S und D verbunden. Infolge der symmetrischen Anordnung
der Verdrängungsräume werden der Rotor und seine Lager weitgehend von Radialkräften entlastet. Allerdings kann diese Bauart nur als Konstantmaschine gebaut werden.

3.4.3 Berechnung von Flügelzellenmaschinen

Verdrängungsvolumen. E i n h u b i g e M a s c h i n e (Bild 3.27):

$$e_{max} = \frac{D - d}{2} \tag{3.18}$$

$$V_{max} = b \cdot \left[\frac{\pi \cdot (D^2 - d^2)}{4} - a \cdot z \cdot \frac{(D - d)}{2} \right] \tag{3.19}$$

m e h r h u b i g e M a s c h i n e (Bild 3.27):

$$V = k \cdot b \left[\frac{\pi \cdot (D^2 - d^2)}{4} - a \cdot z \cdot \frac{(D - d)}{2} \right] \tag{3.20}$$

Beiden Gleichungen liegen die in den Skizzen in Bild 3.27 aufgeführten Abmessungen
sowie die folgenden Bezeichnungen zu Grunde:

b: Flügelbreite, z: Flügelzahl, k: Hubzahl eines Flügels je Umdrehung (k = 2 bei zweihubigen Maschinen).

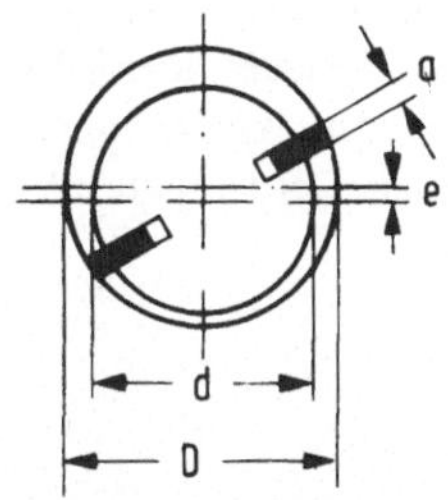

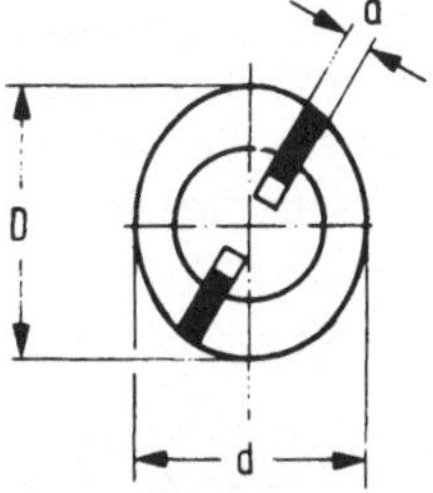

3.27
Skizzen zur Ermittlung des Verdrängungsvolumens von Flügelzellenmaschinen

einhubige Maschine

mehrhubige Maschine

3.5 Sperr- und Rollflügelmaschinen

3.5.1 Sperrflügelmaschinen

Die Sperrflügelmaschine (Bild 3.28) kann als kinematische Umkehrung der Flügelzellenmaschine angesehen werden. Bei ihr sind die beiden um 180° versetzten Flügel 1 nicht
im Rotor, sondern im feststehenden Gehäuse radial verschiebbar untergebracht; sie

werden durch Federkraft, durch Drucköl oder durch beide Kräfte an die Oberfläche des Rotors 2 gepreßt und sperren so den Druckraum 3, bzw. den Saugraum 4 zwischen Rotor und Gehäuse ab. Auf der Antriebswelle sind zwei hintereinander liegende, um 90° gegeneinander versetzte Rotoren angebracht, die aus einem Sauganschluß gespeist werden und in einen Druckanschluß fördern. Durch die um 90° versetzte Anordnung soll beim Einsatz der Maschine als Pumpe ein weitgehend pulsationsarmer Druckölstrom erzeugt werden. Demselben Zweck soll auch die Kurvenform der Rotoren dienen, die so ausgebildet sind, daß der Volumenstrom über dem Drehwinkel konstant bleibt.

Bei gutem Gesamtwirkungsgrad wird diese Maschine für Drucke bis zu etwa 200 bar verwendet.

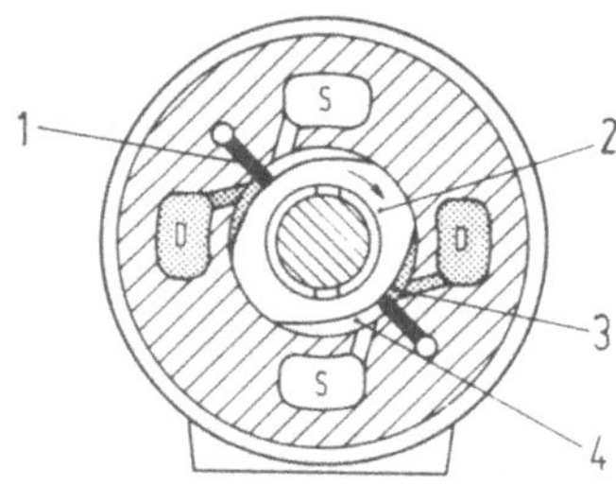

3.28
Sperrflügelmaschine (nach Sauer)
S: Saugöffnung, D: Drucköffnung

3.5.2 Rollflügelmaschinen

Die in Bild **3.29** skizzierte Rollflügelmaschine ist mit einem Rotor 1 und mit vier Rollflügeln 2 ausgerüstet. Über (nicht gezeichnete) Zahnräder sind Rotor und Rollflügel so miteinander verbunden, daß sie dieselbe Umfangsgeschwindigkeit haben, so daß sie ohne Schlupf aufeinander abrollen und daß die Zähne 3 des Rotors exakt in die Lücken 4 der Rollflügel eingreifen. Zwischen Gehäuse, Rotor 1 und Rollflügel 2 bilden sich so Kammern, die Hochdruck- und Niederdruckraum voneinander trennen und saug- oder druckseitig das Ölvolumen aufnehmen. Der Druckbereich dieser Maschinen geht etwa bis zu 160 bar.

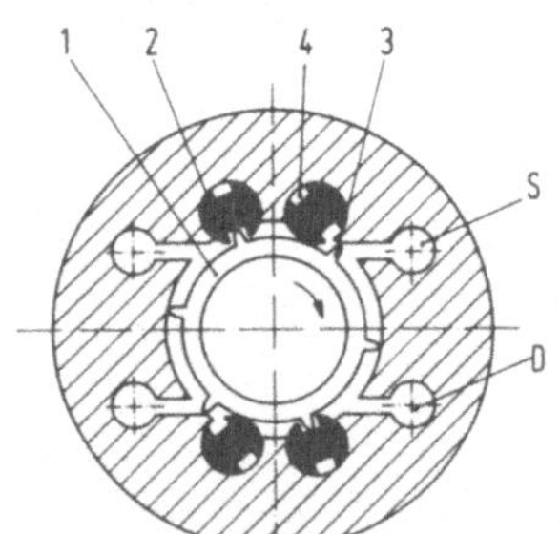

3.29
Rollflügelmaschine (nach Rollstar)
S: Saugöffnung, D: Drucköffnung

3.5.3 Berechnung von Sperr- und Rollflügelmaschinen

Verdrängungsvolumen. S p e r r f l ü g e l m a s c h i n e (Bild **3.30**):
Mit den in Bild **3.30** angegebenen Daten und mit b als Rotorbreite wird

$$V = \frac{\pi \cdot b}{2}(D^2 - d^2) \cdot \frac{180° - \alpha}{180°} \qquad (3.21)$$

R o l l f l ü g e l m a s c h i n e (Bild **3.30**):
Entsprechend Bild **3.30** mit b als Rotorbreite wird

$$V = \left[\frac{\pi}{2} \cdot (D^2 - d^2) - z \cdot A_z\right] \cdot b \qquad (3.22)$$

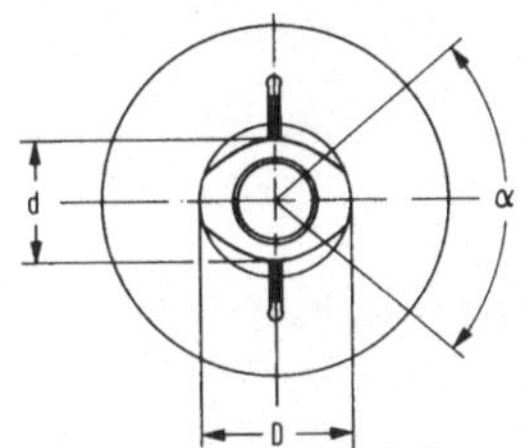

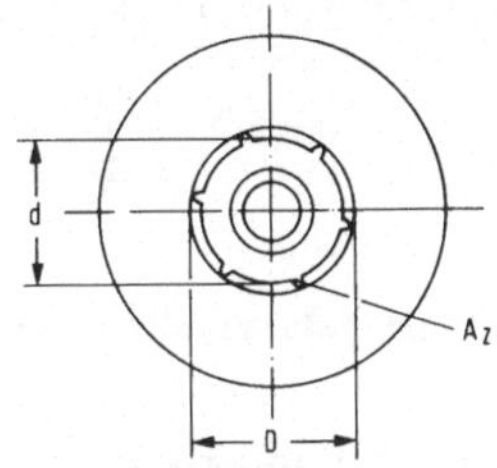

3.30
Skizzen zur Ermittlung des
Verdrängungsvolumens von
Sperr- und Rollflügelma-
schinen

3.6 Schraubenmaschinen

Schraubenmaschinen bestehen aus dem Gehäuse, einer angetriebenen Schraubenspindel
und einer oder mehreren Gegenspindeln, die von der Antriebsspindel in Rotation versetzt werden (Bild **3.31**). Das Öl wird zwischen zwei Zahnflanken der Spindel, der Gegen-
spindel und dem Gehäuse gefördert. Im Gegensatz zu den Zahnradpumpen geschieht
dies jedoch nicht absätzig in den Zahnlücken, sondern permanent in dem nicht unter-
brochenen Förderraum, durch den das Öl ohne Volumenänderung in axialer Richtung
verdrängt wird. Infolgedessen arbeiten Schraubenpumpen völlig pulsationsfrei.

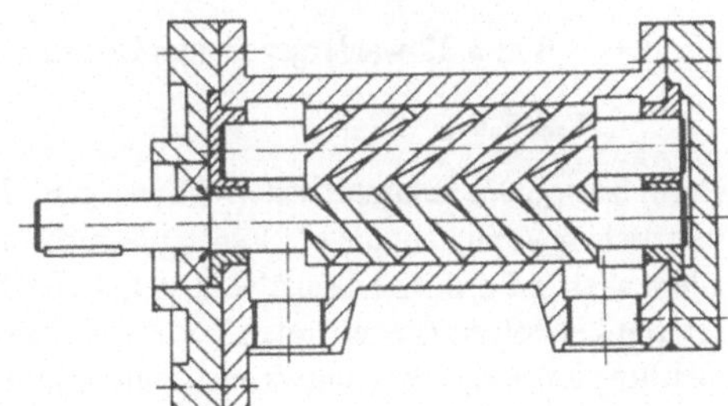

3.31
Schraubenmaschine

Zur ausreichenden Abdichtung zwischen Saug- und Druckraum ist eine bestimmte Zahl
von Spindelgängen erforderlich, die umso größer sein muß, je größer der gewünschte
Betriebsdruck ist. Da Radialkräfte vermieden und Axialkräfte ausgeglichen werden können und da Massenkräfte durch oszillierende Massen fehlen, können Schraubenmaschi-

nen mit hohen Drehzahlen und sehr laufruhig betrieben werden. Nachteilig ist, daß sie nur einen begrenzten Arbeitsdruck bis zu etwa 200 bar erlauben und infolge größerer Reibung einen geringeren Wirkungsgrad haben.

Das Verdrängungsvolumen ist:

$$V = \frac{\pi}{4} \cdot (D^2 - d^2) \cdot s - \left(\pi \cdot D^2 \cdot \frac{\alpha}{360°} - \frac{D^2}{4} \cdot \sin 2\alpha \right) \cdot s \tag{3.23}$$

Darin sind D der Außendurchmesser der Spindelgänge, d der Durchmesser der Spindel, s die Steigung der Gänge und

$$\cos \alpha = \frac{D + d}{2 \cdot D}$$

3.7 Betriebsverhalten von Verdrängermaschinen

3.7.1 Betriebseigenschaften der Bauarten

Nach der Behandlung der Funktion und der grundsätzlichen Eigenschaften der einzelnen Verdrängermaschinen wird hier ein zusammenfassender, vergleichender Überblick über die Bauarten gegeben. Dazu sind in den Tafeln **3.1** und **3.2** die Betriebseigenschaften und die Betriebsdaten der Maschinen einander gegenübergestellt. Aus Bild **3.32** kann der Verlauf des volumetrischen und des Gesamtwirkungsgrades der wichtigsten Maschinen über dem Betriebsdruck entnommen werden. Es muß erwähnt werden, daß es sich hier nur um relativ grobe Angaben handelt, die es dem Maschinenbauer ermöglichen sollen, sich einen Überblick über die Vielfalt der Maschinen und ihre Eigenschaften zu verschaffen. Die angegebenen Daten und Wirkungsgrade können bei praktisch ausgeführten Maschinen sowohl über- als auch unterschritten werden.

3.7.2 Wirkungsgrade und Kennlinienfelder

Für den in Bild **3.32** wiedergegebenen Gesamtwirkungsgrad gilt die folgende Beziehung:

$$\eta_{\text{ges}} = \eta_{\text{vol}} \cdot \eta_{\text{hm}} \tag{3.24}$$

Darin ist η_{vol} der **volumetrische Wirkungsgrad.** Er ergibt sich aus den sogenannten volumetrischen Verlusten, die bei Verdrängermaschinen durch Kompression des Öls, vor allem aber in Form von Lecköverlusten, entstehen. Es können sowohl externe als auch interne Leckölverluste auftreten. Externes Lecköl kann z. B. aus der Kolbenstangendichtung eines Hydrozylinders austreten, internes Lecköl strömt z. B. von der Druckseite einer Pumpe zu ihrer Saugseite oder über die Kolbendichtung von der druckbeaufschlagten Seite eines Zylinders auf die Rücklaufseite.

Der **hydraulisch-mechanische Wirkungsgrad** η_{hm} ergibt sich aus den Verlusten, die infolge von Reibung zwischen gleitenden Maschinenelementen und aus den Strömungsverlusten entstehen.

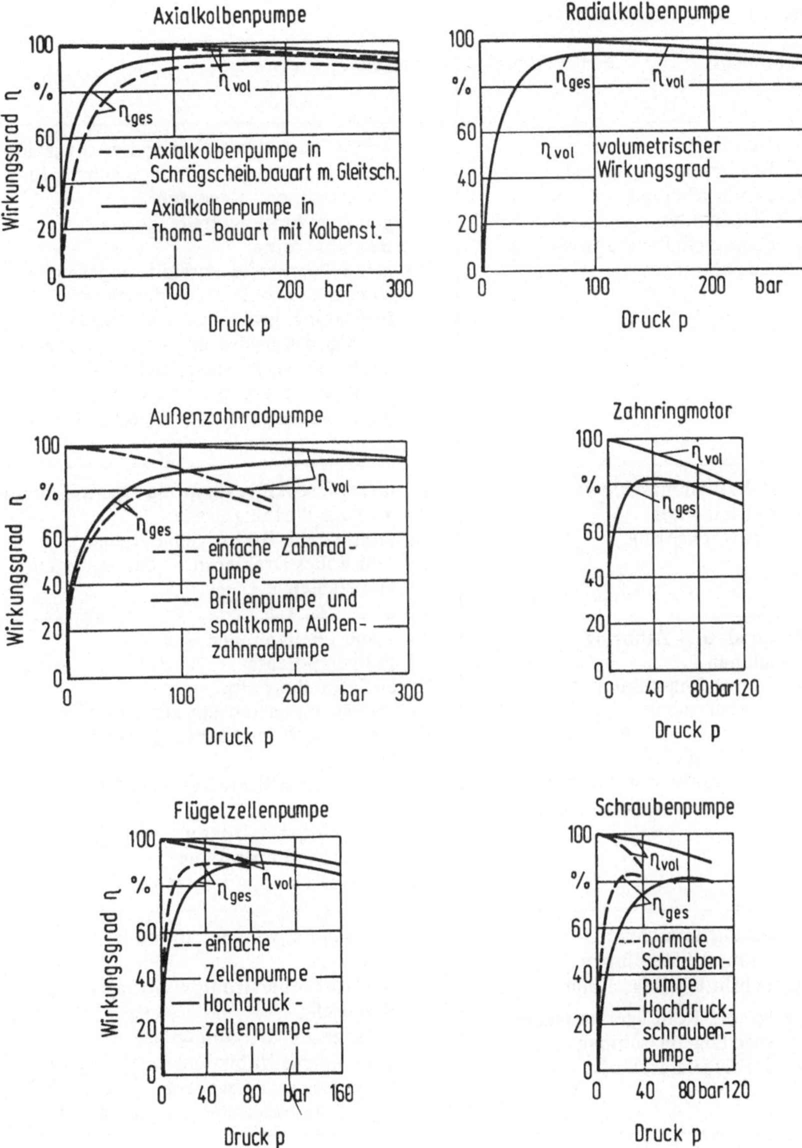

3.32 Beispiele für den Verlauf von volumetrischem und Gesamtwirkungsgrad über dem Druck für verschiedene Verdrängermaschinen (Drehzahl $n = 1500 \ min^{-1}$)

Tafel **3.1** Betriebseigenschaften von Verdrängermaschinen

Maschinenart	Vorteile

1) Axialkolbenmaschinen
  a) Schrägachsenbauweise
  b) Schrägscheibenbauweise mit Gleitschuhen
  c) Schrägscheibenbauweise mit Kugelkopfkolben
	1. hohes Druckniveau, große Leistungsdichte
	2. veränderliches Hubvolumen günstig für Steuerung und Regelung
	3. günstige Wirkungsgrade, geringe Betriebskosten
	4a keine Querkräfte am Kolben, geringe Verschleißprobleme, hydrostatische Entlastung, große Schwenkwinkel
	4b günstige Ölführung im Gehäuse (Kompaktgetriebe) hydrostatische Entlastung
	4c günstige Ölführung im Gehäuse (Kompaktgetriebe), geringes Kippmoment am Kolben

2) Radialkolbenmaschinen
  a) mit Exzenter
  b) mit Nockenring
	1. hohes Druckniveau, große Leistungsdichte
	2. günstige Wirkungsgrade
	3a relativ hohe Drehzahlen möglich
	3b sehr hohes Drehmoment bei niedrigen Drehzahlen

3) Zahnrad- und Zahnring-maschinen
  a) Zahnradmaschinen ohne Spaltausgleich
  b) Zahnradmaschinen mit Spaltausgleich
  c) Innenzahnradmaschinen
  d) Zahnringmaschinen
	1. kleines Bauvolumen, hohe Leistungsdichte
	2. einfache Bauweise
	3. robust, für harten Einsatz geeignet
	4a sehr einfach im Aufbau, preiswerteste Pumpe
	4b geringe Leckölverluste, gute Wirkungsgrade
	4c geringe Förderstrompulsation, sehr leise, hohe Lebensdauer
	4d hohes Drehmom. bei niedr. Drehzahlen

4) Flügelzellenmaschinen
  a) einhubige Maschinen
  b) mehrhubige Maschinen
5) Sperr- und Rollflügelmaschinen
  a) Sperrflügelmaschinen
  b) Rollflügelmaschinen
	1. geringes Bauvolumen durch kompakte Bauweise
	2. geringe Förderstrompulsation, wenig Geräusche
	3. günstige vol. Wirkungsgrade
	4a verstellbares Hubvolumen, günstig für Steuerung und Regelung
	4b, 5a, 5b hydraulischer Kraftausgleich

6) Schraubenmaschinen	1. pulsationsfreier Förderstrom, geräuscharmer Lauf 2. hohe Betriebssicherheit, lange Lebensdauer

Die Buchstaben a, b, c, d beziehen sich auf die in Spalte 1 unter denselben Buchstaben

Nachteile	bevorzugte Verwendung P: Pumpe, M: Motor		
1. hoher Fertigungsaufwand, hohe Anschaffungskosten 2. im Verhältnis zu Radialkolbenmasch. große Baulänge 3a ungünstige Ölführung, kein Kompaktgetriebe in „back to back" Anordnung möglich 3b hohe Querkräfte u. großes Kippmoment am Kolben, große Verschleißprobleme 3c hohe Querkräfte am Kolben, Druck durch zul. Hertz'sche Pressung am Kugelkopf begrenzt	P/M	1.	für Fahrzeuggetriebe wegen der hohen Leistungsdichte und guten Wirkungsgrade (Betriebskosten)
	P/M	2.	für Werkzeugmaschinenantriebe wegen der guten Steuer- und Regelbarkeit
1. hoher Fertigungsaufwand, 2. nicht so kompakt gebaut wie 1) 3a bei Benutzung als Radnabenmotor zu geringes Drehmoment 3b keine höheren Drehzahlen erreichbar	P/M	1a	als Pumpe und Motor in mobilen und stationären Anwendungen
	M	1b	als Hydromotor für Fahrzeuggetriebe in aufgelöster Bauweise
		2b	als Motor z. Antr. von Winden usw.
1. konstantes Hubvolumen, Änderung des Förderstromes erfolgt durch Drosselung, Erwärmung des Öls, hohe Betriebskosten 2a schlechte Wirkungsgrade, nicht als Motor zu benutzen 2b erhöhter Bauaufwand 2c teurer als Außenzahnradmaschinen 2d ungünstige Wirkungsgrade, hohe Betriebskosten	P	1a, 1b	verbreitetste Pumpenbauart für einfache Anwendungen in der Mobilhydraulik
	P	1c	Druckerzeuger für stationäre Anwendungen, z. B. Werkzeugmaschinen
	M	2b	billiger Motor, aber schlechtes Anlaufverhalten
	M	2d	als Dosiereinheit für Hydrolenkungen und als langsamlaufender Motor für viele Anwendungsfälle
1. empfindlich gegen Druckspitzen (Brechen der Flügel) 2. ungünstige mech. und Gesamtwirkungsgrade 3a einseitige Belastung des Rotors und der Welle 3b konstantes Hubvolumen	P/M		im Werkzeug- und allgemeinen Maschinenbau
1. niedriges Druckniveau, geringe Leistungsdichte 2. hohe Herstellungskosten	P	1.	Förderpumpe für Heizöle und für Umlaufschmierungen
		2.	für hydraulische Aufzugsanlagen

angegebenen Maschinen

Tafel 3.2 Betriebsdaten von Verdrängermaschinen

Maschinenart	Verdrängungsvolumen	
	min	mittel
1) Axialkolbenmaschinen		
a) Schrägachsenbauweise	5... 10	50... 500
b) Schrägscheibenbauweise mit Gleitschuhen	5... 10	20... 200
c) Schrägscheibenbauweise mit Kugelkopfkolben	2... 10	20... 200
2) Radialkolbenmaschinen		
a) mit Exzenter	2... 10	50... 500
b) mit Nockenring	10...100	500...1000
3) Zahnrad- und Zahnringmaschinen		
a) Zahnradmaschinen ohne Spaltausgleich	1... 5	5... 50
b) Zahnradmaschinen mit Spaltausgleich	2... 5	5... 50
c) Innenzahnradmaschinen	1... 5	5... 50
d) Zahnringmaschinen	10... 50	50... 200
4) Flügelzellenmaschinen		
a) einhubige Maschinen	5... 10	10... 50
b) mehrhubige Maschinen	2... 10	20... 200
5) Sperr- und Rollflügelmaschinen		
a) Sperrflügelmaschinen	4... 10	10... 40
b) Rollflügelmaschinen		
6) Schraubenmaschinen	1... 5	100...1000

An den Beispielen einer Pumpe und eines Motors lassen sich nach Bild 3.33 Verluste und Wirkungsgrade, wie folgt, darstellen:

Wenn für den Betrieb eines Hydrauliksystems ein Volumenstrom Q_{eff} und ein Druck p_{eff} verlangt werden, so müssen bei der Auslegung der Hydropumpe auch die an ihr entstehenden Lecköl- und Druckverluste berücksichtigt werden; erstere werden in Q_{1v},

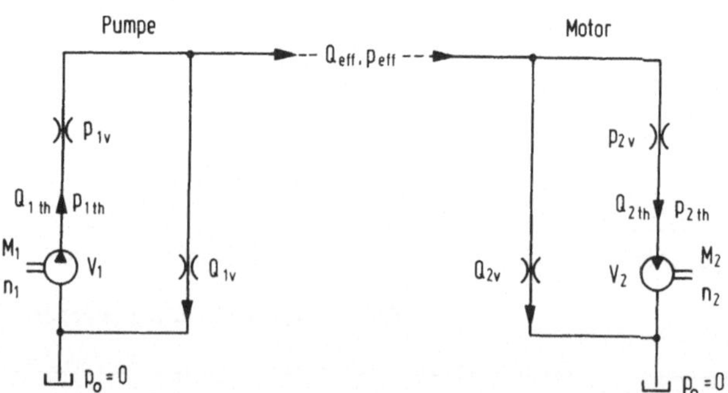

3.33 Darstellung der Verlustquellen in Hydropumpe und Hydromotor

| $[10^{-6}\,\mathrm{m}^3]$ | Drehzahl $[\mathrm{min}^{-1}]$ | | Druck [bar] | |
max	min	max	Dauerdruck	Höchstdruck
1000... 4000	20... 5	7500... 500	120...250	250...500
500... 3000	20... 5	5000... 300	100...250	250...500
200... 500	20... 5	8000...1500	100...150	200...300
1000... 8000	10... 2	3000... 300	120...400	250...700
2000...35000	5... 1	800... 50	180...200	200...450
50... 1000	700...500	7500...2500	100...150	...200
50... 120	500...300	8000...2000	150...200	...300
50... 700	1500...300	5000...2000	80...300	100...300
200... 800	50... 10	2000... 200	...200	...260
60... 160	100... 10	3000...1000	50...150	100...175
200... 400	400... 20	4000...1300	100...175	150...200
40... 400	100... 50	4000...1700	140...175	175...210
65... 750	50... 10	1200	...145	...280
4000...70000		20000...2000	7...100	10...210

letztere in p_{1v} zusammengefaßt. Die P u m p e muß also so ausgelegt werden, daß
sie zusätzlich zu p_{eff} auch p_{1v} erzeugen kann. Es gelten daher die folgenden Gleichungen:
Gleichungen:

$$Q_{1th} = Q_{eff} + Q_{1v} = \frac{Q_{eff}}{\eta_{1vol}} = n_1 \cdot V_1 \tag{3.25}$$

$$p_{1th} = p_{eff} + p_{1v} = \frac{p_{eff}}{\eta_{1hm}} = \frac{2\pi \cdot M_1}{V_1} \tag{3.26}$$

Entsprechend gilt für den M o t o r :

$$Q_{2th} = Q_{eff} - Q_{2v} = Q_{eff} \cdot \eta_{2vol} = n_2 \cdot V_2 \tag{3.27}$$

$$p_{2th} = p_{eff} - p_{2v} = p_{eff} \cdot \eta_{2hm} = \frac{2\pi \cdot M_2}{V_2} \tag{3.28}$$

Daraus können für Pumpe und Motor die folgenden Gleichungen für die Wirkungsgrade
abgeleitet werden:

Pumpe:

$$\eta_{1ges} = \eta_{1vol} \cdot \eta_{1hm} = \frac{P_{eff} \cdot Q_{eff}}{2\pi \cdot M_1 \cdot n_1} \tag{3.29}$$

$$\eta_{1hm} = \frac{\eta_{1ges}}{\eta_{1vol}} = \frac{P_{eff} \cdot Q_{1th}}{2\pi \cdot M_1 \cdot n_1} = \frac{P_{eff} \cdot V_1}{2\pi \cdot M_1} \tag{3.30}$$

$$\eta_{1vol} = \frac{\eta_{1ges}}{\eta_{1hm}} = \frac{Q_{eff}}{Q_{1th}} = \frac{Q_{eff}}{n_1 \cdot V_1} \tag{3.31}$$

Motor:

$$\eta_{2ges} = \eta_{2vol} \cdot \eta_{2hm} = \frac{2\pi \cdot M_2 \cdot n_2}{P_{eff} \cdot Q_{eff}} \tag{3.32}$$

$$\eta_{2hm} = \frac{\eta_{2ges}}{\eta_{2vol}} = \frac{2\pi \cdot M_2 \cdot n_2}{P_{eff} \cdot Q_{2th}} = \frac{2\pi \cdot M_2}{P_{eff} \cdot V_2} \tag{3.33}$$

$$\eta_{2vol} = \frac{\eta_{2ges}}{\eta_{2hm}} = \frac{Q_{2th}}{Q_{eff}} = \frac{n_2 \cdot V_2}{Q_{eff}} \tag{3.34}$$

Für ein aus Hydropumpe und Hydromotor bestehendes hydrostatisches Getriebe gilt dann:

$$\eta_{ges} = \eta_{1ges} \cdot \eta_{2ges} = \frac{M_2 \cdot n_2}{M_1 \cdot n_1} \tag{3.35}$$

Für die Ermittlung der Kennwerte und für die Beürteilung von Hydropumpen und -motoren sind verschiedene Diagrammformen entwickelt worden. Einen guten Einblick in Volumenstrom und volumetrische Verluste sowie in An- oder Abtriebsmomente und Verlustmomente geben räumliche Kennlinienfelder, wie sie in Bild **3.34** für eine Kon-

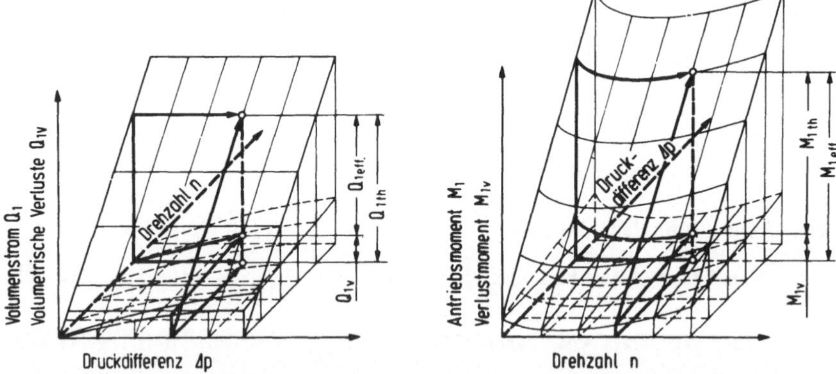

3.34 Räumliche Kennlinienfelder für eine Konstantpumpe (nach Backé und Hahmann [21])
links: Volumenstrom und volumetrische Verluste, rechts: Antriebs- und Verlustmoment

stantpumpe gezeigt sind. Der Lecköstrom der Pumpe ist dabei:

$$Q_{1v} = Q_{1th} - Q_{1eff}$$

der volumetrische Wirkungsgrad:

$$\eta_{1vol} = \frac{Q_{1eff}}{Q_{1th}}$$

und der hydraulisch-mechanische Wirkungsgrad:

$$\eta_{1hm} = \frac{M_{1th}}{M_{1eff}}$$

Die charakteristischen Daten von Verdrängermaschinen können üblicherweise zweidimensionalen Kennfeldern entnommen werden, die von den Herstellerfirmen für die einzelnen Maschinen zu beziehen sind. Bild **3.35** zeigt ein solches Kennfeld für eine Axialkolbenpumpe mit konstantem Hubvolumen. Geht man z. B. von der Betriebsdrehzahl $n = 25\ s^{-1}$ ($= 1500\ min^{-1}$) und von einem vorgegebenen Betriebsdruck $p = 150$ bar aus, so gelangt man über die gestrichelt gezeichneten Linien zum Betriebspunkt BP; er gibt Auskunft über das Antriebsdrehmoment ($M_1 = 166$ Nm), die Antriebsleistung

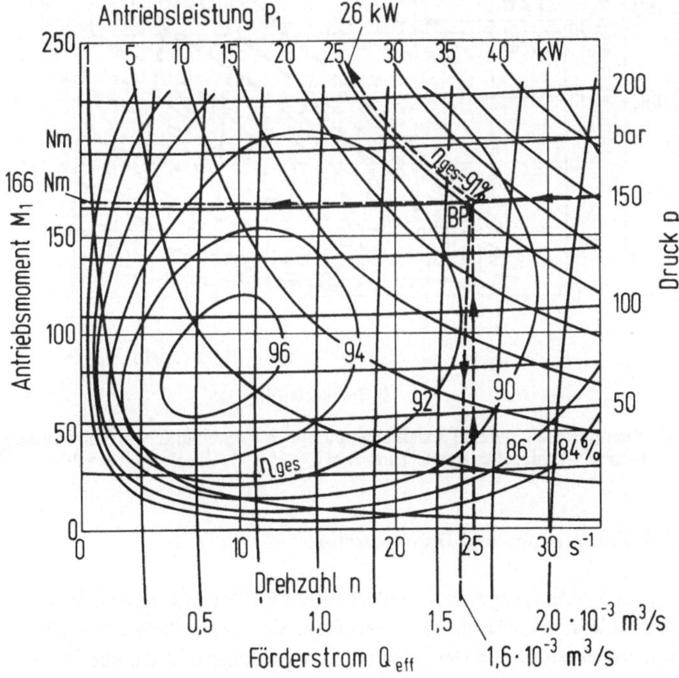

3.35 Kennlinienfeld für eine Axialkolbenpumpe mit konstantem Hubvolumen (Kämper-Hydraulik, Schwenkwinkel $\alpha = 17{,}5°$, Hubvolumen $V = 0{,}065$ m³, Ölviskosität $\eta = 30 \cdot 10^{-3}$ Ns/m²)

(P_1 = 26 kW), den Volumenstrom (Q_{eff} = 1,6 · 10^{-3} m^3/s) und den Gesamtwirkungsgrad (η_{ges} = 91%).

Auch für Maschinen mit veränderlichem Verdrängungsvolumen (Pumpen und Motoren) gibt es solche Kennfelder. So zeigt Bild 3.36 ein Kennfeld für eine Axialkolben-Verstellpumpe. Ausgehend z. B. von einem Schwenkwinkel α = 15° und vom Betriebsdruck p = 150 bar erhält man den Betriebspunkt BP. Von ihm ausgehend kann man die gesuchten Betriebsdaten ablesen:

Antriebsdrehmoment M_1 = 143 Nm, Antriebsleistung P_1 = 21 kW, Hubvolumen V_{eff} = 53,5 · 10^{-6} m^3, Wirkungsgrad η_{ges} = 89,5%.

Ähnliche Kennlinienfelder gibt es auch für hydrostatische Getriebe.

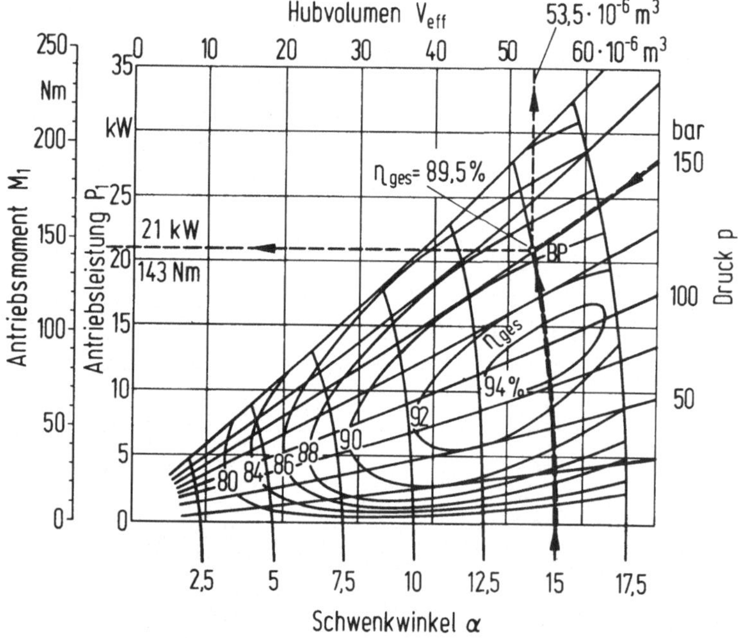

3.36 Kennlinienfeld für eine Axialkolbenpumpe mit veränderlichem Hubvolumen (Kämper-Hydraulik, Antriebsdrehzahl n = 25 s^{-1}, Ölviskosität η = 30 · 10^{-3} Ns/m^2)

3.7.3 Förderstrom- und Druckpulsation

Fast alle Verdrängerpumpen sind mit einer endlichen Zahl von Verdrängerelementen (Kolben, Zähnen, Flügeln usw.) versehen. Vor allem infolge dieser Tatsache liefern die Pumpen keinen konstanten, sondern einen Volumenstrom, der um einen Mittelwert schwankt; man spricht von Förderstrompulsation. Neben dem Einfluß der Verdrängerelemente können aber – im Zusammenwirken mit diesen – auch die Kompressibilität des Hydrauliköls und Lecköilerscheinungen sowie Einwirkungen der Hydraulikanlage, wie Undichtigkeiten, Bedienungsfehler usw., die Förderstrompulsation beeinflussen (siehe Bild 3.37).

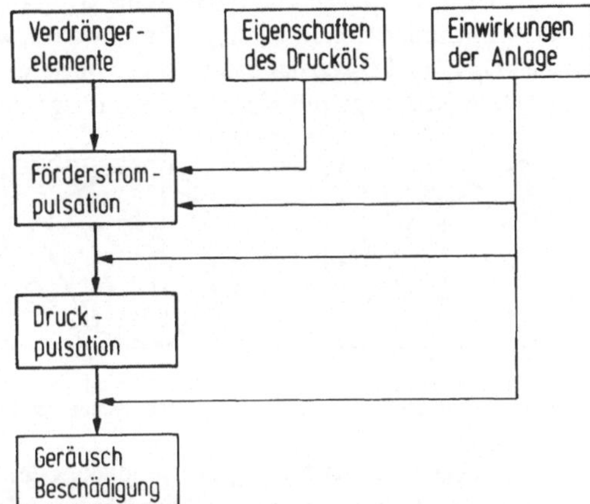

3.37
Schematische Darstellung zur Entstehung von Förderstrompulsation, Druckpulsation und Geräusch

Die Förderstrompulsation ist für den praktischen Betrieb von Hydraulikanlagen insofern von erheblicher Bedeutung, als sie in der Hochdruckseite der Anlage Druckpulsationen hervorrufen kann, die in der Hydropumpe und in den nachgeschalteten Bauelementen Schwingungen anregen, die wiederum die Ursache für Geräusche und unter Umständen für Beschädigungen und für Brüche von Bauelementen sein können.

Mit Hilfe der Darstellung in Bild 3.38 soll im folgenden der Gesamtförderstrom einer Kolbenpumpe mit 6 Kolben ermittelt werden. Dabei werden nur die durch die Kinematik der Verdrängerelemente entstehenden Förderstrompulsationen berücksichtigt, das heißt, die Einflüsse der Kompressibilität der Druckflüssigkeit, des Lecköls und Anlageneinflüsse bleiben unberücksichtigt.

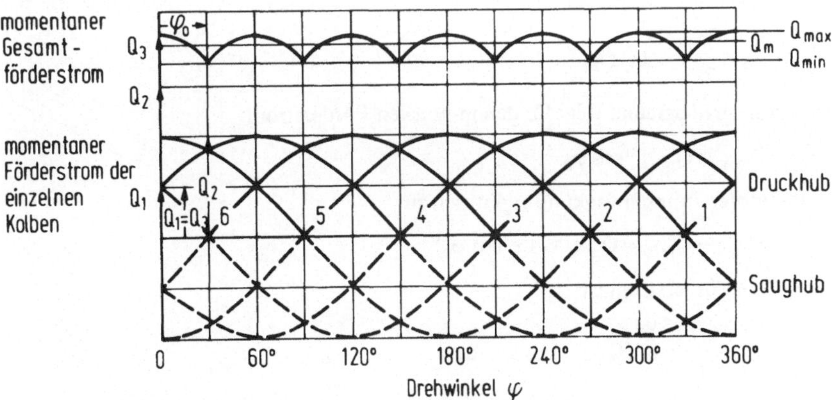

3.38 Darstellung des Gesamtförderstroms einer Kolbenpumpe mit 6 Kolben durch Addition der Teilförderströme

Jeder der 6 Kolben fördert nur während einer halben Umdrehung der Antriebswelle, das heißt nur während des Druckhubes, einen momentanen Teilförderstrom. Die Addition der momentanen Teilförderströme Q_1, Q_2 und Q_3 ergibt dann den momentanen Gesamtförderstrom der Pumpe. Er schwankt, wie aus Bild **3.38** zu ersehen, zwischen Q_{max} und Q_{min}, das heißt um den Mittelwert Q_m. Q_{max}, Q_{min} und Q_m können, wie Bild **3.39** zeigt, mit Hilfe von Zeigerdiagrammen bestimmt werden.

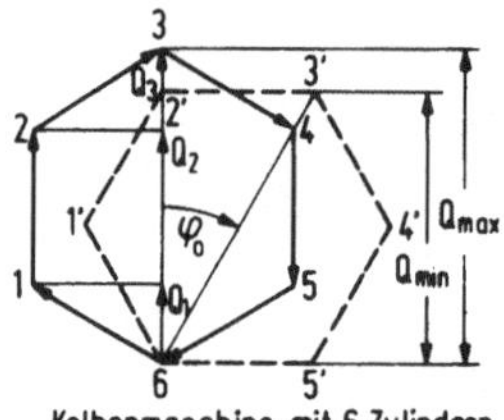

Kolbenmaschine mit 6 Zylindern
(gerade Zylinderzahl)

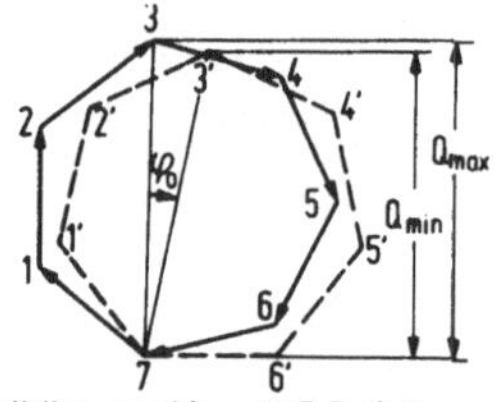

Kolbenmaschine mit 7 Zylindern
(ungerade Zylinderzahl)

3.39
Bestimmung des momentanen Gesamtförderstroms einer Kolbenpumpe mit Hilfe von Zeigerdiagrammen

Rotiert der Zeiger mit der Winkelgeschwindigkeit der Triebwelle, so ist der Förderstrom des Einzelkolbens proportional der Höhe des Zeigers über der Mittellinie. Bei mehreren gleichmäßig über den Umfang verteilten Zylindern werden die Zeiger mit ihren Zwischenwinkeln addiert, wodurch man ein geschlossenes, regelmäßiges Vieleck erhält. Da nur die nach oben weisenden Zeiger zur Förderung beitragen, ist die Förderung gleich der augenblicklichen Höhe des Vielecks über der Grundlinie. Den Förderstrom kann man sich also anschaulich als die Höhe eines über eine feste Ebene rollenden Vielecks vorstellen, wie es in Bild **3.39** für Maschinen mit gerader und ungerader Kolbenzahl dargestellt ist. Zwischen Q_{max} und Q_{min} liegt der Winkel φ_0, der bei gerader Kolbenzahl

$$\varphi_0 = \frac{\pi}{z}$$

und bei ungerader Kolbenzahl

$$\varphi_0 = \frac{\pi}{2z} \quad \text{beträgt.}$$

Aus dem Zeigerdiagramm folgt für den minimalen Förderstrom:

$$Q_{min} = Q_{max} \cdot \cos \varphi_0$$

und die Förderstromschwankung ergibt sich zu

$$Q_{max} - Q_{min} = Q_{max} \cdot (1 - \cos \varphi_0)$$

Der mittlere Förderstrom ist

$$Q_m = \frac{1}{\varphi_0} \cdot \int_0^{\varphi_0} (Q_{max} \cdot \cos \varphi) \cdot d\varphi$$

$$Q_m = Q_{max} \cdot \frac{\sin \varphi_0}{\varphi_0}$$

Der sogenannte Ungleichförmigkeitsgrad δ ist definiert als das Verhältnis von Förderstromschwankung zu mittlerem Förderstrom.

$$\delta = \frac{Q_{max} - Q_{min}}{Q_m} \cdot 100\% = \frac{(1 - \cos \varphi_0) \cdot \varphi_0}{\sin \varphi_0} \cdot 100\% \qquad (3.36)$$

Die Förderstromungleichförmigkeit für verschiedene Kolbenzahlen ist in Bild **3.40** dargestellt, ihre Ungleichförmigkeitsgrade sind in Tafel **3.3** enthalten.

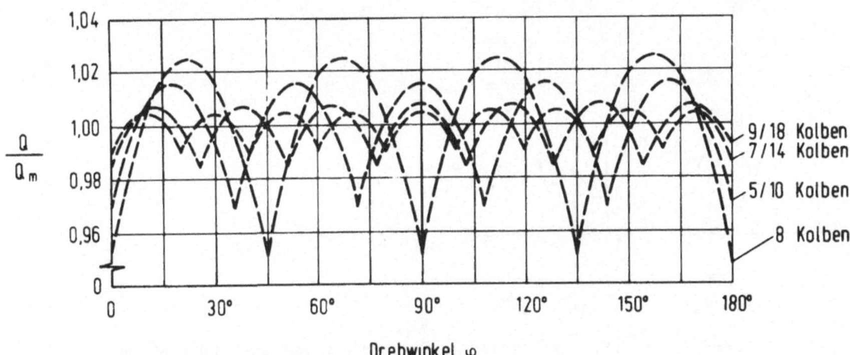

3.40 Förderstromungleichförmigkeit bei Kolbenmaschinen mit verschiedener Kolbenzahl

Tafel **3.3** Ungleichförmigkeitsgrade bei Kolbenpumpen

Kolbenzahl z	3	4	5	6	7	8	9	10	11
δ (%)	14,03	32,53	4,97	14,03	2,53	7,81	1,53	4,97	1,02

Es zeigt sich, daß die Ungleichförmigkeit einer Kolbenmaschine mit ungerader Kolbenzahl ebenso groß ist wie die einer Maschine mit doppelter gerader Kolbenzahl.

Die Pulsationsfrequenz einer Verdrängermaschine hängt von der Drehzahl und der Anzahl der Verdrängerelemente ab und beträgt bei

Kolbenmaschinen mit gerader Kolbenzahl z

$$f = n \cdot z$$

Kolbenmaschinen mit ungerader Kolbenzahl z

$$f = 2n \cdot z$$

Zahnradmaschinen und Flügelzellenmaschinen mit der Zähne-, bzw. Flügelzahl z

$$f = n \cdot z$$

Bezüglich der umfangreicheren Herleitung der Ungleichförmigkeitsgrade von Zahnrad-, Flügelzellen- und anderen Maschinen sei auf die Literaturstellen [22, 23] verwiesen.

Den Einfluß von Zähnezahl und Bauform der Zahnradpumpen auf Förderstrom- und Druckpulsation zeigt Bild **3.41** recht anschaulich. Es enthält neben den Druckschrieben vier verschiedener Pumpen auch den berechneten relativen Förderstromverlauf Q/Q_m.

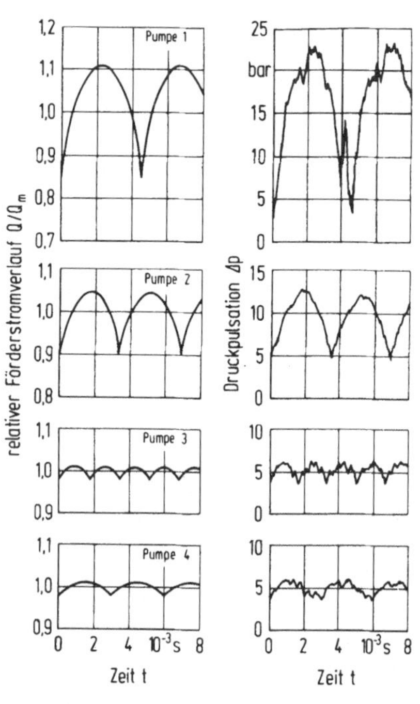

Deutlich zu erkennen sind die mit steigender Zähnezahl abnehmenden Druck-Amplituden. Der Verlauf der Druckpulsation stimmt gut mit dem berechneten Verlauf der Förderstrompulsation überein.

3.41
Förderstrom- und Druckpulsation von Zahnradpumpen
Pumpe 1: Außenzahnradpumpe,   9 Zähne
Pumpe 2: Außenzahnradpumpe,   12 Zähne
Pumpe 3: Doppelzahnradpumpe, 2 x 12 Zähne
Pumpe 4: Innenzahnradpumpe,   13/20 Zähne
Versuchsdaten: n = 1500 min^{-1}, p = 100 bar, ϑ = 60 °C, ν = 20 cSt

Die Abweichungen in Betrag und Form lassen erkennen, daß außer der geometrischen Ungleichförmigkeit noch andere Faktoren Einfluß auf Förderstrom- und Druckpulsation haben. So müssen z. B. der Kompressionsvorgang, die Umsteuerung zwischen Hoch- und Niederdruck sowie die Lecköluverluste berücksichtigt werden. Auch die Betriebsparameter, Druck, Drehzahl und Ölviskosität, haben Auswirkungen auf das Pulsationsverhalten. Die im Betrieb auftretende Förderstrompulsation liegt bei vielen Hydroverdrängern deutlich über den Werten, die aus ihrer Kinematik berechnet werden können.

3.7.4 Pulsationsdämpfung

Gelingt es nicht, die Förderstrom- und Druckpulsationen durch konstruktive Maßnahmen an den Verdrängermaschinen selber auf ein für den praktischen Betrieb tragbares Maß herabzusetzen, so bleibt die Möglichkeit, die entstehenden Schwingungen durch Einbau entsprechender Bauelemente in die Rohrleitung zu dämpfen und damit ihre Weiterleitung in das Hydrauliksystem ganz oder teilweise zu vermeiden.
Man unterscheidet zwischen Absorptionsdämpfern und Interferenz-, bzw. Reflexionsdämpfern.

In **Absorptionsdämpfern** wird die Schwingungsenergie mittels geeigneter Materialien teilweise vernichtet, das heißt in Wärmeenergie umgewandelt. Dies wird in der Regel durch Kompression und Entspannung eines Gasvolumens verwirklicht, z. B. mit Hilfe von sogenannten Dehnschläuchen oder von Hydrospeichern. **Interferenz-, bzw. Reflexionsdämpfer** wirken derart, daß die störende primäre Schallwelle durch Überlagerung einer zweiten Welle gleicher Amplitude und gleicher Frequenz ausgelöscht wird, wobei die zweite Welle um eine halbe Wellenlänge gegenüber der ersten phasenverschoben ist. Als Geräte hierfür werden Ausdehnungskammern oder Interferenzleitungen verwendet.

Die Wirksamkeit eines Dämpfers wird dadurch beurteilt, daß man die Beträge der Druckamplituden vor und hinter dem Dämpfer vergleicht. Ist $\hat{p}_E$ die Druckamplitude am Eingang des Dämpfers und $\hat{p}_A$ die Druckamplitude am Ausgang des Dämpfers, so ist die Dämpfung

$$D = 20 \cdot \log \left| \frac{\hat{p}_E}{\hat{p}_A} \right|$$

Die Dämpfung D beschreibt also das Übertragungsverhalten des Dämpfers; sie ist frequenzabhängig. Im einzelnen wird die Wirkung der verschiedenen Dämpfungselemente von D. Hoffmann [24] wie folgt beschrieben.

Ein **Hydropneumatischer Speicher**, der über ein T-Stück an die Hydraulikleitung angeschlossen wird, weist nur in einem schmalen Frequenzbereich hohe Dämpfungswerte auf, wie Bild 3.42 zeigt. Das Dämpfungsmaximum liegt bei üblicher Speichergröße und üblicher Ankopplung unter 100 Hz, so daß die Anregung durch eine Hydropumpe nur wenig gedämpft wird. Es läßt sich durch Verkürzung der Länge und durch Vergrößerung des Durchmessers der Verbindungsleitung sowie durch Verringerung des Speichervolumens zu höheren Frequenzen verschieben. Spezielle, aus Hydrospeichern entwickelte Pulsationsdämpfer sind unter Berücksichtigung dieser Grundsätze aufgebaut, und sie decken einen größeren Frequenzbereich ab.

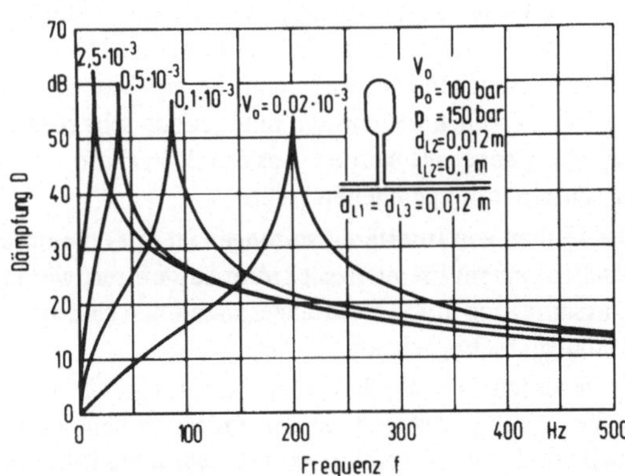

3.42
Dämpfungsverläufe für Gasspeicher mit verschiedenen Speichervolumen (nach D. Hoffmann [24])

Schlauchleitungen mit einer oder mehreren Stahldrahtgeflechteinlagen als Druckträger haben nur eine geringe Dämpfungswirkung, die praktisch im gesamten Frequenzbereich unter 6 dB liegt. Sehr viel wirkungsvoller ist dagegen der Einbau von Schlauchleitungen mit Textilgarngeflechteinlagen; sie haben eine erheblich größere Speicherwirkung. Damit können Dämpfungswerte bis zu etwa 20 dB erreicht werden. Jedoch ist die Dauerhaltbarkeit dieser Schläuche begrenzt.

Die Dämpfungswirkung einer **Einzelkammer** steigt mit dem Querschnittsverhältnis $\epsilon = \dfrac{A_K}{A_L}$ an und kann Werte zwischen 20 dB und 40 dB erreichen. Der Dämpfungsverlauf in Abhängigkeit von der Anregungsfrequenz weist Maxima und Minima auf, deren Lage von der Kammerlänge beeinflußt wird. Um Minima im Frequenzbereich bis zu 2000 Hz zu vermeiden, sollte die Kammer, wie Bild 3.43 zeigt, nicht länger als 0,2 m sein. Bei größerer Länge kann man die Ablaufleitung bis zur Kammermitte einschieben, ohne die Dämfpungswirkung zu verschlechtern.

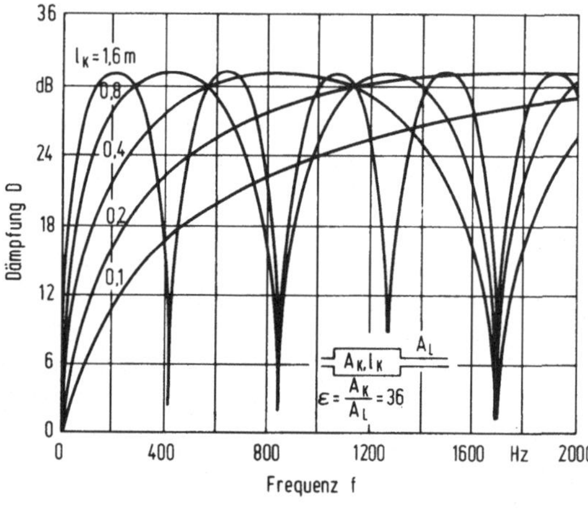

3.43
Dämpfungsverläufe für Einzelkammerdämpfer mit verschiedener Länge l_K (nach D. Hoffmann [24])

Größere Dämpfungswerte erreicht man durch Hintereinanderschalten mehrerer Einzelkammern. Untersuchungen von Hoffmann [24] haben gezeigt, daß ein **Zweikammersystem** ausreichend ist, weil damit bereits Dämpfungswerte von über 40 dB zu erreichen sind. Ein Zweikammersystem muß jedoch sehr sorgfältig an das Frequenzspektrum der Anregung angepaßt werden, was durch Variation der Kammervolumina und der Kammerdurchmesser geschehen kann.

Der Einbau von Interferenzleitungen ist nur zu empfehlen, wenn ein schmales Frequenzband aus einem Frequenzspektrum ausgefiltert werden soll. Zur Dämpfung einer Schwingungsanregung durch Verdrängermaschinen sind Interferenzleitungen, auch wegen ihrer Baulänge, nicht geeignet.

Zu beachten ist auch, daß jedes Dämpfungselement direkt hinter der Schwingungsquelle in die Leitung eingebaut werden sollte, weil ein größerer Abstand zwischen Schwingungsquelle und Dämpfungselement unerwünschte Dämpfungseinbrüche verursachen kann.
Die oben angegebenen Dämpfungswerte gelten für Dämpfer innerhalb einer reflexionsfreien Rohrleitung. Da ein reflexionsfreier Rohrleitungsabschluß in der Praxis meist nicht vorhanden ist, muß dann in der Regel mit etwas geringeren Dämpfungswerten gerechnet werden.

4 Energiewandler für absätzige Bewegung (Hydrozylinder, Schwenkmotoren)

Hydrozylinder ermöglichen auf einfache Weise die Umwandlung der rotierenden Bewegung einer Hydropumpe in eine gradlinige Hubbewegung. Dabei kann der Geschwindigkeitsverlauf für Vor- und Rückhub stufenlos gesteuert und eine schnelle Umsteuerung der Bewegung erreicht werden. Für absätzige Drehbewegungen werden überwiegend spezielle Schwenkmotoren benutzt.

Einen Überblick über die wichtigsten Hydrozylinder und Schwenkmotoren gibt Bild **4.1**.

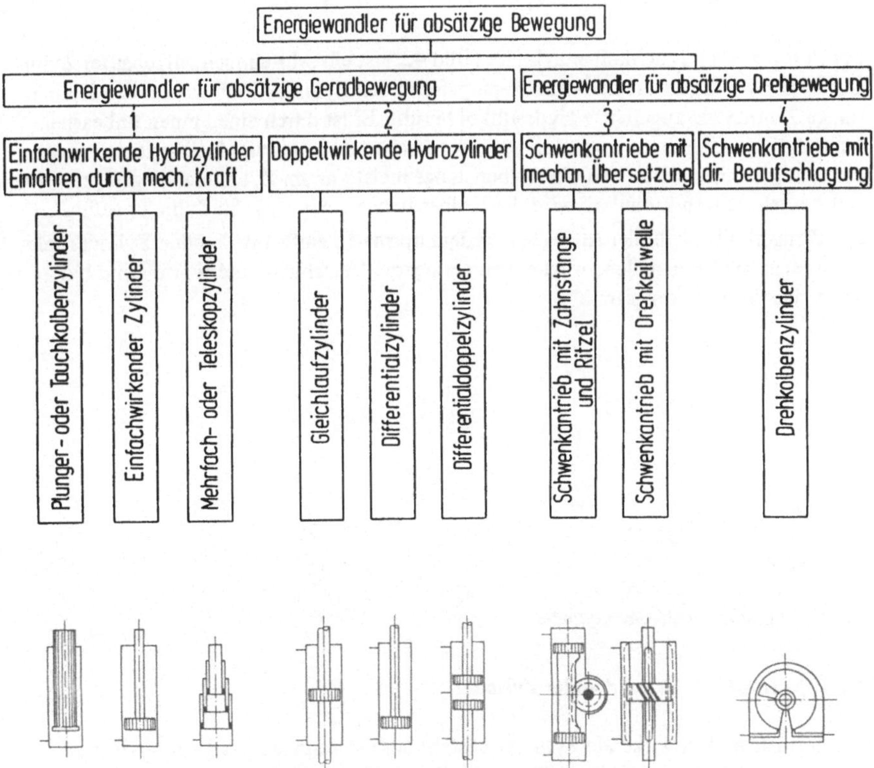

4.1 Systematische Einteilung der Energiewandler für absätzige Bewegung

4.1 Einfachwirkende Zylinder

Einfachwirkende Zylinder werden nur von einer Seite, das heißt in der Regel nur beim Arbeitshub, mit Hydrauliköl beaufschlagt; der Rückhub wird dagegen durch äußere mechanische Kräfte, z. B. durch Federkraft, durch das Eigengewicht des Kolbens oder – wohl am häufigsten – durch das Gerätegewicht, bzw. das Gewicht der gehobenen Last bewirkt. Es werden drei verschiedene Arten von einfachwirkenden Zylindern verwendet:

– Plunger- oder Tauchkolbenzylinder,
– normaler einfachwirkender Zylinder,
– Mehrfach- oder Teleskopzylinder.

4.1.1 Plunger- oder Tauchkolbenzylinder

Der Plunger- oder Tauchkolbenzylinder (Bild **4.2**) ist ein sehr einfach aufgebauter Zylinder, dessen Funktion auf der Verdrängung der in den Zylinder 1 eintauchenden Kolbenstange 2 durch das zugeführte Hydrauliköl beruht. Er ist durch einen innen unbearbeiteten Zylinder, durch einen großen Spalt 3 zwischen Zylinder und Kolbenstange sowie dadurch gekennzeichnet, daß die Kolbenstange meist nur am Zylinderende geführt wird. Nur bei sehr langen Zylindern wird das Kolbenstangenende auch im Zylinder geführt.

Der Plungerkolbenzylinder ist gegenüber dem normalen einfachwirkenden Zylinder relativ preisgünstig herzustellen, er ist einem geringeren Verschleiß unterworfen und hat einen günstigen Wirkungsgrad.

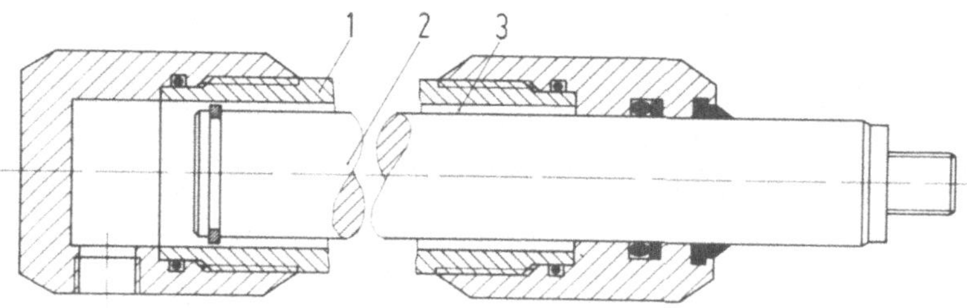

4.2 Plunger- oder Tauchkolbenzylinder

4.1.2 Normaler einfachwirkender Zylinder

Der normale einfachwirkende Zylinder besteht aus einem innen bearbeiteten Rohr 1 mit exakt geführtem und abgedichtetem Kolben 2 (Bild **4.3**). Der Öldruck wirkt auf die Kolben-Stirnfläche, die mit der Druckleitung verbunden ist. Auf der anderen Seite ist der Zylinder in der Regel mit der Außenluft verbunden und durch einen kleinen Filter 3 geschützt. Kolben und Kolbenstange werden im Zylinder geführt und abgedichtet, die Kolbenkraft ist durch die Fläche des Kolbens bestimmt.

Diese Zylinder haben einen größeren Reibungswiderstand als die Plungerkolbenzylinder. Sie werden jedoch bei größerer Hublänge fast ausschließlich verwendet, weil dann die Plungerzylinder zu schwer würden.

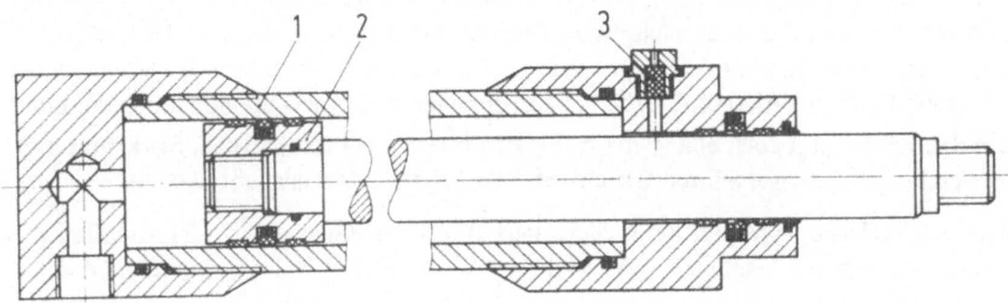

4.3 Normaler einfachwirkender Zylinder

4.1.3 Mehrfach- oder Teleskopzylinder

Ist eine geringe Einbauhöhe vorhanden und ein größerer Hub erforderlich, wie z. B. bei Lastwagenkippern, so verwendet man Teleskopzylinder. Sie werden überwiegend als einfachwirkende Zylinder verwendet, können aber auch als doppeltwirkende Zylinder ausgeführt werden. Für die Bemessung, bzw. die Auswahl eines Teleskopzylinders ist die letzte Stufe, d. h. der kleinste Teilkolben entscheidend, denn er muß die erforderliche Hubkraft aufbringen.

Einfacher Teleskopzylinder. Beim einfachen Teleskopzylinder (Bild **4.4**) wird zunächst der Kolben mit der größten Fläche A_1 betätigt, weil er den geringsten Druck erfordert. Erst dann, wenn er seine Endlage erreicht hat, folgt der Kolben mit der nächst kleineren Fläche A_2 usw., zuletzt der Kolben mit der kleinsten Fläche A_4.
Bei Annahme einer konstant bleibenden äußeren Kraft

$$F = p \cdot A = \text{konst.}$$

und eines konstant bleibenden Volumenstroms

$$Q = v \cdot A = \text{konst.}$$

ergeben sich für Druck- und Geschwindigkeitsverlauf die folgenden Verhältnisse:

Druckverlauf

$$p_1 = \frac{F}{A_1} \ \text{(min. Druck)}$$

$$\vdots$$

$$p_4 = \frac{F}{A_4} \ \text{(max. Druck)}$$

Geschwindigkeitsverlauf

$$v_1 = \frac{Q}{A_1} \ \text{(min. Geschw.)}$$

$$\vdots$$

$$v_4 = \frac{Q}{A_4} \ \text{(max. Geschw.)}$$

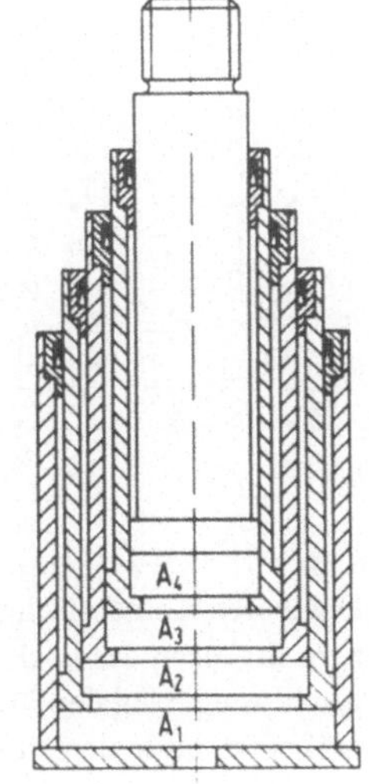

4.4 Einfacher Teleskopzylinder

Beim Übergang der Bewegung von einem zum anderen Kolben treten also plötzliche Druck- und Geschwindigkeitsänderungen auf, die mit Stößen verbunden sind. Für bestimmte Anwendungsfälle, z. B. für die Betätigung eines Kippers, ist dies durchaus erwünscht, weil der Abladevorgang durch die dabei entstehende Rüttelbewegung verbessert wird. Darüber hinaus ist hier auch die zu Beginn des Abkippens langsame Hubbewegung erwünscht, weil dann zum Anheben der zunächst waagerecht liegenden Wagenplattform eine große Kraft erforderlich ist, die bei zunehmendem Kippwinkel allmählich abnimmt.

In vielen Fällen ist jedoch eine gleichmäßige Hubbewegung erforderlich. Sie kann durch Verwendung eines sogenannten Gleichlauf-Teleskopzylinders erreicht werden.

Gleichlauf-Teleskopzylinder. Beim Gleichlauf-Teleskopzylinder (Bild **4.5**) sind die Zylinderräume mit den Flächen A_2, A_3 und A_4 jeweils mit den Zylinderringräumen mit den Ringflächen A_2^*, A_3^* und A_4^* verbunden. A_2 und A_2^*, A_3 und A_3^* sowie A_4 und A_4^* sind flächengleich.

Bei Beaufschlagung der Kolbenfläche A_1 strömt Öl aus dem Zylinderringraum mit der Fläche A_2^* unter den Kolben mit der Fläche A_2 und hebt auch ihn an. Gleichzeitig strömt auch das Öl aus den Zylinderringräumen mit den Flächen A_3^* und A_4^* unter die Kolben A_3 und A_4. Infolgedessen beginnen sich bei Beaufschlagung des Kolbens A_1 alle Kolben gleichzeitig zu bewegen, ohne daß Druck- oder Geschwindigkeitsstöße auftreten.

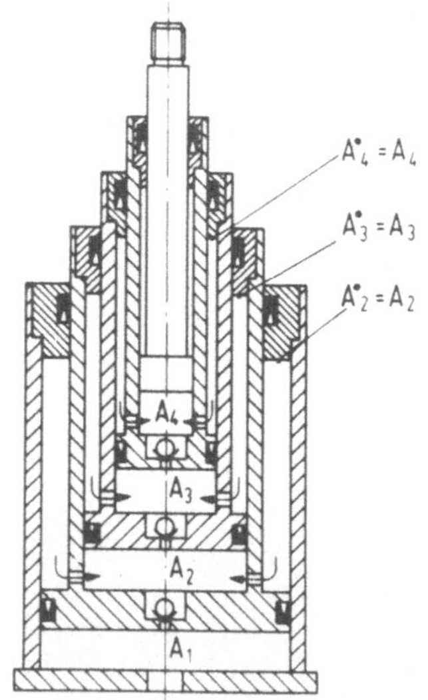

4.5
Gleichlauf-Teleskopzylinder

Die in den Kolbenflächen angeordneten Rückschlagventile sind nur zum Füllen und zum Ergänzen des Lecköls vorgesehen. Sie bleiben während des Betriebes automatisch geschlossen, weil der Druck in dem nächst kleineren Zylinderraum (z. B. A_2) jeweils größer ist, als in dem vorhergehenden Zylinderraum (z. B. A_1).

4.2 Doppeltwirkende Zylinder

Doppeltwirkende Zylinder können von beiden Seiten mit Drucköl beaufschlagt werden, so daß sie in beiden Hubrichtungen Kräfte übertragen können.

Man unterscheidet doppeltwirkende Zylinder mit

— zweiseitiger Kolbenstange und

— einseitiger Kolbenstange.

Zylinder mit zweiseitigen Kolbenstangen werden auch als Gleichlaufzylinder, Zylinder mit einseitigen Kolbenstangen als Differentialzylinder bezeichnet; letztere sind dann in der Regel mit einem größeren Kolbenstangendurchmesser versehen.

Bild **4.6** zeigt einen doppeltwirkenden Differentialzylinder mit beidseitiger Endlagendämpfung (Beschreibung siehe Abschn. 4.3.1).

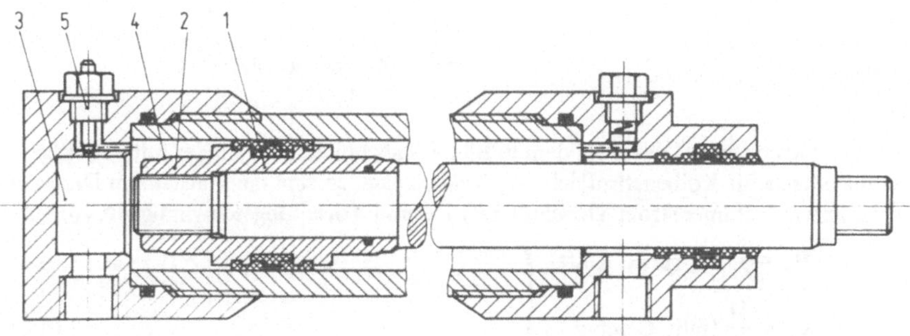

4.6 Doppeltwirkender Zylinder mit einseitiger Kolbenstange und beidseitiger Endlagendämpfung (Differentialzylinder)

4.2.1 Zylinder mit zweiseitiger Kolbenstange (Gleichlaufzylinder)

Bei Zylindern mit zweiseitiger Kolbenstange (Bild **4.7**) können — gleichdicke Kolbenstangen, konstanter Druck p und konstanter Volumenstrom Q auf beiden Seiten vorausgesetzt — Kräfte und Geschwindigkeiten für Vorhub (V) und Rückhub (R) gleich groß gehalten werden, weil die Ringflächen A_1 und A_2 gleich groß sind:

$$F_V = F_R$$

$$v_V = v_R$$

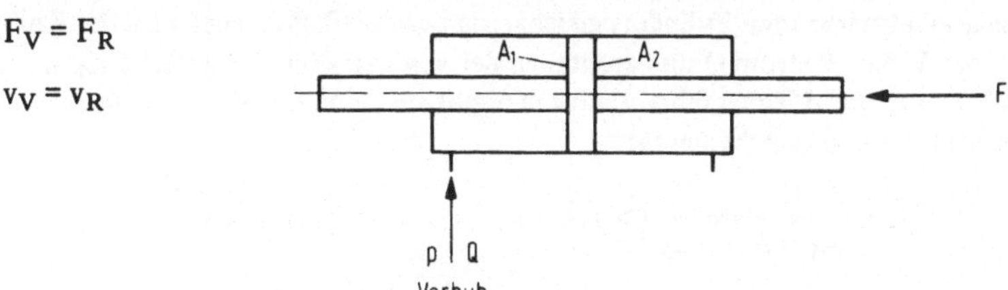

4.7 Doppeltwirkender Zylinder mit zweiseitiger Kolbenstange (Gleichlaufzylinder)

4.2.2 Zylinder mit einseitiger Kolbenstange (Differentialzylinder)

Zylinder mit einseitiger Kolbenstange (Bild **4.8**) können – je nach Beaufschlagung – in dreierlei Weise betrieben werden:

Vorhub durch Beaufschlagung der Kolbenfläche A_1 (Arbeitsgang)

Rückhub durch Beaufschlagung der Kolbenringfläche A_2

Vorhub durch gleichzeitige Beaufschlagung der Kolbenflächen A_1 und A_2 (Eilgang)

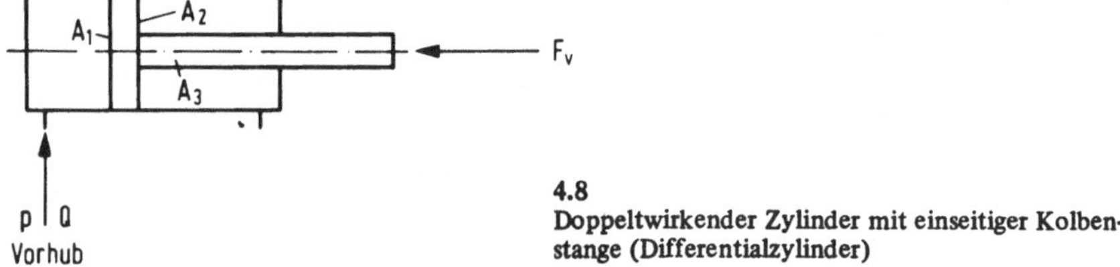

4.8
Doppeltwirkender Zylinder mit einseitiger Kolbenstange (Differentialzylinder)

Vorhub (Arbeitsgang). Wird bei dem in Bild **4.8** abgebildeten Zylinder mit einseitiger Kolbenstange die Kolbenstirnfläche A_1 beaufschlagt, so sind bei konstantem Druck und konstantem Volumenstrom Vorschubkraft F_V und Vorschubgeschwindigkeit v_V:

$$F_V = p \cdot A_1 \text{ (max. Kraft)} \tag{4.1}$$

$$v_V = \frac{Q}{A_1} \text{ (min. Geschw.)} \tag{4.2}$$

Rückhub. Beim Rückhub wird entsprechend der beaufschlagten kleineren Ringfläche A_2 bei gleichem Druck und Volumenstrom eine kleinere Kraft, jedoch eine größere Geschwindigkeit erreicht als beim Vorhub:

$$F_R = p \cdot A_2 \; (< F_V) \tag{4.3}$$

$$v_R = \frac{Q}{A_2} \; (> v_V) \tag{4.4}$$

Vorhub (Eilgang). In der in Bild **4.9** gezeichneten Ventilstellung werden beide Seiten des doppeltwirkenden Zylinders gleichzeitig beaufschlagt. Dabei wird der Kolbenfläche A_1 der Volumenstrom Q und zusätzlich der von der Kolbenringfläche A_2 verdrängte Volumenstrom ΔQ zugeführt. Dadurch ergibt sich eine höhere Kolbengeschwindigkeit als beim normalen Arbeitshub:

$$v_E = \frac{Q}{A_1 - A_2} = \frac{Q}{A_3} \; (> v_V) \tag{4.5}$$

Die dabei übertragbare Vorschubkraft ist jedoch kleiner als beim Arbeitshub:

$$F_E = p \cdot (A_1 - A_2) = p \cdot A_3 \; (< F_V) \tag{4.6}$$

Die Größe der Eilganggeschwindigkeit kann bei gegebenen Werten für Q und p also durch die Wahl des Kolbenstangendurchmessers A_3 beeinflußt werden.

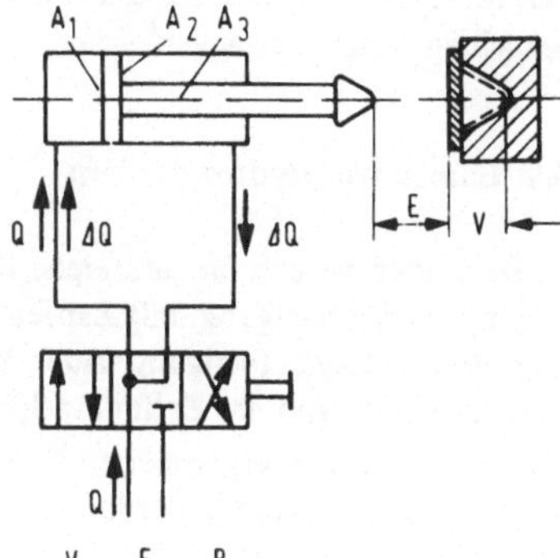

4.9
Eilgangschaltung eines Differentialzylinders

Wie in Bild **4.9** angedeutet, kann der so erreichbare Eilgang z. B. verwendet werden, um einen Preßstempel schnell an das Werkstück heranzuführen. Sobald der Stempel das Werkstück erreicht hat, wird das Ventil nach rechts geschaltet, so daß nur die Kolbenfläche A_1 bedient wird. Der dadurch bewirkte Arbeitsgang erfolgt dann mit größerer Kraft, aber kleinerer Geschwindigkeit.

Zu beachten ist, daß die Reibkräfte bei beidseitiger Beaufschlagung eines doppeltwirkenden Kolbens in der Regel wesentlich größer sind als bei einseitiger Beaufschlagung.

4.3 Detailgestaltung und Einbau von Hydrozylindern

4.3.1 Endlagendämpfung

Bei einfachen Zylindern und kleineren Kolbengeschwindigkeiten reichen in der Regel Anschlagringe aus, um die Kolben am Hubende abzufangen. Bei Kolbengeschwindigkeiten über etwa 0,1 m/s ist jedoch eine Dämpfungseinrichtung, eine sogenannte Endlagendämpfung, erforderlich. Wenn man von federnden Dämpfern absieht, so werden meist hydraulische Endlagendämpfer verwendet. Sie vermindern die kinetische Energie der Kolbenmasse dadurch, daß sie den Rest des vom Kolben verdrängten Ölvolumens durch Spalte oder Drosseln leiten.

So ist z. B. der in Bild **4.6** gezeigte Kolben 1 mit dem Dämpfungskolben 2 versehen. Am Ende seines Hubes dringt der Dämpfungskolben 2 in die dafür vorgesehene Zylinderbohrung 3 ein. Dadurch entsteht zwischen dieser Bohrung und der Ringfläche 4 des Dämpfungskolbens 2 ein mit zunehmendem Hub enger werdender Ringspalt, der eine Vordämpfung übernimmt; die weitere Dämpfung erfolgt dann in der Verstelldrossel 5. Das im Hauptzylinder befindliche Restöl kann dabei nur über den Ringspalt, bzw. über die Verstelldrossel 5 verdrängt werden. Infolgedessen kann nur eine geringere Ölmenge abfließen, so daß die Kolbengeschwindigkeit verringert wird.

Es gibt auch Endlagendämpfer mit Konstantdrosseln; sie können z. B. in Form einer Dreiecksnut am Ende des Dämpfungskolbens ausgebildet sein. Da Endlagendämpfungen meist nur beim Hubende wirken sollen, werden sie bei Hubbeginn in der Regel über Rückschlagventile umgangen.

4.3.2 Einbau von Hydrozylindern

Hydrozylinder werden für zahlreiche Befestigungsarten angeboten, z. B. für Flanschbefestigung, Fußbefestigung, mit Zapfen für schwenkbare Aufhängung, mit Ösen für Zylinder- und Kolbenbefestigung. Auch kann anstelle des Zylindergehäuses die Kolbenstange festgelegt und das Zylindergehäuse beweglich angebracht werden.

Die in Bild **4.10** wiedergegebenen Einbaubeispiele zeigen die wichtigsten Gesichtspunkte, die beim Einbau beachtet werden müssen:

a) Die Befestigungsschrauben nicht auf Zug beanspruchen,

b) Schwenkaugen von Kolben und Zylinder in einer Ebene lagern,

c) Dehnung des Zylinders durch Wärme oder Druck nicht behindern,

d) Zylinder möglichst im Schwerpunkt aufhängen,

e) Biegemomente bei Krafteinleitung vermeiden.

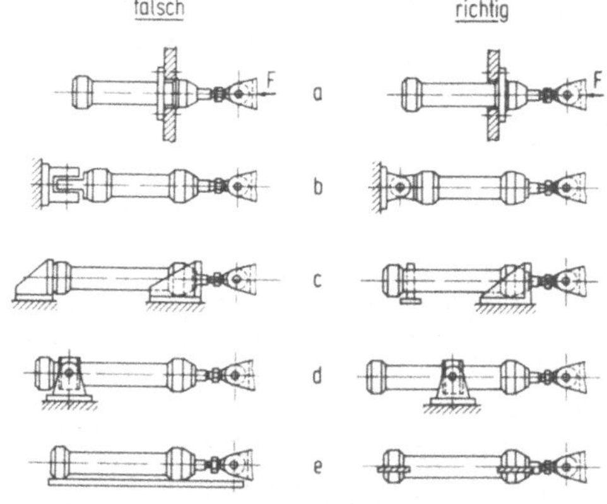

4.10
Einbau von Hydrozylindern (nach Bartholomäus und Krüger [25])

4.4 Schwenkmotoren

Für begrenzte Drehbewegungen mit wechselnder Drehrichtung werden üblicherweise spezielle Schwenkmotoren verwendet. Sie arbeiten mit

— mechanischer Übersetzung oder mit

— direkter Beaufschlagung.

4.4.1 Schwenkmotoren mit mechanischer Übersetzung

Hydrozylinder mit Zahnstange und Ritzel. Der in Bild **4.11** abgebildete Schwenkmotor besteht aus einem Zylinder mit einem Kolben, der mit einer Zahnstange versehen ist. Bei Beaufschlagung des Kolbens bewegt dieser über die Zahnstange das Ritzel.

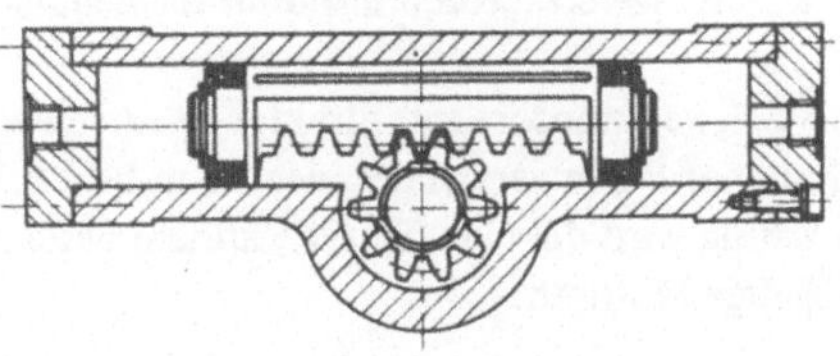

4.11
Schwenkmotor mit Kolben, Zahnstange und
Ritzel (nach Pleiger)

Das dabei entstehende Drehmoment ist mit p als Arbeitsdruck, mit A als Kolbenfläche und mit r als Teilkreisradius des Ritzels:

$$M = p \cdot A \cdot r \tag{4.7}$$

Da der Drehwinkel bei diesem Schwenkmotor nur von der Länge der Zahnstange abhängt, können hiermit auch Drehwinkel über 360° erreicht werden.

Schwenkmotor mit Drehkeilwelle. Der in Bild **4.12** gezeigte Schwenkmotor mit Drehkeilwelle besteht aus den Gehäuseteilen 1, dem Hubkolben 2 und der Schwenkwelle 3. Mit dem Hubkolben fest verbunden sind die mit Steilgewinden versehenen Zapfen 4 (Rechtsgewinde) und 5 (Linksgewinde). Der Gewindezapfen 4 ist über ein Gegengewinde mit dem Gehäuse 1, der Zapfen 5 über ein Gegengewinde mit der Schwenkwelle 3 in Eingriff. Bei Druckbeaufschlagung der Kolbenfläche, z. B. über Anschluß A, schraubt sich der Kolben nach links; bei dieser Axialbewegung erfährt er (vom Wellenende aus gesehen) eine Linksdrehung.

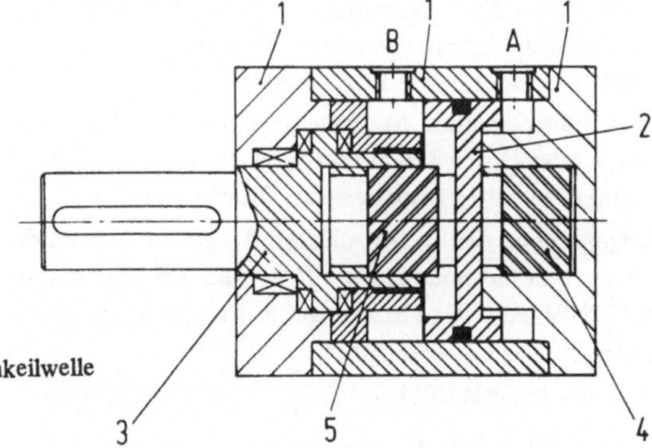

4.12
Schwenkmotor mit Kolben und Drehkeilwelle
(nach Hausherr)

Diese Drehbewegung des Kolbens wird auf die axial festgelegte Schwenkwelle 3 übertragen. Infolge des gegenläufigen Steilgewindes des Zapfens 5 wird der Hub in eine gleichgerichtete Drehung umgewandelt. Bei gleicher Steigung der Gewinde der Zapfen 4 und 5 ergibt sich für die Schwenkwelle 3 eine doppelt so hohe Drehzahl wie für den Kolben.

Mit α als Keilwinkel, ρ als Reibungswinkel, r als Teilkreisradius und A als Kolbenfläche ist das übertragbare Drehmoment:

$$M = p \cdot A \cdot r \cdot \tan(\alpha - \rho) \qquad (4.8)$$

4.4.2 Schwenkmotoren mit direkter Beaufschlagung

Als Schwenkmotore mit direkter Beaufschlagung werden meist Drehkolben-Zylinder in ähnlicher Form verwendet, wie sie in Bild **4.13** gezeigt ist. Je nach gewünschter Drehrichtung wird die eine oder die andere Seite mit Öl beaufschlagt. Es gibt ein- und mehrflügelige Motoren.

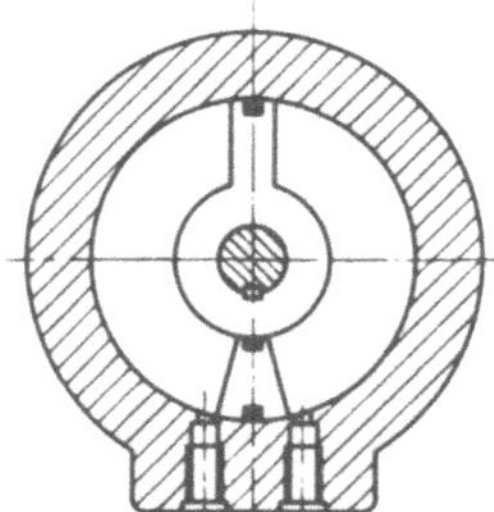

Das Drehmoment wird mit A als Flügelfläche, mit r_m als mittlerem Radius der Flügelfläche und mit z als Anzahl der Flügel:

$$M = p \cdot A \cdot r_m \cdot z \qquad (4.9)$$

4.13
Drehflügel-Schwenkmotor

5 Elemente und Geräte zur Energiesteuerung und -regelung (Ventile)

Zur Energie-, bzw. Leistungssteuerung oder -regelung, werden in der Ölhydraulik eine Vielzahl von verschiedenartigen Ventilen verwendet. Sie werden in der DIN/ISO 1219 zusammenfassend, wie folgt, beschrieben:

„Ventile sind Geräte zur Steuerung oder Regelung von Start, Stop und Richtung sowie Druck oder Durchfluß (Volumenstrom) des von der Hydraulikpumpe geförderten oder in einem Behälter gespeicherten Druckmittels".

Entsprechend den so festgelegten Aufgaben können die Ventile in die in Bild **5.1** aufgeführten vier Gruppen eingeteilt werden. Die gleichzeitig angegebenen Kurzbezeichnungen (WV, SPV usw.) sind hier eingeführt worden, um spätere Beschreibungen im Rahmen dieses Buches zu verkürzen.

Mit Hilfe der Ventile kann die hydraulische Leistung

$$P = p \cdot Q$$

über den Volumenstrom Q oder über den Druck p verändert werden.

Ventile werden heute in weitgehend standardisierter Ausführung hergestellt. Die einzelnen Ventilbauarten können oft durch geringfügige Veränderungen oder Ergänzungen, z. B. von Bohrungen, Einzelelementen usw., in ihrer Funktion geändert werden, so daß

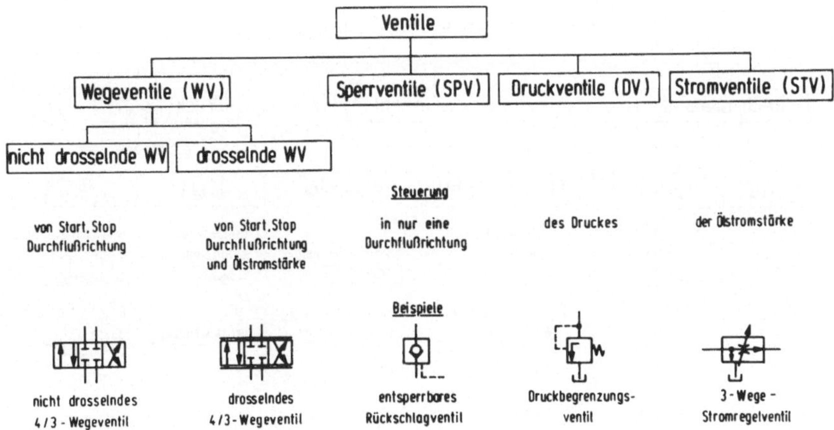

5.1 Systematische Einteilung der Elemente zur Energiesteuerung und -regelung

beispielsweise zwei äußerlich ähnlich aussehende Ventile zwei verschiedenen Gruppen zugeordnet werden müssen.

In diesem Abschnitt sollen der Aufbau und die Funktion der wichtigsten Ventile und Beispiele für ihre Anwendung behandelt werden. Dabei ist zu beachten, daß alle Ventilarten, um dem Leser einen schnelleren Einblick in die jeweilige Funktion zu ermöglichen, weitgehend schematisiert — und wo nötig, auch in Abweichung von den Zeichnungsnormen — dargestellt worden sind. Die mit den Ventilen zu verwirklichenden Steuer- und Regelungsaufgaben werden auch in den Abschnitten 7 und 8 behandelt werden.

Der Darstellung und Beschreibung der vier Gruppen von Ventilen wird ein Abschnitt über die Betätigungsarten der Ventile vorangestellt. Dies geschieht einmal, weil viele Betätigungsarten (z. B. Handschaltung, Betätigung durch Öldruck, Luftdruck oder Magnete) bei allen vier Gruppen zur Anwendung kommen können, zum anderen und in erster Linie aber aus didaktischen Gründen. Die Möglichkeiten speziell der Betätigung von Wegeventilen und die daraus sich ergebenden unterschiedlichen Funktionen sind von großer Vielfalt. Daher erscheint es sinnvoll, eine klare Trennung durchzuführen zwischen der Art der Betätigung, d. h. der Art der Signaleingabe in das Ventil, und der Gesamtfunktion des Ventils. Die leicht überschaubare Darstellung der Betätigungsarten, bzw. der Betätigungsmittel, ermöglicht so den Einstieg in die komplexeren Funktionen der Ventile, wie sie vor allem bei Wegeventilen vorliegen.

5.1 Betätigungsmittel für Ventile

5.1.1 Übersicht

Bild **5.2** zeigt die wichtigsten Betätigungsmittel und die ihnen zugeordneten Schaltzeichen.

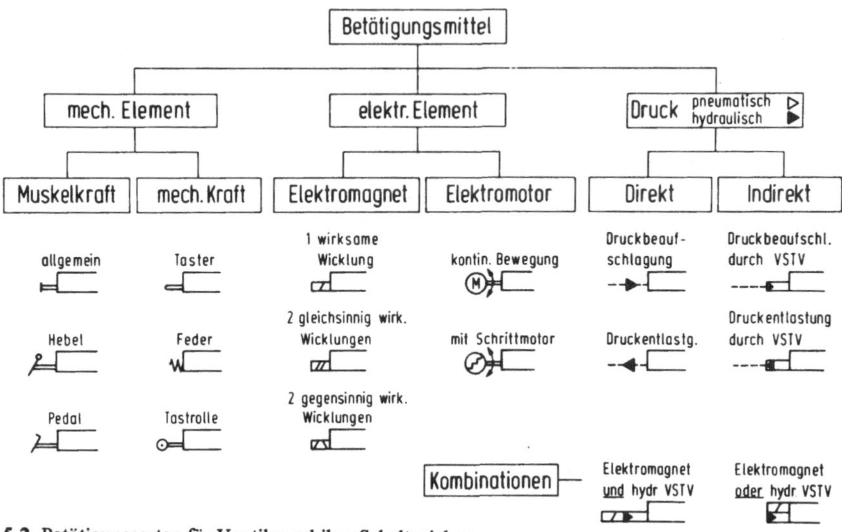

5.2 Betätigungsarten für Ventile und ihre Schaltzeichen
VSTV: Vorsteuerventil

Mechanische Betätigung. Mechanische Betätigungsmittel (Bild **5.2**, links), wie Handhebel, Pedale, Taster usw, sind in ihrer Funktion allgemein bekannt, so daß sie hier
nicht besonders behandelt werden müssen. Sie haben den Nachteil, daß sie im allgemeinen direkt am Ventil angebracht sein müssen und für Fernsteuerungen kaum verwendet
werden können. Darüber hinaus sind sie nur für begrenzte Stellkräfte geeignet und für
viele Steuerungsaufgaben zu ungenau.

Druckbetätigung. Verwendet man hydraulische oder — was seltener und nur für besondere Betriebsbedingungen der Fall ist — pneumatische Druckkräfte für die Betätigung
eines Ventils, so kann man wesentlich größere Stellkräfte, und diese auch über größere
Entfernungen, übertragen. Wie aus Bild **5.2**, rechts zu ersehen ist, kann man dabei so
vorgehen, daß man den in der Ruhestellung druckfreien Kolben auf einer Seite mit
Druck beaufschlagt, oder so, daß man den in Ruhestellung auf beiden Seiten unter
Druck stehenden Kolben auf der einen Seite vom Druck entlastet.

Bei der Betätigung durch Druck unterscheidet man die d i r e k t e   D r u c k b e t ä t i -
g u n g und die i n d i r e k t e   D r u c k b e t ä t i g u n g   d u r c h   V o r s t e u e r -
v e n t i l (V S T V). Im ersten Fall handelt es sich um ein einstufiges Ventil, dessen
Steuerkolben direkt mit Druck beaufschlagt wird, im zweiten Fall um ein zweistufiges
Ventil, dessen Vorsteuerventil die Aufgabe hat, den Drucköstrom zur Betätigung des
Hauptventils zu steuern. Zur Betätigung des Vorsteuerventils selbst reichen kleine Kräfte
aus.

Bei Hydraulikanlagen mit hohen Drucken und großen Volumenströmen empfiehlt es
sich, vorgesteuerte Ventile zu verwenden. Sie haben in vielen Fällen — wie später noch
gezeigt werden wird — auch günstigere Betriebseigenschaften als direkt gesteuerte Ven-

tile. Vorgesteuerte Ventile können außerdem wesentlich größere Steuerkräfte übertragen und über größere Entfernungen mit relativ kleinem Steuerölstrom betätigt werden.

Magnetbetätigung. Als besonders vorteilhaft hat es sich erwiesen, den hydraulischen Energiezweig mit einem elektrischen Signalzweig zu verbinden, also beispielsweise den Steuerschieber eines Wegeventils durch Eingabe eines elektrischen Stroms in einen mit dem Schieber verbundenen Elektromagneten (Bild **5.2** mitte) zu betätigen. Da hier die elektrische Eingangsgröße in eine mechanische Ausgangsgröße „umgewandelt" wird, bezeichnet man Magnete als „elektromechanische Wandler".

Es gibt einerseits s c h a l t e n d e e l e k t r o m e c h a n i s c h e W a n d l e r , beispielsweise einfache, durch Strom erregte Elektromagnete, die auch Hubmagnete genannt werden. Sie bringen das Wegeventil in die jeweils vorgegebene Endstellung, während der Rückhub bei Wegnahme des Stroms in der Regel durch Federkraft geschieht.

Andererseits gibt es p r o p o r t i o n a l w i r k e n d e e l e k t r o m e c h a n i s c h e W a n d l e r , z. B. sogenannte Proportionalmagnete, die den eingegebenen elektrischen Strom entweder in einen diesem Strom proportionalen Weg des Ventilschiebers oder in eine dem Strom proportionale, auf den Ventilschieber wirkende Kraft umwandeln. Noch genauer als Proportionalmagnete arbeiten sogenannte Torque-Motoren, die den eingegebenen elektrischen Strom in einem Servoventil in einen, ihm proportionalen, Volumenstrom umwandeln.

Schaltende und proportionalwirkende Wandler sollen in den folgenden beiden Unterabschnitten ausführlicher behandelt werden.

5.1.2 Schaltende elektromechanische Wandler

Als schaltende elektromechanische Wandler werden Hubmagnete verwendet. Sie bewegen den Ventilschieber in seine beiden Endstellungen, „schalten" also das Ventil. Wie in den entsprechenden Bildern im Abschnitt 5.2.2 gezeigt, geschieht dies meistens dadurch, daß die mit dem Magnetanker verbundene Führungsstange den Schieber gegen Federdruck verschiebt, der Magnet also als Stoßmagnet wirkt. Nach Entlastung des Schiebers durch den Magneten wird dieser durch die Feder wieder in seine Ruhestellung zurückgeführt.

Bild **5.3** zeigt einen schematisiert dargestellten **Gleichstrommagneten.** Sobald die Spule 1 des Magneten erregt wird, werden die sich im Luftspalt 2 gegenüberliegenden Stirnflächen des Ankers 3 und des Polkerns 4 polarisiert. Die dadurch entstehende Anziehungskraft bewegt den Anker bei Verringerung des Luftspaltes 2 bis zum Anschlag an den Polkern 4; über die Führungsstange 5 wird dann der Ventilschieber betätigt.

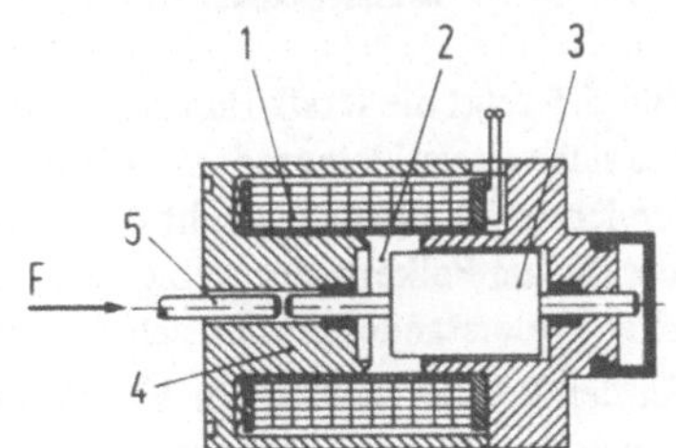

5.3
Gleichstrom-Hubmagnet (nach Bosch)

Der **Wechselstrommagnet** gleicht in seiner Wirkungsweise dem Gleichstrommagneten. Hinsichtlich seiner Betriebseigenschaften unterscheidet er sich jedoch von diesem dadurch, daß er wesentlich schneller schaltet (Bild 5.4). Die Anzugszeit des Ankers t_{An}, d. h. die Zeit in der der Magnet seinen vollen Hub vollführt hat, ist bei Wechselstrommagneten etwa um 2/3 kleiner als bei Gleichstrommagneten.

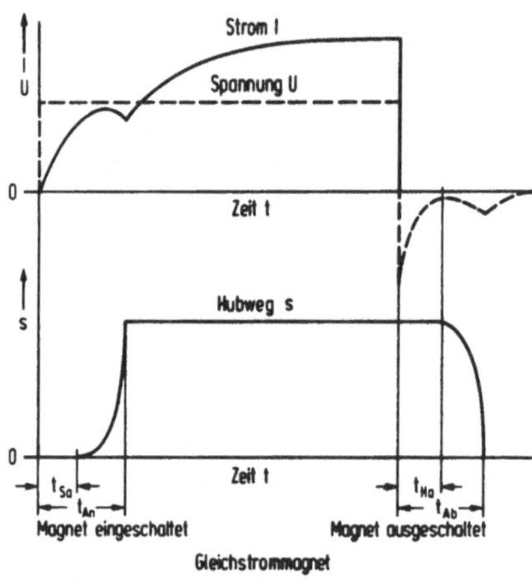

Wie Bild **5.4** zeigt, steigt der Strom, nachdem der Gleichstrommagnet unter Spannung gesetzt wurde, sehr langsam in Form einer e-Funktion an, um dann nach Erreichen des Maximums bei weiterer Bewegung des Ankers wieder abzufallen. Erst nach dessen Hubende bewegt der Strom sich auf seinen Endwert zu. Der Stromanstieg bei Wechselstrommagneten (Bild **5.4**) erfolgt dagegen sehr rasch, und die Anzugszeit wird damit sehr kurz. Ähnliche Verhältnisse ergeben sich beim Abschalten. Die ungünstigeren Schaltzeiten bei Gleichstrommagneten können durch besondere Maßnahmen, wie Schnellerregung oder Übererregung, teilweise ausgeglichen werden.

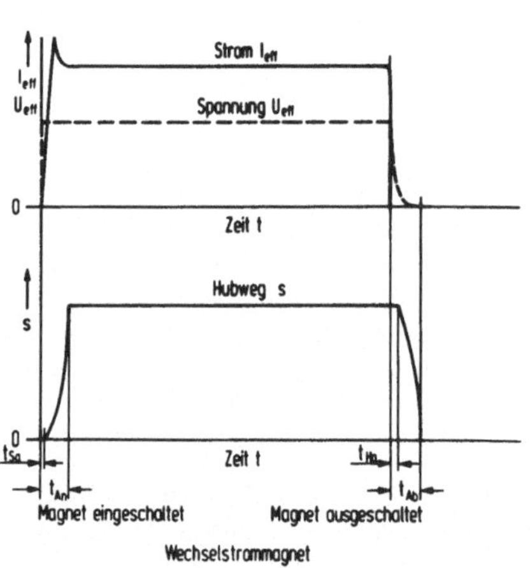

5.4
Schaltvorgänge bei Elektromagneten
t_{An}: Anzugszeit, t_{Ab}: Abfallzeit, t_{Sa}: Stromanstiegszeit, t_{Ha}: Haftzeit

Bild **5.5** zeigt die Kraft-Hub-Kennlinie für einen Gleichstrommagneten. Man erkennt, daß sich mit verkleinerndem Luftspalt eine ansteigende Magnetkraft ergibt. Kurz vor Erreichen der Endlage taucht der Anker in die seinem Durchmesser entsprechende Aussparung am Polkern ein; infolge der dadurch entstehenden Verringerung des magnetischen Widerstandes erhöht sich die Hubkraft im letzten Teil des Hubes.
Für den Betrieb schaltender Ventile werden Gleichstrom- und Wechselstrommagnete verwendet, die es als sogenannte „trockene" und „nasse" Magnete gibt. Nasse Magnete

arbeiten in Öl und brauchen daher nicht abgedichtet
zu werden, trockene müssen jedoch gegen den Öl-
raum abgedichtet werden. Bei nassen Magneten übt
das Öl eine gewisse stoßdämpfende Wirkung aus.

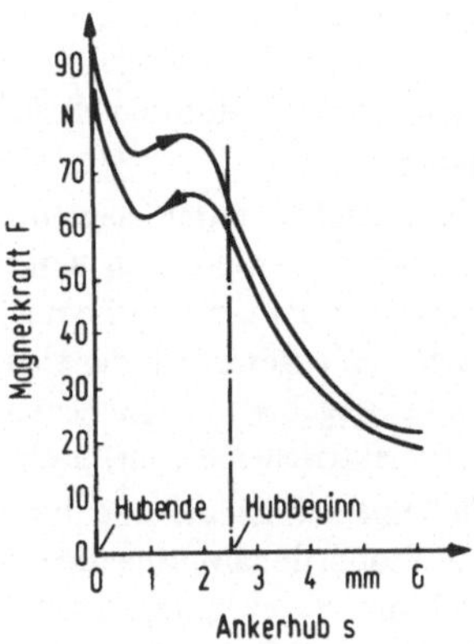

5.5
Magnetkraft-Hub-Kennlinie für einen Gleichstrommagneten
(Bosch NG 6)

Der Gleichstrommagnet, überwiegend mit 24 V, jedoch auch mit 12 V betrieben, ist
unempfindlich gegen häufiges Schalten und gegen Durchbrennen bei Verklemmungen;
er arbeitet auch weicher als der Wechselstrommagnet. Darüber hinaus erwärmt er sich
auch bei voll ausgefahrenem Anker relativ wenig, so daß er insgesamt als betriebssicherer
gelten kann und daher auch am häufigsten verwendet wird.

Elektromagnete können wegen ihrer relativ geringen Kraftdichte nur begrenzt für die
direkte Betätigung von Ventilen verwendet werden. Sie haben größere Bedeutung für
die Betätigung von Vorsteuerventilen.

5.1.3 Proportionalwirkende elektromechanische Wandler

5.1.3.1 Geschichtliche Entwicklung

Bei der Entwicklung von Steuerungs- und Regelungseinrichtungen für Fertigungsma-
schinen, aber auch für hochwertige Mobilmaschinen, entfernt man sich immer mehr von
den nur schaltenden Ventilen. Man verwendet vielmehr zunehmend Ventile, die die Be-
triebsgrößen dieser Maschine, wie Kräfte, Drehmomente, Drehzahlen oder Geschwindigkeiten stufenlos einzustellen vermögen. Das sind Wege-, Strom- oder Druckventile, die
das Eingangssignal in eine ihm proportionale Ausgangsgröße, z. B. in einen ihm proportionalen, stufenlos einstellbaren Volumenstrom oder Druck verwandeln können. Für
Signaleingabe, Signalübertragung und Signalverarbeitung haben sich in erster Linie elektrische, bzw. elektronische Mittel durchgesetzt [26].

Diese Entwicklung ging von den ursprünglich für die Luft- und Raumfahrt entwickelten
e l e k t r o h y d r a u l i s c h e n   S e r v o v e n t i l e n aus, die als Präzisionsgeräte
hinsichtlich ihres Betriebsverhaltens hohe Ansprüche erfüllen, die aber auch hohe Anforderungen an Fertigung und Wartung stellen; sie werden überwiegend als Wegeventile
hergestellt. Servo-Wegeventile sind drosselnde Wegeventile, die einen dem eingegebenen
elektrischen Signal proportionalen Ölvolumenstrom liefern. Der Wunsch, einfachere
und billigere proportionalwirkende Ventile zu verwenden, die auch für rauhe Einsatzbedingungen geeignet sind, führten zur Entwicklung von entfeinerten Servoventilen,

die man als I n d u s t r i e - S e r v o v e n t i l e bezeichnen kann [27]. Für beide Servoventil-Arten, die überwiegend als vorgesteuerte Ventile gebaut werden, werden sogenannte Torque-Motoren als elektromechanische Wandler verwendet, seltener Tauchspulen.

Das Bestreben, unter Verzicht auf die höhere Genauigkeit der Servoventile, noch weiter vereinfachte proportionalwirkende Ventile zu entwickeln, führte schließlich zu den sogenannten P r o p o r t i o n a l v e n t i l e n. Diese werden von einem Gleichstrommagneten angesteuert, der eine Kraft oder eine Hubbewegung erzeugt, die proportional zum eingegebenen elektrischen Signal ist und über das Ventil einen diesem Signal (meist dem elektrischen Strom) proportionalen Volumenstrom oder Druck erzeugt.

Zu bemerken ist, daß alle drei Ventilbauarten, d. h. Servoventile, Industrie-Servoventile und Proportionalventile, den obigen Erläuterungen entsprechend proportionalwirkend sind. Ihre Bezeichnungen sind daher von der Systematik her nicht gerade vorteilhaft. Da sie sich aufgrund der geschichtlichen Entwicklung im Sprachgebrauch jedoch eingeführt haben, sollen sie auch in diesem Buch weiter verwendet werden. Die zugehörigen elektromechanischen Wandler werden in der oben gewählten Reihenfolge behandelt.

Ein Unterschied zwischen den zur Ansteuerung von Servoventilen verwendeten Torque-Motoren und den für Proportionalventile verwendeten Proportionalmagneten besteht auch darin, daß erstere mit 10^{-2} bis 10 Watt wesentlich kleinere elektrische Eingangsleistungen benötigen als die Proportionalmagnete, die etwa 10 bis 10^2 Watt erfordern.

5.1.3.2 Torque-Motoren

Torque-Motoren unterscheiden sich hinsichtlich der Erzeugung des Magnetfeldes und hinsichtlich der Aufhängung ihres Ankers [26]. Bei der Ausführung nach Bild **5.6a** ist der Anker 1 auf einer Biegefeder 2 so gelagert, daß er eine schwache Drehbewegung zwischen den Polen eines Permanentmagneten 3 ausführen kann. Werden die Spulen des Ankers von entgegengesetzten, aber gleich großen, Strömen durchflossen, so heben sich die Magnetfelder der Spulen in der gezeichneten Neutralstellung des Ankers auf. Erst wenn eine Differenz zwischen den beiden Spulströmen hergestellt wird, verdreht sich der Anker gegen die Kraft der Biegefeder.

Bei der Ausführung nach Bild **5.6b** ist der Anker 4 an einer Drehfeder 5 befestigt und seine Drehung wird durch zwei gegeneinanderwirkende Elektromagnete 6 bewirkt.

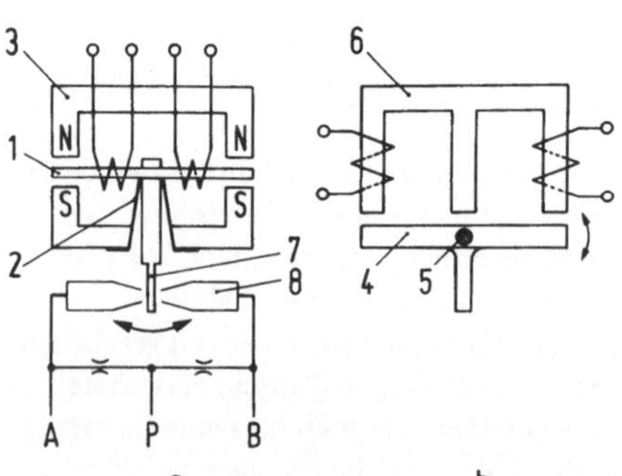

5.6
Torque-Motoren

Torque-Motoren betätigen in der Regel die erste Stufe eines Servoventils, die eine energieverstärkende Funktion hat und oft als sog. Düsen-Prallplatten-Verstärker, Bild **5.6a**, ausgebildet ist. Zwei Düsen 8 werden dabei von der Hydropumpe (P) über Drosseln mit Öl beschickt. Bei der gezeichneten Mittelstellung der am Anker befestigten Prallplatte 7 herrscht gleich großer Druck in den Leitungen A und B. Wird der Anker jedoch durch Verändern des Stroms in einer Spule, z. B. entgegen dem Uhrzeigersinn, gedreht, so wird der Abstand der Prallplatte zur rechten Düse verringert und der zur linken Düse vergrößert. Dadurch wird der Strömungswiderstand zwischen Prallplatte und Düse auf der rechten Seite größer, auf der linken Seite zusätzlich kleiner. Wenn nun beispielsweise die Steuerleitungen A und B mit einem Wegeventilkolben verbunden sind, so wird der in der Leitung B größer gewordene Druck den Kolben gegen den wesentlich kleiner gewordenen Druck in der Leitung A verschieben.

5.1.3.3 Tauchspulen

Die auf dem elektrodynamischen Prinzip beruhende Tauchspule ist ein relativ einfacher elektromechanischer Wandler. Bei der in Bild **5.7a** wiedergegebenen Ausführung sind im Gehäuse 1 ein Permanentmagnet 2 und an diesem der Polschuh 3 befestigt. Im Spalt zwischen dem inneren Polschuh 3 und dem äußeren Polschuh 4 befindet sich die an einer Membran 5 befestigte Tauchspule 6. Gibt man das Eingangssignal in die Tauchspule, so wird diese, entsprechend der Richtung des eingegebenen Stroms, bewegt. An der Membran 5 ist eine Prallplatte 7 befestigt, die zusammen mit der gezeichneten Düse einen Düsen-Prallplatten-Verstärker bildet. Wird der Abstand zwischen Düse und Prallplatte verkleinert, so vergrößert sich der Druck des von der Pumpe P gelieferten Ölstroms, der so zur Betätigung, beispielsweise eines Hauptsteuerkolbens, verwendet werden kann.

Anstatt an einer Membran, kann die Tauchspule auch an Federn 8 und 9 aufgehängt und mit einer Führungsstange 10, zur Betätigung eines Ventilschiebers, verbunden werden (Bild **5.7b**).

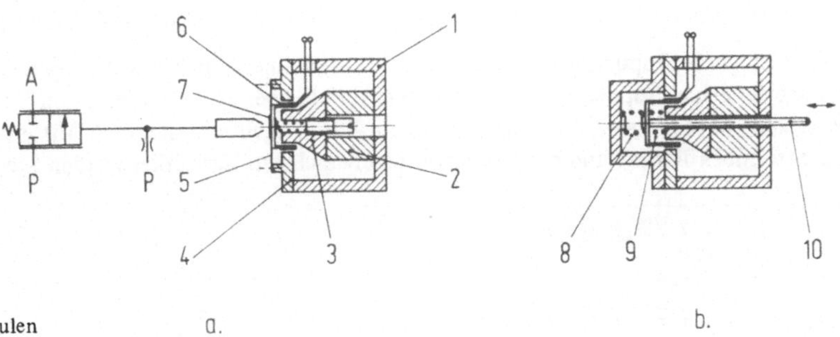

5.7
Tauchspulen

5.1.3.4 Proportionalmagnete

Im Gegensatz zu den reinen Schaltmagneten sind die Proportionalmagnete in der Lage, die Ausgangsgrößen „Kraft" oder „Weg" proportional zu dem ihnen eingegebenen

Spulenstrom zu steuern. Bild **5.8** zeigt einen schematisiert dargestellten Proportionalmagneten.

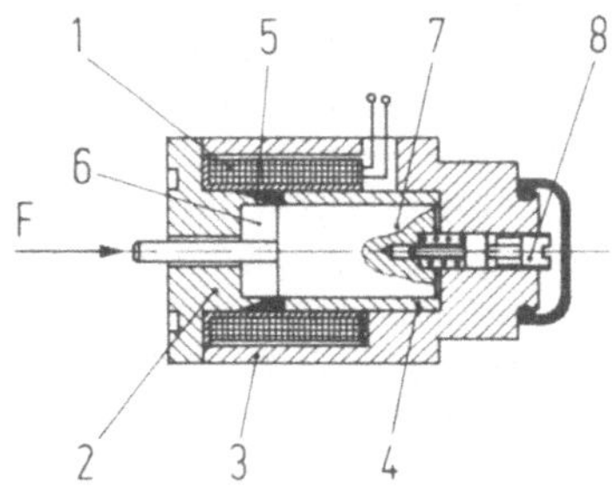

5.8
Proportionalmagnet (nach Bosch)

Sobald die Spule 1 des Magneten durch Eingabe eines Stromes erregt wird, wird im Polkern 2, im Gehäuse 3 und im Führungsrohr 4 ein Magnetfeld aufgebaut. Infolge der
Tatsache, daß Polkern 2 und Führungsrohr 4 durch den nichtmagnetischen Ring 5
(schwarz angelegt) getrennt sind, kann das Magnetfeld vom Führungsrohr 4 nur über
den Radialspalt zum Anker 7 und über den Luftspalt 6 zum Polkern 2 übertreten, so
daß der Anker mit entsprechender Kraft angezogen wird. Die Magnetkraft-Hub-Kennlinie kann über die Ausbildung des Steuerkonus am Polkern, ihr Nullpunkt über die
Justierschraube 8 verändert werden [28]. Die stufenlose elektrische Ansteuerung des
Magneten ermöglicht so eine stufenlose Steuerung von Ventilen.

Proportionalmagnete werden als k r a f t g e s t e u e r t e , hubgesteuerte und lagegeregelte Magnete verwendet. Bei h u b g e s t e u e r t e n Proportionalmagneten wirkt
die mit dem Anker verbundene Führungsstange gegen eine Feder, z. B. gegen die Feder
des Kegels eines Druckbegrenzungsventils, das so auf einfache Weise auf verschiedene
Drucke eingestellt werden kann. Da hubgesteuerte Proportionalmagnete jedoch infolge
von Reibungs- und Massenkräften ein für viele Anwendungsfälle ungünstiges statisches
und dynamisches Verhalten haben [29], hat man sie zu l a g e g e r e g e l t e n Proportionalmagneten weiterentwickelt, mit denen man diese Nachteile vermeiden kann.

Kraftgesteuerte Proportionalmagnete. Bild **5.9** zeigt einen schematisch dargestellten,
kraftgesteuerten Proportionalmagneten, dessen Feld über Potentiometer und Verstärker
eingestellt werden kann. Im Verstärker ist ein Stromregelkreis integriert. Mittels interner Stromrückführung und des Soll-Istwert-Vergleichs im Verstärker werden Störein-

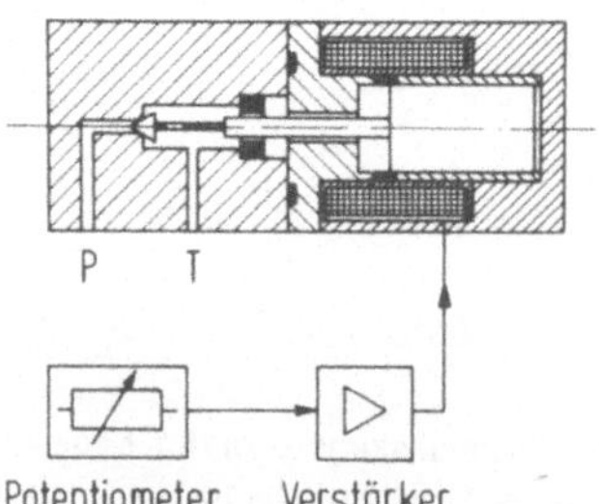

5.9
Kraftgesteuerter Proportionalmagnet

flüsse kompensiert. So können der Magnetstrom und damit die Magnetkraft auch bei Änderung des Magnetwiderstandes konstant gehalten werden.

Kraftgesteuerte Proportionalmagnete wirken auf einen Ventilkolben gegen eine Feder mit sehr hoher Federsteifigkeit oder sie können, wie im Bild **5.9** gezeigt, gegen den Kegel eines Druckbegrenzungsventils wirken [30]. Im ersten Fall entsteht nur ein sehr kleiner Magnethub, im zweiten Fall gar keiner, bzw. nur dann ein kleiner Hub, wenn die aus dem Öldruck resultierende Kraft die Magnetkraft übersteigt. Am Beispiel des Druckbegrenzungsventils Bild **5.9** kann die auf das Sitzventil wirkende Magnetkraft durch Veränderung des Stroms verändert werden, ohne daß der Anker einen Hub ausführt. Der Anker wirkt auf das Ventil als „elektromagnetische Feder". Durch die durch Änderung der elektrischen Stromstärke vorgenommene Änderung der Magnetkraft kann eine Druckänderung im Hydrauliksystem erreicht werden.

Lagegeregelte Proportionalmagnete. Der in Bild **5.10** gezeigte lagegeregelte Proportionalmagnet betätigt ein einfaches Wegeventil. Der Wegeventilkolben wird gegen die Kraft seiner Feder durch den Anker nach links bewegt, sobald die Spule des Proportionalmagneten durch Stromeingabe erregt worden ist. Dabei wird der vom Anker zurückgelegte, zur Stromstärke und zur Magnetkraft proportionale Weg durch den induktiven Wegaufnehmer gemessen und als Ist-Wert in den Regler gegeben. Der Regler vergleicht den Ist-Wert mit dem am Potentiometer eingestellten Soll-Wert und verändert den Ankerhub, bzw. den Kolbenweg, so lange, bis Soll- und Ist-Wert übereinstimmen, d. h., bis die gewünschte Kolbenstellung erreicht ist und der gewünschte Volumenstrom von P nach A fließt. Lagegeregelte Proportionalmagnete haben eine sehr geringe Hysterese, da die bei hubgesteuerten Magneten vorhandenen reibungs- und systembedingten Einflüsse infolge der Regelung nicht zum Tragen kommen können.

Bild **5.11** zeigt die Magnetkraft-Hub-Kennlinie eines lagegeregelten Proportionalmagneten. Man erkennt den über dem Ankerhub annähernd gleichbleibenden, d. h. hubunabhängigen, Kraftverlauf [31].

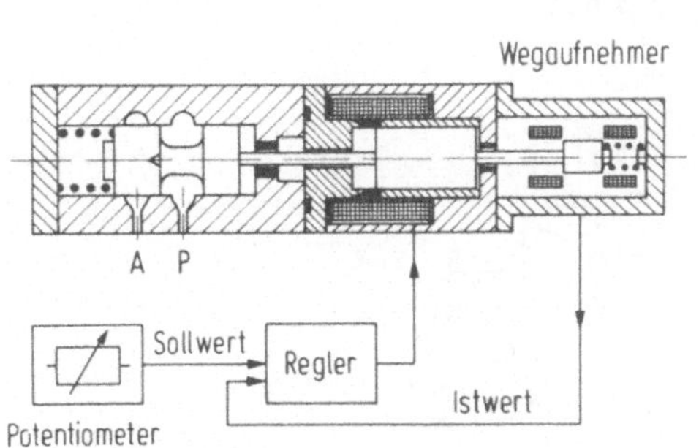

5.10 Lageregelter Proportionalmagnet

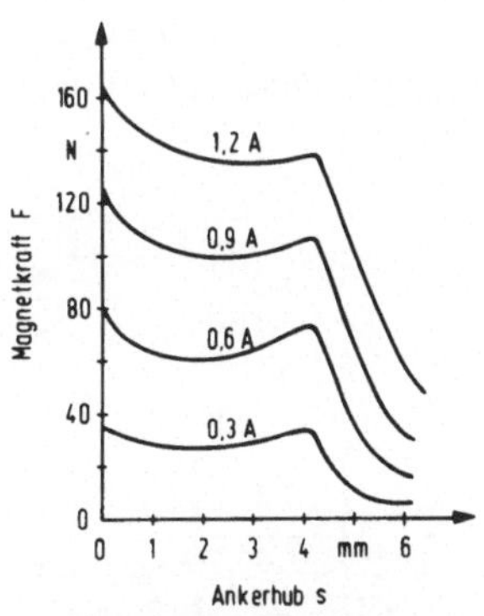

5.11 Magnetkraft-Hub-Kennlinien eines lagegeregelten Proportionalmagneten (nach Heiser [31])

5.2 Wegeventile (WV)

Wie bei der Erläuterung von Bild **5.1** beschrieben, kann man die Wegeventile nach ihrer Funktion in n i c h t d r o s s e l n d e   W e g e v e n t i l e (oder Wegeventile mit festgelegten Schaltstellungen) und in d r o s s e l n d e   W e g e v e n t i l e (oder Wegeventile mit nicht festgelegten Schaltstellungen) unterteilen. Während die erstgenannten nur Start, Stop und Richtung des Volumenstroms steuern können, kann mit den letztgenannten zusätzlich auch die Stärke des Volumenstroms variiert werden. Sie erlauben zwischen den beiden Endstellungen eine beliebige Zahl von stufenlos einstellbaren Zwischenstellungen mit jeweils verschiedener Drosselwirkung.

5.2.1 Konstruktive Gestaltung

Grundbauarten. Hinsichtlich ihres konstruktiven Aufbaus unterscheidet man Schieberventile und Sitzventile, wobei die ersteren wieder in Längs- und Drehschieberventile unterteilt werden.

Das in Bild **5.12** dargestellte **Längsschieberventil** ist in Ruhestellung gezeichnet. Pumpenanschluß und Rücklauf sind abgesperrt, so daß der Pumpenölstrom durch das Druckbegrenzungsventil abfließen muß und der Kolben stehenbleibt. Stellt man den Handhebel auf „Heben", so wird der Ventilschieber 1 nach links geschoben. Dadurch wird der Pumpenanschluß mit dem Zylinderanschluß verbunden, so daß das Öl in den Zylinder strömt und den Kolben hebt. Bei der Stellung „Senken" wird der Ventilschieber nach rechts geschoben, und der Kolben im Hubzylinder wird durch eine äußere Kraft, in der Regel durch die Schwerkraft des zu hebenden Gerätes, gesenkt. Das dadurch verdrängte Ölvolumen kann über Zylinder- und Rücklaufanschluß in den Ölbehälter zurückfließen. Sobald man den Handhebel losläßt, bewegt sich der Schieber durch die Kraft der Druckfeder 2 wieder in die Ausgangsstellung „Halten" zurück. Bemerkenswert ist, daß hier nur eine Druckfeder verwendet wird, um den Ventilschieber von seinen beiden Endstellungen wieder in die Ruhestellung zurückzuführen.

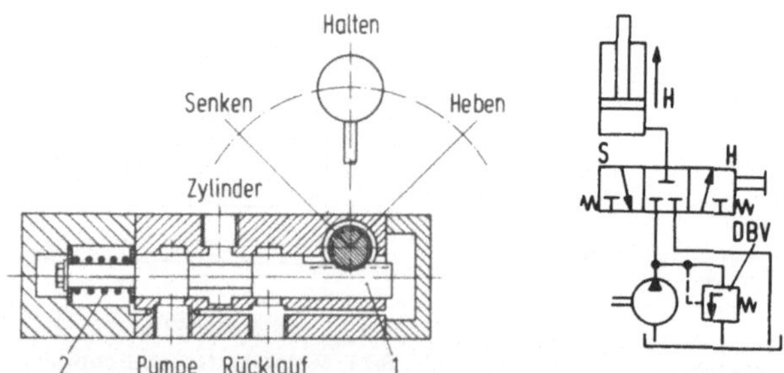

5.12 3/3-Wege-Längsschieberventil mit Handbetätigung und Federrückstellung

Mit Hilfe des in Bild **5.13** dargestellten **Drehschieberventils** kann man den Pumpenölstrom wahlweise mit den Zylinderanschlüssen A und B verbinden; der jeweils nicht mit
der Pumpe verbundene Zylinderanschluß wird dann automatisch mit dem Rücklauf in
Verbindung gebracht, so daß das aus dem Zylinder verdrängte Öl über eine Bohrung im
Ventilschieber in den Tank zurückfließen kann. Häufig werden Kombinationen zwischen
Dreh- und Längsschieberventilen verwendet, beispielsweise um mit e i n e m Handhebel
wahlweise einen Zylinder 1 und einen Zylinder 2 oder die Zylinder 1 und 2 gemeinsam
heben und senken zu können (Bild **5.14**).

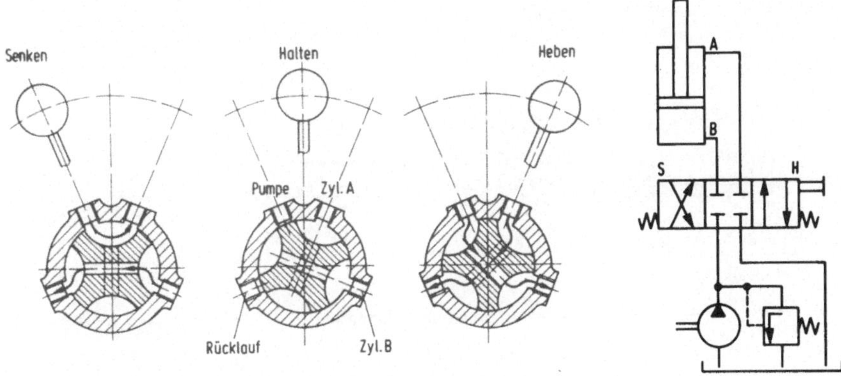

5.13 4/3-Wege-Drehschieberventil mit Handbetätigung

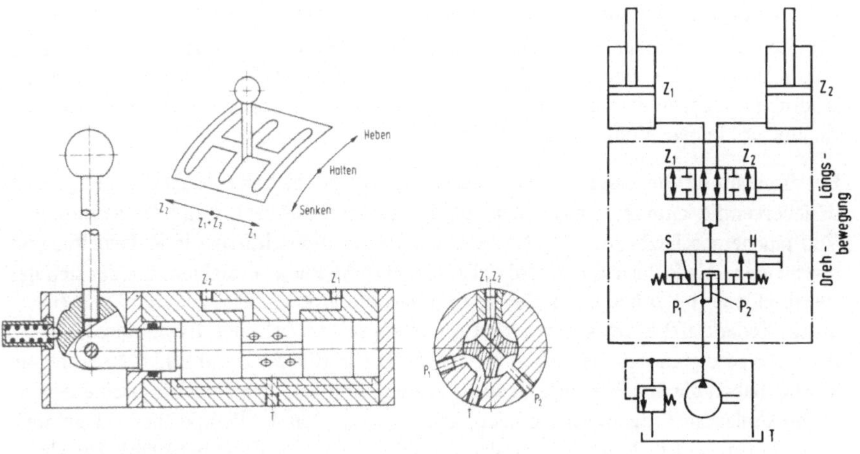

5.14 Kombiniertes Dreh-Längsschieberventil mit Einhandbetätigung zur wahlweisen Steuerung
von 1 oder 2 Zylindern

Bild **5.15** zeigt ein **Sitzventil**, bei dem der Volumenstrom durch Kugeln (oder auch durch Kegel) abgesperrt wird, die durch Federn, bzw. zusätzlich durch Öldruck, in ihre Sitze gedrückt werden. Will man den Volumenstrom in den Zylinder leiten (Heben), so wird das Rückschlagventil 1 durch Exzenter und Stößel gegen die Federkraft geöffnet. Beim Senken des Zylinderkolbens kann das Öl nur über das dann geöffnete Rückschlagventil 2 in den Behälter zurückfließen, weil das Rückschlagventil 3 durch Federkraft und Öldruck geschlossen gehalten wird.

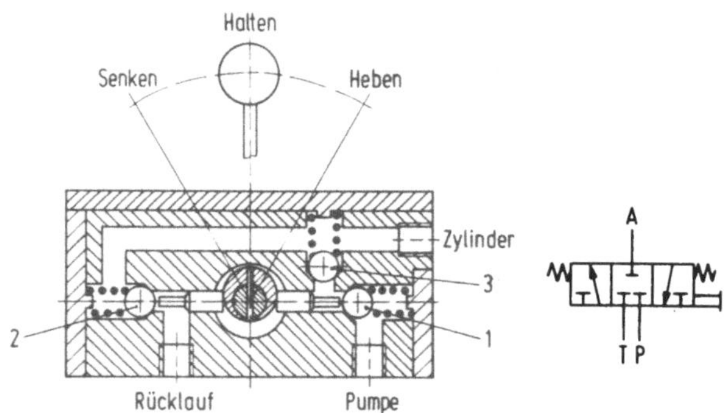

5.15 3/3-Wege-Sitzventil mit Stößelbetätigung durch Exzenter

Die überwiegend verwendeten Längsschieberventile haben gegenüber den Sitzventilen eine Reihe von Vorteilen. Sie sind einfacher und übersichtlicher aufgebaut, erlauben größere Volumenströme, und ihre Kolben können hydrostatisch entlastet werden. Dagegen ist mit einem gewissen Lecköstrom durch die Spalte zwischen Kolben und Gehäuse zu rechnen und bei Verunreinigungen auch mit einem Festklemmen des Kolbens.

Die Sitzventile erlauben demgegenüber eine völlige Abdichtung, auch und gerade bei hohen Drucken. Sie neigen jedoch u. U. zum Schwingen des Kugel- oder Kegelkörpers, wodurch Lecköverluste und Betriebsstörungen entstehen können. Darüber hinaus sind sie nur für kleinere Volumenströme geeignet.

Detailgestaltung von Längsschieberventilen. Die Längsschieberventile wie auch die Drehschieberventile kann man, abgesehen von der Art ihrer Betätigung und der Anzahl der Verbraucheranschlüsse, u. a. weiter nach der Art des **Öldurchflusses in Ruhestellung** unterscheiden. Als Ruhestellung wird dabei diejenige Stellung bezeichnet, bei der sich der Ventilschieber im unbetätigten Zustand infolge der Wirkung einer äußeren Kraft (Öldruck, Federkraft) in der gewünschten Ausgangsposition befindet. Es werden die in Bild **5.16** gezeigten vier Stellungen verwendet. Die in Bild **5.12** und Bild **5.13** gezeigten Ventile haben die Sperrstellung als Ruhestellung. Bild **5.19** zeigt ein Längsschieberventil mit Umlaufstellung; dabei wird der Volumenstrom von der Pumpe über radiale und axiale Bohrungen 1, 2 und 3 durch den Ventilkolben in den Tank befördert. Die Umlaufstellung wird benutzt, um den Volumenstrom in Ruhestellung ohne größere Strömungsverluste in den Ölbehälter zurücklaufen zu lassen. Mit Hilfe der Schwimmstel-

lung kann der Verbraucher (z. B. der Kolben in ein
einem Hydrozylinder) unabhängig von der Hydraulik durch äußere Kräfte frei bewegt werden.

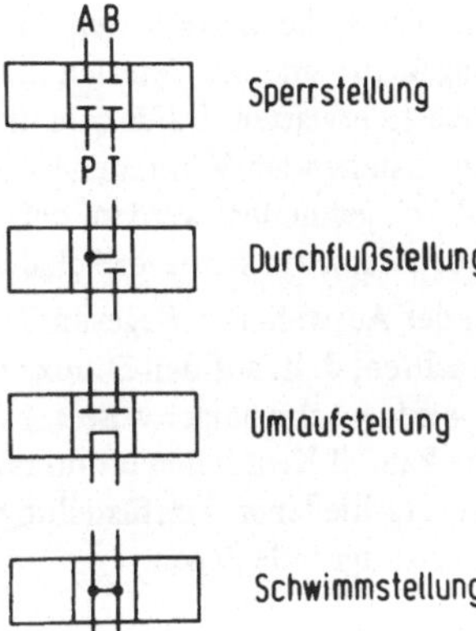

5.16
Unterscheidung der Wegeventile nach ihrer Ruhestellung

Die **Betätigungskräfte** sind ein wichtiges Kriterium für den praktischen Betrieb von
Schieberventilen. Es sind sowohl die statischen Kräfte zu beachten, die in der Regel
gut ausgeglichen werden können, als auch die während des Betriebes auftretenden dynamischen Kräfte. Letztere entstehen z. B. durch Strahldruck oder durch örtliche Verminderung des statischen Druckes an den Stellen hoher Strömungsgeschwindigkeit, und
sie sind sehr viel schwieriger auszugleichen als die statischen Kräfte. Nur durch strömungstechnisch günstige Gestaltung von Gehäuse und Schieber (Bild **5.17**) ist ein ge-
wisser Ausgleich zu erreichen.

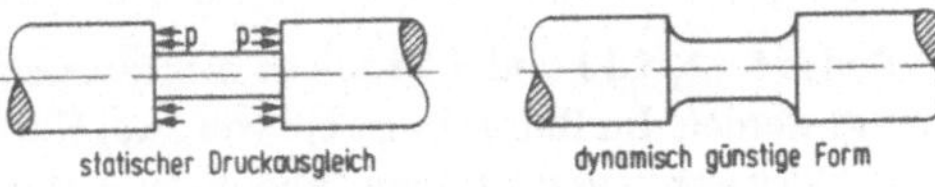

5.17
Gestaltung von Längsschiebern

Wichtig ist auch die Wahl der **Überdeckung bei Schieberventilen.** In der Ruhestellung
eines Längsschieberventils überdeckt der Kolben des Schiebers die Steuerkanten des
Gehäuses um ein gewisses Maß. Dadurch können Leckölverluste, d. h. ein Überfließen
des Volumenstroms zum Rücklaufstutzen, vermieden werden.

Von besonderer Bedeutung ist die Art der Überdeckung während des Schaltvorgangs.
Der betätigte Längsschieberkolben kann hier die Verbindung zwischen Pumpenanschluß
und Rücklaufanschluß in unterschiedlicher Weise herstellen (Bild **5.18**). Verschließt der
Kolben beim Öffnen des Ventils zuerst den Rücklauf T und öffnet dann erst den Anschluß A, sind also kurzzeitig Pumpenanschluß P, Verbraucheranschluß A und Rücklauf T voneinander getrennt, so spricht man von „p o s i t i v e r Ü b e r d e c k u n g“.
Wird umgekehrt zuerst die Verbindung zwischen Pumpe und Verbraucher hergestellt
und dann erst der Rücklauf abgesperrt, so handelt es sich um ein Ventil mit „n e g a -
t i v e r Ü b e r d e c k u n g“. Bei einem Ventil mit negativer Überdeckung sind also
Pumpenanschluß, Verbraucheranschluß und Rücklauf kurzzeitig miteinander verbun-

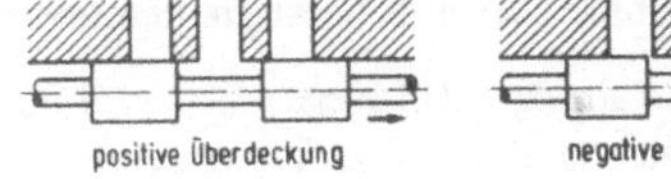

5.18
Überdeckung bei Schieberventilen

den, was zu Lecköhlverlusten führt, jedoch auch zur Verminderung von Druckspitzen. Umgekehrt sind bei Ventilen mit positiver Überdeckung Druckspitzen, bzw. Schaltstöße zu erwarten. Dafür sind die Lecköhlverluste gering, und ein Absinken eines unter Druck stehenden Verbrauchers wird vermieden. Druckspitzen und Schaltstöße können dadurch gemindert werden, daß man Kerben in dem Schieberkolben vorsieht; sie erlauben dann ein sanfteres Schalten.

Bei der Auswahl der Wegeventile ist auch auf den **Strömungswiderstand** dieser Ventile zu achten, d. h. auf den Druckabfall Δp, den der hindurchfließende Ölstrom erleidet. Er wird zweckmäßigerweise aus den von der Lieferfirma experimentell ermittelten Druckabfall-Kennlinien entnommen (siehe Abschn. 5.2.4.1). Es ist zu beachten, daß den verschiedenen Ventilstellungen in der Regel auch unterschiedliche Druckabfallkurven zugrunde liegen.

5.2.2 Nichtdrosselnde Wegeventile

Nichtdrosselnde Wegeventile erlauben nur zwei Endstellungen und keine Zwischenstellungen, sie steuern also nur Start, Stop und Richtung eines Ölstroms (Bild **5.1**). Sie werden auch als „Wegeventile mit festgelegten Schaltstellungen" oder als „schaltende Wegeventile" bezeichnet. Nichtdrosselnde Wegeventile werden häufig mechanisch betätigt, aber auch elektromagnetisch oder durch Öldruck.

5.2.2.1 Direkt betätigte nichtdrosselnde Wegeventile

Die Bilder **5.12**, **5.13** und **5.14** zeigen nichtdrosselnde Wegeventile, die von Hand direkt betätigt werden. Im Bild **5.19** ist ein von zwei Hubmagneten direkt betätigtes, schaltendes 4/3-Wegeventil gezeigt. Eine Druckfeder hält den Ventilkolben in Mittelstellung. In dieser Stellung fließt der von der Pumpe gelieferte Ölstrom von P nach T in den Ölbehälter zurück, so daß er nicht verlustreich über ein Druckbegrenzungsventil abgeführt zu werden braucht. Der Ölrückfluß in den Tank wird durch die Radialbohrungen 1 und 2 und die Axialbohrung 3 ermöglicht. Wird Strom in den linken Magneten geleitet, so bewegt sich der Schieber nach links und der Pumpenölstrom wird von P nach B (z. B. in einen Zylinder), der abfließende Ölstrom von A nach T gefördert. Nach Ausschalten des Magneten drückt die Feder den Schieber wieder in die Ruhestellung zurück.

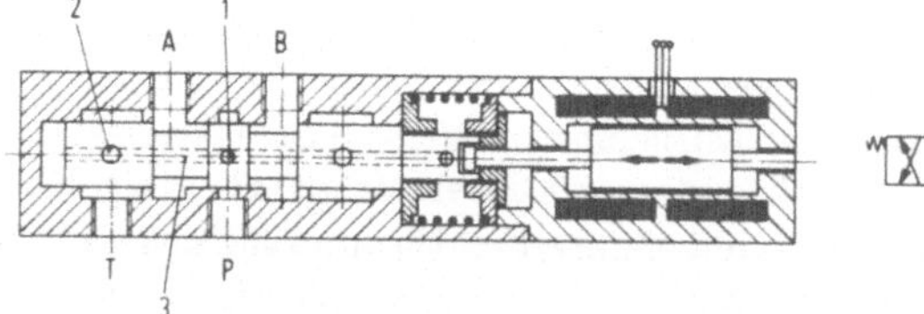

5.19
Direkt betätigtes, durch Hubmagnete geschaltetes 4/3-Wegeventil mit Federrückstellung

5.2.2.2 Über Vorsteuerventil betätigte nichtdrosselnde Wegeventile

Das in Bild **5.20** gezeigte 3/3-Wegeventil wird durch Öldruck geschaltet, der über das als Schaltbild gezeichnete 4/3-Wege-Vorsteuerventil auf den Längsschieberkolben geleitet wird. In Ruhestellung wird der Kolben durch zwei Federn gehalten. Wird der Schieber des Vorsteuerventils nach links geschoben, so schiebt der rechts am Hauptsteuerkolben entstehende Öldruck den Schieber des Hauptventils nach links und gibt den Weg P nach A frei. Das von der linken Schieberseite verdrängte Öl kann über das Vorsteuerventil in den Ölbehälter zurückfließen.

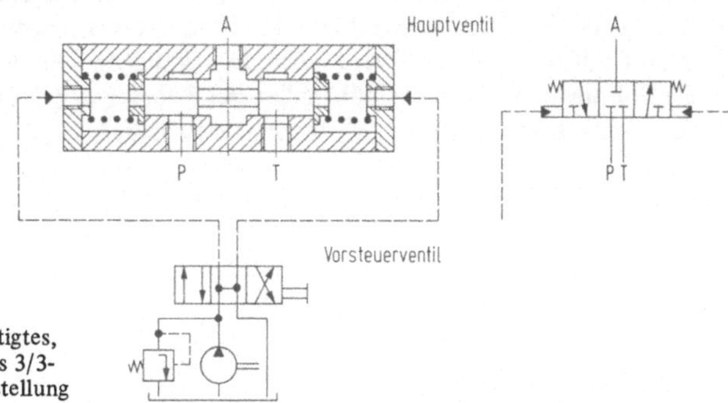

5.20
Über Vorsteuerventil betätigtes,
durch Öldruck geschaltetes 3/3-
Wegeventil mit Federrückstellung

Das in Bild **5.21** abgebildete vorgesteuerte und elektromagnetisch geschaltete 4/3-Wegeventil hat die folgende Funktion:

Der Vorsteuerschieber 1 wird durch Stoßmagnete 2 und 3 geschaltet. In Ruhestellung des Vorsteuerschiebers werden beide Seiten des Hauptsteuerschiebers 4 durch Pumpenöldruck und Druckfedern gleichmäßig belastet.

Wird der Vorsteuerschieber 1 nach links geschoben, so wird die Verbindung von Bohrung 5 für den Pumpenzufluß zur rechten Seite des Hauptsteuerkolbens 4 abgesperrt; die rechte Seite wird entlastet. Der entlastete Ölstrom fließt über Bohrungen und Drosseln 8, 9, 6, 7, 10, 11 und 12 und über T ab. Die linke Hauptschieberseite bleibt unter Pumpendruck, der Hauptschieber bewegt sich nach rechts und verbindet P mit B und A mit T. Die Drosseln 9 und 11 beeinflussen die Schaltzeiten und dämpfen die Bewegung des Hauptsteuerschiebers.

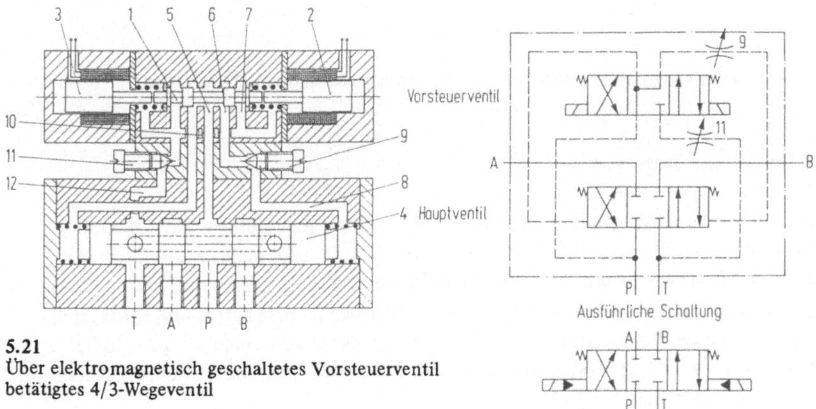

5.21
Über elektromagnetisch geschaltetes Vorsteuerventil
betätigtes 4/3-Wegeventil

Bild 5.22 zeigt ein über zwei Vorsteuerventile 1 und 2 elektromagnetisch geschaltetes
4/3-Wegeventil; jedes Vorsteuerventil wird durch einen Magneten geschaltet. Druckfedern halten den Hauptsteuerschieber 3 in Mittelstellung.

Wird das Vorsteuerventil 1 betätigt und der Schieber nach unten gestoßen, so strömt
Drucköl von P über Bohrung 4 und Rückschlagventil 5 auf die rechte Seite des Hauptsteuerschiebers. Der Öldruck verschiebt den Hauptsteuerschieber dabei nach links, und
es werden P mit B und A mit T verbunden. Das Öl aus dem linken Druckraum strömt
über die Bohrung 6 und die einstellbare Drossel 7 über T in den Ölbehälter zurück. Die
Drossel 7 dämpft die Bewegung des Hauptsteuerschiebers.

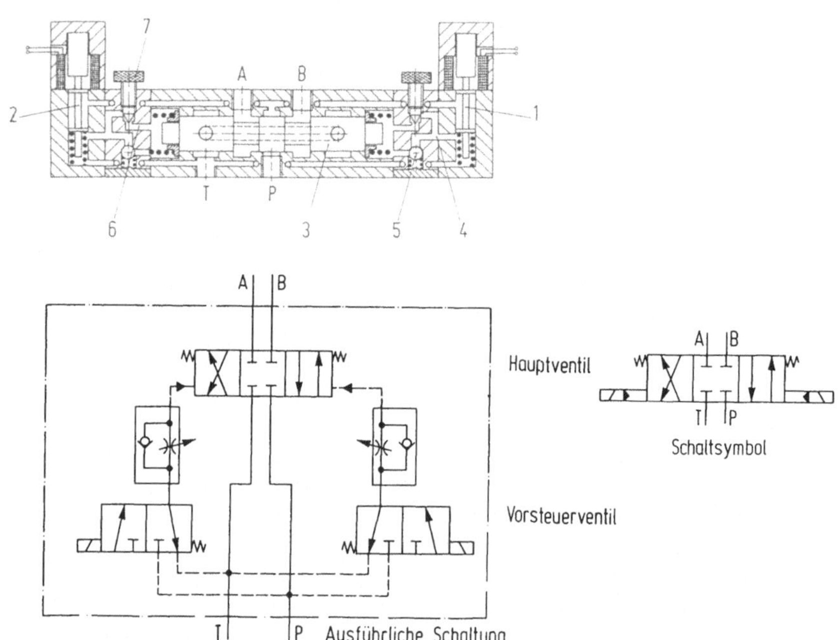

5.22 Über 2 elektromagnetisch geschaltete Vorsteuerventile betätigtes 4/3-Wegeventil

5.2.3 Drosselnde Wegeventile

Drosselnde Wegeventile erlauben es, außer den beiden Endstellungen auch stufenlos
jede beliebige Zwischenstellung einzustellen. Sie steuern also, außer Start, Stop und
Richtung des Ölstroms, auch die Ölstromstärke und ermöglichen es dadurch, z. B. die
Geschwindigkeit eines Kolbens oder die Drehzahl eines Hydromotors stufenlos zu verändern. Drosselnde Wegeventile werden auch als „Wegeventile ohne festgelegte Schalt-
stellung" oder als „stetig verstellbare Wegeventile" bezeichnet. Sie werden mechanisch
oder elektromechanisch betätigt.

5.2.3.1 Mechanisch betätigte drosselnde Wegeventile

Die mechanische Betätigung drosselnder Wegeventile wird dort verwendet, wo man,
z. B. bei der Handbetätigung von Hydraulikbaggern, feinfühlig steuern und Positionie-
rungsaufgaben durchführen muß. Man kann dazu direktgesteuerte Wegeventile, ähnlich
dem in Bild **5.12** gezeigten, verwenden oder aber — dort, wo größere Stellkräfte aufgebracht werden müssen — vorgesteuerte Wegeventile. Bild **5.23** links zeigt ein handbe-
tätigtes, vorgesteuertes 3/3-Wegeventil mit zwei Druckminderventilen; die Druckminderventile haben die Aufgabe, den Ausgangsdruck unabhängig vom Eingangsdruck auf
einem bestimmten einstellbaren Wert zu halten, der kleiner sein soll als der Eingangsdruck.

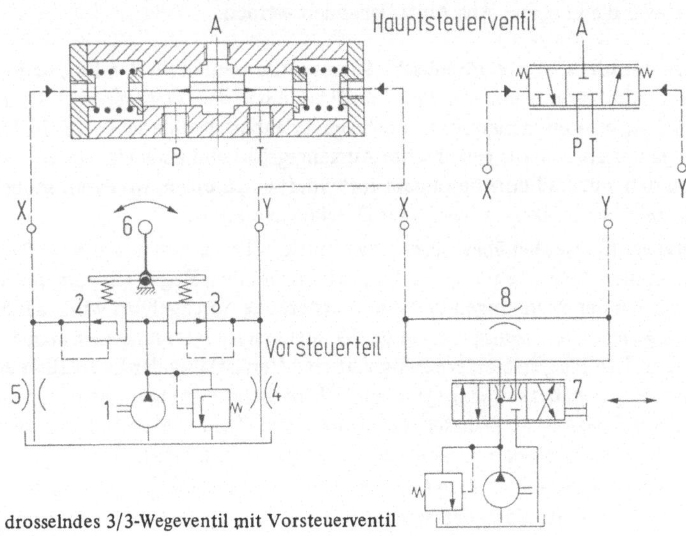

5.23
Handgesteuertes, drosselndes 3/3-Wegeventil mit Vorsteuerventil

Das in Bild 5.23 links gezeigte Ventil hat die folgende Funktion:
Wird der Handhebel 6 nach links verstellt, so wird das Druckregelventil 2 an seiner
Ausgangsseite auf höheren Druck eingestellt, der durch die Drossel 5 gehalten wird.
Gleichzeitig wird der Druck auf der rechten Seite des Druckregelventils 3 verkleinert.
Infolge Druckänderung verschiebt sich der Hauptsteuerkolben nach rechts und verbin-
det die Anschlüsse A und T.

Eine andere Vorsteuermöglichkeit wird im Schaltbild in Bild **5.23** rechts gezeigt. Hier
wird ein drosselndes 4/3-Wegeventil als Vorsteuerventil verwendet. Wird der Vorsteuerschieber nach rechts geschoben, so baut sich links bei X ein höherer Steuerdruck auf,
während der Druck rechts bei Y abgebaut wird, weil das Öl von dort in den Behälter
zurückfließen kann. Der Hauptsteuerschieber wird auf diese Weise nach rechts bewegt.

Beide Vorsteuerarten erlauben eine stufenlose Einstellung des Hauptsteuerschiebers
und damit eine stufenlose Veränderung des von P nach A oder von A nach T fließenden
Ölstroms. Der Hauptsteuerkolben ist mit Kerben versehen (schwarz angelegt), um ein
feinfühliges Steuern zu ermöglichen.

5.2.3.2 Elektromechanisch betätigte proportionalwirkende Wegeventile

Die Gruppe der elektromechanisch betätigten, proportional wirkenden Wegeventile umfaßt die schon in Abschnitt 5.1.3 erwähnten

— Servoventile,
— Industrie-Servoventile und
— Proportional-Wegeventile.

Die Übergänge zwischen diesen drei Bauarten sind fließend und die praktischen Ausführungen der Ventile nicht immer leicht der einen oder der anderen Bauart zuzuordnen. Im folgenden sollen daher Servoventile, Industrie-Servoventile und Proportional-Wegeventile in einem Abschnitt behandelt werden.

Servoventile. Elektrohydraulische Servoventile werden für den Einsatz in Regelkreisen verwendet. Abgesehen von ihrer Fähigkeit, einen dem eingegebenen Stromsignal proportionalen Volumenstrom zu erzeugen, erlauben sie eine sehr schnelle Umsetzung des Eingangssignals in die gewünschte Ausgangsgröße und auch eine große Verstärkung. Sie sind daher überall dort besonders vorteilhaft einzusetzen, wo es auf schnelle und präzise Einstellung von Bewegungen oder Drucken ankommt.

Servoventile werden überwiegend zweistufig, seltener dreistufig, ausgeführt. In die erste Stufe, die V o r s t e u e r s t u f e , wird über einen Regler (in dem der Soll-/Istwert-Vergleich der Spannungen und eine Verstärkung durchgeführt wird) das Stromsignal eingegeben. Gleichzeitig wird in die Vorsteuerstufe hydraulische Energie in Form eines Steuerölstroms gegeben; er ermöglicht eine Verstärkung der hydraulischen Ausgangsleistung gegenüber der eingegebenen elektrischen Leistung bis etwa zum 100-fachen. In der Regel besteht die Vorsteuerstufe aus einem Torque-Motor, der mit einem Düsen-Prallplatten-Verstärker zusammenarbeitet (siehe Bild 5.6a).

Der in der Vorsteuerstufe verstärkte, dem Eingangssignal proportionale Steuerölstrom bewirkt die Verstellung des Schiebers in der H a u p t s t e u e r s t u f e , die unter weiterer Verstärkung wiederum einen dem Steuerölstrom und damit auch dem Eingangssignal proportionalen Arbeits-Ölstrom liefert, der in der Lage ist, einen Hydrozylinder oder einen Hydromotor ausreichend zu bedienen. Der tatsächliche Wert, der Istwert dieses Ölstroms, wird in der Regel indirekt über eine mechanische Größe (z. B. Kolbenbewegung, Motordrehzahl) — gemessen und in Form eines elektrischen Signals in den Regler gegeben. Der Verstärkungsfaktor zwischen Eingangs- und Ausgangsleistung der Hauptsteuerstufe liegt etwa zwischen 100 und 1000.

Um den durch das Eingangssignal und den Steuerölstrom aus der Vorsteuerstufe in Bewegung versetzten Hauptsteuerschieber an der gewünschten, durch die Proportionalitätsforderung gegebenen Stelle anzuhalten, ist noch ein R ü c k f ü h r s y s t e m erforderlich. Es werden durch Federn oder hydraulischen Druck bewirkte Rückführungen (Folgekolben-Systeme) und mechanische oder elektrische Rückführsysteme verwendet. Bei den beiden letzteren wird der Weg des Hauptsteuerkolbens mechanisch, bzw. elektrisch abgetastet und auf die Vorsteuerstufe zurückgemeldet. Die beiden erstgenannten Systeme werden in den Bildern 5.24 und 5.25 gezeigt.

Das in Bild 5.24 gezeigte Servoventil mit manometrischem Rückführsystem arbeitet wie folgt:

Der Pumpenölstrom wird über Filter 1 und Drosseln 2 dem Düsen-Prallplatten-System 3 beidseitig zugeführt; es stellt die erste Verstärkerstufe dar. Gleichzeitig beaufschlagt der Pumpenölstrom den Hauptsteuerkolben 4 auf beiden Seiten. Bei der in Bild **5.24** gezeichneten Ruhestellung der Prallplatte befindet sich auch der Hauptsteuerkolben 4 in Ruhestellung, da auf seine beiden Seiten gleichgroße Federkräfte und Öldrucke wirken.

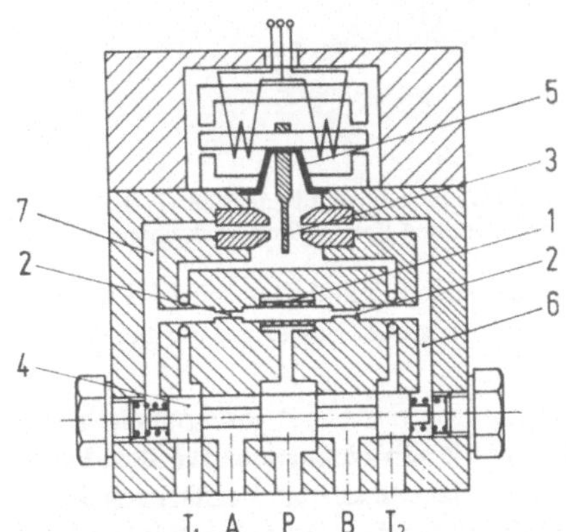

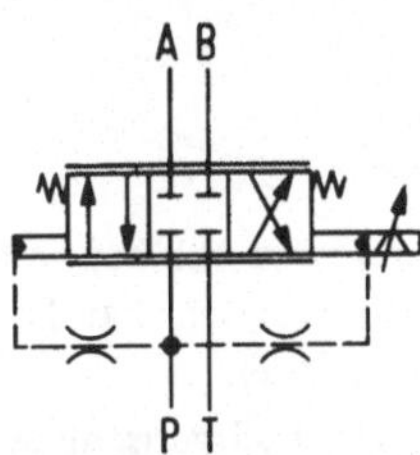

5.24
Zweistufiges Servoventil mit Düsen-Prallplatten-Verstärker und manometrischem Rückführsystem

Wird die an der Biegefeder 5 befestigte Prallplatte durch Eingabe eines Differenzstroms in die Ankerspulen z. B. nach rechts ausgelenkt, so verkleinert sich rechts der Drosselquerschnitt, und es vergrößert sich der zwischen der Prallplatte und der rechten Düse herrschende Öldruck, während er auf der linken Seite sinkt. Dadurch entsteht in der Bohrung 6, bzw. an der rechten Fläche des Hauptsteuerkolbens, ein größerer, in der Bohrung 7, bzw. an der linken Fläche des Hauptsteuerkolbens, ein kleinerer Druck, so daß der Hauptsteuerkolben so weit nach links geschoben wird, bis sich ein neues Kräftegleichgewicht aus Federkraft und Öldruck gebildet hat.

Setzt man konstanten Zulauf- und Lastdruck voraus, so ist der von der Pumpe P zum Verbraucher B gelieferte Ölstrom stufenlos und sehr exakt einstellbar, und er ist in jeder Stellung dem Hubweg des Hauptsteuerkolbens, der Auslenkung der Prallplatte und dem eingegebenen Eingangssignal proportional.

Ein elektro-hydraulisches Servoventil mit Folgekolben-Rückführsystem zeigt Bild **5.25**. Hierbei ist der Düsen-Prallplatten-Verstärker mit dem Hauptsteuerkolben kombiniert. Der Pumpenölstrom wird über die Längsbohrung im Hauptsteuerkolben 1 und über Drosseln 2 in die an seinen Enden angebrachten Düsen und gleichzeitig in die Druckräume 3 geführt, so daß der Hauptsteuerkolben in Ruhestellung in der gezeichneten Lage verbleibt.

Wird der Anker durch Signaleingabe nach rechts geschoben, so werden die an Biegefedern 4 schwenkbar aufgehängten Prallplatten 5 nach links bewegt. Dadurch wird der Abstand zwischen rechter Prallplatte und Düse kleiner, so daß der Druck zwischen beiden auf der rechten Seite verstärkt und gleichzeitig auf der linken Seite verkleinert wird. Dadurch wird der Hauptsteuerkolben nach links geschoben, und der Ölstrom wird von P nach A gefördert, und B wird mit T verbunden. Der Steueröldruck verschiebt den

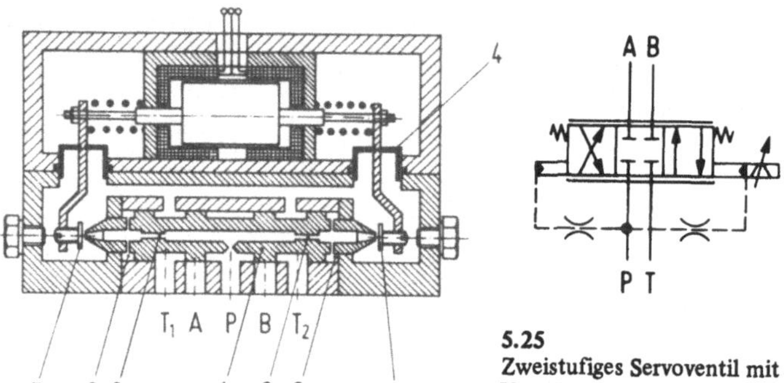

5.25
Zweistufiges Servoventil mit Düsen-Prallplatten-
Verstärker und Folgekolben-Rückführsystem

Hauptsteuerkolben so lange, bis er in bezug auf die beiden Prallplatten seine Mittellage
wieder erreicht hat. Der Hauptsteuerkolben folgt hier also der Bewegung der beiden
Prallplatten.

Elektrohydraulische Servoventile werden für Regelungen verwendet; ihr dynamisches
Verhalten ist besser und ihre Genauigkeit größer als die von Proportionalventilen. Bei
sehr kleiner Eingangsleistung von 10^{-2} bis 10 Watt erlauben sie eine Verstärkung der
Ausgangsleistung bis zum 10^5-fachen und eine Einstellung der maximalen Ausgangsleistung innerhalb von Millisekunden. Ihre Druckverlustwerte liegen in der Größenord-
nung von etwa 70 bar.

Proportional-Wegeventile. Wie schon in Abschnitt 5.1.3.1 erwähnt, haben die Proportionalventile grundsätzlich die gleiche Funktion wie die Servoventile, bis auf die Tatsache, daß sie vor allem in Steuerketten eingesetzt werden, und nicht — wie die Servoventile — in Regelkreisen. Sie haben auch nicht die hohe Genauigkeit und benötigen
höhere Eingangsleistungen (10 bis 100 W), sind dafür aber billiger und robuster. Bild
5.10 zeigt ein einstufiges Proportional-Wegeventil. Die meisten Proportional-Wegeventile sind jedoch zweistufig ausgeführt. Das in Bild **5.26** schematisiert abgebildete 4/3-
Proportional-Wegeventil mit Vorsteuerventil hat einen Hauptsteuerkolben 1 und zwei
Vorsteuerkolben 2 und 3, die durch die beiden Proportionalmagnete bedient werden.
In Ruhestellung sind die Federräume 4 und 5 entlastet, da der von P abgezweigte
Steuerölstrom durch die beiden Vorsteuerkolben abgesperrt ist und das Öl aus den
Federräumen 4 und 5 über die Gehäusebohrung 6, die Axial- und Radialbohrungen
7 und 8 sowie über die Rücklaufbohrungen 9 und 10 freien Abfluß zum Tankanschluß
T hat.

Wird in den rechten Gleichstrommagneten ein Steuersignal gegeben, so schiebt die mit
dem Anker verbundene Führungsstange 11 den Vorsteuerkolben 2 nach links. Das
Steueröl gelangt dann von P über die Radialbohrung 8, die Axialbohrung 7 und die
Gehäusebohrung 6 in den Federraum 4 und verschiebt den Hauptsteuerkolben 1. Der
Kolben wird so lange verschoben, bis Kräftegleichgewicht zwischen Öldruck und·Feder-
kraft herrscht; der Öldruck ist dem eingegebenen Stromsignal und der dadurch erzeugten Magnetkraft proportional, und er bewegt den Hauptsteuerkolben um einen diesen
Größen proportionalen Weg, wodurch wiederum ein ihnen proportionaler Volumen-
strom erzeugt wird. Der Rückhub erfolgt durch Federrückstellung.

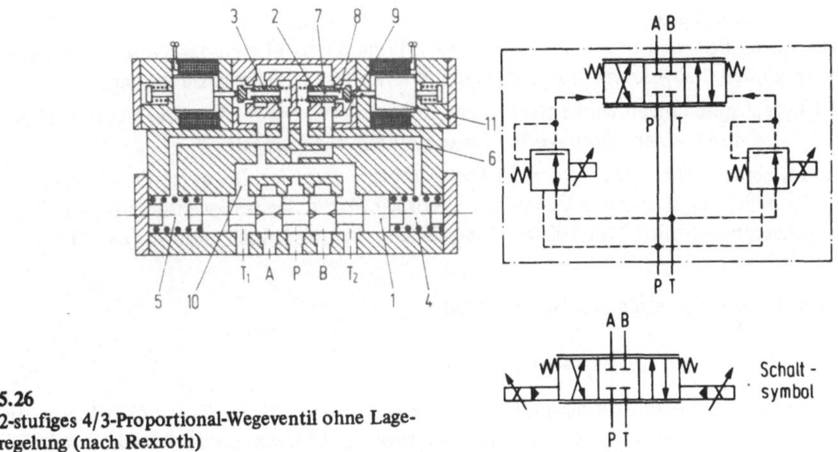

5.26
2-stufiges 4/3-Proportional-Wegeventil ohne Lageregelung (nach Rexroth)

Das in Bild **5.27** dargestellte 2-stufige 4/3-Proportional-Wegeventil mit Lageregelung hat
einen Hauptsteuerkolben 1 und einen Vorsteuerkolben 2, der durch die beiden lagegeregelten Proportionalmagnete 3 und 4 betätigt wird. Bei Ansteuerung des rechten Magneten 3 verschiebt dieser den Vorsteuerkolben 2 nach links. Das Steueröl gelangt dadurch von P über die Gehäusebohrung 5, die Steuerkerbe 6 und die Gehäusebohrung 7
in den Federraum 8 und verschiebt den Hauptsteuerkolben 1 nach rechts. Die Stellung
des Hauptsteuerschiebers 1 wird im induktiven Wegaufnehmer 9 erfaßt und im Regler
10 mit dem Sollwert verglichen.

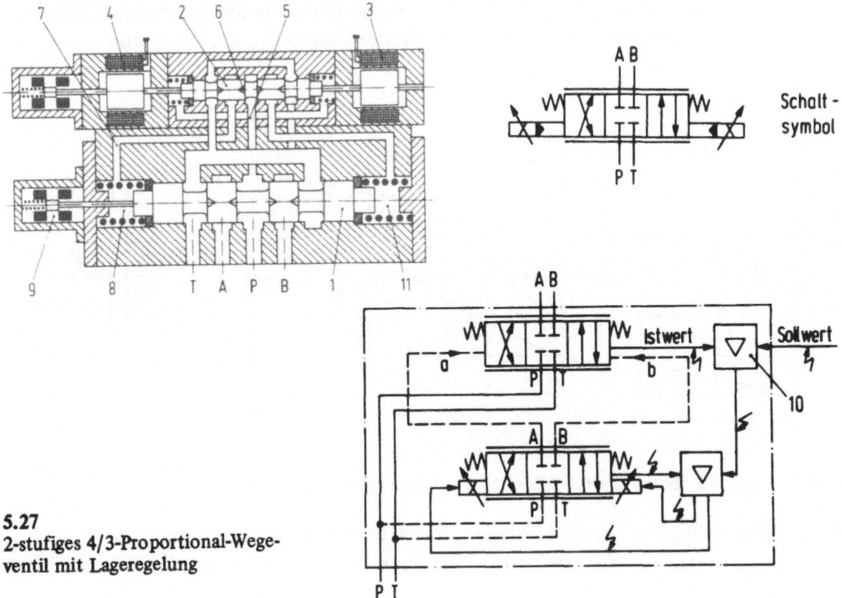

5.27
2-stufiges 4/3-Proportional-Wege-
ventil mit Lageregelung

Ist der Sollwert erreicht, so wird der Magnet stromlos, und der Vorsteuerschieber 2 wird durch Federn zurückgestellt. Die Federräume 8 und 11 sind dann durch den Vorsteuerkolben 2 abgesperrt, und der Hauptsteuerkolben 1 bleibt in seiner Lage.

Bei Lageabweichungen wird entsprechend nachgeregelt. Die Stellung des Vorsteuerkolbens wird durch einen unterlagerten Lageregelkreis nachgeregelt.

Proportional-Wegeventile werden für Steuerungen verwendet. Ihr dynamisches Verhalten ist nicht so gut und ihre Genauigkeit geringer als die der Servoventile, und ihre Eingangsleistung ist mit 10 bis 100 W höher, ihr Druckabfall jedoch geringer (ca. 10 bar).

5.2.4 Betriebsverhalten von Wegeventilen

5.2.4.1 Druckabfall in Wegeventilen

Der Druckabfall oder Strömungswiderstand eines Wegeventils ist die Druckdifferenz Δp zwischen dem Ventileingang und dem Ventilausgang. Er kann aus der Gleichung (2.55)

$$Q = \alpha \cdot A_D \cdot \sqrt{\frac{2 \cdot \Delta p}{\rho}}$$

berechnet werden, ist jedoch sehr weitgehend von der Gestaltung und der Fertigungsqualität des Ventils abhängig, so daß es sich empfiehlt, ihn den von den Herstellerfirmen erstellten Durchfluß-Kennlinien zu entnehmen. Bild 5.28 zeigt eine solche Kennlinie für ein strömungstechnisch günstig ausgebildetes 4/3-Wegeventil. Man erkennt, daß die verschiedenen Ventilstellungen unterschiedliche Kennlinien haben können. So hat dieses Ventil beim Durchfluß zu den Verbraucheranschlüssen bei gleichem Volumenstrom einen geringeren Strömungswiderstand als in Ruhestellung, in der der Pumpenölstrom von P, unter mehrfacher Umlenkung innerhalb des Ventils, in den Ölbehälter zurückfließt.

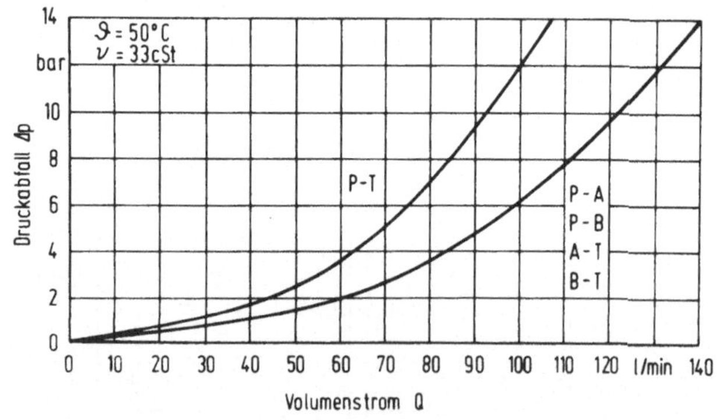

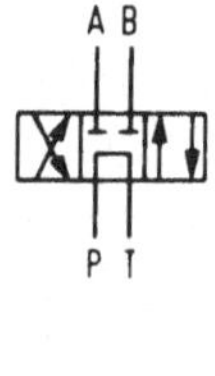

5.28 Durchfluß-Kennlinien eines 4/3-Wegeventils (Bosch NG 16)

Bei der Benutzung der von den Herstellern gelieferten Durchfluß-Kennlinien ist zu beachten, daß sie nur für eine bestimmte Öltemperatur und für eine mittlere Viskosität

(z. B. $\vartheta = 50\,°C$, $\nu = 33$ cSt) angegeben werden. In der Regel genügt es, bei der Ermittlung des Strömungswiderstandes einer Hydraulikanlage diese Angaben zugrundezulegen. Für genauere Berechnungen kann ein Verfahren [32, 33] benutzt werden, das eine Umrechnung der in den Herstellerangaben enthaltenen Strömungswiderstände gestattet.

Während für normale Wegeventile möglichst geringe Drosselverluste, d. h. ein möglichst geringer Druckabfall erwünscht sind, benötigt man für proportionalwirkende Wegeventile, wie Servo- und Proportionalventile einen bestimmten Strömungswiderstand, damit die ihnen übertragene Leistungssteuerung überhaupt durchgeführt werden kann. Gleiches gilt auch für die später zu behandelnden Druck- und Stromregelventile.

Proportionalventile sind ihrerseits infolge ihres vergleichsweise größeren Öffnungsquerschnitts wieder verlustärmer als Servoventile (Bild **5.29**).

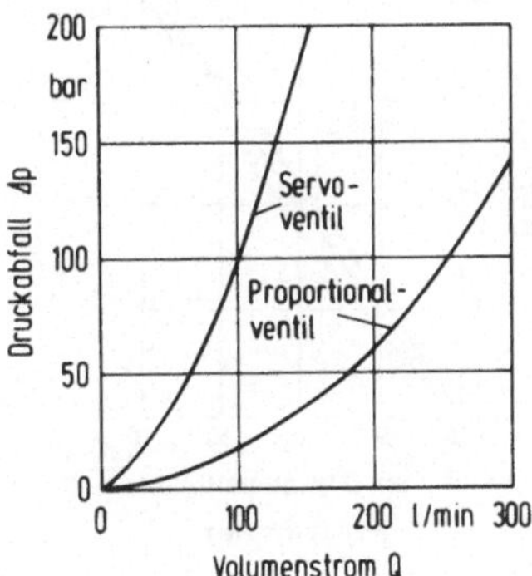

5.29
Durchfluß-Kennlinien eines Servo- und eines Proportionalventils von gleichem Nenndurchfluß bei voller Öffnung
(nach Backé [34])

5.2.4.2 Statisches und dynamisches Verhalten von proportionalwirkenden Wegeventilen

Das im folgenden beschriebene statische und dynamische Verhalten von proportionalwirkenden Wegeventilen gilt grundsätzlich auch für proportionalwirkende Druck- und Stromventile.

Statisches Verhalten. Das statische Verhalten eines Servo- oder Proportionalventils beschreibt für den nach Ende des Einschwingens vorliegenden stationären Zustand den Zusammenhang zwischen Eingangsgröße und Ausgangsgröße des Ventils. Es wird durch einige wichtige Begriffe und Kennlinien dargestellt.

Die folgenden B e g r i f f e sind zu beachten:

D u r c h f l u ß v e r s t ä r k u n g. Die Durchflußverstärkung gibt den prozentualen Zusammenhang zwischen Eingangssignal (elektr. Strom I) und Ausgangssignal (Ölvolumenstrom) an.

D r u c k v e r s t ä r k u n g. Die Druckverstärkung gibt den prozentualen Anstieg des Lastdruckes in Abhängigkeit vom eingegebenen Steuerstrom I bei blockiertem Verbraucheranschluß an.

A n s p r e c h e m p f i n d l i c h k e i t. Die Ansprechempfindlichkeit gibt den Anteil des elektrischen Eingangsstroms an, der aufgebracht werden muß, um nach einem

Stillstand (z. B. des Hauptsteuerkolbens) eine Änderung des Ausgangsvolumenstroms zu erhalten, wenn das Signal in der gleichen Richtung verändert wird, in der es ursprünglich gegeben wurde.

U m k e h r s p a n n e. Die Umkehrspanne gibt den Anteil des elektrischen Eingangsstroms an, der aufgebracht werden muß, um nach einem Stillstand eine Änderung des Ausgangsvolumenstroms zu erhalten, wenn das Signal in derjenigen Richtung verändert wird, die der ursprünglich eingestellten Richtung entgegengesetzt ist.

H y s t e r e s e. Die Hysterese ist der prozentuale Anteil H des Eingangsstroms, wie er sich aus dem linken Diagramm aus Bild **5.30** ergibt.

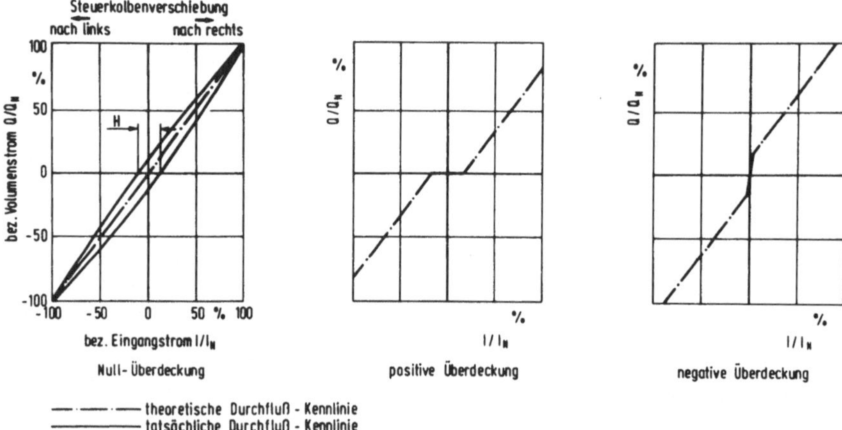

5.30 Idealisierte Durchfluß-Eingangsstrom-Kennlinien von proportionalwirkenden Wegeventilen bei verschiedener Überdeckung
Q_N: Nenndurchfluß; I_N: elektr. Nennstrom; H: Hysterese (Überdeckung: siehe Bild 5.18)

Zur Beurteilung des statischen Verhaltens werden die folgenden K e n n l i n i e n benutzt:

D u r c h f l u ß - S i g n a l - K e n n l i n i e. Diese Kennlinie gibt an, welchen Ölvolumenstrom ein Ventil bei Eingabe eines bestimmten Eingangs-Stromsignals bei gleichbleibendem Druckabfall zwischen Ventilein- und Ventilausgang übertragen kann. Volumenstrom und elektrischer Strom werden dabei als Prozentzahlen, im Vergleich zu den Nennwerten der beiden Größen, angegeben. Die strichpunktierten Linien in Bild **5.30** geben den theoretischen Verlauf wieder. Wie die linke Darstellung zeigt, ergeben sich für das Hoch- und Herunterfahren des Ventils voneinander abweichende tatsächliche Kurvenverläufe. Die proportionale Abweichung H vom eingegebenen Nennstrom ist die Hysterese. Die Hysterese ist bei Servoventilen kleiner als bei Proportionalventilen.

Wie man aus den beiden rechten Diagrammen in Bild **5.30** erkennen kann, ist die Art der Überdeckung (s. Bild **5.17**) von wesentlichem Einfluß auf den Verlauf dieser Kennlinien. Die linke Darstellung in Bild **5.30** gilt für die sogenannte „Nullüberdeckung".

Darunter versteht man diejenige Einstellung des Steuerschiebers in seinem Gehäuse, bei dem Schieberkanten und Gehäusekanten genau eine Linie bilden.

Die Durchfluß-Signal- oder Durchfluß-Eingangsstrom-Kennlinien geben dem Anwender Auskunft über die Linearität zwischen Ein- und Ausgangsgröße (elektrischem Strom und Ölvolumenstrom), über die Ansprechempfindlichkeit und die Umkehrspanne des Ventils. Bild 5.31 zeigt diese Kennlinien für ein ausgeführtes Ventil.

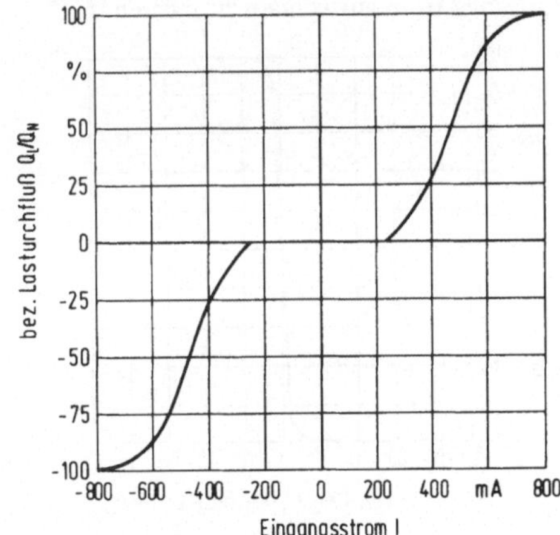

5.31
Durchfluß-Eingangsstrom-Kennlinien eines vorgesteuerten Proportional-Wege-ventils (Herion NG 16)
Q_N: Nenndurchfluß

D u r c h f l u ß - L a s t d r u c k - K e n n l i n i e. In der Durchfluß-Lastdruck-Kenn-linie (Bild 5.32) ist der Durchfluß bei Belastung des Ventils (Q_L) in Abhängigkeit vom Druckabfall $p_A - p_B$ zwischen beiden Ventilanschlüssen A und B angegeben. Der Last-durchfluß Q_L ist dabei in Prozentwerten vom Nenndurchfluß Q_N, der Lastdruckabfall oder Lastdruck $p_A - p_B$ in Prozentwerten vom Eingangsöldruck p_P angegeben. Para-meter ist der auf den Nennstrom bezogene Eingangsstrom I/I_N, d. h. für jedes Eingangs-signal ergibt sich eine Kennlinie.

Man erkennt, daß bei einem bezogenen Lastdruckabfall von 100%, d. h. dann, wenn der Pumpendruck gleich dem Lastdruck $p_A - p_B$ ist, kein Ölstrom fließt und daß sich umgekehrt der maximale Durchfluß bei dem Lastdruck null ergibt.

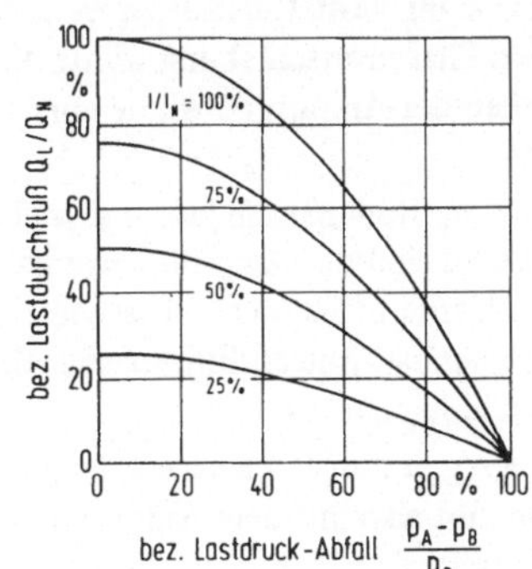

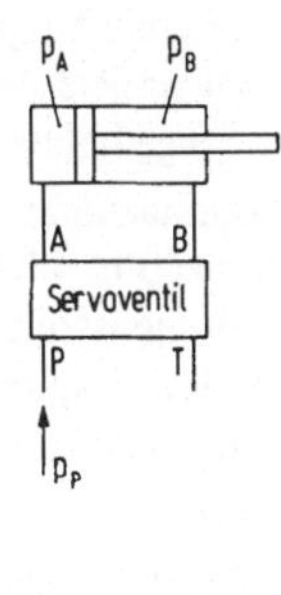

5.32
Durchfluß-Lastdruck-Kennlinien eines Servoventils (Herion)
Q_N: Nenndurchfluß; I_N: elektr. Nennstrom

L a s t d r u c k - E i n g a n g s s t r o m - K e n n l i n i e. Diese Kennlinie (Bild **5.33**)
zeigt das Verhältnis des Lastdruckabfalls oder Lastdrucks zu dem in das Ventil eingegebenen Strom an. Beide Werte sind auch hier wieder als bezogene Werte in Prozent
aufgetragen. Wichtig ist die Steigung des geraden Teils dieser Kennlinie; sie ist die
„D r u c k v e r s t ä r k u n g", die in bar/mA angegeben wird. Es ist eine hohe Druckverstärkung erwünscht, um für das Anfahren von Servoventilen einen möglichst kleinen
Eingangsstrom aufwenden zu müssen.

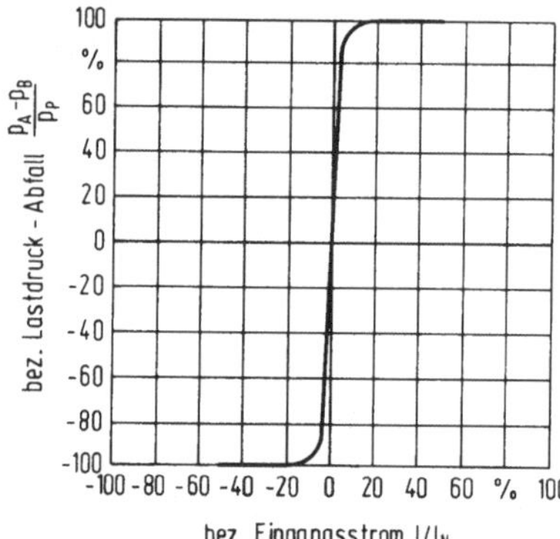

5.33
Druck-Eingangsstrom-Kennlinie (Herion,
Bezeichnungen s. Bild 5.32)

Dynamisches Verhalten. Das dynamische Verhalten oder Zeitverhalten von Servo- oder
Proportionalventilen ist entscheidend für die Beurteilung der Qualität der Ventile. Es
beschreibt, welche Zeitspanne das Ventil benötigt, um das eingegebene Signal in die
Ausgangsgröße zu verwandeln, d. h., mit welcher zeitlichen Verzögerung die Ausgangsgröße dem Eingangssignal folgt. Die Verzögerung entsteht dabei bei der Übertragung
und Verstärkung der Größen in den einzelnen Stufen und Elementen des Ventils, z. B.
infolge von elektrischem Widerstand und Induktivität der Spule, infolge der Trägheit
des Prallplattensystems, infolge der Kolbenreibung usw.

Solche Verzögerungen haben also einen zeitlichen Verzug zwischen Eingangssignal
(elektrischer Strom) und Ausgangsgröße (Volumenstrom), d. h. eine Phasennacheilung
des Volumenstroms zur Folge. Darüber hinaus ergibt sich eine Verkleinerung der Amplitude der Ausgangsgröße im Verhältnis zur Amplitude des sinusförmigen Eingangssignals.
Unter einer zu großen Phasenverschiebung würde die Stabilität des Servoventils leiden,
ein zu starkes Absinken der Amplitude würde eine Veränderung des Volumenstroms
zur Folge haben [35].

Phasennachlauf und Amplitudenabfall lassen sich übersichtlich im Bode-Diagramm darstellen (Bild **5.34**). Darin sind das Amplitudenverhältnis und der Phasennachlauf des
Ölvolumenstroms im Verhältnis zum elektrischen Eingangsstrom aufgetragen, und zwar
über der Frequenz des sinusförmigen Eingangssignals, dessen Amplitude über den ganzen
Frequenzbereich gleichbleibend ist.

A m p l i t u d e n g a n g u n d P h a s e n g a n g. Das Bode-Diagramm oder das Frequenzgang-Verhalten gibt also mit dem Amplitudengang oder Amplitudenverhältnis
das Verhältnis der Beträge der Ausgangsgröße zur Eingangsgröße und mit dem Phasen-

gang das Verhältnis des Phasenwinkels zwischen Ausgangs- und Eingangsgröße wieder. Beide Größen werden im linearen Maßstab über der logarithmisch aufgetragenen Frequenz aufgetragen und sie gelten für den voll eingeschwungenen Zustand des Ventils.

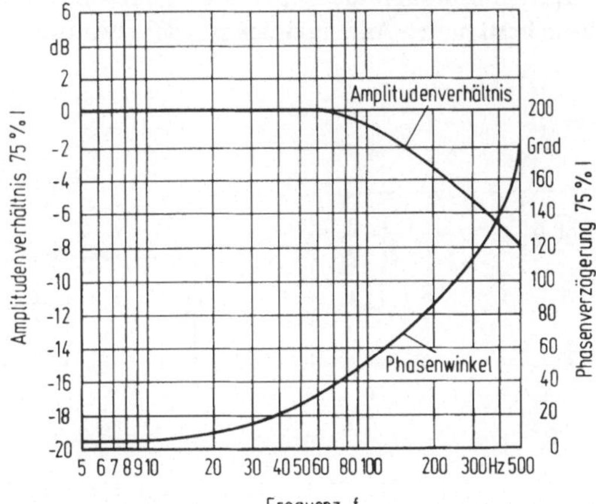

5.34
Bode-Diagramm für ein 2-stufiges
Servoventil (Herion)

S p r u n g f u n k t i o n. Um das Zeitverhalten eines Servo- oder Proportionalventils zu erfassen, wird, anstatt des Frequenzganges, häufig auch die sogenannte Sprungfunktion benutzt. Durch sie wird die Ansprechgeschwindigkeit des Ventils beschrieben. Um sie zu gewinnen, wird das Eingangssignal plötzlich (sprungartig) geändert (Sprungfunktion) und festgestellt, wie die Ausgangsgröße sich dabei verändert, d. h., welche „Sprungantwort" sich ergibt (Bild **5.35**).

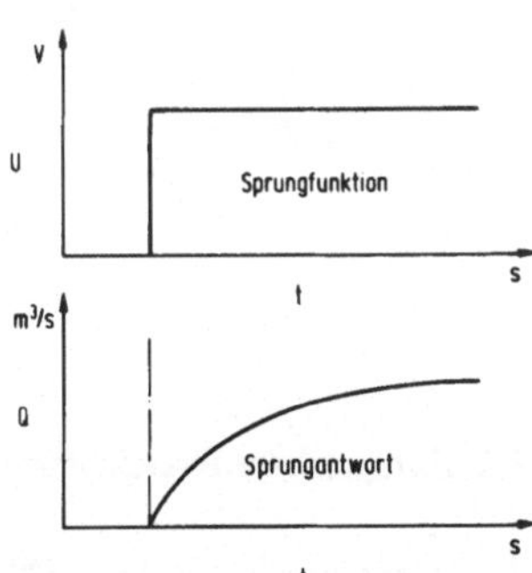

5.35
Sprungfunktion und Sprungantwort

5.3 Sperrventile (SPV)

Sperrventile sperren den Volumenstrom in einer Richtung und ermöglichen den Durchfluß in der entgegengesetzten Richtung. Sie werden als Sitzventile, mit Kugel oder Kegel als Sperrelement, gebaut. Es gibt die folgenden Bauarten unter den Sperrventilen:
— einfaches Rückschlagventil
— entsperrbares Rückschlagventil
— Drosselrückschlagventil

5.3.1 Einfache Rückschlagventile (RÜV)

Bild **5.36** zeigt zwei federbelastete einfache Rückschlagventile. Entsprechend der Federvorspannung beginnt die Durchflußkennlinie nicht beim Druckabfall 0, sondern erst bei einem bestimmten Anfangsdruck p_A, der etwa zwischen 0,5 und 4 bar liegt (Bild **5.37**).

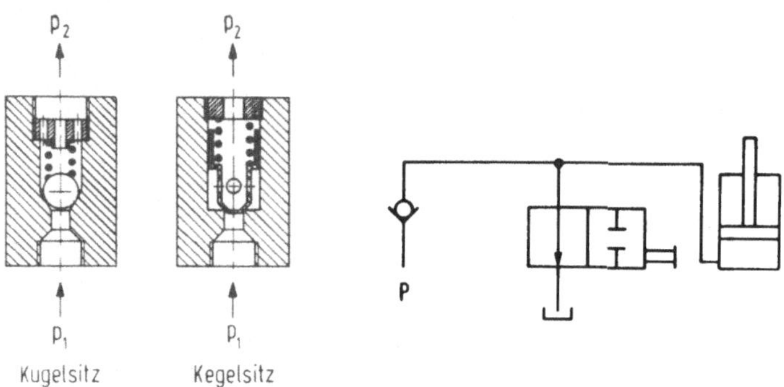

5.36 Einfache Rückschlagventile

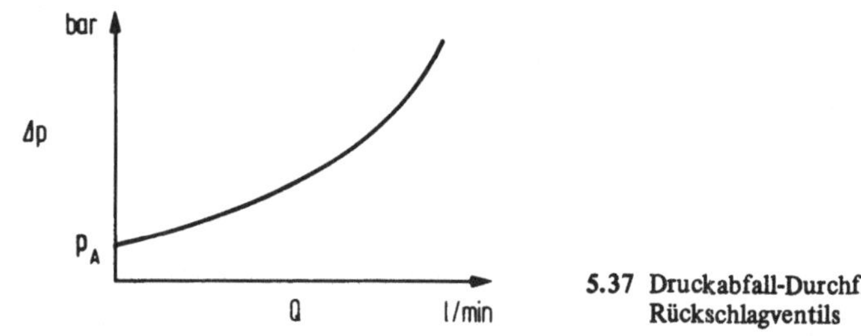

5.37 Druckabfall-Durchfluß-Kennlinie eines Rückschlagventils

5.3.2 Entsperrbare Rückschlagventile (RÜV)

Neben den einfachen, gibt es entsperrbare Rückschlagventile. Sie werden z. B. verwendet, um bei Ruhestellung eines Wegeventils das Absinken eines unter Last stehenden Kolbens zu verhindern. Die Entsperrung geschieht meistens durch Fernbedienung mit Hilfe eines Steuerölstroms. Ein Beispiel für ein entsperrbares RÜV zeigt Bild **5.38**. Es arbeitet zunächst wie ein einfaches RÜV, das heißt, der Pumpenöldruck p_1 hebt die Kugel 1 gegen den Federdruck und ermöglicht so den Durchfluß des Ölvolumenstroms.

Soll ein Durchfluß auch in entgegengesetzter Richtung erreicht werden, so wird der Kolben 2 mit dem Steuerdruck p_S beaufschlagt, und er hebt mit Hilfe des Stößels 3 die Kugel.

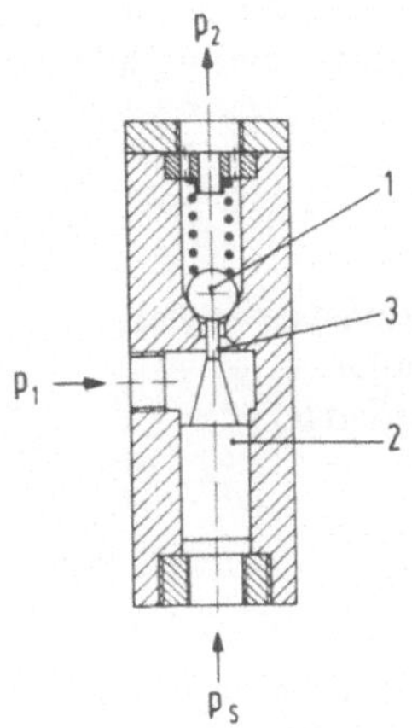

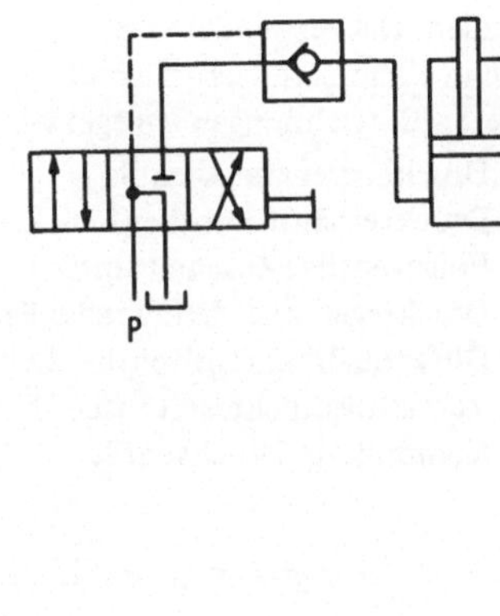

5.38
Entsperrbares Rückschlagventil

5.3.3 Drosselrückschlagventile (DRÜV)

Drosselrückschlagventile bestehen aus einem einfachen RÜV und einer meist verstellbaren Drossel (Bild **5.39**). Der Ölstrom hat in der Richtung $p_1 \div p_2$ freien Durchfluß, beim Rücklauf wird er jedoch über die Verstelldrossel 1 geführt. Man kann dadurch z. B. eine einstellbare Kolbenrücklaufgeschwindigkeit erreichen.

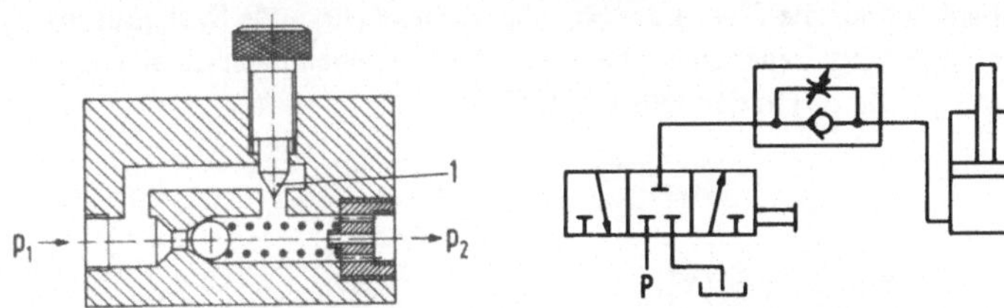

5.39 Drosselrückschlagventil

5.4 Druckventile (DV)

In der Einleitung zum Abschnitt 5 wurde dargestellt, daß sich die hydraulische Leistung

$$P = p \cdot Q$$

entweder über den Volumenstrom Q oder über den Druck p verändern läßt. Zur Steuerung des Volumenstroms werden z. B. Wegeventile, zur Steuerung des Druckes Druckventile verwendet. Es gibt zahlreiche Arten von Druckventilen, die sich in ihrer Funktion voneinander unterscheiden. Hier sollen vor allem die unten aufgeführten Bauarten behandelt werden. Die verwendeten Bezeichnungen entsprechen der DIN-ISO 1219; dahinter werden in Klammern zusätzlich die in der Literatur auch heute noch häufig verwendeten älteren Bezeichnungen angegeben.

— Druckbegrenzungsventile
— Druckverhältnisventile (Druckstufenventile)
— Folgeventile (Zuschaltventile)
— Druckregel- oder Druckreduzierventile (Druckminderventile)
— Differenzdruckregelventile (Druckgefälleventile)
— Verhältnisdruckregelventile (Druckverhältnisventile)
— Kombinierte Druckventile

5.4.1 Druckbegrenzungsventile (DBV)

Druckbegrenzungsventile sind Sicherheitsventile; sie dienen dazu, den Betriebsdruck einer Anlage auf einen vorbestimmten einstellbaren Wert zu begrenzen, um die Zerstörung von Anlageteilen, wie Rohren, Schläuchen, Verbindungen usw., zu vermeiden; es gilt also die Forderung:

$$p_1 < p_{1max}$$

Man unterscheidet direktgesteuerte und mit Vorsteuerventil arbeitende Druckbegrenzungsventile.

Direkt gesteuerte Druckbegrenzungsventile. Bild **5.40** zeigt zwei direktgesteuerte Druckbegrenzungsventile. Das in Bild **5.40** links abgebildete DBV arbeitet mit Längsschieber. Sobald der auf die Fläche des Schieberkolbens wirkende Systemdruck p_1 größer ist als der eingestellte Federdruck, bewegt sich der Kolben nach oben und gibt den Durchfluß (von p_1 nach p_0) in den Ölbehälter frei.

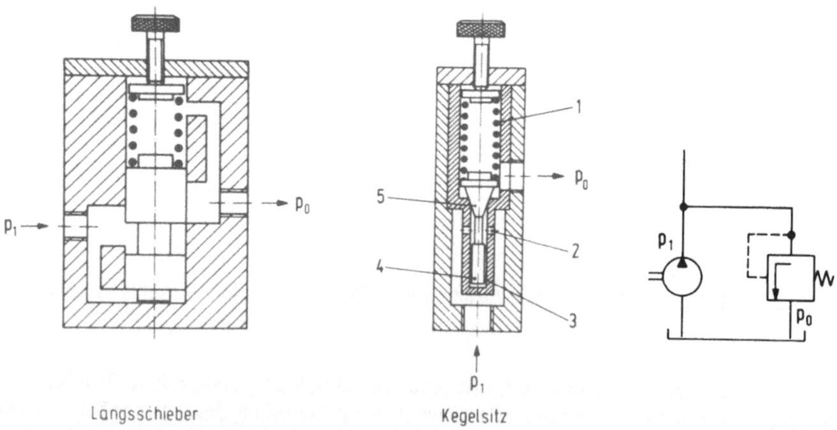

5.40 Direktgesteuerte Druckbegrenzungsventile

Ähnlich arbeitet das in Bild **5.40** rechts gezeigte DBV mit Kegelsitz: Sobald der über die Feder 1 eingestellte Druck überschritten wird, hebt der über die Bohrungen 2 und den Spalt 3 auf die Steuerfläche des Dämpfungskolbens 4 wirkende Druck p_1 den Sitzkegel 5 ab. Das Öl strömt dann über die Bohrungen 2 unter Erwärmung (von p_1 nach p_0) ab.

Vorgesteuerte Druckbegrenzungsventile. Bei größeren Drücken, vor allem aber bei größeren Volumenströmen (über 150 bis 200 l/min) ergeben sich für direktgesteuerte Druckbegrenzungsventile große Hübe und große Federkräfte, so daß sie unverhältnismäßig groß ausgeführt werden müssen. Daher verwendet man hier häufig vorgesteuerte DBV. Sie haben in der Regel eine flachere Druckabfall-Durchfluß-Kennlinie (siehe auch Abschn. 5.4.9), das heißt in breiteren Betriebsbereichen einen annähernd gleichbleibenden Arbeitsdruck über dem Volumenstrom. Darüber hinaus können vorgesteuerte DBV leicht ferngesteuert werden. Infolge der größeren Zahl ihrer Elemente sind sie teurer als direkt gesteuerte DBV.

In dem in Bild **5.41** wiedergegebenen vorgesteuerten DBV wirkt der Eingangsdruck p_1 über die Drosselbohrung 1 auf den Sitzkegel 2 des Vorsteuerventils und öffnet dieses, sobald der über die Feder 3 eingestellte Druck überschritten wird. Das Öl kann dann über die Bohrung 4 abfließen. Dadurch wird der Öldruck über dem Hauptkolben 5 kleiner und das Sitzventil 6 wird infolge des größeren Öldrucks auf die untere Kolbenfläche gegen Feder 7 geöffnet, so daß das Öl (von p_1 nach p_0) in den Ölbehälter abströmen kann.

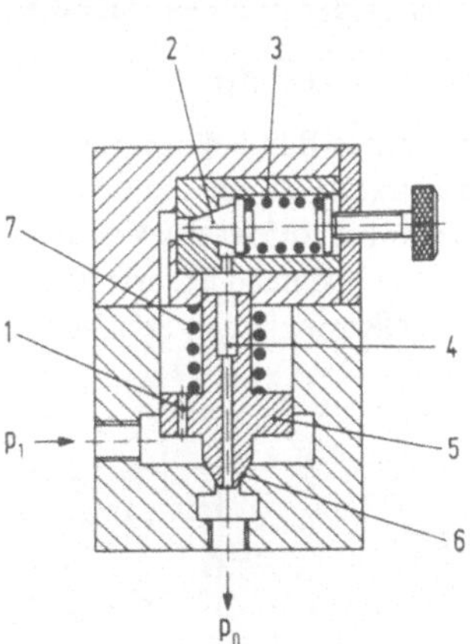

5.41
Vorgesteuertes Druckbegrenzungsventil

5.4.2 Druckverhältnisventile (DVV)

Druckverhältnisventile (früher als Druckstufenventile bezeichnet) haben die Aufgabe, den Eingangsdruck p_1 proportional zu einem aufgegebenen Steuerdruck zu halten:

$$p_1 \sim p_s$$

Der Steuerdruck p_S (Bild 5.42) wirkt auf die obere Fläche des Steuerkolbens gegen den auf die untere Fläche wirkenden Eingangsdruck p_1. Die Größe der beiden Flächen bestimmt das Proportionalitätsverhältnis (hier gleiche Kolbenflächen, so daß $p_1 = p_S$). Sinkt p_1, so wird die Durchflußöffnung durch den Steuerdruck p_S weiter geschlossen und der Eingangsdruck p_1 steigt wieder an.

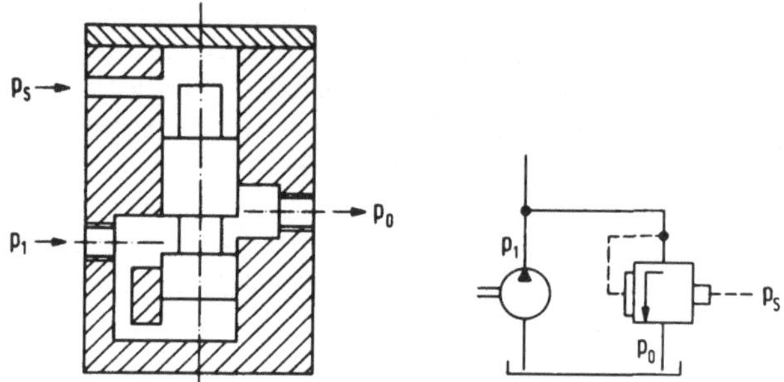

5.42 Druckverhältnisventil (Druckstufenventil)

5.4.3 Folgeventile (FV)

Die Aufgabe der Folgeventile (früher: Zuschaltventile) ist es, einen Verbraucher erst dann hinzuzuschalten, wenn der Eingangsdruck p_1 einen Wert erreicht hat, der gleich oder größer ist als ein über die Feder einstellbarer Druck p_{1E}:

$$p_1 \geqslant p_{1E}$$

In dem in Bild 5.43 gezeigten FV wirkt der Eingangsdruck p_1 gegen die eingestellte Federkraft auf die untere Kolbenfläche. Sobald p_1 den eingestellten Druck p_{1E} erreicht hat, öffnet das Ventil und der Ölstrom kann (von p_1 nach p_2) hindurchfließen. Wie zu erkennen ist, arbeitet das FV wie ein DBV, mit dem Unterschied, daß das DBV den Ölstrom in den Behälter zurückleitet, das FV ihn jedoch zum Verbraucher führt.

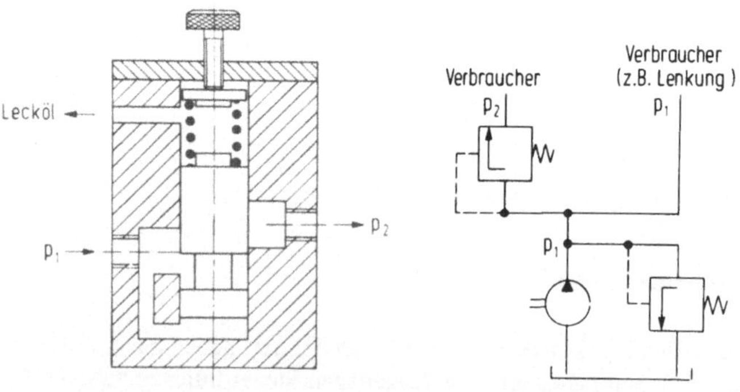

5.43 Folgeventil (Zuschaltventil)

5.4.4 Druckregel- oder Druckreduzierventile (DRV)

Das Druckregelventil (auch Druckminderventil genannt) hat die Aufgabe, den Ausgangsdruck p_2 konstant und kleiner zu halten als den Eingangsdruck p_1, und zwar unabhängig
vom veränderlichen Eingangsdruck:

$$p_2 < p_1; \qquad p_2 = \text{konst.}$$

Wie in Bild **5.44** gezeigt, wirkt hier der Ausgangsdruck p_2 auf die untere Kolbenfläche
gegen den eingestellten Federdruck. Steigt der Ausgangsdruck p_2 an, so wird die Durchflußöffnung gegen den Federdruck verkleinert und p_2 sinkt wieder auf den eingestellten
Wert.

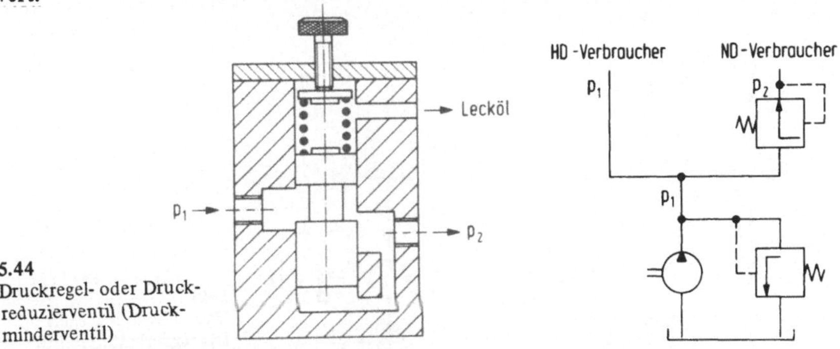

5.44
Druckregel- oder Druck-
reduzierventil (Druck-
minderventil)

5.4.5 Differenzdruckregelventile (DDRV)

Das Differenzdruckregelventil (früher: Druckgefälleventil) soll die Druckdifferenz zwischen Eingangsdruck p_1 und Ausgangsdruck p_2 konstant halten:

$$p_1 - p_2 = \text{konst.}$$

Wie Bild **5.45** zeigt, wirkt bei diesem Ventil p_1 auf die untere, p_2 auf die obere Seite
des Kolbens, das heißt, die Druckdifferenz zwischen p_1 und p_2 wirkt gegen den einstellbaren Federdruck. Sinkt $p_1 - p_2$, so wird die Durchflußöffnung verkleinert, und $p_1 - p_2$
steigt wieder an.

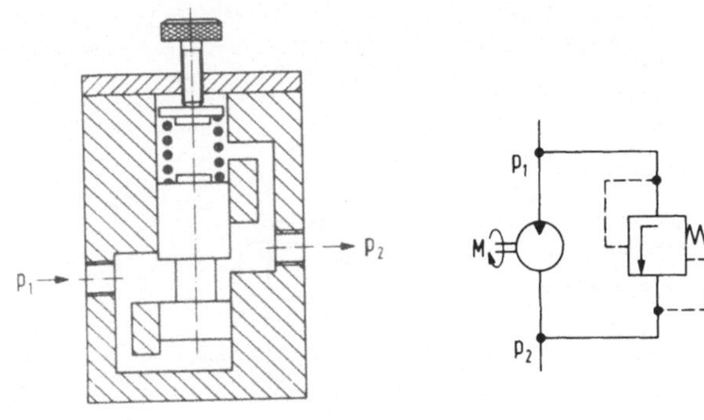

5.45
Differenzdruckregel-
ventil (Druckgefälle-
ventil)

5.4.6 Verhältnisdruckregelventile (VDRV)

Das Verhältnisdruckregelventil (früher: Druckverhältnisventil) hält das Verhältnis zwischen Eingangsdruck p_1 und Ausgangsdruck p_2 konstant, und zwar unabhängig vom veränderlichen Eingangsdruck p_1:

$$\frac{p_1}{p_2} = \frac{A_2}{A_1} = \text{const.}$$

Sinkt p_1/p_2, so wird die Durchflußöffnung verkleinert und p_1/p_2 steigt wieder an (Bild **5.46**).

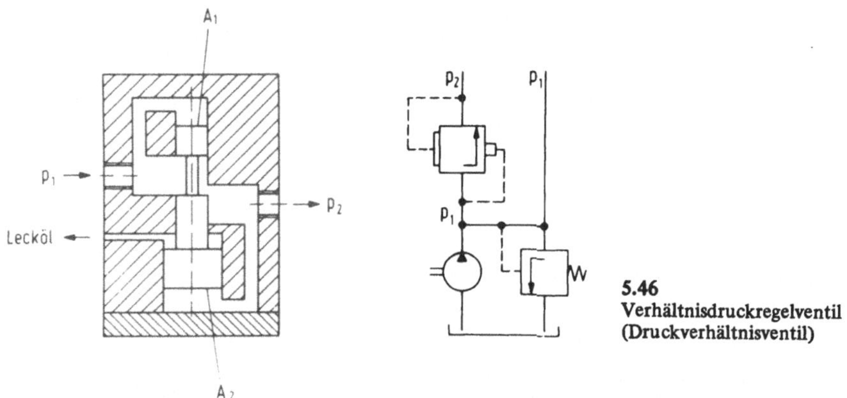

5.46
Verhältnisdruckregelventil
(Druckverhältnisventil)

5.4.7 Kombinierte Druckventile

Schließventile (SV). Die Aufgabe des Schließventils (auch Abschaltventil genannt) besteht darin, die normalerweise offene Durchflußöffnung zu schließen, wenn der Aus-

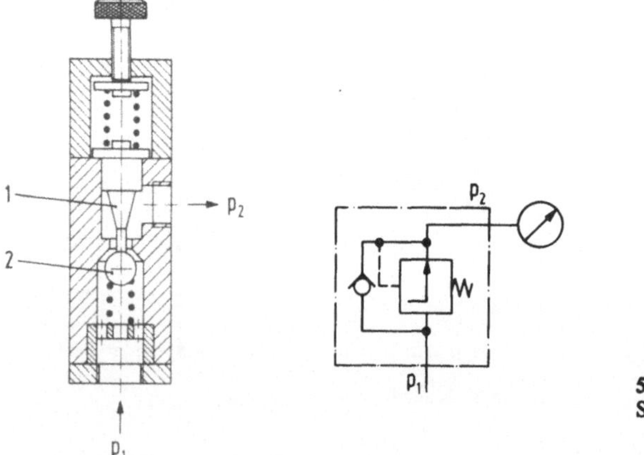

5.47
Schließventil

gangsdruck p_2 einen über Feder eingestellten Maximalwert p_{2max} erreicht oder überschritten hat:

$$p_2 \leqslant p_{2max}$$

Das SV wird zum Schutz eines in die Hydraulikanlage eingebauten Gerätes, z. B. eines Manometers eingesetzt. Bei der in Bild **5.47** gezeigten Ausführung wirkt der Ausgangsdruck p_2 über die Fläche des Kolbens 1 gegen die Federkraft. Solange die Kraft aus p_2 und Kolbenfläche 1 kleiner ist als die eingestellte Federkraft, bleibt die Durchflußöffnung offen. Wird die Federkraft überschritten, so schließt das SV.

Leerlaufventile (LV). Das Leerlaufventil soll den Pumpenölstrom vom Verbraucher abschalten und auf drucklosen Umlauf (Leerlauf) schalten, sobald ein eingestellter Verbraucherdruck p_{2E} erreicht ist. Das LV soll also eingeschaltet werden, wenn

$$p_2 \geqslant p_{2E}$$

Die Funktion des LV kann aus Bild **5.48** entnommen werden. Das Drucköl strömt über das Rückschlagventil 1 zum Verbraucher. Wenn der Verbraucherdruck p_2 den mit Feder eingestellten Abschaltdruck erreicht, so öffnet der Steuerkolben 2 das Kegelsitzventil 3, und der Ölstrom läuft drucklos (über p_0) in den Ölbehälter zurück, während das Rückschlagventil 1 geschlossen bleibt.

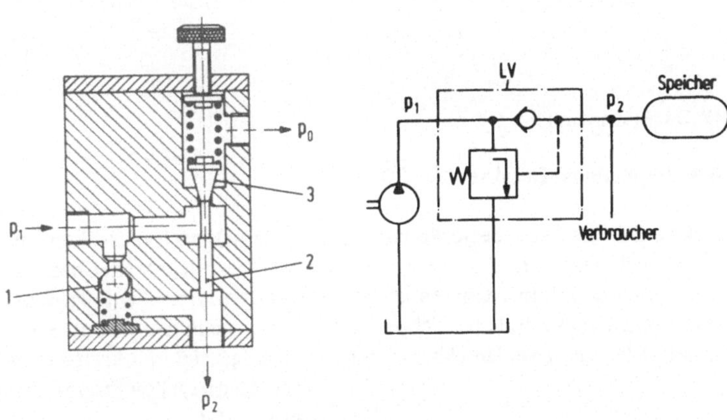

5.48 Leerlaufventil

Zweistufenventile (2-STV). Das in Bild **5.49** abgebildete Zweistufenventil liefert in der ersten Stufe — solange $p_3 < p_{1max}$ — die Volumenströme der HD- und der ND-Pumpe zum Verbraucher. Sobald jedoch $p_3 \geqslant p_{1max}$ geworden ist, wird in der zweiten Stufe der größere Volumenstrom der ND-Pumpe auf drucklosen Umlauf geschaltet, und nur der Volumenstrom der HD-Pumpe gelangt zum Verbraucher:

$$\text{solange } p_3 < p_{1max}: \quad Q_3 = Q_1 + Q_2$$
$$\text{sobald } p_3 \geqslant p_{1max}: \quad Q_3 = Q_2; \; p_3 = p_2$$

Das in Bild **5.49** abgebildete 2-STV arbeitet wie folgt: Solange der Verbraucherdruck p_3 kleiner ist als der Einstellwert des ND-DBV 1, fördern HD- und ND-Pumpe gemeinsam über die Rückschlagventile 2 und 3 zum Verbraucher. Steigt der Verbraucherdruck p_3 an, so steigt auch p_2 an. p_2 wirkt über die Drosselbohrung 4 auf den Kolben 5 und öffnet den Durchgang zum Rücklauf (über p_0), so daß der ND-Förderstrom drucklos zum Behälter zurückfließen kann. Das Rückschlagventil 2 schließt dann, das HD-DBV 7 sichert die HD-Pumpe ab. Bei Ausfall der HD-Pumpe fördert die ND-Pumpe auch über das Rückschlagventil 6 und über Drossel 4 auf die linke Seite des ND-DBV; damit ist auch die ND-Pumpe abgesichert.

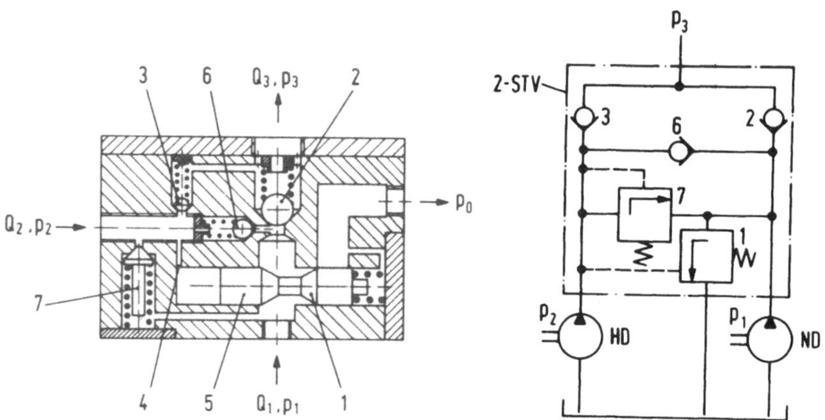

5.49 Zweistufenventil

5.4.8 Proportional-Druckventile (PDV)

Druckventile, wie Druckbegrenzungsventile und Druckregelventile, können auch mit proportional wirkenden elektromagnetischen Wandlern ausgerüstet werden, die die Ventile entweder direkt, meistens jedoch über ein Vorsteuerventil betätigen. Sie werden als Proportional-Druckventile bezeichnet und werden, wie in den Bildern **5.9** und **5.50** an den Beispielen von zwei Druckbegrenzungsventilen gezeigt, mit kraftgesteuerten oder mit lagegeregelten Proportionalmagneten ausgerüstet.

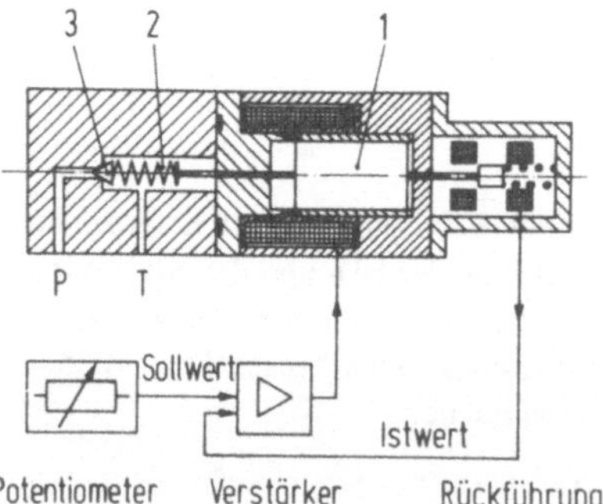

5.50
Druckbegrenzungsventil mit lagegeregeltem Proportionalmagneten

Bei den meisten auf dem Markt befindlichen Ventilen wirken die Magnete direkt auf das Steuerelement, wie in Bild **5.9**, seltener indirekt über eine Druckfeder, wie in Bild **5.50**. Als Steuerlemente werden überwiegend Sitzkegel, seltener Längsschieber oder Düsen-Prallplatten-Systeme verwendet.

Bei dem in Bild **5.9** gezeigten und im Abschnitt 5.1.3.4 beschriebenen, kraftgesteuerten DBV kann die auf den Ventilkegel wirkende Magnetkraft — und damit der Öldruck im Hydrauliksystem — durch Verändern des Eingangsstromes variiert werden, ohne daß der Magnet einen Hub ausführt. Der Magnet wirkt also als „elektromagnetische Feder", die auch durch Fernbedienung leicht verstellt werden kann.

Bei dem in Bild **5.50** abgebildeten DBV mit lagegeregelten Magneten wird die Lage des Magnetankers 1 unabhängig von der Gegenkraft durch einen geschlossenen Regelkreis geregelt. Der Anker wirkt hier indirekt über die Druckfeder 2 auf den Sitzkegel 3 und regelt, bzw. verstellt, somit die Federkraft und damit den Systemdruck.

Proportional-Druckventile ermöglichen eine einfache Fernbedienung über Stromleitungen (anstatt über Rohrleitungen); sie werden vorteilhaft auch für Programm- bzw. Prozeßsteuerungen eingesetzt.

5.4.9 Betriebsverhalten von Druckventilen

Hier soll besonders das Betriebsverhalten von Druckbegrenzungsventilen betrachtet werden, und zwar das statische und das dynamische Verhalten. Die Forderungen an das **statische Verhalten** sind:

— möglichst gleichbleibender Öffnungsdruck über dem Volumenstrom,
— möglichst geringe Differenz zwischen Öffnungsdruck und Schließdruck,
— geringe Lecköverluste vor Erreichen des Öffnungsdruckes.

Das statische Verhalten wird durch die in Bild **5.51** schematisiert dargestellten Kennlinien beschrieben. Das DBV öffnet, sobald der Öffnungsdruck p_0 erreicht ist, dann beginnt der Volumenstrom Q zu fließen; je größer er wird, umso mehr öffnet sich die Durchflußöffnung (z. B. der Kugelsitz) gegen den größer werdenden Federdruck. Infolge des größer werdenden Federdruckes, wie auch infolge der in Federdruckrichtung wirkenden Strömungskräfte, wächst der Druck von p_0 bis zu einem Einstelldruck p_E an. Beim Schließen des DBV fällt der Druck unter p_0 auf den Schließdruck p_S ab. Dieser ist kleiner als p_0, infolge der Federhysterese und weil beim Schließen geringere Reibungskräfte zu überwinden sind als beim Öffnen.

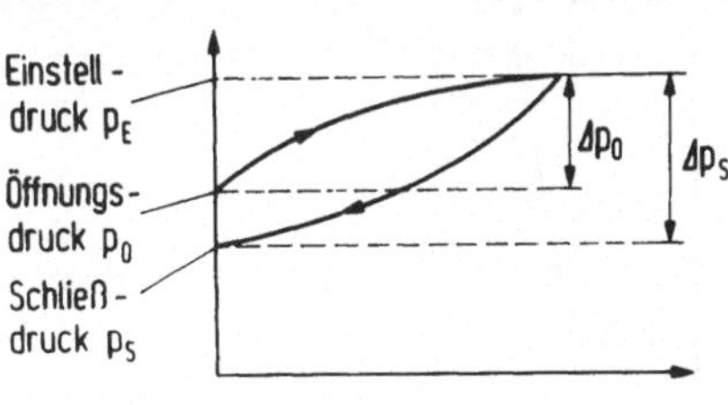

5.51
Statische Kennlinie eines direkt gesteuerten
Druckbegrenzungsventils

Für praktisch ausgeführte DBV ergeben sich Kennlinienfelder ähnlich den in Bild **5.52** gezeigten. Darin ist auch der günstigere Druckverlauf von vorgesteuerten Druckbegrenzungsventilen gegenüber den direktgesteuerten zu erkennen.

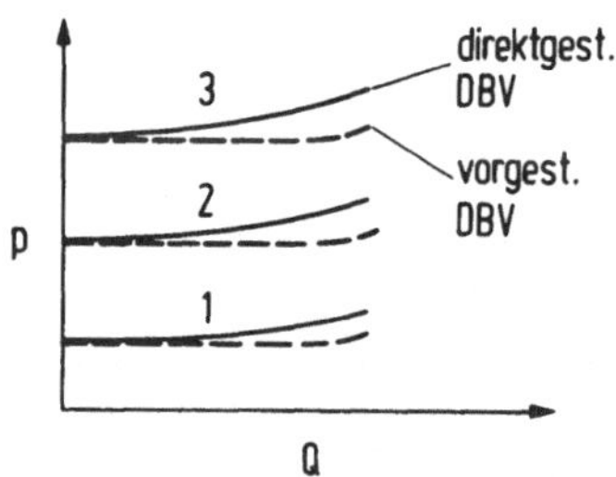

5.52
Kennlinienfeld ausgeführter Druckbegrenzungsventile (Bosch) 1, 2, 3: eingestellte Druckstufen

Die Druckabfall-Durchfluß-Kennlinie eines voll geöffneten DBV entspricht im grundsätzlichen Verlauf der Kennlinie einer Blende oder eines Wegeventils.

Im Hinblick auf ein gutes **dynamisches Verhalten** ist zu fordern:

möglichst kurze Ansprechzeit,

möglichst schwingungsarmes Arbeiten.

Das dynamische Verhalten eines DBV ist nicht allein von der Bauart des Ventils, sondern auch von den Eigenschaften des Hydrauliksystems abhängig. Das DBV stellt ein Feder-Masse-System dar. Die Ansprechzeit t ist der Eigenfrequenz ω_e umgekehrt proportional

$$t = \frac{1}{\omega_e} = \sqrt{\frac{m}{c}}$$

mit m als der zu beschleunigenden Masse und c als Federkonstante.

Hinsichtlich des dynamischen Verhaltens sind also kleine Massen und eine hohe Federsteifigkeit günstig, denn sie ergeben geringe Ansprechzeiten t. Andererseits hat aber eine hohe Federsteifigkeit ein ungünstigeres statisches Verhalten zur Folge.

Das dynamische Verhalten kann durch Verwendung eines Dämpfungskolbens, wie in Bild **5.40** rechts gezeigt, insgesamt verbessert werden, auch wenn der Dämpfungskolben die Ansprechzeit etwas verlängert. Das dynamische Verhalten wird durch die in Bild **5.53** abgebildete Kennlinie wiedergegeben.

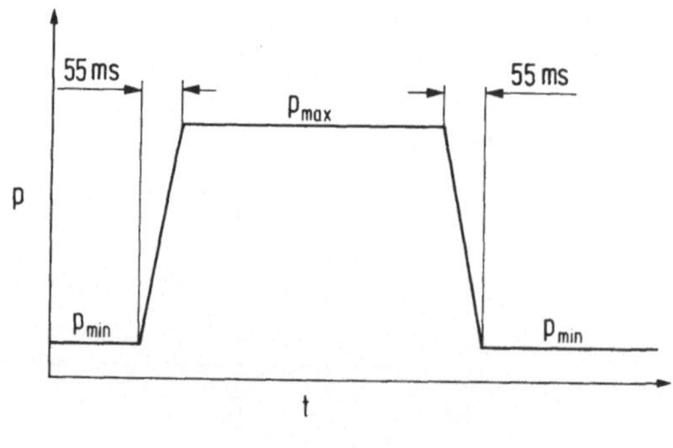

5.53
Beispiel für die dynamische Kennlinie eines Druckbegrenzungsventils (Herion)

Für die Beurteilung von Proportional-Druck-
ventilen ist die Druck-Eingangsstrom-Kennlinie von Bedeutung (Bild 5.54), die als „dynamische Kennlinie" bezeichnet wird.

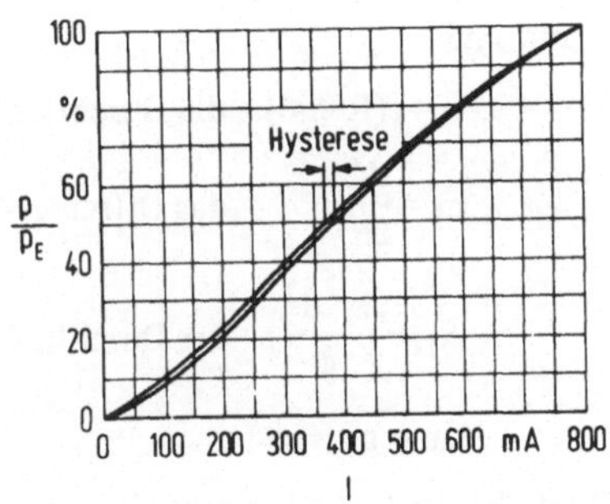

5.54
Beispiel für die Druck-Eingangsstrom-Kennlinie
eines Proportional-Druckbegrenzungsventils
(Herion)

5.5 Stromventile (STV)

Soll ein Hydrozylinder oder ein Hydromotor unter Verwendung einer Konstantpumpe
mit einer bestimmten, vorgegebenen Kolbengeschwindigkeit, bzw. mit einer bestimmten Drehzahl betrieben werden, so kann man den ihm zuzuführenden Volumenstrom
mit Hilfe von Stromventilen steuern. Das ergibt in der Regel einfachere Gesamtlösungen
für eine Hydraulikanlage als bei Verwendung einer Verstellpumpe. Während die Verstellpumpe jedoch nur den Ölvolumenstrom erzeugt, den der Verbraucher tatsächlich
jeweils benötigt, erzeugt die Konstantpumpe stets den vollen Ölstrom, so daß der nicht
benötigte Restvolumenstrom abgeführt werden muß. Dies geschieht meistens unter erheblichen Verlusten über ein DBV.

Die Stromventile können unterteilt werden in:

— Drosselventile
— Stromregelventile
— Stromteilerventile

5.5.1 Drosselventile (DROV)

Konstantdrosselventile. Drosselventile werden als Konstantventile und als Verstellventile
hergestellt. Die einfachsten Ausführungsformen für Konstantdrosseln sind die Drosselbohrung, die auch als Laminardrossel bezeichnet wird, und die Blende (Bild 5.55). Die
Drosselbohrung ist stark, die Blende infolge der in ihrem engsten Querschnitt herrschenden turbulenten Strömung weniger stark viskositätsabhängig. Daher ist die Blende in
der Regel vorzuziehen. Die Berechnung des durch die Blende fließenden Volumenstroms
erfolgt nach Abschnitt 2.3.6 und Gl. (2.55):

$$Q = \alpha \cdot A_D \cdot \sqrt{\frac{2 \cdot \Delta p}{\rho}}$$

5.55
Konstandrossel und Konstantblende   Drosselbohrung   Blende

Darin sind:

$$\alpha = f(Re, m): \quad \text{die Durchflußzahl}$$

$$m = \frac{d^2}{D^2}: \quad \text{das Öffnungsverhältnis}$$

$$A_D = \frac{\pi \cdot d^2}{4}: \quad \text{der Durchflußquerschnitt}$$

$$\Delta p = p_1 - p_2$$

Werte für die Durchflußzahl α können aus den Durchflußmeßregeln nach DIN 1952 oder aus Taschenbüchern [14] entnommen werden.

Verstelldrosselventile. Verstelldrosseln werden in verschiedenen Ausführungen angeboten. Bild **5.56** zeigt drei Bauarten und deren Anwendungsmöglichkeiten für eine hydraulische Bremse, wie sie z. B. für die Leistungs- und Wirkungsgradbestimmung von Getrieben verwendet wird. Bei der hier wiedergegebenen Darstellung handelt es sich nur um eine Prinzipskizze; bei ausgeführten Bremsanlagen dieser Art sind wesentlich mehr Bauelemente erforderlich.

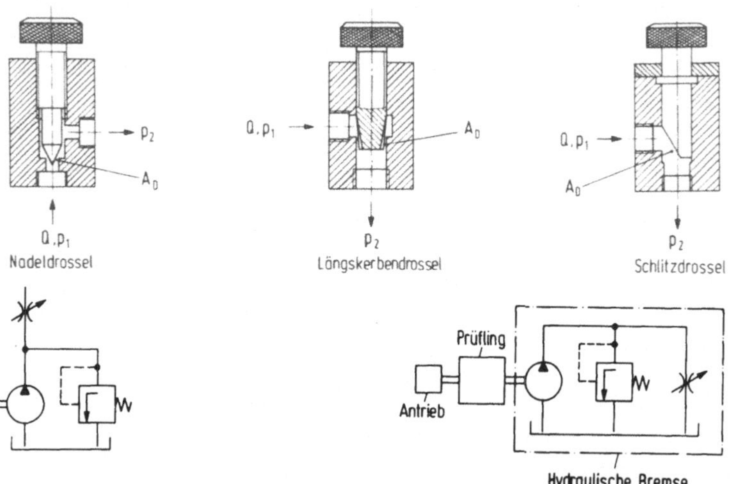

5.56 Verstellbare Drosselventile

5.5.2 Stromregelventile (STRV)

Will man die Geschwindigkeit eines Hydrozylinders oder die Drehzahl eines Hydromotors unabhängig von der am Stromventil herrschenden Druckdifferenz und unabhängig von Temperatur oder Viskosität der Druckflüssigkeit konstant halten, so verwendet

man Stromregelventile. Dabei unterscheidet man zwischen
— 2-Wege-Stromregelventilen,
— 3-Wege-Stromregelventilen.

2-Wege-Stromregelventile (2-W-STRV). Das 2-Wege-Stromregelventil hat die Aufgabe, den Volumenstrom $Q \sim \sqrt{p_1 - p_2}$ unabhängig von Druckdifferenz und Viskosität auf einen konstanten Wert zu regeln:

$$Q = \text{konst.}$$

Wie Bild **5.57** zeigt, wird diese Aufgabe mit Hilfe einer Meßblende gelöst. Der Druckabfall $p_1' - p_2$ an der Meßblende 1 regelt dabei den Durchflußquerschnitt der Verstelldrossel 2. Der weggedrosselte, nicht durch das STRV fließende Ölstrom muß unter Verlusten über ein DBV abgeführt werden.

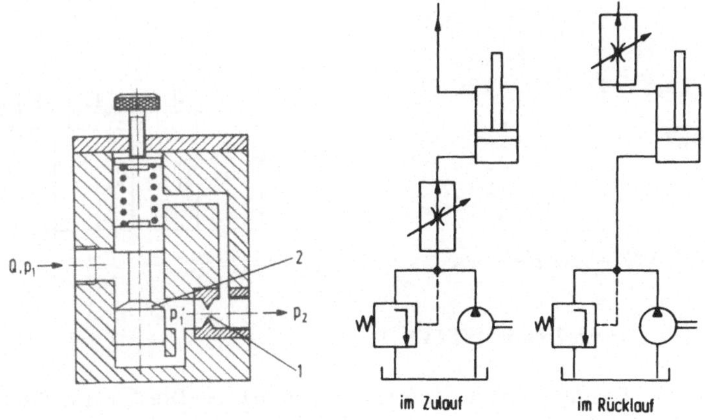

5.57 2-Wege-Stromregelventil

p_1' wirkt auf die untere, p_2 auf die obere Kolbenfläche, so daß die Druckdifferenz $p_1' - p_2$ bei einem bestimmten eingestellten Volumenstrom im Gleichgewicht zur Federkraft steht. Sinkt Q, so wird $p_1' - p_2$ kleiner, die Verstelldrossel öffnet den Querschnitt, und Q steigt wieder an.

Die Verstelldrossel kann — wie in Bild **5.57** — vor oder auch hinter der Blende angeordnet werden. Bei der erstgenannten Anordnung wird das 2-W-STRV meist im Zulauf angebracht, so daß die Verstelldrossel auf Druckänderungen des nachgeschalteten Verbrauchers schnell reagieren kann. Umgekehrt werden Ventile mit nachgeschalteter Verstelldrossel eher im Rücklauf eingesetzt, wenn Druckschwankungen in vorgeschalteten Geräten zu erwarten sind.

Nachteilig wirkt sich bei Verwendung des 2-W-STRV die Tatsache aus, daß der vom Verbraucher nicht benötigte Restölstrom über ein DBV weggedrosselt werden muß, das heißt, die Pumpe muß immer den maximalen Betriebsdruck p_{1max} erzeugen, unabhängig davon, wie hoch der geforderte Druck p_2 ist. Dieser Nachteil entfällt bei Verwendung eines 3-W-STRV.

3-Wege-Stromregelventile (3-W-STRV). Das 3-Wege-Stromregelventil (Bild **5.58**) arbeitet grundsätzlich ähnlich wie das 2-W-STRV, nur wird hier der vom Verbraucher nicht benötigte Restölstrom ohne größere Druckverluste über einen Bypass 3 in den Behälter zurückgeführt. Der Pumpendruck p_1 liegt nur etwas höher als der geforderte Druck p_2.

Bei dem in Bild **5.58** gezeigten Ventil wirkt der Eingangsdruck p_1 auf die untere, der Ausgangsdruck p_2 auf die obere Fläche des Verstellkolbens 2. Die sich aus der Druckdifferenz $p_1 - p_2$ ergebende Kraft steht im Gleichgewicht mit der Federkraft. Sinkt Q_2, so wird $p_1 - p_2$ kleiner, und die Durchflußöffnung durch den Bypass wird ebenfalls verkleinert, so daß Q_2 wieder ansteigt.

Das 3-W-STRV kann nur im Zulauf zum Verbraucher eingesetzt werden.

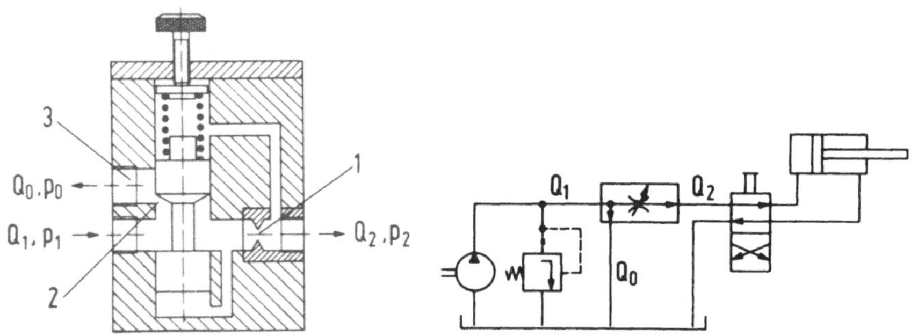

5.58 3-Wege-Stromregelventil

5.5.3 Stromteilventile (STTV)

Stromteilventile haben die Aufgabe, unabhängig vom Druck, einen Förderstrom in zwei Teilförderströme aufzuteilen, deren Größe in einem vorbestimmten Verhältnis zueinander steht.

Auf Bild **5.59** bezogen, besteht die Forderung:

$$Q = Q_1 + Q_2, \quad \text{wobei} \quad \frac{Q_1}{Q_2} = \text{konst.}$$

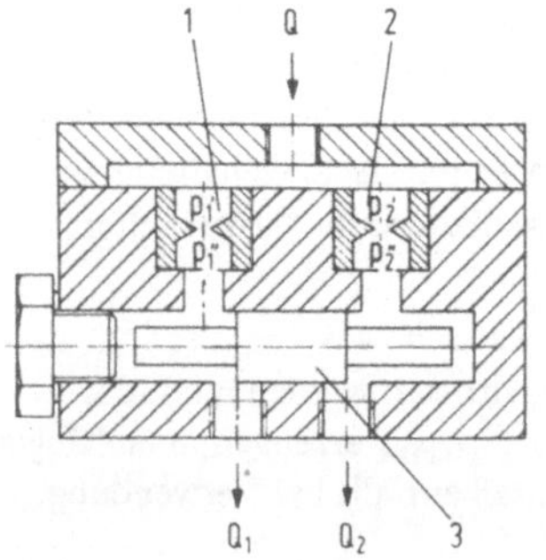

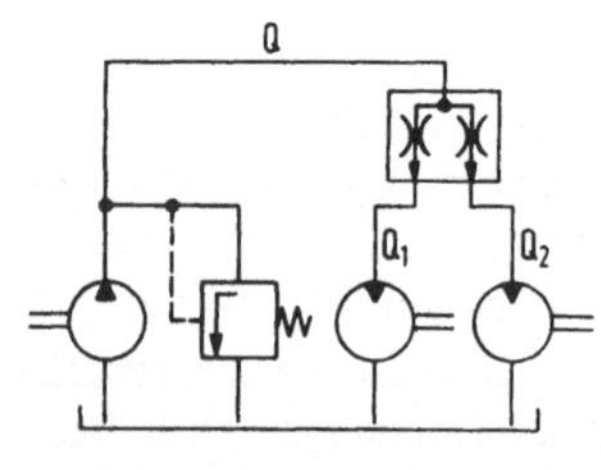

5.59
Stromteilventil

Der Gesamtförderstrom Q wird dabei durch die Meßblenden 1 und 2 erfaßt und aufgeteilt. Die Teilströme entsprechen den Drosselquerschnitten der Blende. Sind die Querschnitte gleich groß, so wird der Gesamtstrom im Verhältnis 1:1 aufgeteilt.

Der „schwimmende" Druckschieber 3 stellt — infolge der auf seine beiden Stirnseiten wirkenden Druckkräfte — die Ausgangsquerschnitte so ein, daß gleicher Druck hinter beiden Blenden herrscht, und zwar unabhängig von Laständerungen in den beiden Verbrauchern. Sinkt Q_1, so wird der Druck p_1'' hinter Blende 1 größer, und der Kolben 3 wird nach rechts geschoben, so daß Q_1 wieder anwächst.

5.5.4 Proportional-Stromventile (PSTV)

Mit Hilfe von Proportionalmagneten können Stromventile, z. B. 2- oder 3-W-STRV mit verstellbaren Meßblenden, verwirklicht werden. Als Meßblenden werden dabei Schieberventile benutzt, die durch lagegeregelte Proportionalmagnete angesteuert werden. Die Steuerung kann auch mit kraftgesteuerten Proportionalmagneten durchgeführt werden, wobei der Schieber dann gegen Federdruck barometrisch verstellt wird.

Bild **5.60** zeigt ein 2-Wege-Stromregelventil mit elektrischer Ansteuerung durch Proportionalmagnet. Dieses Ventil besteht aus einer Meßdrossel 1, deren Öffnungsquerschnitt durch den Proportionalmagneten 2 eingestellt wird, und einer nachgeschalteten Druckwaage 3. Der an der Meßdrossel 1 entstehende Druckabfall $p_1 - p_2'$ stellt den Öffnungsquerschnitt der Druckwaage dadurch ein, daß p_2' auf die linke, p_1 auf die rechte Kolbenfläche der Druckwaage wirkt, so daß ein Gleichgewicht zwischen $p_1 - p_2'$ und der Federkraft herrscht.

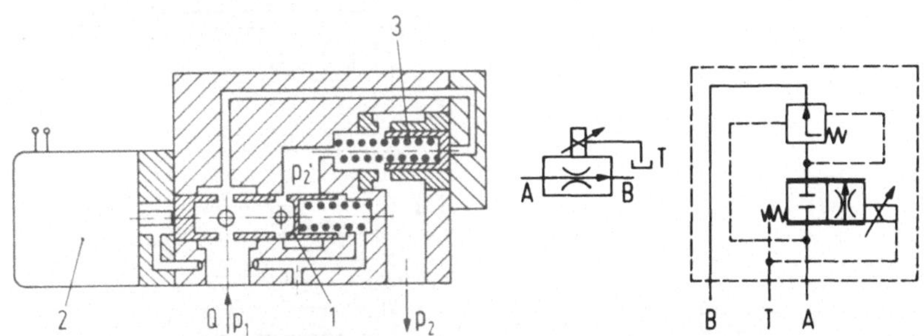

5.60 2-Wege-Proportional-Stromregelventil (nach Hoerbiger)

Steigt Q an, so sinkt p_2', und p_1 verschiebt den Kolben der Druckwaage 3 nach links, so daß Q wieder abfällt. Q bleibt, unabhängig vom Druckgefälle $p_1 - p_2$, konstant, da $p_1 - p_2'$ durch die Feder der Druckwaage annähernd konstant gehalten wird. Der überschüssige Ölstrom wird über ein DBV zum Tank geführt.

Wird der Öffnungsquerschnitt der Meßdrossel durch den Proportionalmagneten vergrößert, so verringert sich der Druckabfall $p_1 - p_2'$ und die Druckwaage wird weiter geöffnet, so daß Q entsprechend größer wird.

5.5.5 Betriebsverhalten von Stromventilen

Bild 5.61 zeigt rechts die Arbeitsdiagramme für je ein verstellbares Drosselventil, ein
2-W-STRV und ein 3-W-STRV. In ihnen sind in Abhängigkeit von der Laständerung,
das heißt in Abhängigkeit vom Belastungsverlauf in einem Zylinder, die Druckverläufe
und die Verläufe für den vom Ventil an den Zylinder gelieferten Volumenstrom Q über
der Zeit t wiedergegeben.

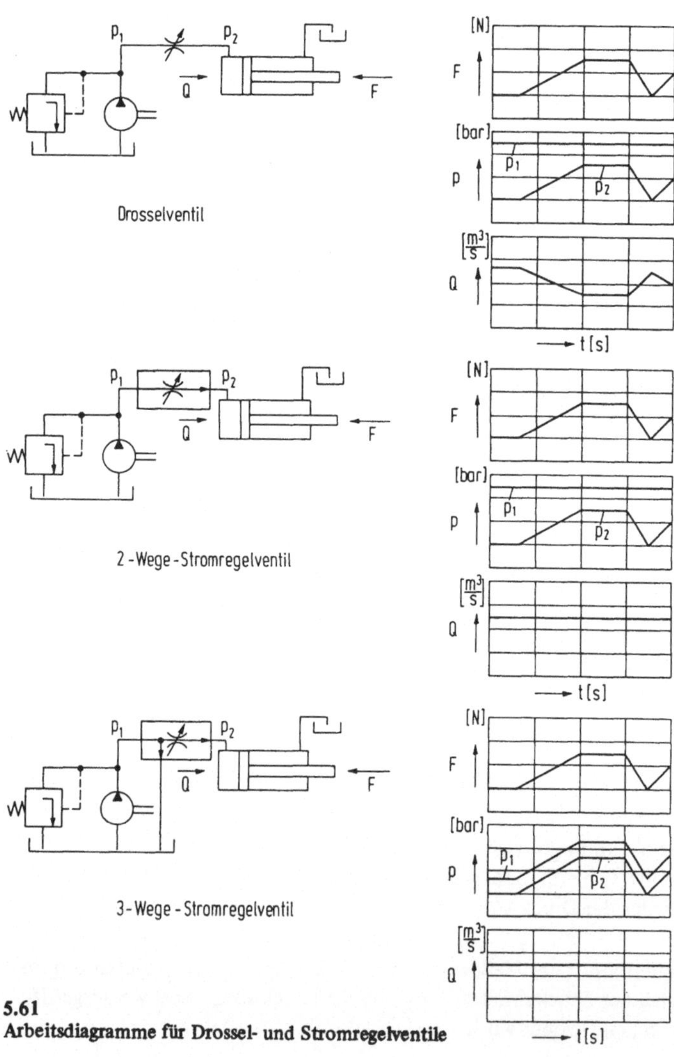

5.61
Arbeitsdiagramme für Drossel- und Stromregelventile

Man erkennt, daß Q beim D r o s s e l v e n t i l abhängig ist von der Druckdifferenz
$p_1 - p_2$. Bei konstantem Pumpendruck p_1 ändert sich Q in Abhängigkeit von der Kolbenbelastung F, das heißt, eine große Kolbenbelastung hat einen kleineren Volumenstrom Q und damit eine kleinere Kolbengeschwindigkeit zur Folge und umgekehrt.

Beim 2-W-STRV ist Q bei konstantem Druck p_1, unabhängig von der Kolbenbelastung,
konstant. Die Pumpe fördert aber — abgesehen von der Schaltung des Ventils in den
Nebenstrom — immer gegen Maximaldruck.

Beim 3-W-STRV ist Q ebenfalls immer konstant. Der Pumpendruck ist proportional zur
Kolbenbelastung, so daß die Pumpe nicht ständig gegen Maximaldruck fördern muß.

Im übrigen muß man auch bei der Beurteilung von STRV zwischen ihrem statischen
und ihrem dynamischen Verhalten unterscheiden.

Das statische Verhalten wird durch die Durchfluß-Druckabfall-Kennlinie dargestellt;
dabei wird aber der gesuchte Volumenstrom in der Ordinate, der Druckabfall in der
Abzisse aufgetragen. Bild **5.62** zeigt die schematisiert gezeichneten Kennlinien für ein
Drossel- und für ein 2-W-STRV.

Hinsichtlich des **dynamischen Verhaltens** der Stromventile ist zu beachten, daß der
durch das Ventil dem Verbraucher zugeteilte Volumenstrom bei plötzlichen Zustandsänderungen eine Zeitabhängigkeit zeigt.

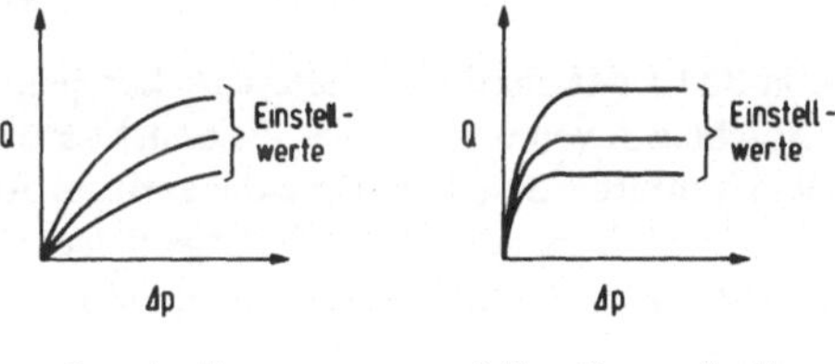

5.62
Kennlinien für Drossel- und Stromregelventil

5.6 2-Wege-Einbauventile (2-W-EBV)

Neben der Verwendung der durch Rohre oder Lochplatten mit den anderen Hydraulikgeräten verbundenen Ventile herkömmlicher Bauart werden in größerem Umfang auch
Steuerelemente für den direkten Einbau in die Bohrungen von Steuerblöcken (siehe
Abschn. 5.7) hergestellt. Diese Ventile werden mit dem in DIN 24 342 genormten Begriff „2-Wege-Einbauventil" oder auch mit den älteren Begriffen „Hydrologik-Element"
oder „Patrone" (englisch „cartridge" genannt) bezeichnet.

In Bild **5.63** sind die für eine Steuerung mit 2-W-EBV erforderlichen Bauelemente dargestellt: das 2-W-EBV, die zugehörige Stufenbohrung des Steuerblocks, die zugehörige Abdeckplatte mit Anschluß für das Vorsteuerventil und — als Schaltbild gezeichnet — ein
3/2-WV als Vorsteuerventil. Als Vorsteuerelemente können relativ kleine Wege- oder
Druckventile verwendet werden. Die Sitzventile selber werden in verschiedenen Aus-

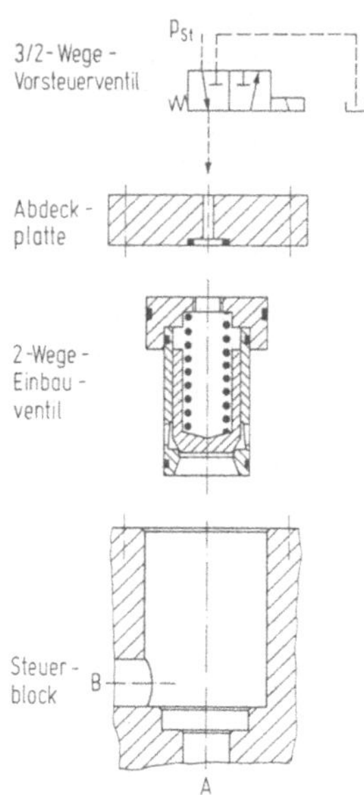

führungsformen hergestellt, um sie für die unterschiedlichen Funktionen der vier Ventilarten einsetzen zu können. Einige Beispiele für die überwiegend allerdings als Sitzventile hergestellten 2-W-EBV zeigt Bild **5.64**.

5.63
Beispiel für ein 2-Wege-Einbauventil mit zugehörigem Steuerblock, Deckel und Vorsteuerventil (nach Bosch)

Das in Bild **5.64a** abgebildete Sitzventil hat, je nach Ausführung, einen Öffnungsdruck im Anschluß A von 0,2 bis 4 bar. Es besteht aus einem Ventilkörper 1, dem Ventilkegel 2, dem Ventilring 3 und der Druckfeder 4; zur Abdichtung in der Stufenbohrung des Steuerblocks dienen die beiden O-Ringe 5. Das Ventil kann sowohl von A nach B als auch von B nach A durchströmt werden. Mit ihm können vor allem die Funktionen von

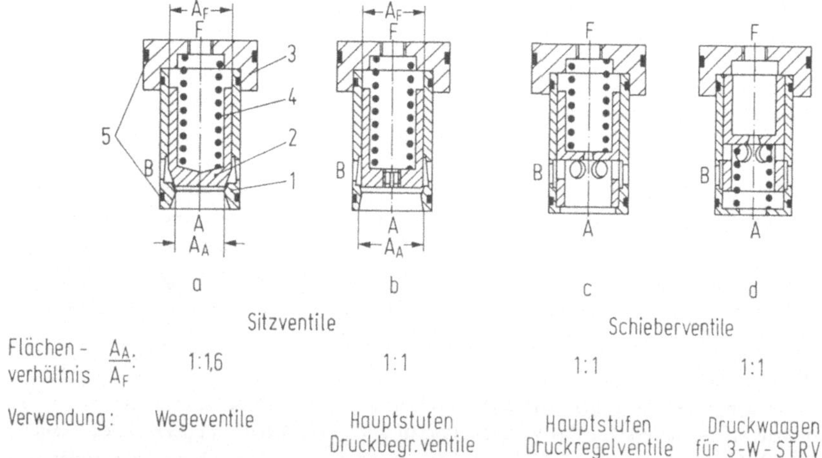

5.64 Bauformen für 2-Wege-Einbauventile (Bosch)

Wegeventilen erfüllt werden. Öffnungs- und Schließzeiten lassen sich durch die Wahl des Flächenverhältnisses beeinflussen.

Das in Bild **5.64b** abgebildete Sitzventil mit dem Flächenverhältnis 1 : 1 kann durch Einbau der Drossel als Hauptsteuerventil für ein vorgesteuertes DBV verwendet werden. Bild **5.64c** und **d** zeigen zwei Schieber-Einbauventile, von denen das eine (c) in Ruhestellung geöffnet, das andere (d) in Ruhestellung geschlossen ist.

Mit Hilfe von 2-W-EBV kann man die Einzelfunktionen der herkömmlichen Ventile auflösen und unter Verwendung mehrerer Einbauventile und relativ kleiner konventioneller Vorsteuerventile die Funktion von Wege-, Sperr-, Druck- und Stromventilen verwirklichen. Die folgenden mit Hilfe von Sinnbildern wiedergegebenen Darstellungen zeigen einige Beispiele für die Funktion der so entwickelten Ventilbauarten.

Wegeventile. Bild **5.65** zeigt die Funktion eines mit 3/2-Wegeventil als Vorsteuerventil ausgerüsteten 2-W-EBV. Es wird, im Gegensatz zu dem in Bild **5.63** gezeigten, nicht von einem separaten Steuersignaldruck (lastunabhängig), sondern durch Systemdruck (lastabhängig) gesteuert.

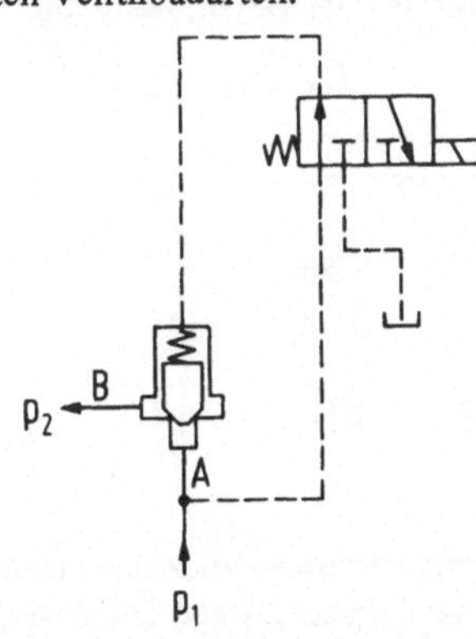

5.65
2-Wege-Einbauventil mit 3/2-Wege-Vorsteuerventil

Bild **5.66** beschreibt den Einsatz von 2-W-EBV für die Steuerung eines Differentialzylinders. Die miteinander verknüpften Einbauventile können als Widerstände aufgefaßt werden. Für die Steuerung des Volumenstroms sind dabei für jeden der beiden Verdrängerräume A und B ein Eingangswiderstand (R_{e1} und R_{e2}) und ein Ausgangswiderstand (R_{a1} und R_{a2}) erforderlich, insgesamt also vier Widerstände, das heißt vier 2-W-EBV. Mit ihnen können nicht nur die Steuerung der Durchflußrichtung, sondern auch Druck- und Volumenstromregelungen vorgenommen werden.

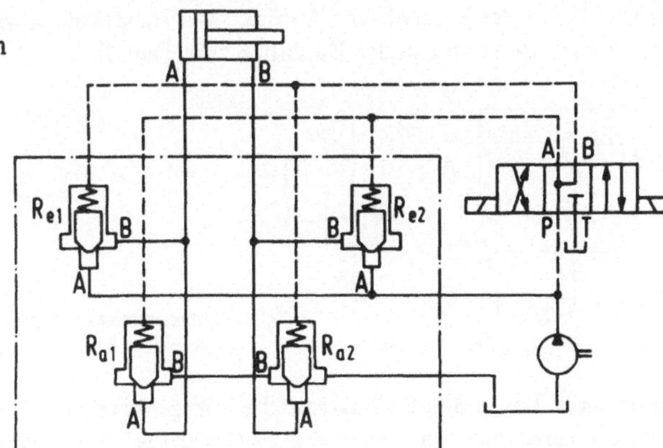

5.66
Steuerung eines Differentialzylinders mit 2-Wege-Einbauventilen (Bosch)

Die Funktion der in Bild **5.66** dargestellten Anlage ist einfach zu erkennen: Soll der Differentialzylinder nach rechts bewegt werden, so muß das 4/3-Wege-Vorsteuerventil durch den Schaltmagneten nach links geschoben werden. Dadurch werden die Federräume der 2-W-EBV R_{e1} und R_{a2} entlastet. Das Einlaßventil R_{e1} schaltet auf Durchfluß, so daß die große Fläche des Zylinders mit Druck beaufschlagt wird. Das Auslaßventil R_{a2} schaltet ebenfalls auf Durchfluß, so daß das Öl aus dem rechten Ringraum des Zylinders abfließen kann. Der Zylinder beginnt sich so nach rechts zu bewegen.

Besonders günstige Betriebsverhältnisse ergeben sich, wenn man jedes der vier 2-W-EBV durch ein eigenes Vorsteuerventil ansteuert [36].

Sperrventil. In dem in Bild **5.67** gezeigten Rückschlagventil wird der Durchfluß von A nach B freigegeben, wenn die Druckkraft größer als die Federkraft F wird:

$$A_A \cdot (p_1 - p_2) > F$$

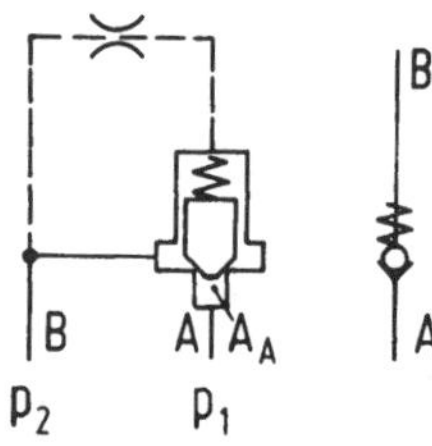

5.67
2-Wege-Einbauventil als Rückschlagventil

Vorgesteuertes Druckbegrenzungsventil. Das vorgesteuerte DBV in Bild **5.68** besteht aus einem als 2-Wege-Einbauventil ausgebildeten Hauptventil und einem kleinen DBV als Vorsteuerventil.

Die Kolbenrückseite des Hauptventils mit der Fläche A_F ist über eine Drosselbohrung mit dem Druckanschluß verbunden. Die Federkraft und der Druck p_1 wirken auf die Fläche A_F und halten das Ventil gegen den auf die Fläche A_A wirkenden Druck p_1 geschlossen.

Steigt p_1 über den an der Feder des DBV eingestellten Wert an, so öffnet dieses, und der Druck über der Kolbenfläche A_F sinkt. Der Hauptkolben wird durch p_1 gegen die Feder verschoben und gibt den Durchfluß zum Tank frei.

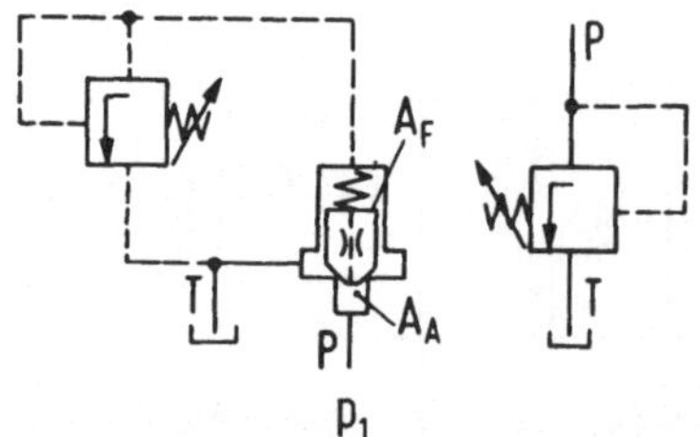

5.68
Vorgesteuertes Druckbegrenzungsventil, bestehend
aus 2-Wege-Einbauventil und Vorsteuerventil

Stromventil. Das in Bild **5.69** dargestellte 3-Wege-Stromregelventil besteht aus zwei 2-Wege-Einbauventilen, von denen eins als Meßdrossel, das andere als Druckwaage verwendet wird. Beide sind parallel geschaltet. Der Druckabfall an der Meßdrossel, deren Öffnungsquerschnitt durch Hubbegrenzung einstellbar ist, regelt den Durchflußquerschnitt der Druckwaage. Die Druckdifferenz $p_1 - p_2$ wirkt gegen die Feder der Druckwaage und verschiebt deren Kolben solange, bis ein Kräftegleichgewicht zwischen beiden herrscht. Der nicht benötigte Restölstrom fließt über die Druckwaage zum Tank.

Sinkt Q_2, so wird $p_1 - p_2$ kleiner und die Druckwaage verringert den Durchflußquerschnitt zum Tank so weit, bis der Sollwert von Q_2 erreicht ist.

Wird der Öffnungsquerschnitt der Meßdrossel über die verstellbare Hubbegrenzung vergrößert, so verringert sich die Druckdifferenz $p_1 - p_2$; dadurch wird der Öffnungsquerschnitt der Druckwaage verkleinert, so daß weniger Öl in den Tank zurückfließt.

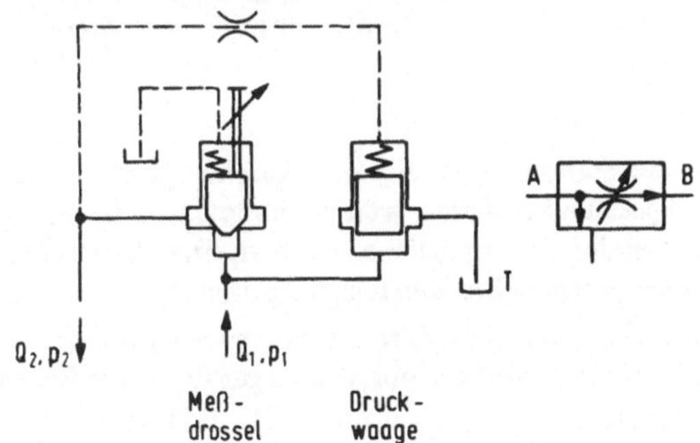

5.69
3-Wege-Stromregelventil aus zwei
2-Wege-Einbauventilen

Kombinationen. Bild **5.70** zeigt eine Kombination aus Wegeventil und Druckbegrenzungsventil.

Das 2-Wege-Einbauventil wird über zwei Vorsteuerventile betätigt; es übernimmt hier entweder die Funktion eines DBV oder die eines Leerlaufventils für den drucklosen Ölumlauf von der Pumpe zum Tank. Beide Seiten des 2-W-EBV sind durch eine Drosselbohrung im Kolben miteinander verbunden.

In der Funktion als DBV wird das WV nicht betätigt (gezeichnete Stellung); dadurch ergibt sich die in Bild **5.68** beschriebene Funktion eines vorgesteuerten DBV.

Wird das WV geschaltet, so wird die Steuerölleitung über der Kolbenfläche A_F mit dem Tank verbunden und dadurch drucklos gemacht. Der Kolben bewegt sich gegen die Federkraft und gibt den Durchfluß zum Tank frei.

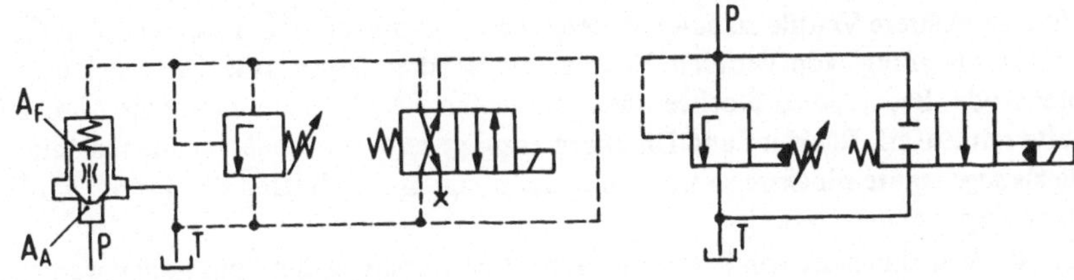

5.70 Kombination eines 2-Wege-Einbauventils mit einem Wege- und einem Druckbegrenzungsventil

5.7 Ventilanschluß- und Verknüpfungsarten

Ventile können auf die unterschiedlichste Art miteinander und mit den Geräten der Hydraulikanlage verbunden werden [36, 37, 38].

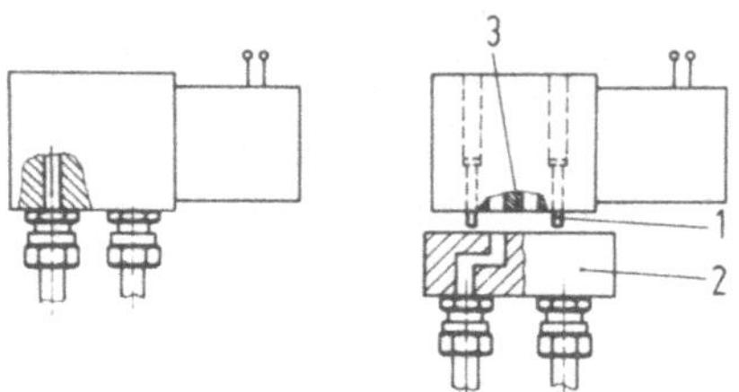

In der Mobilhydraulik werden die Ventile weitgehend über **Rohre und Schläuche** (Bild **5.71** links) angeschlossen.

5.71
Rohr- und Plattenanschluß von Hydraulikventilen

In der Stationärhydraulik sind **Anschlußplatten** (Bild **5.71** rechts), auf die die Ventile aufgeschraubt werden, weit verbreitet; auch in der Mobilhydraulik werden sie teilweise verwendet. Sie ermöglichen ein bequemes Auswechseln der Ventile, ohne daß die in sich verspannten Rohre voneinander getrennt werden müssen.

Das Ventil wird mit Hilfe von Schrauben 1 mit der gelochten Anschlußplatte 2 verbunden, so daß die Bohrungen des Ventils genau auf die Bohrungen der Platte treffen. Die Abdichtung erfolgt über O-Ringe 3. Die Bohrungen der Platte sind als sogenannte „Lochbilder" in DIN 24 340 und in ISO 4401 und 6264 genormt. Die in Bild **5.72** angegebenen Kenndaten für die Lochbilder geben in etwa den Durchmesser der Anschlußbohrungen in mm wieder. Anschlußplatten gibt es für alle Ventilarten, das heißt für Wege-, Sperr-, Druck- und Stromventile. Anschlußplatten werden auch als **Sammelanschlußplatten** für die Montage mehrerer Ventile angeboten.

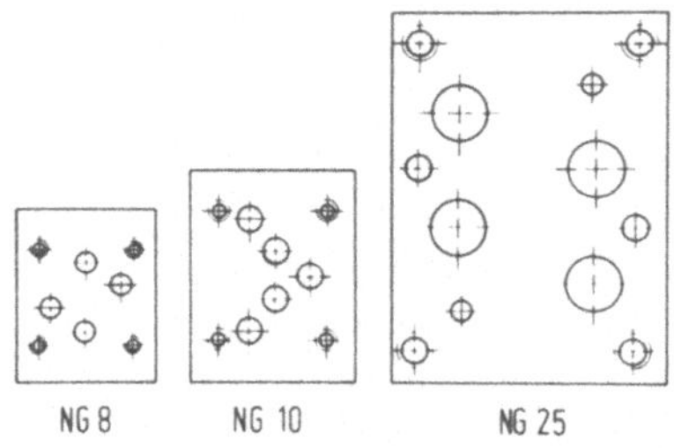

5.72
Lochplatten mit Lochbildern für Wegeventile (Bosch)

Will man mehrere Ventile zu einer Steuereinheit zusammenfassen, so spricht man von der „Verknüpfung" von Ventilen. Ventile, insbesondere Wegeventile, kann man bei entsprechender Bauart so zu **Blockventilen** verknüpfen. Es wird dann meist eine Anschlußplatte mit Zulauf, Rücklauf und Druckbegrenzungsventil verwendet, an die man die Ventile als sogenannte Blockwegeventile anflanscht; hinter dem letzten Blockventil wird eine Abschlußplatte befestigt.

Für die Verwirklichung von in Maschinen häufig vorkommenden Funktionen werden **Steuerblöcke** verwendet. Es sind dies mit zahlreichen Bohrungen versehene Stahlblöcke, an deren Außenflächen die benötigten Ventile – ähnlich wie an die Anschlußplatte – angeschraubt werden. Ein Steuerblock, der zur Verwirklichung umfangreicher Steuerfunktionen dient, wird in der Regel für einen bestimmten Einsatzfall entwickelt, und er ist meist mit einer größeren Zahl von Ventilen bestückt. Steuerblöcke erfordern einen relativ hohen Entwicklungs- und Fertigungsaufwand, sie stellen aber eine sehr kompakte Lösung auch für umfassende Steueraufgaben dar, und sie bieten erhebliche Vorteile im Hinblick auf den Montage- und Reparaturaufwand. Bild **5.73** zeigt einen Steuerblock spezieller Art. Er dient zur Aufnahme von 2-Wege-Einbauventilen 1, die in die Bohrungen 2 des Blocks eingeschoben werden können (siehe auch Bild **5.63**). Man erkennt die verschiedenartigen Einbauventile und das ebenfalls auf den Steuerblock zu montierende Vorsteuerventil 3.

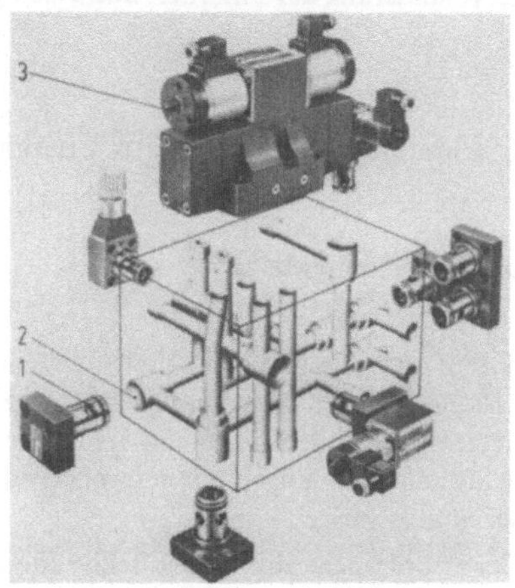

5.73
Steuerblock für die Aufnahme von 2-Wege-Einbauventilen und Vorsteuerventil (Bosch)

Ventile werden auch in der äußeren Form von Platten oder Scheiben hergestellt; sie haben dann zwei einander gegenüberliegende Flanschflächen, mit denen sie untereinander oder mit dem in der Regel als Wegeventil ausgebildeten Hauptventil, bzw. mit einer Anschlußplatte verbunden werden können. Zur Abdichtung dienen wieder O-Ringe, zum Zusammenspannen Schrauben. Durch Zusammenfügen der scheibenartig ausgebildeten Ventile entstehen sogenannte **Verkettungen**. Man unterscheidet zwischen Höhenverkettungen, Längsverkettungen und Kombinationen aus beiden. Bild **5.74** zeigt das Foto einer Höhenverkettung von Ventilen und den zugehörigen Schaltplan.

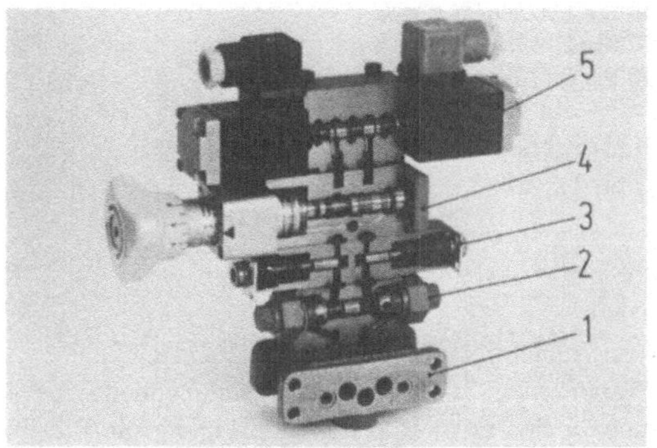

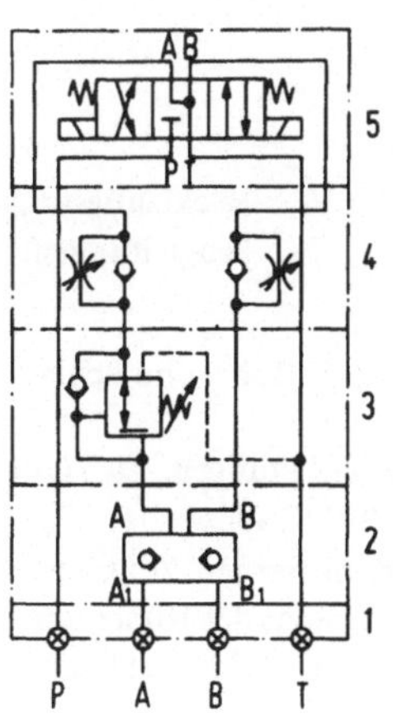

5.74
Höhenverkettung von Ventilen, aufgebaut auf einer Anschlußplatte für Längsverkettung (Rexroth)

Die Höhenverkettung ist in diesem Beispiel auf einer Anschlußplatte aufgebaut, die gleichzeitig den Anschluß für eine Längsverkettung bildet.

Die für Verkettungen angebotenen Bauelemente sind sehr universell verwendbar. Sie ermöglichen den Aufbau komplexer Steuerungen zu verrohrungsfreien, sehr kompakten Blöcken. Das verwendete Baukastenprinzip ermöglicht — wenn nötig — auch eine schnelle Veränderung der Funktion und einen guten Austausch defekter Bauteile.

6 Elemente und Geräte zur Energieübertragung

6.1 Verbindungselemente

Sofern die hydraulischen Bauelemente nicht durch spezielle Verknüpfungssysteme, wie in Steuerblöcken oder Ventilverkettungen, miteinander verbunden werden sollen, benutzt man Rohrleitungen und Schläuche, die durch vielfältig ausgebildete Rohr- und Schlauchverbindungen mit den verschiedenen Hydraulikelementen oder miteinander verbunden werden können.

Der erforderliche Rohr- oder Schlauchquerschnitt A ergibt sich aus dem Volumenstrom Q und der Strömungsgeschwindigkeit v:

$$A = \frac{Q}{v}$$

Die günstigsten Strömungsgeschwindigkeiten für Hydrauliköl bewegen sich in verhältnismäßig engen Grenzen. Man kann etwa die folgenden Werte zugrundelegen:

Druckleitungen:	p =	bis 10 bar:	3,0 m/s
		10 bis 50 bar:	4,0 m/s
		50 bis 100 bar:	4,5 m/s
		100 bis 150 bar:	5,0 m/s
		150 bis 200 bar:	5,5 m/s
		200 bis 300 bar:	6,0 m/s
		über 300 bar:	7,0 m/s
Rücklaufleitungen:		2,0 bis 3,0 m/s	
Saugleitungen:		0,5 bis 1,5 m/s	

6.1.1 Rohr- und Schlauchleitungen

Rohrleitungen. Als Hydraulikrohre werden nahtlose Präzisionsstahlrohre nach DIN 2391/C verwendet, die aus beruhigt vergossenem St 35.4 hergestellt und zunderfrei geglüht werden. Ab 6 mm Innendurchmesser sind sie meist phosphatiert und geölt. Die Auswahl der Rohre wird am besten an Hand von Hersteller-Tafeln vorgenommen, in denen Außen- und Innendurchmesser, Wanddicken und zulässige Drucke aufgeführt sind.

Tafel **6.1** zeigt für die üblichen Durchmesserstufungen und Wanddicken die zulässigen Drucke, wie sie von einer Herstellerfirma angegeben werden.

Tafel **6.1** Nach DIN 2413 berechnete Innendrucke für nahtlose Stahlrohre (statische Belastung, $\vartheta \leqslant 120\,°C$, ohne Korrosionszuschlag, Ermeto) in bar

Außen-$\emptyset$ D_A [mm]	Wanddicke s [mm]						
	1	1,5	2	2,5	3	4	5
6	389						
8	333	431	549				
10	282	373	478	576			
12	235	353	409	495	576		
14	201	302	403	434	507		
15	188	282	376	409	478		
16	176	264	353	386	452		
18	157	235	313	392	409		
20		212	282	353	373	478	
22		192	256	320	385		
25			226	282	338	394	478
28			201	252	302	403	434
30			188	235	282	376	409
35			161	201	242	322	403
38				186	223	297	371
42			134		201	269	

Als Zubehör für Rohr- und Schlauchverbindungen gibt es zahlreiche Ausführungsformen für Krümmer, Winkelstücke, T-Stücke usw.

Schlauchleitungen. Als Verbindung zwischen einer festen Anschlußstelle und einem bewegten Hydrogerät, wie z. B. einem Schwenkzylinder zur Betätigung einer Baggerschaufel, verwendet man Schlauchleitungen. Sie werden auch dort benutzt, wo häufig Geräte gewechselt werden müssen, wie z. B. als Verbindung zwischen der sogenannten „Hydraulischen Steckdose" am Ackerschlepper und den angehängten Hydrogeräten.

Schlauchleitungen haben innen und außen elastische Schichten aus synthetischem Gummi und eine oder mehrere Lagen entweder aus Textilgeflecht oder aus Stahldrahtgeflecht. Sie werden je nach Aufbau und Geflechtlagen unterteilt in

— Niederdruckschläuche   bis 30 bar
— Hochdruckschläuche   bis 200 bar
— Höchstdruckschläuche   bis 700 bar

Schläuche haben den Vorteil, daß sie sich leicht verlegen lassen. Außerdem können sie infolge ihrer Dehnbarkeit Schwingungen und Druckspitzen abbauen. Für die zuletzt genannte Aufgabe werden auch spezielle, besonders elastische und mit Textilgeflecht ausgerüstete, sogenannte „D e h n s c h l ä u c h e" verwendet.

Andererseits muß aber die Dehnfähigkeit, das heißt die Fähigkeit der Schläuche, kurzzeitig mehr Ölvolumen aufzunehmen, als ihrem aus Durchmesser und Länge sich ergebenden Volumen entspricht, beim Einsatz der Schläuche berücksichtigt werden, weil dadurch gegebenenfalls auch unerwünschte Druckschwankungen in einer Anlage entstehen können. Die Fähigkeit, sich zu dehnen und dadurch zusätzliches Volumen aufzunehmen, beruht in erster Linie auf der radialen Dehnung, weniger auf Längenänderungen, die meist etwa zwischen +2 und −4% der Ausgangslänge betragen. Die Volumenzunahme wird in Diagrammen angegeben, ähnlich wie in Bild **6.1** gezeigt.

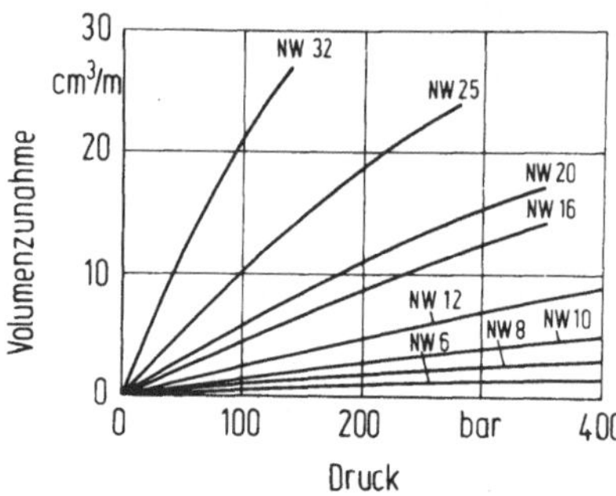

6.1
Volumenzunahme eines Gummischlauches
(Ermeto 2 ST)

Besonders sorgfältig muß auch der Einbau der Schläuche geplant werden. Sie müssen grundsätzlich so eingebaut werden, daß sie eine ausreichende Bewegungsfreiheit haben; Bild **6.2** zeigt einige Beispiele für den in dieser Hinsicht falschen und richtigen Einbau:

a. Den Schlauch nicht zu stark einspannen und nicht verdrehen.

b. Genügend Schlauchlänge zur Bildung eines offenen Bogens lassen.

c. Anstatt scharfer Schlauchbögen Stahlkrümmer wählen.

d. Bei Schlauchverbindungen zu häufig bewegten Hydrogeräten dem Schlauch genügend Spielraum belassen.

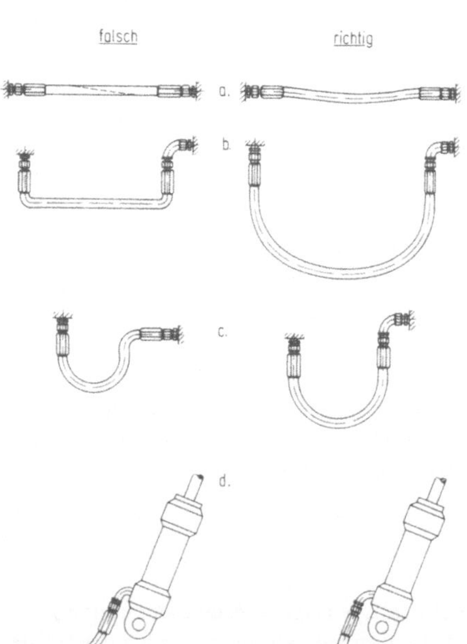

6.2
Einbaubeispiele für Schläuche

6.1.2 Rohr- und Schlauchverbindungen

Rohrverbindungen. In der Regel werden lösbare Rohr- und Schraubverbindungen verwendet; bis zu Außendurchmessern von etwa 42 mm sind dies Verschraubungen, bei größeren Rohrdurchmessern Flanschverbindungen.

Häufig verwendete Verbindungen sind die Schneidringverschraubungen. Wie Bild **6.3** zeigt, bestehen sie aus dem Anschluß-Gewindestück 1, der Überwurfmutter 2 und dem Schneidring 3, der über das Rohr 4 gesetzt wird, und dessen scharfe Kanten sich beim Anziehen der Mutter 2 in das Rohr eindrücken. Diese Verbindung bietet wegen der zwei Schneidkanten eine besonders hohe Sicherheit gegen Lösung durch Schwingen.

Die in Bild **6.4** gezeigte Schneidring-Stoßverschraubung ist zusätzlich mit einem Druckring 1 ausgerüstet, der mit einer Dichtkante 2 versehen ist; sie ermöglicht den Ein- und Ausbau eines Rohres, ohne axiale Verschiebung.

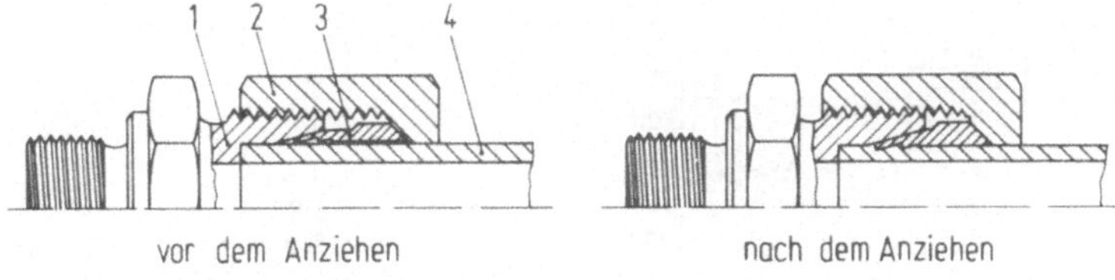

6.3 Schneidringverschraubung (Ermeto-Progressiv-Ring)

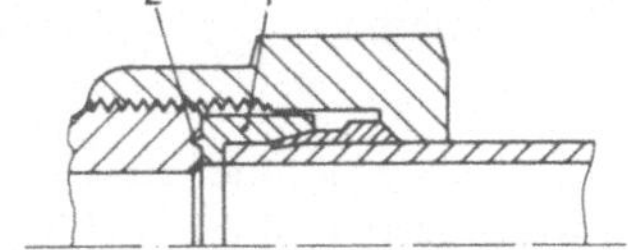

6.4 Schneidring-Stoßverschraubung (Ermeto)

Bei der in Bild **6.5** abgebildeten Schweißnippel-Verschraubung sind die Rohrhalte- und die Dichtfunktion voneinander getrennt, und die Abdichtung erfolgt über einen O-Ring. Die Bördel-Verschraubung nach Bild **6.6** ist ebenfalls mit einem O-Ring versehen. Das Rohr 1 wird hier zwischen dem Druckring 2 und dem Zwischenring 3 eingeklemmt.

Eine weitere, häufiger verwendete Schraubverbindung ist die Keilringverschraubung, bei der anstelle des Schneidringes ein nach beiden Seiten konischer Keilring verwendet wird, der an seiner dem Rohr zugewendeten inneren Seite mit Ringrillen versehen ist, deren Kanten beim Anziehen der Mutter in das Rohr eindringen.

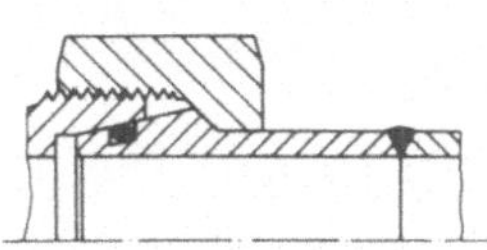

6.5 Schweißnippel-Verschraubung (Walterscheid)

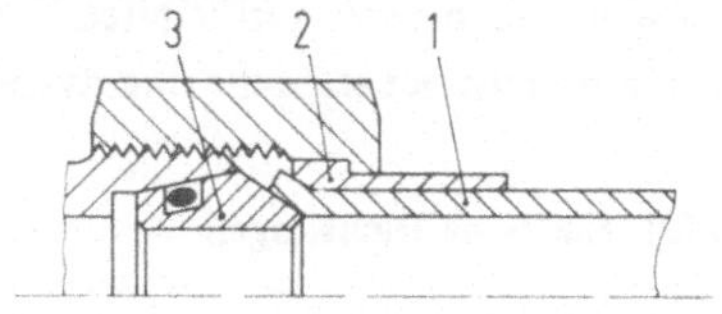

6.6 Bördel-Verschraubung (Walterscheid)

Schlauchverbindungen. Bei den Schlauchverbindungen wird der Schlauch zwischen einer Tülle 1 und einer Fassung 2 eingeklemmt (Bild 6.7).

Die in Bild 6.8 abgebildete Schnellverbindungs-Kupplung besteht praktisch aus zwei Rückschlagventilen. Beim Zusammenstecken beider Hälften berühren sich die Außenflächen 1 und 2 der Sitzkegel, so daß die Kegel gegen Federdruck nach innen gedrückt und die Durchflußquerschnitte geöffnet werden.

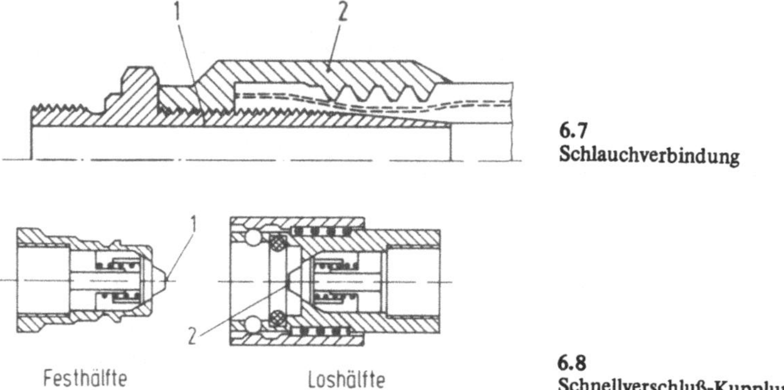

6.7
Schlauchverbindung

6.8
Schnellverschluß-Kupplung

6.2 Dichtungen

Die Dichtungen gehören sowohl für den Konstrukteur als auch für den Betreiber von Hydraulikgeräten zu den wichtigsten Bauelementen. Für die Beurteilung der Funktion der mit ihnen versehenen Geräte ist die Kenntnis der Gestaltung, insbesondere der dynamischen Dichtungen, und ihres Betriebsverhaltens von großer Bedeutung. Bei ihrer Auswahl sollten die folgenden Gesichtspunkte beachtet werden:

möglichst gute Dichtwirkung (geringe Lecköverluste),

möglichst geringe Reibkräfte bei dynamischen Dichtungen (z. B. zwischen Kolben u. Zylinder),

möglichst gute Dauerhaltbarkeit (gegenüber mechanischen und chemischen Beanspruchungen).

Es gibt eine Fülle verschiedener herstellerbedingter Dichtungsformen; hier können nur einige der am meisten verbreiteten Formen erwähnt werden.

Man unterscheidet statische und dynamische Dichtungen.

6.2.1 Statische Dichtungen

Statische Dichtungen sind ruhende Dichtungen, das heißt solche, die nicht bewegt werden. Flachdichtungen aus Papier oder metallischen Werkstoffen, wie z. B. Kupfer, werden häufig als Deckelabdichtungen verwendet. Die wichtigste statische Dichtung ist jedoch der O-Ring, der einen recht kleinen Raumbedarf hat und leicht zu montieren ist. Einige Beispiele für die Anwendung des O-Ringes als statische Dichtung sind in Bild **6.9** gezeigt.

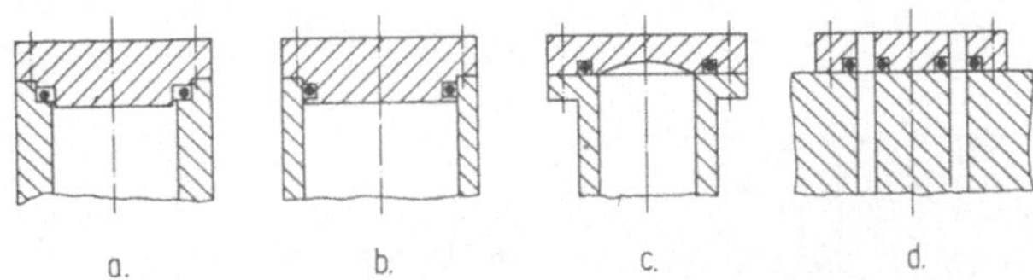

6.9 Einbaubeispiele für den O-Ring als statische Dichtung

6.2.2 Dynamische Dichtungen

Bei kleineren Drucken und Hubgeschwindigkeiten bis zu etwa 0,3 m/s kann auch der **O-Ring** als dynamische Dichtung verwendet werden. Dabei besteht jedoch die Gefahr, daß er teilweise mit in den Spalt hineingeschleppt wird. Daher bettet man ihn oft zwischen zwei ringförmige Stützscheiben, die das Einziehen in den Spalt verhindern.

Es gibt auch mit O-Ringen kombinierte dynamische Dichtungen, bei denen ein Kunststoffring mit U-förmigem Querschnitt (Mantelringdichtung, Bild **6.10**, links) oder ein Ring mit rechteckigem Querschnitt (Gleitringdichtung) die Abdichtung übernimmt und der darunter gelagerte O-Ring nur zum Spannen des Dichtringes dient.

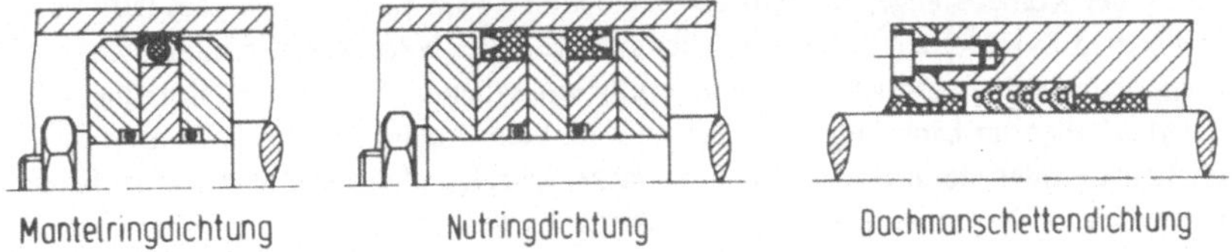

6.10 Dynamische Dichtungen für Kolben und Kolbenstange

Besonders wichtig ist die Abdichtung des Kolbens im Arbeitszylinder. Hier muß verhindert werden, daß zu große Lecköströme von der Hochdruckseite zur Niederdruckseite des Zylinders fließen und daß zuviel Lecköl von der Kolbenstange mit aus dem Zylinder hinausgeschleppt wird. Dazu werden besonders geformte Kunststoffdichtringe, z. B. aus Vulcollan oder Perbunan oder, bei höheren Anforderungen, z. B. aus PTFE oder Viton verwendet. Zu den sehr häufig verwendeten Dichtungen zählen die in Bild **6.10** in der Mitte und rechts abgebildeten **Nutringdichtungen** und **Dachmanschettendichtungen**. Erstere werden für höhere Kolbengeschwindigkeiten, letztere für harte, mit Schwingungen behaftete Einsatzbedingungen und kleinere Kolbengeschwindigkeiten gern verwendet. Sie haben wegen der größeren Anzahl von Dichtkanten eine gute Dichtwirkung. Diese Dichtungen werden mit einer gewissen radialen, nach außen gerichteten Vorspannung eingebaut und beim Betrieb der Zylinder mit Öldruck beaufschlagt.

Für hoch beanspruchte Zylinder ergeben sich besonders günstige Betriebsverhältnisse, wenn man Kolbenabdichtung 1 und Kolbenführung 2 voneinander trennt [39], wie es in Bild **6.11** gezeigt ist.

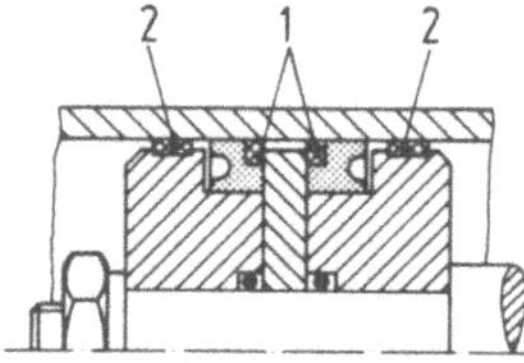

6.11
Trennung zwischen Dichtung und Führung des Kolbens
(nach Hoepke [39])

Das Reibungsverhalten von Kolbendichtungen hängt zunächst von der Art der Dichtung selbst ab. Die Reibkraft zwischen Kolben und Zylinder steigt mit dem Betriebsdruck und ist − im Vergleich der Dichtungen untereinander − in der Regel am kleinsten beim O-Ring und am größten bei der Dachmanschette. Dazwischen liegen der Nutring und andere Dichtringformen. Auch der Dichtring-Werkstoff beeinflußt die Reibkraft.

Beim Betrieb von Hydrozylindern sind einige Besonderheiten zu beachten, die die Funktion eines Zylinders wesentlich beeinflussen können.

6.2.3 Betriebsverhalten von Dichtungen

Gummielastische Dichtungen dichten im Ruhezustand vollkommen ab. Erst bei Bewegung, z. B. der Kolbenstange, entsteht ein L e c k ö l s t r o m. Die Dicke des Ölfilms an der aus dem Zylinder austretenden Kolbenstange sollte beim Ausfahren möglichst klein sein, jedoch eine ausreichende Schmierung ermöglichen. Stellt man den radialen Druckverlauf über der Dichtungslänge dar, so wäre beim Ausfahren der Kolbenstange ein möglichst großer, beim Einfahren ein kleinerer Druckgradient wünschenswert. Diese Forderung wird z. B. von einem Nutring annähernd erfüllt.

Bei der Gestaltung von Kolben und Kolbenstangen muß verhindert werden, daß sich das Öl in einem längeren Spalt in Bewegungsrichtung vor der Dichtung staut und sich dadurch ein sogenannter S c h l e p p d r u c k aufbaut, der sich dem normalen Arbeitsdruck überlagert. Er entsteht dadurch, daß die sich z. B. in die Dichtung hineinbewegende Kolbenstange Öl mit in den Spalt hineinschleppt. Wenn es nicht durch entsprechende Abflußkanäle abgeführt wird, können durch Rückströmung des Öls im Spalt sehr hohe Zusatzdrucke entstehen.

Eine weitere Betriebsstörung kann bei langsamer Kolbenbewegung durch den sogenannten S t i c k - S l i p - E f f e k t entstehen. Er entsteht dadurch, daß die Haftreibung zwischen Kolben und Zylinder größer ist als die bei der Kolbenbewegung wirksame Gleitreibung. Erstere kann, je nach Dichtungsart, ganz erheblich größer sein als die Gleitreibung. Der Kolben muß zunächst mit dem für die Überwindung der Haftreibung notwendigen höheren Druck beaufschlagt werden. Dadurch wird er zu Beginn seiner Bewegung sehr stark beschleunigt, gleichzeitig sinkt dabei aber der Druck ab, so daß der Kolben seine Geschwindigkeit vermindert und stehen bleibt, so daß die Haftreibkraft

erneut überwunden werden muß usw. Die dadurch entstehende ruckartige Bewegung
des Kolbens kann zu erheblichen Betriebsstörungen führen.

Bei Verwendung einer Eilgangschaltung mit beidseitig mit Öldruck beaufschlagtem Zylinder (siehe Bild **4.9**) ist zu beachten, daß sich während der b e i d s e i t i g e n B e -
a u f s c h l a g u n g wesentlich höhere Reibkräfte ergeben können als bei einseitiger
Beaufschlagung.

6.3 Ölbehälter

6.3.1 Allgemeines

Ölbehälter haben mehrere Aufgaben zu erfüllen. Sie sollen:

die Druckflüssigkeit aufnehmen

Wärmeenergie abführen

Schmutz- und Wasserbeimengungen abscheiden

ungelöste Luft abscheiden

die turbulent zurückfließende Flüssigkeit beruhigen.

Darüber hinaus werden die Ölbehälter häufig auch als Träger für das gesamte Pumpen-
aggregat und die zugehörigen Hydraulikgeräte verwendet.

Für die ungefähre Ermittlung des erforderlichen Behältervolumens haben sich aus Erfahrung gewonnene Faustformeln, bzw. Faustwerte, herausgebildet. Danach kann das
erforderliche Volumen des Ölbehälters, wie folgt, ermittelt werden:

$$V_{Beh} = f \cdot Q_{max} \tag{6.1}$$

V_{Beh}:   Behältervolumen in m^3
Q_{max}:   max. Ölstrom in der Anlage in m^3/s
f: Erfahrungs-Faktor in s
      für Mobilanlagen: f = 50 bis 100
      für Stationäranlagen mit Intervallbetrieb: 100
      für Stationäranlagen mit Dauerbetrieb: 200 bis 300

Der Behälter soll mindestens so groß sein, daß sich bei vollständiger Füllung noch ein
Luftpolster über dem Ölspiegel befindet, das etwa 15% des Ölvolumens ausmacht [40, 41].

Hinsichtlich der konstruktiven Gestaltung des Behälters unterscheidet man offene und
geschlossene Behälter. Während geschlossene Behälter für kleinere Ölvolumen, z. B. für
Anlagen in der Fahrzeugtechnik oder im Flugzeugbau, zunehmend verwendet werden,
wird die Masse der Hydraulikanlagen mit sogenannten offenen Behältern ausgerüstet.

6.3.2 Offene Ölbehälter

Grundsätzlich sollte der Behälter so groß wie möglich gewählt werden, damit für Wärmeabfuhr und für das Abscheiden von Schmutz, Wasser und Luft genügend Zeit zur Verfügung steht; für eine ausreichende Abscheidung dieser Bestandteile ist erfahrungsgemäß

eine Verweildauer des Öls von etwa 3 bis 4 Minuten erforderlich. Wichtig für die Kühlung sind vor allem die Seitenwandflächen. Daher ist es günstiger, die Fläche der Seitenwände möglichst groß zu wählen und nicht die Grundfläche.

Einzelheiten zum Aufbau eines offenen Ölbehälters können aus Bild **6.12** entnommen werden. Dieses Beispiel zeigt ein zur Mitte hin geneigtes Bodenblech. Der Ansaugstutzen 1 ist mit einem Grobsieb versehen, das Ende der Saugleitung 1 ist in einem Abstand vom Boden von (1 bis 2) x Rohrdurchmesser und etwa 200 – 300 mm vom Ölspiegel anzubringen. Der Abstand des zur Wand hin abgeschrägten Rücklaufrohres 2 zum Behälterboden sollte (2 bis 3) x Rohrdurchmesser sein und mindestens 200 mm unter dem minimalen Ölspiegel liegen.

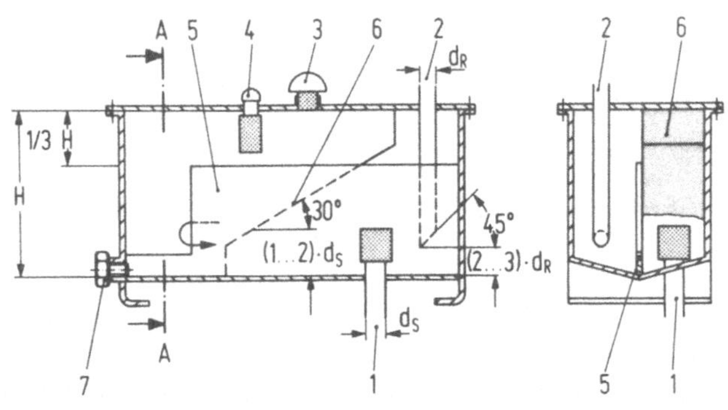

6.12 Beispiel für die Anordnung der Elemente eines Ölbehälters

Entlüftungsstutzen 3 und Öleinfüllstutzen 4 müssen mit einem Grobsieb versehen sein. Der Öleinfüllstutzen kann auch mit einem Ölmeßstab ausgerüstet werden, auch können Einfüll- und Entlüftungsstutzen zusammengefaßt werden.

Besonders wichtig ist der Einbau eines Beruhigungsbleches 5, das so angeordnet werden sollte, daß der zurückfließende Ölstrom einen möglichst langen Weg bis zum Saugstutzen zurücklegen muß, um die Beimengungen gut abscheiden und sich beruhigen zu können. Zur Abscheidung der Luftbläschen dient ein Luftleitsieb 6 mit etwa 0,5 mm Maschenweite und einer Neigung von 30°. Schließlich ist ein Ölablaßstutzen 7 vorzusehen. Die Durchmesser von Saug- und Rücklaufleitung ergeben sich aus dem erforderlichen Volumenstrom und den in Abschnitt 6.1 angegebenen Strömungsgeschwindigkeiten.

6.3.3 Geschlossene Ölbehälter

Geschlossene Ölbehälter haben den Vorteil, daß hier das Öl im Behälter völlig von der Außenluft abgetrennt wird, so daß keine Schmutz- oder Wasseraufnahme von außen erfolgen und weniger Luft vom Öl aufgenommen werden kann.

Die Trennung des Öls von der Außenluft erfolgt bei diesen Behältern durch ein Luft- oder Gaspolster, das entweder direkt oder über eine elastische Kunststoffblase auf das

Öl wirkt. Die zuletzt genannte Möglichkeit erlaubt die Vorspannung des Ölvolumens im Behälter. Dazu wird Luft oder Gas in die Blase gedrückt (Bild **6.13**). Die Vorspannung ist auch insofern von Vorteil, als man damit einen Überdruck in der Saugleitung erzeugen und so die Kavitationsgefahr vermindern kann.

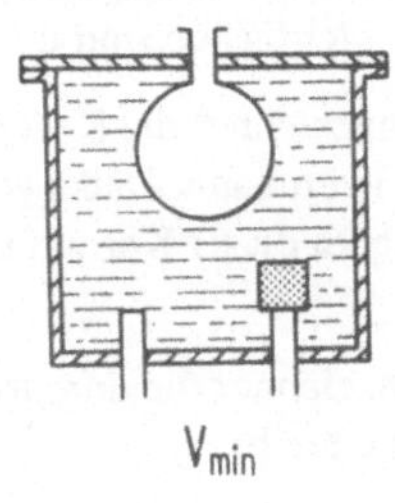
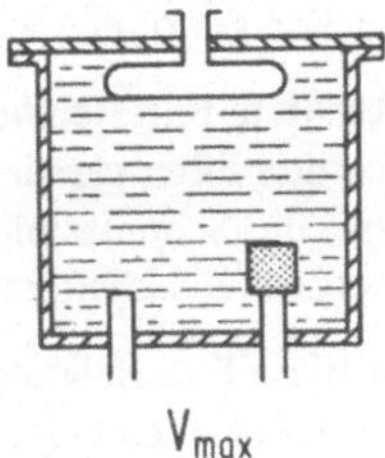

6.13
Geschlossener Ölbehälter für Fahrzeughydraulikanlagen mit Vorspannung der Druckflüssigkeit durch flexible Gasblase

Bei der Planung von Ölbehältern ist auch die überschlägige Berechnung der über den Behälter abzuführenden Wärmemenge erforderlich. Da zur Wärmeabfuhr nicht nur der Ölbehälter, sondern auch alle übrigen Elemente einer Hydraulikanlage herangezogen werden, soll diese Frage im Abschnitt 8.2.3 behandelt werden.

6.4 Filter

6.4.1 Allgemeines

Schmutzteilchen sind häufig die Ursache für Störungen in Hydraulikanlagen. Sie können auf verschiedene Weise in die Anlage gelangen: durch Rückstände aus dem Fertigungsprozeß, wie Gußsand, Späne, Schleifstaub usw., durch Schweißrückstände aus der Montage, durch Staub- oder Rostteilchen und durch Verschleiß bewegter Teile.

Diese Schmutzteilchen können ihrerseits wieder zu rasch fortschreitendem Verschleiß führen, aber auch zur Verstopfung von Drosselbohrungen oder zum Verklemmen von Ventilkolben.

Um dies zu vermeiden, wird neben den Einrichtungen zum Vorabscheiden im Ölbehälter in der Regel auch für einfache Hydraulikanlagen ein Filter verwendet. Die Filterfeinheit richtet sich nach den Spalthöhen zwischen den verschiedenen Elementen, an denen das Eindringen von Schmutz verhindert werden soll. Als Anhaltswerte für die Spalthöhen einiger wichtiger Hydraulikelemente können die folgenden Werte zugrundegelegt werden.

Kolbenpumpen	Kolben/Zylinder	5 bis 40 μm
	Steuerspiegel	1 bis 5 μm
Zahnradpumpen	Kopfspalt	2 bis 20 μm
	Seitenspalt	5 bis 50 μm
Flügelzellenpumpen	Kopfspalt	bis 1 μm
	Seitenspalt	5 bis 15 μm
Wegeventile	Kolben/Zylinder	2 bis 25 μm

Besondere Beachtung muß dem Schutz komplizierterer Hydraulikgeräte, wie z. B. der Servoventile, geschenkt werden. Bei ihnen muß ein Eindringen von Teilchen bis herab zu etwa 5 μm durch Auswahl geeigneter Filter verhindert werden. Im allgemeinen werden für Mobil- und Industrieanlagen jedoch Filter mit einer mittleren Porenweite verwendet, die zwischen 10 und 60 μm liegt.

Die Filterfeinheit wird mit verschiedenen Begriffen beschrieben, deren Werte aus Versuchen gewonnen werden. Die wichtigsten sind die folgenden:

Absolute Filterfeinheit. Sie kennzeichnet die Korngröße des kugelförmigen Teilchens, das den Filter gerade noch passieren kann. Dabei geht man davon aus, daß mindestens 98% der Schmutzteilchen oberhalb dieser Korngröße durch den Filter zurückgehalten werden (Rückhalterate 98%).

Mittlere Filterfeinheit. Sie kennzeichnet die durchschnittliche Porengröße, die sich aus der Gaußschen-Normalverteilung ergibt.

Nominelle Filterfeinheit. Sie kennzeichnet die vom Filterhersteller angegebene Filterfeinheit bei einer bestimmten Rückhalterate, die — je nach Hersteller — etwa zwischen 94 und 98% liegt.

Von den drei genannten Feinheitsangaben sind die beiden letztgenannten nicht besonders aussagekräftig; daher ist es zweckmäßig, für Vergleichszwecke die absolute Filterfeinheit zu benutzen. Eine neuere Methode zur Angabe der Filterfeinheit besteht in der Bestimmung des sogenannten β-Wertes mit Hilfe des „Multipass"-Testes.

β-Wert. Er kennzeichnet das Verhältnis der im Rahmen des Testes im Filterzulauf ermittelten Teilchen oberhalb einer bestimmten Korngröße, zu den im Filterablauf festgestellten.

$\beta_{60} = 15$ bedeutet: 15 mal mehr Teilchen oberhalb 60 μm im Filterzulauf als im Ablauf.

6.4.2 Filterelemente

Die meisten Filterelemente werden in Form von Filtereinsätzen hergestellt, die dann — meist auswechselbar — in entsprechende Gußgehäuse eingesetzt werden. Hinsichtlich der für diese Einsätze verwendeten Filterwerkstoffe unterscheidet man zwischen Oberflächenfiltern und Tiefenfiltern:

Oberflächenfilter. Oberflächenfilter sind Filter mit konstanten Poren-, Maschen- oder Spaltweiten, die nur Schmutzteilchen hindurchlassen, die kleiner sind als die angegebene absolute Filterfeinheit. Zu den Oberflächenfiltern gehören die folgenden Filterarten.

Spaltfilter (Filterfeinheit 25 bis 500 μm). Sie bestehen aus einer größeren Zahl von Blechscheiben, die lamellenartig mit Distanzstücken übereinander geschichtet sind. Die Schmutzteilchen setzen sich an der Außenfläche des Lamellenkörpers ab und können von dort, ohne Betriebsunterbrechung oder Ausbau, mit einem drehbaren Spalträumer abgestreift werden.

Siebfilter (Filterfeinheit 5 bis 100 μm). Sie bestehen meist aus einem Drahtgeflechtgewebe. Um größere Oberflächen zu erreichen, werden diese Filterwerkstoffe — wie auch die später aufgeführten Zellulosewerkstoffe — sternförmig (Bild **6.15**) oder scheibenförmig (Bild **6.16**) geformt. Die Filterelemente können nach Herausnahme gereinigt werden.

Tiefenfilter. Tiefenfilter sind Filter mit Poren unterschiedlicher Größe, die vereinzelt noch Schmutzteilchen hindurchlassen, welche größer sind als die angegebene mittlere Filterfeinheit. Sie bestehen aus meist in mehreren Schichten zusammengepreßten Faserstoffen auf Zellulose-, Kunststoff-, Glas- oder Metallbasis. Auch Filter aus Sintermetall sind Tiefenfilter.

Sintermetallfilter (mittlere Filterfeinheit 1 bis 50 μm). Sintermetallfilter sind – sofern sie massiv ausgeführt werden – robuster als die hauptsächlich verwendeten Faserstofffilter. Es finden aber auch Sintermetallfilter Verwendung, die aus Metallvlies bestehen, das auf eine Gewebe-Trägerschicht aufgesintert ist.

Faserstoffilter (minimale Filterfeinheit 0,5 bis 30 μm). Sie werden als Wegwerffilter angeboten und können auch grobporiger bezogen werden. Zur Vergrößerung der Filteroberfläche werden auch sie, ähnlich wie die Siebfilter, in gefalteter Form geliefert (Bild **6.15**).

Magnetfilter. Ein großer Teil der in der Ölhydraulik vorkommenden Verunreinigungen kann durch Magnetfilter erfaßt werden. Diese Filter werden daher zur Unterstützung der obengenannten Filterarten zusätzlich eingesetzt und als Permanentmagnete hergestellt. Häufig werden sie am Boden des Ölbehälters, möglichst an Stellen geringer Strömungsgeschwindigkeit, montiert.

6.4.3 Einsatzarten und Filterbauarten

Filter können in die Saugleitung, an der Niederdruckseite, der Hochdruckseite, im Rücklauf oder im getrennten Kreislauf eingesetzt werden. Entsprechend ihrer Einsatzart unterscheiden sie sich auch hinsichtlich ihres Aufbaus.

Einsatzarten. Bild **6.14** zeigt die verschiedenen Möglichkeiten für den Einsatz von Filtern in der Hydraulikanlage. Im einzelnen sind dazu die folgenden Gesichtspunkte zu beachten.

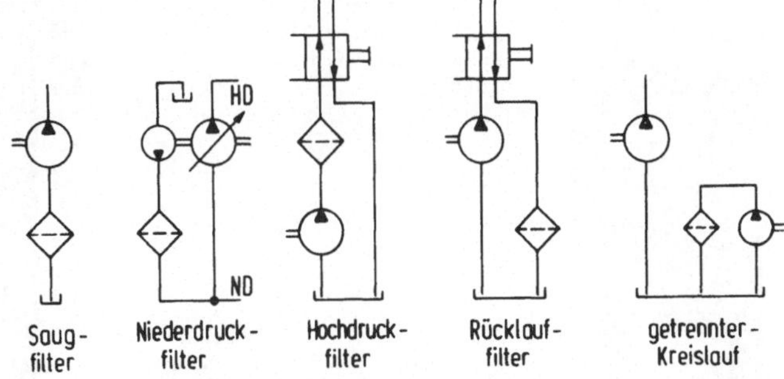

6.14 Filter-Einsatzarten

Saugfilter. Sie können nur zum Schutz der Pumpe vor groberen Verunreinigungen bis hinab zu Korngrößen von etwa 70 μm eingesetzt werden. Daher werden für Saugfilter meist entsprechend großmaschige Drahtgeflecht-Siebe verwendet. Ihre Filterwirkung ist relativ gering, denn eine zu enge Maschenweite würde einen zu großen Druckabfall im Filter und damit Kavitationsgefahr zur Folge haben.

Niederdruck-Filter. Sie werden, wie in Bild **6.14** gezeigt, meistens hinter Niederdruck-Pumpen in geschlossenen Hydraulikkreisläufen eingesetzt. Infolge der möglichen, sehr hohen Filterfeinheit bieten sie einen wirkungsvollen Schutz für Pumpe und Steuerelemente, wenn auch die entstehenden Abriebteilchen mehrmals die Anlage durchlaufen, bevor sie in den Tank gelangen.

Hochdruck-Filter. Sie erfassen auch den in der Pumpe entstehenden Abrieb und werden insbesondere auch zum Schutz von sehr empfindlichen Folgegeräten, wie Servoventilen, eingesetzt. Die Filterfeinheit von Hochdruckfiltern kann ganz auf die zu schützenden Geräte abgestimmt werden. Bei der Auswahl von Filterwerkstoff und Filtergehäuse müssen die maximal auftretenden Drucke und mögliche Druckschwankungen berücksichtigt werden.

Rücklauffilter. Rücklauffilter werden in Anlagen verschiedener Größe verwendet; sie werden im Rücklauf-Hauptstrom oder im Nebenstrom eingesetzt. Im letztgenannten Fall erfassen sie nur einen Teil des zurückfließenden Volumenstroms. Die Schmutzteilchen werden bei Verwendung von Rücklauffiltern erst erfaßt, nachdem sie alle Geräte einer Anlage durchlaufen haben, so daß Schäden nicht auszuschließen sind. Beim Einsatz im Nebenstrom können die Teilchen die Anlage sogar mehrmals durchlaufen, bevor sie vom Filter erfaßt werden.

Filter in getrenntem Kreislauf. Dieses System wird vielfach für größere Anlagen verwendet; die Filter können dann zwar relativ klein ausgeführt werden, benötigen aber eine eigene Pumpe und erfassen immer nur einen Teil des Ölstroms.

Bauarten. Die Bilder **6.15** und **6.16** zeigen je einen Hochdruck- und einen Niederdruck-Filter. In beiden Fällen werden die abzuscheidenden Schmutzteilchen außen abgeschie-

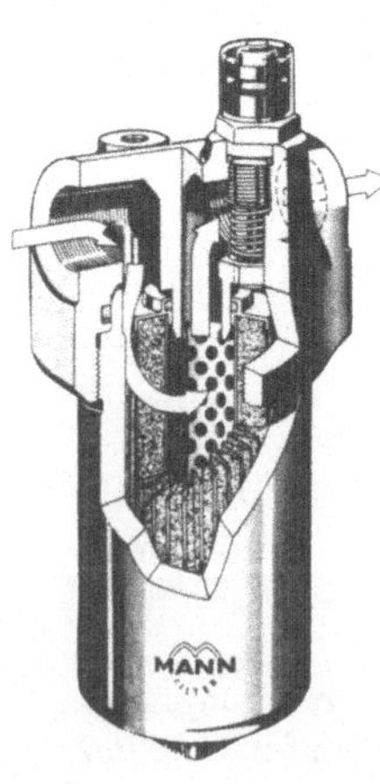

6.15
Hochdruckfilter mit Zellulose-Filterpatrone (Mann u. Hummel, Betriebsdruck 350 bar)

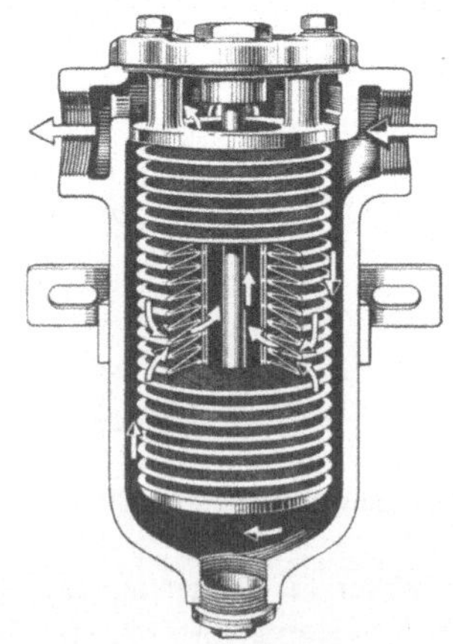

6.16
Niederdruckfilter mit Drahtgeflecht-Siebscheibeneinsatz (Mann u. Hummel, max. Betriebsdruck 10 bar)

den. Bei dem abgebildeten Hochdruckfilter erfolgt die Reinigung durch Austausch der aus Zellstoff bestehenden sternartigen Filterpatrone; das scheibenförmige Drahtgewebe des Niederdruckfilters kann nach Herausnahme gereinigt werden.

Die Filtergehäuse sind vielfach mit zusätzlichen Elementen versehen, wie z. B. mit Umgehungsventilen, die den Volumenstrom umleiten, wenn der Filtereinsatz verstopft ist. Hochwertige Filter sind auch mit Wartungsanzeigegeräten ausgerüstet, die rechtzeitig, unter Umständen vor Ansprechen des Umgehungsventils, anzeigen, wann gereinigt werden muß.

Zahlenwerte über Durchflußmengen, Druckabfälle usw. sind den Herstellerangaben zu entnehmen.

6.5 Hydrospeicher

6.5.1 Allgemeines

Hydrospeicher haben grundsätzlich die Aufgabe, ein bestimmtes Ölvolumen aus der Hydraulikanlage unter Druck aufzunehmen und es bei Bedarf der Anlage wieder zuzuführen. Im Detail kann das zu folgenden Zwecken geschehen:

Bereitstellung eines Ölvolumenstroms für kurzzeitigen Spitzenbedarf (dadurch u. U. Verwendung einer kleineren Pumpe möglich)

Ausgleich von Lecköylverlusten und von Volumenänderungen infolge von Temperatur- oder Druckschwankungen

Betätigung von Vorrichtungen, die nur Druck, und keine Volumenströme, benötigen (Spannvorrichtungen, Überlastsicherungen usw.)

Bereitstellung von Energie für Notfälle (z. B. um einen begonnenen Arbeitstakt bei Ausfall der Pumpe zu Ende zu führen)

Dämpfung von Förderstrom- und Druckschwankungen (nur bedingt zu empfehlen, siehe Abschnitt 3.7.4.)

6.5.2 Speicherbauarten

Man unterscheidet
— Kolbenspeicher
— Membranspeicher
— Blasenspeicher

Kolbenspeicher mit Gewichts- oder Federbelastung sind nicht mehr üblich, da sie zu groß bauen und ihre Speicherleistung zu gering ist. Daher werden die obigen drei Bauarten ausschließlich mit einer Gasfüllung (Stickstoff) betrieben, die durch Öldruck gespannt wird und ihre Energie bei Bedarf bei gleichzeitiger Entspannung wieder abgeben kann. Das sogenannte Druckverhältnis — das ist das Verhältnis des maximalen Arbeitsdruckes in der Anlage zum Gasdruck — liegt zwischen 10:1 und 4:1.

Kolbenspeicher. Bei Kolbenspeichern werden Gas und Flüssigkeit durch einen frei im Zylinder sich bewegenden sogenannten „fliegenden Kolben" voneinander getrennt. Das Druckverhältnis liegt hier etwa bei 10:1. Kolbenspeicher sind vor allem dort geeignet, wo große Ausflußmengen und höhere Drucke erforderlich sind. Infolge der großen Kolbenmasse besitzen sie jedoch eine erheblich größere Trägheit als Membran- oder Blasenspeicher.

Membranspeicher. Bild **6.17** zeigt einen sehr einfach aufgebauten Membranspeicher, wie er häufig auch als Pulsationsdämpfer eingesetzt wird. Der geschweißte Druckbehälter 1 ist mit einer gewölbten gummielastischen Kunststoffmembran 2 (z. B. aus Perbunan) ausgerüstet, die unten einen Ventilteller 3 trägt. Dieser Teller verschließt bei völliger Entleerung des Speichers die Bohrung des Druckmittelanschlusses 4 und verhindert ein Austreten der Membran in diese Bohrung.

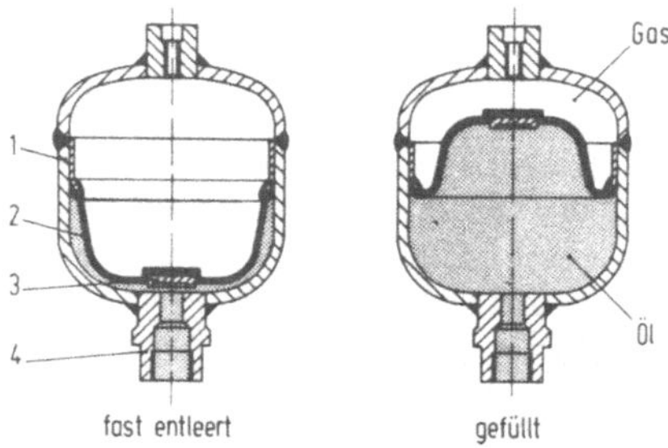

6.17
Geschweißter Membranspeicher (HYDAC)

Je nach Ausführung liegt das zulässige Druckverhältnis zwischen 4:1 und 10:1. Membranspeicher werden in geschweißter Ausführung bis zu Nennvolumen von 3 bis $4 \cdot 10^{-3} \mathrm{m}^3$, in geschraubter Ausführung bis zu Volumen von $2 \cdot 10^{-3} \mathrm{m}^3$ und für Betriebsdrucke zwischen etwa 100 und 500 bar angeboten.

Blasenspeicher. Für größere Volumen sind Blasenspeicher erforderlich. In Bild **6.18** ist ein Blasenspeicher während des Füllens (links) und in gefülltem Zustand (rechts) dargestellt. Im Stahlbehälter 1 ist eine Speicherblase 2 untergebracht, in dem Druckmittel-

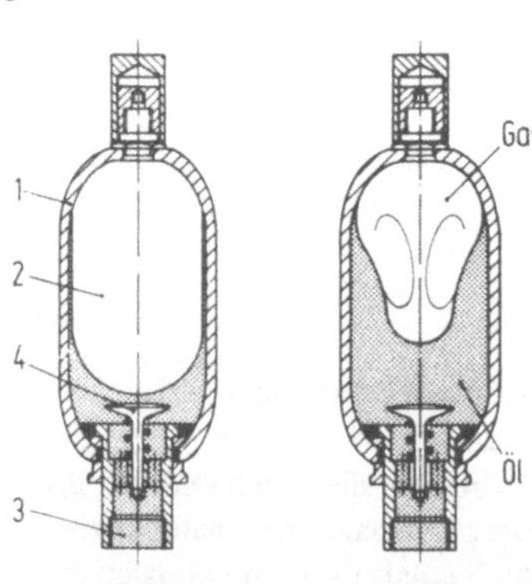

anschluß 3 ist das Tellerventil 4 montiert. Bei v völliger Entladung des Speichers schließt die vorgespannte Speicherblase 2 das Ventil gegen Federdruck. Sobald der Druck in der Hydraulikanlage den Vorspanndruck der Speicherblase überschreitet, öffnet das Ventil, der Speicher wird wieder gefüllt, und das in der Blase befindliche Gas wird komprimiert.

6.18
Blasenspeicher (HYDAC)

6.5.3 Berechnung von Speichern

In Bild **6.19** sind am Beispiel des Membranspeichers die drei Arbeitszustände eines Speichers dargestellt.

a. Die Membran hat das Öl fast vollständig aus dem Speicher verdrängt, das Gasvolumen V_0 (Nennvolumen) nimmt fast den ganzen Speicherraum ein und steht unter dem Vorspanndruck p_0.

b. Die Membran hat sich beim minimalen Arbeitsdruck p_1 von der unteren Behälterfläche gelöst und eine kleine Ölmenge in den Speicher hineingelassen. Eine gewisse Ölfüllung im Speicher ist zweckmäßig, um ein häufiges Aufschlagen des Ventiltellers zu vermeiden. Daher sollte die Vorspannung p_0 immer kleiner sein als der minimale Arbeitsdruck p_1. Das Gasvolumen bei dieser Arbeitsstellung ist V_1.

c. Die Membran hat beim maximalen Arbeitsdruck p_2 ihre Endstellung erreicht; sie schließt nur noch das Gasvolumen V_2 ein.

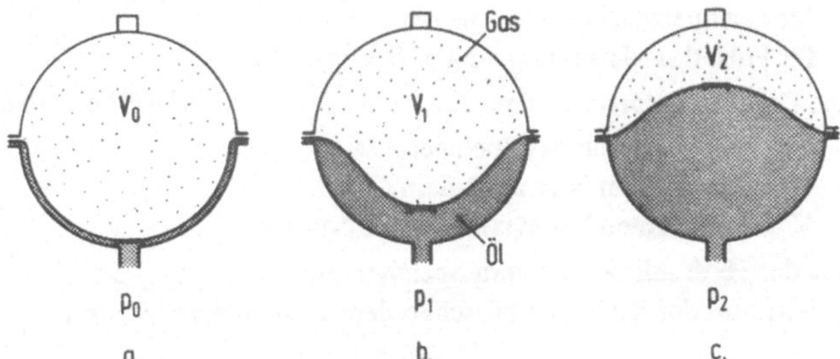

6.19 Arbeitszustände eines Membranspeichers
a. Speicher entleert, b. minimale Ölfüllung, c. maximale Ölfüllung

Die Gasvolumenänderung ΔV von b nach c, das heißt die Differenz zwischen dem Gasvolumen V_1 beim minimalen Arbeitsdruck p_1 und dem Gasvolumen V_2 beim maximalen Arbeitsdruck p_2, entspricht dem verfügbaren Ölvolumen.

Diese Vorgänge können auch im p-V-Diagramm (Bild **6.20**) verfolgt werden. Unter der vereinfachenden Voraussetzung, daß Stickstoff ein ideales Gas und Öl inkompressibel sein möge, können die in Bild **6.20** dargestellten Zustandsänderungen durch die folgende bekannte Gleichung beschrieben werden:

$$p \cdot V^n = \text{konst.} \qquad (6.2)$$

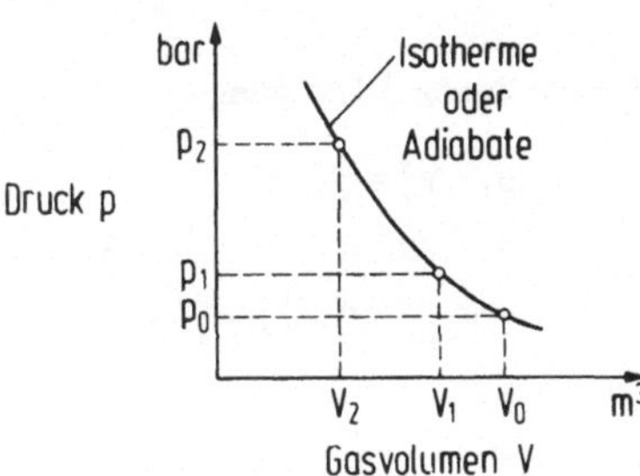

6.20
p-V-Diagramm

Darin kann der Polytropenexponent n einen Wert zwischen 1 und 1,4 annehmen:

n = 1:

isotherme Zustandsänderung, d. h. langsame Aufladung, langsame Entladung des Speichers, so daß ein Temperaturausgleich zwischen Gas und Umgebung möglich ist.

n = κ = 1,4:

adiabate Zustandsänderung, d. h. schnelle Aufladung, schnelle Entladung, so daß kein Temperaturausgleich zwischen Gas und Umgebung möglich ist.

Bei der praktischen Berechnung von Hydrospeichern geht man folgendermaßen vor.

Die verwendeten Drucke sind:

— p_0: Vorspanndruck des Gases
— p_1: minimaler Gas- bzw. Öldruck
— p_2: maximaler Gas- bzw. Öldruck.

Erfahrungsgemäß gilt

— für Energiespeicherung: $p_0 \approx 0,9 \cdot p_1$
— für Pulsationsdämpfung: $p_0 \approx 0,8 \cdot p_1$

Die Drücke entsprechen den G a s v o l u m e n (siehe Bild **6.19**):

— V_0: Nennvolumen des Speichers
— V_1: Gasvolumen bei minimalem Öldruck p_1
— V_2: Gasvolumen bei maximalem Öldruck p_2

Das der Hydraulikanlage vom Speicher zur Verfügung gestellte Ö l v o l u m e n entspricht nun der Differenz zwischen dem Gasvolumen V_1 und V_2:

$$\Delta V = V_1 - V_2 \tag{6.3}$$

Für die beiden Zustandsänderungen ergeben sich demnach für ΔV die folgenden Gleichungen:

isotherme Zustandsänderung

$$p_1 \cdot V_1 = p_2 \cdot V_2 \tag{6.4}$$

$$\Delta V_{\text{isoth.}} = V_1 - V_2 = V_1 - \frac{p_1 \cdot V_1}{p_2}$$

$$\Delta V_{\text{isoth.}} = V_1 \cdot \left(1 - \frac{p_1}{p_2}\right) \tag{6.5}$$

adiabate Zustandsänderung

$$p_1 \cdot V_1^{\kappa} = p_2 \cdot V_2^{\kappa} \tag{6.6}$$

$$\Delta V_{\text{ad.}} = V_1 \cdot \left[1 - \left(\frac{p_1}{p_2}\right)^{\frac{1}{\kappa}}\right] \tag{6.7}$$

Die Temperatur erhöht sich infolge der adiabaten Kompression von p_1 auf p_2 dann (theoretisch) auf:

$$T_2 = T_1 \cdot \left(\frac{p_2}{p_1}\right)^{\frac{\kappa-1}{\kappa}} \tag{6.8}$$

$$T_2 = T_1 \cdot \left(\frac{V_1}{V_2}\right)^{\kappa-1} \tag{6.9}$$

Aufgrund von Erfahrungen legt man meist die adiabate Zustandsänderung zu Grunde, obwohl in vielen Fällen die Aufladung isotherm, die Entladung adiabat abläuft.

In der Praxis nutzt man für die Berechnung von Hydraulikspeichern Diagramme, die mit Hilfe der obigen Gleichungen erstellt werden. Damit kann entweder aus den vorgegebenen Minimal- und Maximaldrucken der Anlage p_1 und p_2 das im Speicher verfügbare Ölvolumen $\Delta V = V_1 - V_2$ ermittelt werden, oder es können − wenn man von den verfügbaren Ölvolumina $V_{1\,\text{Öl}}$ und $V_{2\,\text{Öl}}$ ausgeht − minimaler und maximaler Druck p_1 und p_2 aus dem Diagramm entnommen werden. In Bild 6.21 ist ein solches Arbeitsdiagramm wiedergegeben (mit Beispiel für $p_0 = 40$ bar).

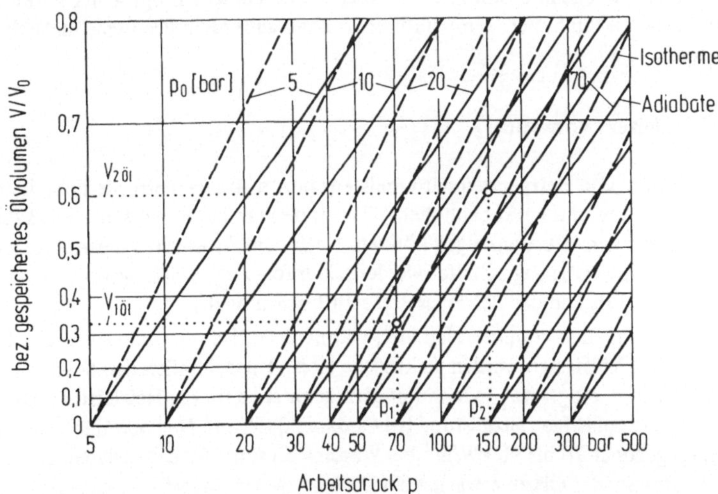

6.21 Arbeitsdiagramm zur Ermittlung des verfügbaren Ölvolumens oder der verfügbaren Drucke eines Hydrospeichers

6.5.4 Sicherheitsbestimmungen

Hydraulikspeicher mit pneumatischer Druckerzeugung unterliegen den Unfallverhütungsvorschriften für Druckbehälter. Darin sind, neben der Klasseneinteilung nach Energieinhalten und Druckniveau, Bestimmungen für die Überprüfung der Speicher enthalten. Die Überprüfung richtet sich nach dem sogenannten

Druckliter-Produkt $p \cdot V$

Darin sind

p der maximale Druck (p_2) in bar und

V das Nennvolumen (V_0) in l

Für die Überprüfung gelten folgende Regeln:

$p \cdot V \leqslant 200$:   keine Prüfung durch TÜV-Sachverständigen

$p \cdot V > 200$:   Prüfung durch Sachverständigen v o r Inbetriebnahme

$p \cdot V > 1000$:   Prüfung v o r und w ä h r e n d des Betriebes

In der Regel werden Anlagen mit Druckspeichern durch ein Druckbegrenzungsventil direkt am Speicher abgesichert.

6.6 Wärmetauscher

Wärmetauscher sind Geräte, die einer Hydraulikflüssigkeit Wärme zuführen (heizen) oder entziehen (kühlen). Sie sorgen dafür, daß eine Hydraulikanlage bei einer günstigen Betriebstemperatur (etwa 60 °C) und damit in einem günstigen Viskositätsbereich arbeitet. Nur in einem bestimmten Viskositätsbereich ist ein optimaler Wirkungsgrad zu erreichen. Bei zu hohen Temperaturen können außerdem Probleme an Dichtungen auftreten.

6.6.1 Heizer (Vorwärmer)

Der Einsatz von Heizgeräten wird meistens nur in Anlagen erforderlich, die bei tiefen Temperaturen, das heißt bei hohen Viskositäten, anlaufen müssen, so daß die Pumpen nicht mehr von selbst ansaugen können. Nach dem Anwärmen der Anlage kann das Heizgerät meistens abgeschaltet werden, da infolge der Leistungsverluste die Hydraulikflüssigkeit während des Betriebes von selbst warm bleibt.

Als Wärmequellen kommen Heißluft, Warmwasser, Dampf und elektrische Energie in Frage. Am häufigsten werden elektrische Heizkörper, ähnlich den bekannten Haushaltstauchsiedern, eingesetzt, jedoch mit geringerer spezifischer Heizleistung als beim Tauchsieder. Die zulässige Heizleistung bei Öl darf 20 kW/m^2 Heizoberfläche nicht überschreiten (gegenüber 70 bis 90 kW/m^2 bei Wasser), da sonst örtliche Ölüberhitzung und damit Alterung des Öls zu erwarten sind.

6.6.2 Kühler

Die Verluste in hydraulischen Anlagen erwärmen das Öl. Da die Betriebstemperatur im Mittel etwa 60 °C betragen sollte, muß Wärme abgeführt werden. Bei kleineren Anlagen kann dies über den Ölbehälter und die Leitungs- und Gehäuseoberflächen erfolgen. Bei größeren Anlagen sind Kühler erforderlich. Bei Anlagen mit Konstantpumpen rechnet man z. B. mit einer Verlustleistung (Faustwert) von

$$P_V = (0,25 \text{ bis } 0,30) \cdot P_{\text{Antrieb}}$$

Hinsichtlich der Kühlerbauarten unterscheidet man zwischen

— Öl-Luftkühlern und

— Öl-Wasserkühlern

Ein Beispiel für einen Öl-Luft-Kühler zeigt Bild **6.22**. Hier wird das Öl durch berippte Rohre 1 um einen Radialventilator 2 herumgeführt. Dieser bläst die Kühlluft an den Rohren vorbei über Luftleitbleche 3 und kühlt dadurch das Öl ab. Es gibt auch Öl-Luft-Kühler, die im Aufbau den Wasserkühlern in Verbrennungsmotoren ähneln und von einem Axialgebläse belüftet werden.

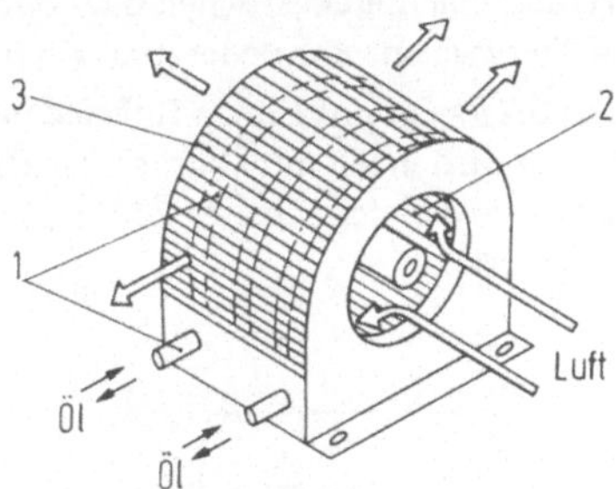

6.22
Öl-Luft-Kühler (Behr)

Öl-Luft-Kühler werden vor allem in der Mobil-Hydraulik (Fahrhydraulik, Baggerhydraulik) eingesetzt und dort, wo kein Wasserkreislauf mit kaltem Wasser zur Verfügung steht. Dabei ist der Ventilator oft auf der Pumpenwelle angebracht. Der Einbau erfolgt meist in der Rücklaufleitung der Anlage.

Bild **6.23** zeigt einen Öl-Wasser-Kühler. Das Öl strömt darin von links durch ein Rohrbündel 1, das von Wasser umspült wird, und gibt dabei Wärme an das Wasser ab. Querschoten 2 sorgen dafür, daß alle Rohre mehrmals vom Wasserstrom umspült werden. Das Wasser läuft auf der kühleren Ölaustrittsseite zu und auf der wärmeren Öleintrittsseite ab (Gegenstromkühlung).

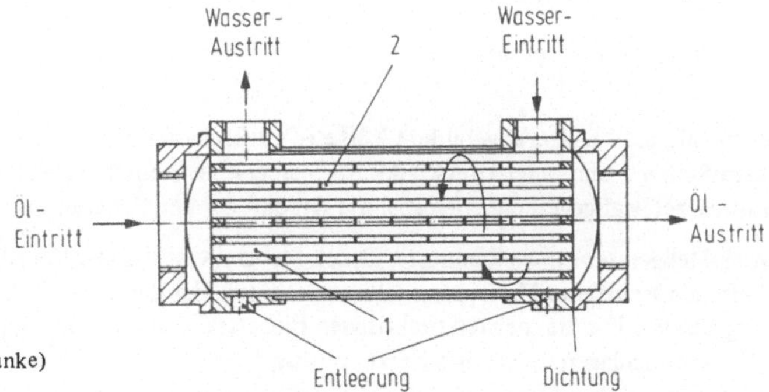

6.23
Öl-Wasser-Kühler (Funke)

Öl-Wasser-Kühler haben gute Wärmeübergangszahlen bei geringen Durchflußwiderständen. Sie werden vor allem in stationären Anlagen verwendet und in der Regel auch in den Ölrücklauf eingebaut, weil hier die höchsten Öltemperaturen und die niedrigsten Drucke herrschen.

6.7 Schalt- und Meßgeräte

Aus der Vielzahl der Schalter und Meßgeräte können hier nur wenige beschrieben werden. Neben zwei Beispielen für Druckschalter, werden daher nur die hauptsächlich verwendeten Druck- und Volumenstrom-Meßgeräte kurz behandelt.

Druckschalter. Die Aufgabe der hydraulisch betätigten elektrischen Druckschalter besteht darin, entweder einen elektrischen Stromkreis ein- und auszuschalten oder — in Verbindung mit akustischen oder optischen Signalgebern — den Druck in einer Anlage zu überwachen. Rohrfeder- und Kolben-Druckschalter sind häufig verwendete Geräte. Bild **6.24** zeigt links einen **Rohrfeder-Druckschalter**. Die Rohrfeder 1 (Bourdon'sche Feder) wird innen mit Öldruck beaufschlagt. Dadurch vergrößert sich ihr Krümmungsradius, so daß der Schalter 2 über den mit dem Rohr verbundenen Schalthebel 3 betätigt wird.

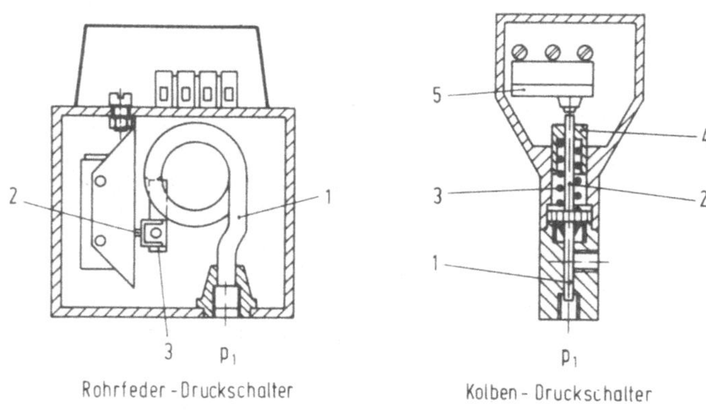

6.24 Druckschalter (Rexroth)

Der in Bild **6.24** rechts abgebildete **Kolben-Druckschalter** arbeitet mit einem Kolben 1, einem Stößel 2 und einer Druckfeder 3, die über eine Stellschraube 4 einstellbar ist. Der Öldruck betätigt gegen die vorgespannte Druckfeder den Schalter 5.

Druck-Meßgeräte. Ein vielbenutztes Druck-Meßgerät ist das mit Bourdon'scher Feder arbeitende **Rohrfeder-Manometer** (Bild **6.25** links), das den Druck mißt und gleichzeitig anzeigt. Für die meisten praktischen Einsatzfälle und für die Drucküberwachung in Hydraulikanlagen reicht dies Gerät voll aus.

Für genauere Messungen mehr wissenschaftlicher Art werden heute vielfach sogenannte Quarz-Druckaufnehmer (Bild **6.25** rechts) verwendet. Sie bestehen im wesentlichen aus zwei Quarzblöcken 1 und 2 als Piezomaterial, die so aufeinander angeordnet sind, daß bei Druck an ihrer Berührungsfläche gleiche Polaritäten entstehen. Die anderen beiden Flächen sind über das elektrisch leitende Gehäuse miteinander verbunden, die untere

Fläche ist mit einer Abschlußmembran 3 abgedeckt. Den einen Pol bildet das Gehäuse 4, den anderen ein mit der Berührungsfläche der beiden Quarze verbundener Draht 5.

Ein auf die Membran und damit auf die Quarze ausgeübter Druck drückt diese zusammen, wodurch eine Spannung entsteht, die ein Maß für den Druck ist.

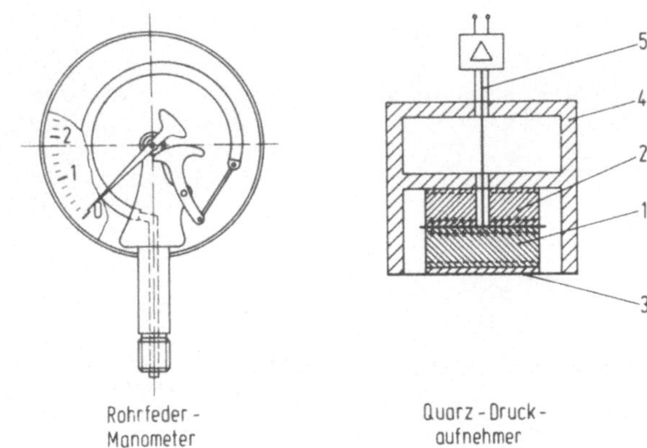

6.25
Druckmeßgeräte

Volumenstrom-Meßgeräte. Neben der schon in Abschnitt 2.3.6 behandelten **Blendenmessung** haben sich für die Volumenstrom-Messung Meßturbinen und Ovalradzähler (Bild 6.26) und Zahnrad-Meßmotoren besonders bewährt. Die **Meßturbine** wird vom Volumenstrom in Rotation versetzt. Ihre Drehzahl, die z. B. außerhalb des Meßkörpers induktiv gemessen werden kann, ist ein Maß für den Volumenstrom.

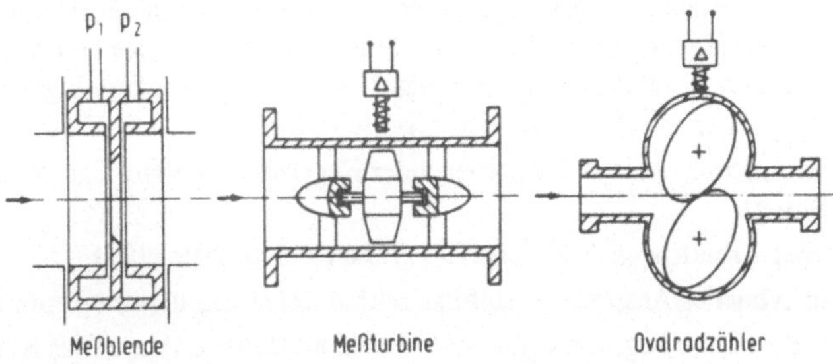

6.26 Volumenstrommeßgeräte

Beim **Ovalradzähler** versetzt der Ölstrom die beiden miteinander verzahnten Ovalräder in Rotation. Der Ölstrom wird dabei bei jeder Umdrehung in die dem Kammervolumen entsprechenden Teilvolumen unterteilt. Aus Teilvolumen und z. B. induktiv gemessener Drehzahl ergibt sich der Volumenstrom.

Zahnrad-Meßmotoren arbeiten wie normale Zahnradmotoren. Ihre Drehzahl ist ein Maß für den Volumenstrom. Für besondere Einsatzfälle haben sich auch **Hitzdraht-Anemometer** bewährt.

Der Anschluß von Druckmeßgeräten erfolgt häufig über spezielle **Verbindungen und Meßschläuche** (Bild **6.27**) kleinster Nennweite.

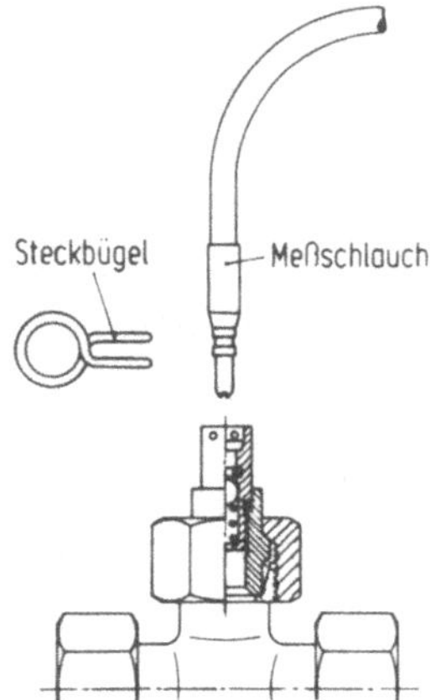

6.27
Meßanschluß mit Minimeßschlauch (2 mm Innendurchmesser)

7 Steuerung und Regelung hydrostatischer Antriebe

7.1 Allgemeines

Die hydrostatischen Antriebe haben in den vergangenen beiden Jahrzehnten vor allem auch deshalb eine so rasche Verbreitung gefunden, weil sie besonders gut für alle Steuerungs- und Regelungsaufgaben geeignet sind. Ihre besondere Eignung ergibt sich im wesentlichen aus den folgenden Eigenschaften:

gleichmäßiger Ablauf des Steuer- oder Regelvorganges (infolge der stufenlosen Verstellung)

großer Arbeitsbereich (infolge des großen Verstellbereiches)

sehr schnelles Ansprechen (infolge sehr geringer Eigenträgheitsmomente).

Beispielsweise liegt die sogenannte Hochlauf-Zeitkonstante (das ist die Zeit, in der der leerlaufende Motor aus dem Stillstand auf etwa 2/3 seiner Nenndrehzahl gebracht werden kann) bei einem Axialkolbenmotor mit einer Abgabeleistung von 50 kW etwa bei 0,2 s, während sie bei einem gleichstarken Gleichstrommotor unter vergleichbaren Verhältnissen bei über 3 s liegt.

Aufgabe des hydrostatischen Antriebs ist es, die Kenngrößen des Antriebsmotors, das Drehmoment M_1 und die Drehzahl n_1, den Kenngrößen des Verbrauchers, das heißt entweder dem Abtriebsdrehmoment M_2 und der Abtriebsdrehzahl n_2 eines Motors oder der Last F_2 und der Geschwindigkeit v_2 eines Zylinders, anzupassen. In Bild 7.1 sind die dazu erforderlichen Geräte und der Leistungs- und Signalfluß dargestellt.

Man erkennt, daß die vom Antriebsmotor gelieferte mechanische Leistung P_{1mech} in der Hydropumpe in die hydraulische Leistung P_{hydr} umgewandelt und als solche über die Steuer- oder Regelelemente zum Hydromotor oder zum Hydrozylinder weitergeleitet wird. Hier wird die hydraulische Leistung wieder in die vom Verbraucher verlangte mechanische Leistung P_{2mech} umgewandelt.

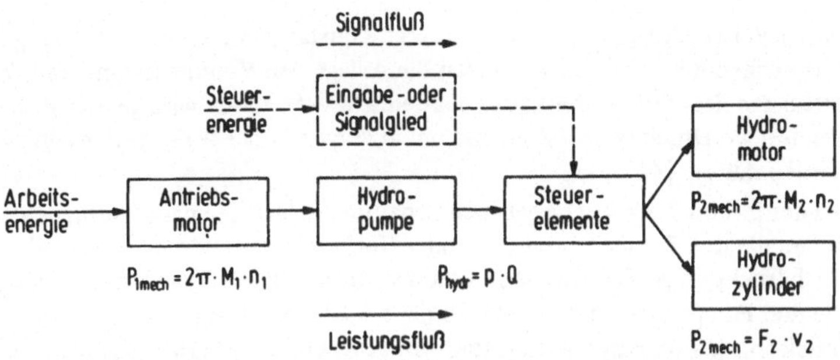

7.1 Geräte zur Energieumwandlung

Neben dem hier beschriebenen Leistungsfluß ist für die Steuerung und Regelung der in DIN 19 226 behandelte Signalfluß entscheidend, der z. B. bei einer elektrohydraulischen Steuerung durch Eingabe eines elektrischen Stromes eingeleitet und über die Steuergeräte so weitergeführt wird, daß Hydromotor oder Hydrozylinder die vom Verbraucher gewünschten Funktionen im Hinblick auf Lasthöhe und Zeitfolge erfüllen können.

Die Belastung einer hydrostatisch angetriebenen Maschine wird selten konstant sein, vielmehr wird sie in Abhängigkeit von den zu verrichtenden Arbeiten meistens starken Schwankungen unterliegen, die als Druckschwankungen in der Hydraulikanlage in Erscheinung treten. Andererseits möchte man in vielen Fällen die Leistung P_{1mech} des Antriebsmotors konstant halten und sie voll ausnutzen. Will man dies bei vorgegebenem Lastdruck p tun, so bleibt auf Grund der Gleichung

$$P_{hydr} = p \cdot Q$$

nur die Möglichkeit, den Volumenstrom Q zu verändern. Auf Veränderung des Volumenstroms beruhen daher auch die üblichen Steuerungen und Regelungen.

7.2 Methoden zur Veränderung des Volumenstroms

Es gibt drei Methoden, um den Volumenstrom den Bedürfnissen des Verbrauchers anzupassen:

1. stufenweise Veränderung des Volumenstroms durch Verwendung von zwei oder mehreren Konstantpumpen mit unterschiedlichen Volumenströmen (Doppelpumpen- oder Mehrfachpumpensystem),

2. stufenlose Veränderung des Volumenstroms durch Verwendung von Konstantpumpen und drosselnden Ventilen,

3. stufenlose Veränderung des Volumenstroms durch Verwendung von Verstellpumpen.

7.2.1 Verwendung von Doppel- oder Mehrfachpumpen

Durch Verwendung zweier oder mehrerer Konstantpumpen in Verbindung mit einer entsprechenden Schaltung kann man die Anlage den Volumenstrom- und Druckbedürfnissen des Verbrauchers gut anpassen. Diese Methode wird gelegentlich dort verwendet, wo Druck oder Volumenstrom in vorgegebener Weise stufenweise verändert werden müssen [42].

Bei der in Bild 7.2 wiedergegebenen Schaltung fördern, je nach Verbraucherdruck, entweder alle drei Pumpen zusammen oder Hoch- und Mitteldruckpumpe oder nur die Hochdruckpumpe. Wird der volle Volumenstrom bei niedrigem Druck verlangt, so arbeiten alle drei Pumpen gemeinsam. Sobald der am ND-Druckbegrenzungsventil eingestellte Druck (p_{min} = 50 bar) überschritten wird, öffnet das ND-DBV. Gleichzeitig schließt der höhere Druck das Rückschlagventil zur ND-Pumpe, so daß nur noch der Volumenstrom von MD- und HD-Pumpe zum Verbraucher gefördert werden und ihm den höheren Druck von p_m = 100 bar liefern kann. Derselbe Vorgang wiederholt sich, sobald der am MD-DBV eingestellte Druck überschritten wird, so daß schließlich nur noch die HD-Pumpe bei kleinem Volumenstrom den maximalen Druck von p_{max} = 200 bar liefert.

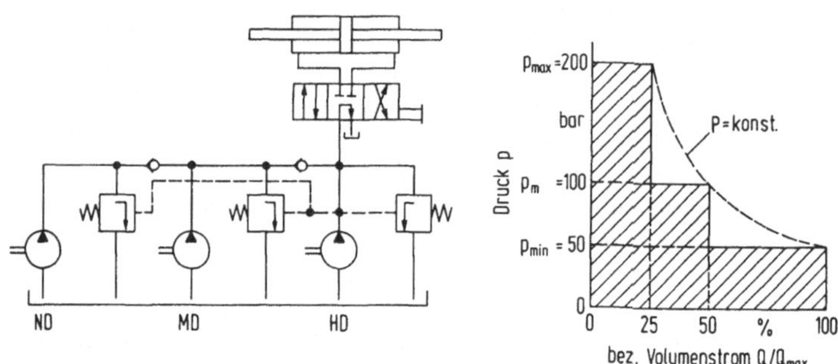

7.2 Veränderung von Volumenstrom und Druck durch Verwendung mehrerer druckgeschalteter Konstantpumpen

Infolge der hier gewählten Volumenstrom- und Druckstufen

$$Q_{HD} : Q_{HD+MD} : Q_{HD+MD+ND} = 1 : 2 : 4$$

$$p_{HD} : p_{MD} : p_{ND} = 200 : 100 : 50$$

erhält man eine annähernd konstante Leistungsaufnahme.

Diese Art der Volumenstromänderung wird jedoch nur in Sonderfällen, und dann auch meist nur in Form der Doppelpumpensteuerung, verwendet.

7.2.2 Verwendung von Konstantpumpe und Drosselventil

Will man den Volumenstrom einer Konstantpumpe den Bedürfnissen des Verbrauchers durch stufenlose Veränderung anpassen, so kann man dies mit Hilfe von drosselnden Wegeventilen oder von Stromventilen erreichen [43]. Das Drosselventil teilt dann den von der Konstantpumpe gelieferten maximalen Volumenstrom in einen aktiven Verbraucherstrom (Q_2 in Bild 7.3) und in einen Reststrom ($Q_1 - Q_2$), der unter Verlusten durch ein DBV (Drossel im Hauptstrom) oder durch das Drosselventil (Drossel im Nebenstrom) in den Ölbehälter abfließt. Da die Veränderung des von einer Konstantpumpe gelieferten Volumenstroms mit Drosselventilen vor allem bei mobilen Arbeitsmaschinen häufiger verwendet wird, soll sie hier behandelt werden.

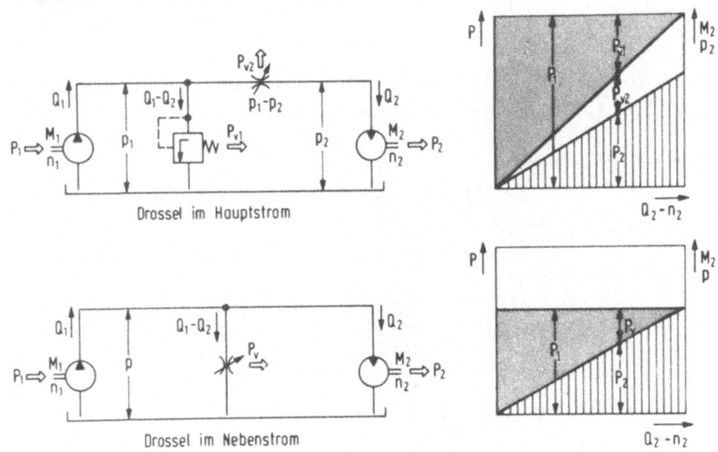

7.3 Veränderung des Volumenstroms durch Verwendung von Konstantpumpe und Drosselventil

Bild 7.3 zeigt beispielhaft zwei Möglichkeiten für die Drosselverstellung: die Schaltung des Drosselventils in den Hauptstrom und die Schaltung in den Nebenstrom. Geht man davon aus, daß die Konstantpumpe immer für den maximalen Ölstrom ausgelegt werden muß, der Verbraucher in einer Vielzahl von Einsatzphasen jedoch einen meist erheblich kleineren Ölstrom benötigt, so liegt es auf der Hand, daß die Drosselverstellung oft mit erheblichen Verlustleistungen arbeitet. Wie man aus den in Bild 7.3 wiedergegebenen Diagrammen entnehmen kann, ist die Verlustleistung in beiden Einsatzfällen umso größer, je häufiger der Verbraucher einen im Verhältnis zum maximalen Volumenstrom kleineren Volumenstrom benötigt. Für die beiden in Bild 7.3 dargestellten Schaltungen gelten die in Tafel 7.1 wiedergegebenen Beziehungen.

Die Volumenstromänderung geschieht in beiden Fällen über die Verstellung des Drosselventils, das − wie erwähnt − ein drosselndes Wegeventil oder ein Stromventil sein kann, z. B. wie in Bild 7.3 ein einfaches verstellbares Drosselventil. Der dem Verbraucher zu-

Tafel 7.1 Nutz- und Verlustleistungen bei Drosselverstellung

Leistungsart	Drosselventil im Hauptstrom	im Nebenstrom
Pumpenleistung	$P_1 = p_1 \cdot Q_1$	$P_1 = p \cdot Q_1$
Motorleistung	$P_2 = p_2 \cdot Q_2$	$P_2 = p \cdot Q_2$
Verlustleistung	$P_{v1} = p_1 \cdot (Q_1 - Q_2)$ $P_{v2} = (p_1 - p_2) \cdot Q_2$	$P_v = p \cdot (Q_1 - Q_2)$
Bemerkung	P_{v1} ist unabhängig von p_2	P_1 ist unabhängig von Q_2, aber abhängig vom Lastdruck p

geteilte Volumenstrom Q_2 kann dann mit dem jeweils eingestellten Drosselquerschnitt A_D nach Gl. (2.55) wie folgt berechnet werden:

Drossel im Hauptstrom

$$Q_2 = \alpha \cdot A_D \cdot \sqrt{\frac{2 \cdot (p_1 - p_2)}{\rho}} \qquad (7.1)$$

Drossel im Nebenstrom

$$Q_1 - Q_2 = \alpha \cdot A_D \cdot \sqrt{\frac{2p}{\rho}}$$

$$Q_2 = Q_1 - \alpha \cdot A_D \cdot \sqrt{\frac{2p}{\rho}} \qquad (7.2)$$

Die Antriebsdrehzahl n_2 ist dann in beiden Fällen:

$$n_2 = \frac{Q_2}{V_2}$$

mit V_2 als dem Schluckvolumen des Motors.

Bei beiden Arten der Drosselverstellung ist die Abtriebsdrehzahl n_2 vom Abtriebsmoment M_2 abhängig. Will man sie konstant halten, so empfiehlt es sich, statt der einfachen Verstelldrossel ein Stromregelventil zu verwenden.

Im praktischen Betrieb besteht der Unterschied zwischen beiden Schaltungen darin, daß bei Schaltung der Drossel in den Hauptstrom von einer Pumpe mehrere parallelgeschaltete Verbraucher betrieben werden können, ohne daß sie sich bei unterschiedlicher Belastung gegenseitig beeinflussen; der Unterschied zwischen Lastdruck und Pumpendruck wird an der Drossel abgebaut. Nachteilig ist dagegen, daß die Pumpe ständig mit Maximalleistung arbeitet, unabhängig davon, wieviel Leistung der Verbraucher gerade verlangt. Die zuviel gelieferte Energie muß über das Druckbegrenzungsventil abgeführt werden und geht als Wärmeenergie verloren. Die im Hauptstrom eingesetzte Drossel ist daher mit höheren Systemverlusten behaftet als die Drossel im Nebenstrom.

Die Schaltung der Drossel in den Nebenstrom hat insgesamt geringere Systemverluste aufzuweisen, weil das Antriebsmoment M_1 vom Abtriebsmoment M_2 abhängig ist, so daß die Pumpe bei geringer Motorbelastung auch weniger Leistung aufbringen muß. Von Nachteil ist hier jedoch, daß nur ein Verbraucher von der Pumpe angetrieben werden kann, wenn man eine gegenseitige Beeinflussung von Verbrauchern vermeiden will.

7.2.3 Verwendung von verstellbaren Verdrängermaschinen

Durch Verwendung einer Verstellpumpe oder eines Verstellmotors oder durch Verwendung beider Verstellmaschinen können der Volumenstrom oder die Abtriebsdrehzahl (oder beide) stufenlos verändert werden, ohne daß — wie bei der Drosselverstellung — systembedingte Verluste auftreten.

In dem in Bild 7.4 gezeigten einfachen Beispiel geschieht dies über das Hubvolumen V_1 der Pumpe; es kann aber auch — wie durch den gestrichelten Pfeil am Motor-Schaltzeichen angedeutet — durch Verstellung beider Maschinen erreicht werden; das ergibt dann einen größeren Verstellbereich.

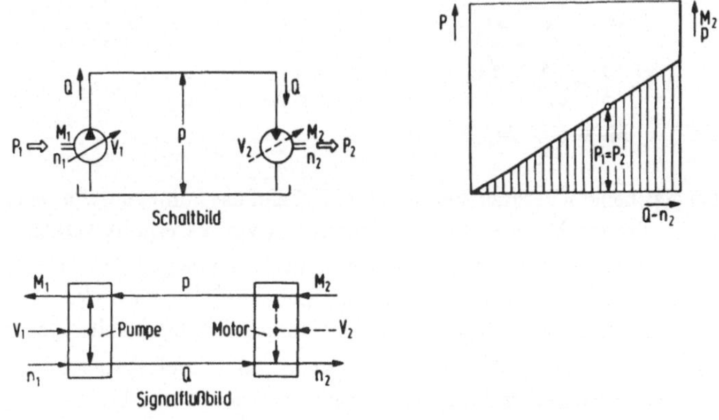

7.4 Veränderung des Volumenstroms durch Verwendung einer Verstellpumpe

Das in Bild 7.4 wiedergegebene Signalflußbild zeigt, in welcher Richtung die mechanischen Kenngrößen auf die hydraulischen Kenngrößen einwirken und umgekehrt. Man erkennt daraus leicht die Funktion der Pumpenverstellung (dargestellt ohne Berücksichtigung der Verluste):

Die Hydropumpe liefert den Förderstrom:

$$Q = n_1 \cdot V_1 \tag{7.3}$$

er verleiht dem Hydromotor die Drehzahl:

$$n_2 = \frac{Q}{V_2} \tag{7.4}$$

die vom Verbraucher auf den Motor übertragene Belastung erfordert den Druck:

$$p = \frac{2\pi \cdot M_2}{V_2} \tag{7.5}$$

dieser Druck muß über das Antriebsmoment aufgebracht werden:

$$M_1 = \frac{p \cdot V_1}{2\pi} \tag{7.6}$$

durch Gleichsetzen von Gl. (7.3) und Gl. (7.4) erhält man:

$$n_1 \cdot V_1 = n_2 \cdot V_2 \tag{7.7}$$

$$n_2 = \frac{V_1}{V_2} \cdot n_1 \tag{7.8}$$

Bei gegebener Pumpendrehzahl n_1 kann also die Motordrehzahl n_2 durch Vergrößerung von V_1 oder durch Verkleinerung von V_2 erhöht werden.
Entsprechend gilt:

$$\frac{M_2}{V_2} = \frac{p}{2\pi} = \frac{M_1}{V_1} \tag{7.9}$$

$$M_1 = \frac{V_1}{V_2} \cdot M_2 \tag{7.10}$$

Bei gegebenem Verbrauchermoment M_2 kann das Pumpendrehmoment M_1 durch Vergrößerung von V_1 oder durch Verkleinerung von V_2 erhöht werden.
Dabei ist zu berücksichtigen, daß das Schluckvolumen des Motors nicht zu klein werden darf, da sonst der Motor „durchgehen" könnte (für $n_1 \cdot V_1$ = konst.). Außerdem könnte es beim Anfahren, infolge von Selbsthemmung, Schwierigkeiten geben.
Aus dem Signalflußbild erkennt man auch, daß n_1 und n_2 unabhängig von der Belastung M_2 des Hydromotors durch den Verbraucher sind. p und M_1 sind dagegen lastabhängig.
Als Verstellpumpen und -motoren können die folgenden Verdrängermaschinen verwendet werden:

− Axialkolbenmaschinen,
− Radialkolbenmaschinen,
− einhubige Flügelzellenmaschinen.

In Hydrauliksystemen mit Pumpe und Motor können die vier in Bild 7.5 angegebenen Verstellmethoden angewendet werden. Die wichtigste Methode ist jedoch die Pumpenverstellung.

Zusammenfassend kann wiederholt werden, daß Konstantpumpen mit Drosselverstellung nur in Anlagen mit geringer Leistung verwendet werden. Steuerungen und Regelungen arbeiten dagegen überwiegend mit der Verstellung des Volumenstroms mit Hilfe von verstellbaren Verdrängermaschinen. Diese Verstellmethode [44, 45] soll daher im folgenden ausschließlich behandelt werden.

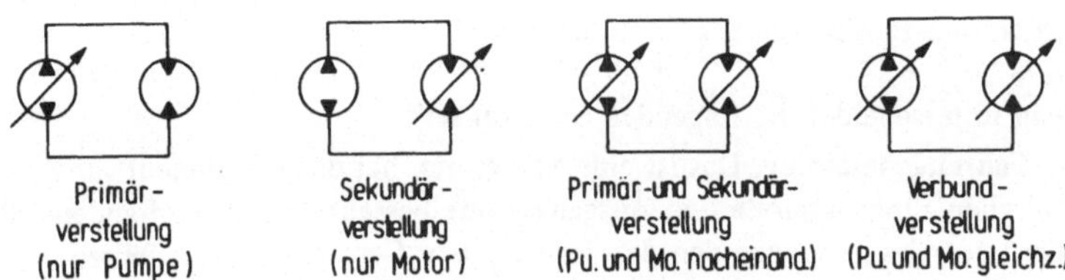

7.5 Verstellmethoden für hydrostatische Verdrängermaschinen

7.3 Steuerung mit Verstellpumpen

7.3.1 Grundlagen

Bild 7.6 zeigt in zwei schematischen Darstellungen, im Funktionsbild und im Blockschaltbild, den Aufbau und die Funktion einer Steuerung: durch Verstellung des Schieberweges s wird über die Verstellvorrichtung das Hubvolumen V_1 der Verstellpumpe (z. B. über die Verstellung des Schrägscheiben-Schwenkwinkels α einer Axialkolbenpumpe) verändert. Geht man von einer konstanten Antriebsdrehzahl n_1 aus, so verändert sich dabei auch der Volumenstrom Q, denn es ist:

$$Q = n_1 \cdot V_1$$

damit ist, wenn man von Verlusten absieht:

$$s \sim V_1 \sim Q$$

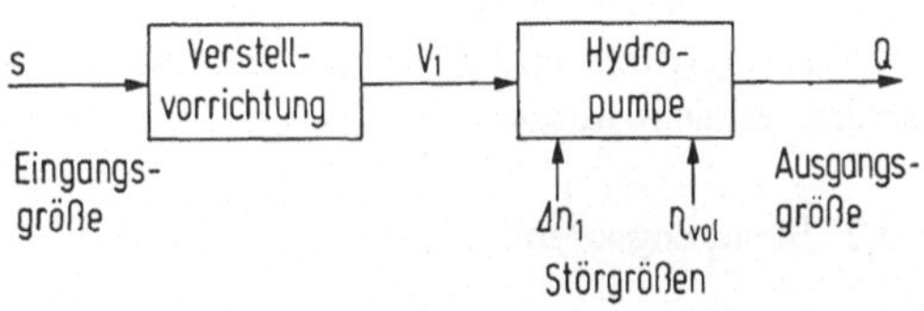

7.6
Schematische Darstellung einer Förderstrom-Steuerung als Funktionsbild und als Blockschaltbild

Praktisch wird die Proportionalität zwischen s und Q aber gestört durch:

Lecköverluste der Pumpe, dargestellt durch η_{vol}
Schwankungen der Antriebsdrehzahl Δn_1

η_{vol} und Δn_1 werden als Störgrößen bezeichnet.

Im Blockschaltbild in Bild **7.6** ist der offene Wirkungsablauf, das heißt die „Steuerkette" zu erkennen. In DIN 19 226 wird der Begriff „Steuern", wie folgt, beschrieben:

„Steuern ist der Vorgang in einem System, bei dem eine oder mehrere Größen, die sogenannten **Eingangsgrößen** (z. B. Stellweg s), andere Größen, die sogenannten **Ausgangsgrößen** (z. B. den Förderstrom Q der Verstellpumpe) beeinflussen".

Man unterscheidet die folgenden Steuerungen:

a. **Führungssteuerung.** Das ist eine Steuerung, bei der ein eindeutiger Zusammenhang zwischen Eingangsgröße und Ausgangsgröße besteht, soweit vorhandene Störgrößen nicht zu Abweichungen von der vorhandenen Gesetzmäßigkeit führen (z. B. Kopiersteuerung für Werkzeugmaschinen, bei der zwischen der Bewegung des Fühlers und der Bewegung des Werkzeugs ein eindeutiger Zusammenhang besteht).

b. **Haltegliedsteuerung.** Die Haltegliedsteuerung ist eine abgewandelte Führungssteuerung, bei der die eingestellte Ausgangsgröße auch nach Wegfall der Eingangsgröße so lange erhalten bleibt, bis sie durch eine neue Eingangsgröße verändert wird (z. B. Steuerung eines Spannzylinders, der mit Drucköl beaufschlagt wird und so lange gespannt bleibt, bis das Steuerventil wieder zurückgeschaltet wird).

c. **Programmsteuerung.** Die Programmsteuerung ist eine Steuerung, bei der die Ausgangsgröße meist stufenweise nach einem festgelegten Programm verändert wird. Man unterscheidet drei Arten:

α. **Z e i t p l a n s t e u e r u n g.** Steuersignale werden in Abhängigkeit von der Zeit durch Programmgeber geliefert (z. B. Fertigung eines Werkstückes).

β. **W e g p l a n s t e u e r u n g.** Steuersignale werden von einem bewegten Anlagenteil, entsprechend dem von ihm zurückgelegten Weg, gegeben (z. B. Transportvorgang auf Transferstraße).

γ. **A b l a u f s t e u e r u n g.** Steuersignale werden in einer bestimmten Reihenfolge (Ablauffolge) von einem Programmgeber, unabhängig von der Zeit, geliefert (z. B. Steuerung eines Aufzuges).

Die Steuerung besitzt gegenüber der Regelung zwei grundsätzliche Nachteile, die für manche technischen Vorgänge entscheidend sein können:

Die durch die Störgrößen hervorgerufenen Veränderungen der Ausgangsgröße werden nicht selbsttätig korrigiert.

Die Ausgangsgröße wird nicht daraufhin kontrolliert, ob der gewünschte Wert tatsächlich erreicht wurde.

7.3.2 Steuerungsarten

Unter dem Begriff Steuerungsarten sollen hier die Methoden der Verstellung des Verdrängungsvolumens von Verdrängermaschinen beschrieben werden. Wie im Abschnitt 7.2.3 bereits geschildert, kann eine Hydraulikanlage gesteuert werden durch Verstellung

des Hubvolumens V_1 der Hydropumpe,
des Schluckvolumens V_2 des Hydromotors.

Geht man von verlustlosem Betrieb aus und setzt voraus, daß der von der Pumpe erzeugte Volumenstrom gleich dem vom Motor verbrauchten ist, so gilt:

$$Q = n_1 \cdot V_1 = n_2 \cdot V_2$$

Die Abtriebsdrehzahl ist also

$$n_2 = \frac{V_1}{V_2} \cdot n_1$$

Bei der **Pumpensteuerung** ist daher, wenn man das Motorschluckvolumen V_2 (Konstantmotor) und die Antriebsdrehzahl n_1 als konstant betrachtet,

$$n_2 \sim Q \sim V_1 \tag{7.11}$$

Bei der **Motorsteuerung** sind V_1 und n_1, bzw. Q, als konstant anzusehen, so daß

$$n_2 \sim \frac{1}{V_2} \tag{7.12}$$

Die Kennfelder für beide Steuerungen sind in Bild 7.7 wiedergegeben. Die Kennlinien der Pumpensteuerung sind durch das maximale Hubvolumen V_{1max} der verwendeten Pumpe und aus Festigkeitsgründen durch die maximal zulässige Antriebsdrehzahl n_{1max} begrenzt. Die Grenzen für die Kennlinien der Motorsteuerung liegen beim maximalen Schluckvolumen des verwendeten Motors, beim zulässigen minimalen Schluckvolumen (gegeben um das „Durchgehen" oder die Selbsthemmung beim Anfahren zu vermeiden) und bei dem von der Pumpe lieferbaren maximalen Volumenstrom Q_{max}.

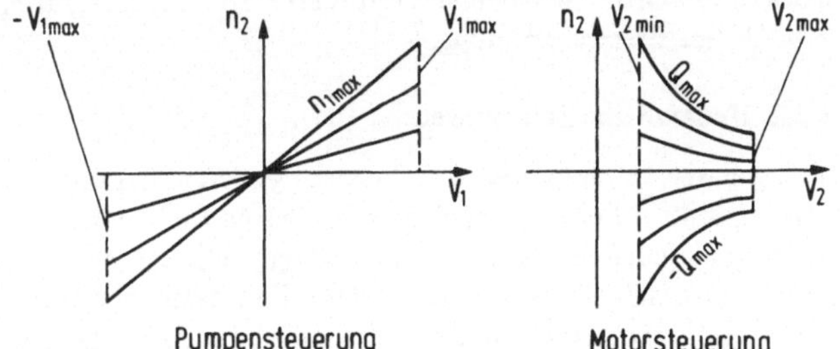

7.7
Kennfelder für Pumpen-
und Motorsteuerung

Steuerungen können nun, je nach Betätigungsart und dem damit verbundenen Aufbau, unterteilt werden in

– mechanische Steuerungen,
– elektrische Steuerungen,
– hydraulische (pneumatische) Steuerungen,
– kombinierte Steuerungen.

Sie sollen im folgenden überwiegend an Hand von Schaltungsbeispielen beschrieben werden.

7.3.2.1 Mechanische und elektrische Steuerungen

Mechanische Steuerungen werden für kleinere Verdrängermaschinen verwendet. Sie werden meist von Hand bedient, und zwar bei sehr kleinen Verdrängermaschinen mit Hubvolumen bis zu etwa 50 cm^3/Umdrehung mit **Handhebel** oder bei größeren Maschinen, die entsprechend größere Verstellkräfte erfordern, mit **Handrad und Spindel** (Bild 7.8). Die Spindelverstellung erlaubt die Steuerung auch großer Maschinen, jedoch steigt die Verstellzeit infolge der größer werdenden Übersetzungen mit wachsender Baugröße an. Daher werden solche Handsteuerungen nur dort verwendet, wo die Verstellzeit unwichtig ist und die Verstellung selten gefordert wird. Bild 3.12 zeigt als Ausführungsbeispiel die Spindelverstellung für eine Radialkolbenmaschine.

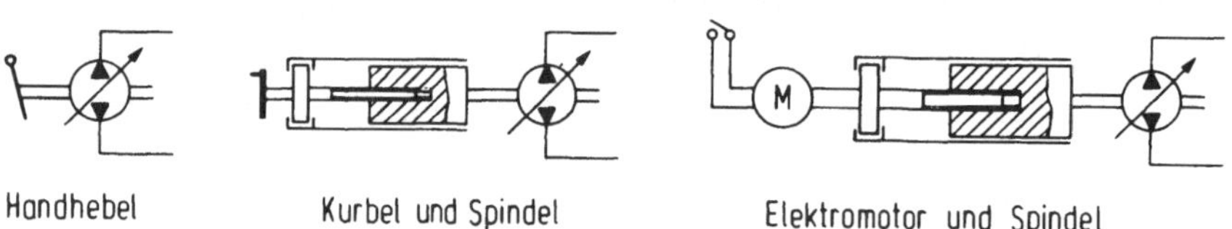

7.8 Mechanische und elektrische Steuerung von Verstellpumpen

Die elektrische Steuerung arbeitet meist mit **Spindelverstellung durch Elektromotor** (Bild 7.8), wobei der elektrische Strom als Eingangsgröße dient. Die Verschiebung der Spindelmutter kann auch elektrisch gemessen und einem Regelgerät zugeführt werden, das für eine genaue Zuordnung von Eingangsgröße und Hubvolumen sorgt. Da das Steuersignal elektrisch übertragen werden kann, ist diese Steuerung für Fernbedienung geeignet. Sie hat jedoch größere Verstell- und Ansprechzeiten, und das exakte Einhalten des gewünschten Hubvolumens erfordert wegen der Massenträgheit des Elektromotors u. U. eine Bremsvorrichtung.

7.3.2.2 Hydraulische Steuerungen

Als Eingangsgröße für hydraulische Steuerungen dient der druckbeladene Ölvolumenstrom. Er wirkt auf einen Verstellzylinder, dessen Kolben die Verstelleinrichtung der Hydropumpe (oder des Hydromotors) betätigt, also z. B. den Schrägscheiben-Schwenkwinkel einer Axialkolbenmaschine verstellt. Eine bestimmte Veränderung, z. B. des Schwenkwinkels α, kann man einmal dadurch erreichen, daß man ein bestimmtes Ölvolumen in den Verstellzylinder gibt, das dann dem Schwenkwinkel α und dem Hubvolumen V_1 proportional ist, oder dadurch, daß man den Kolben mit einem bestimmten Druck beaufschlagt, der dem Schwenkwinkel proportional ist. Man unterscheidet danach bei hydraulischen Steuerungen die folgenden beiden Steuerungsarten:
— volumenabhängige Steuerungen,
— druckabhängige Steuerungen.

Beide Steuerungsarten sind in Form von Schaltbildern in Bild **7.9** einander gegenübergestellt.

Volumenabhängige Steuerungen. Die in Bild **7.9** links gezeigte volumenabhängige Steuerung wird mit einem drosselnden 3/3-Wegeventil von Hand gesteuert. Der Pumpenölstrom wirkt über das Wechselventil ständig auf die rechte Fläche (Ringfläche) des Verstellkolbens. Wird der Ventilschieber nach rechts geschoben, so wird der Pumpenölstrom auch auf die linke Seite des Kolbens geleitet, so daß die große Kolbenfläche beaufschlagt wird. Dadurch bewegt sich der Verstellkolben nach rechts und verstellt die

Pumpe auf ein größeres Hubvolumen, das dem in den Stellzylinder geflossenen Ölvolumen proportional ist. Da die Kolbenstange mit der Ventilhülse verbunden ist, verschiebt der Verstellkolben diese Hülse über den Ventilkolben hinweg ebenfalls nach rechts, und zwar so lange, bis die Ruhestellung des Wegeventils wieder erreicht ist.

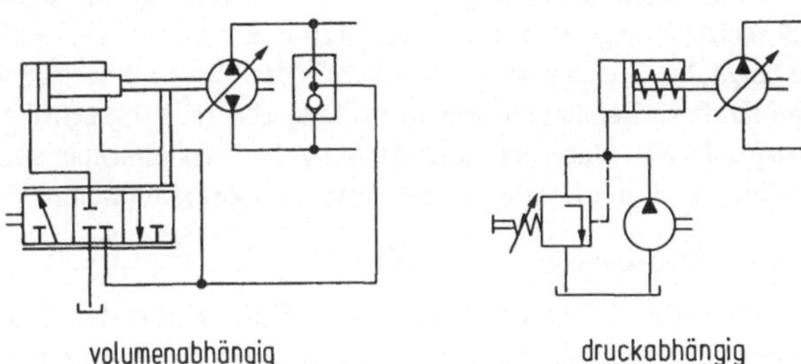

7.9
Volumenabhängige und
und druckabhängige
Pumpensteuerung

Nimmt man an, daß es sich um eine Schrägscheiben-Axialkolbenmaschine handelt, so ist das in den Verstellzylinder eingeflossene Volumen dem Schwenkwinkel α und damit der Änderung des Hubvolumens V_1 proportional, das heißt:

$$V_{\text{Verstellzylinder}} \sim \alpha \sim V_1 \tag{7.13}$$

Da die Ventilhülse der Bewegung des Kolbens folgt, spricht man bei dieser Lösung von einer Steuervorrichtung nach dem Folgekolbenprinzip. Eine solche Steuerung ist in Bild **7.10** in praktischer Ausführung noch einmal dargestellt.

Die Schrägscheibe 1 dieser Axialkolbenmaschine wird durch den Verstellkolben 2 verstellt. In dem Verstellkolben, der gleichzeitig als Hülse eines Steuerventils dient, befindet sich der Steuerschieber-Kolben 3, der mit Handhebel 4 verschoben werden kann. Verschiebt man ihn so lange nach rechts, bis die Radialnut 5 mit der Bohrung 6 im Verstellkolben verbunden ist, so kann das im Zylinderraum 7 befindliche Öl über die Axialbohrung des Kolbenschiebers 3 in den Ölbehälter abfließen. Dadurch kann der über die Bohrung 8 mit der Ringfläche 9 des Verstellkolbens verbundene Druckölstrom den Verstellkolben 2 nach rechts verschieben. Da der Steuerschieber 3 nun in bezug auf das Pumpengehäuse eine feststehende Lage angenommen hat, schiebt sich die Hülse (das heißt der Verstellkolben 2) über den Steuerschieber hinweg, so daß in bezug auf die Stellung der Bohrungen 5 und 6 der gezeichnete Ausgangszustand wieder hergestellt wird.

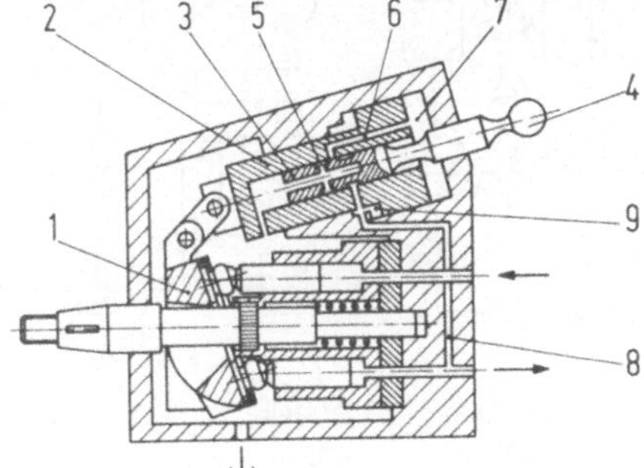

7.10
Volumenabhängige Steuerung einer Schrägscheiben-Axialkolbenpumpe nach dem Folgekolbenprinzip [44]

Die volumenabhängige Steuerung nach dem Folgekolbenprinzip hat den Nachteil, daß das Steuerventil direkt am Verstellkolben angeordnet sein muß, so daß keine Fernbedienung möglich ist. Bei hohen Stellkräften ermöglicht sie jedoch eine relativ schnelle Verstellung.

Druckabhängige Steuerungen. Bei der druckabhängigen Steuerung, wie sie z. B. in Bild 7.9 rechts gezeigt ist, verschieben Öldruckkräfte den Verstellkolben gegen Federdruck so lange, bis Gleichgewicht zwischen Federkraft und der aus dem Öldruck resultierenden Kraft vorhanden ist. Jedem am Druckbegrenzungsventil eingestellten Steuerdruck entspricht also eine bestimmte Stellung des Verstellkolbens und damit eine bestimmte Stellung z. B. der Schrägscheibe einer Axialkolbenmaschine:

$$p_{Verstellkolben} \sim \alpha \sim V_1 \tag{7.14}$$

Bei der in Bild 7.9 rechts dargestellten, direkt wirkenden druckabhängigen Steuerung besteht der Nachteil, daß hier Rückwirkungen der Pumpe auf den Verstellkolben auftreten können, die das Kräftegleichgewicht am Verstellkolben stören und somit zu unerwünschten Änderungen des Hubvolumens führen. Ein Nachteil, den man durch Kombinationen, wie in Bild 7.11, vermeiden kann.

Die druckabhängige Steuerung ist gut für Fernsteuerung geeignet.

7.3.2.3 Kombinierte Steuerungen

Kombinationen der verschiedenen Steuerungsarten können in sehr unterschiedlicher Weise ausgeführt werden. So gibt es Kombinationen aus druckabhängiger und volumenabhängiger Steuerung, aus pneumatisch-hydraulischer Vorsteuerung und volumenabhängiger Pumpensteuerung, aus elektrohydraulischer Vorsteuerung und volumenabhängiger Pumpensteuerung usw. Einige Beispiele hierfür sind im folgenden in Form von vereinfachten Schaltbildern gezeigt.

Für die in Bild 7.11 gezeigte **Kombination aus druckabhängiger Vorsteuerung und volumenabhängiger Pumpensteuerung** wird der Öldruck als Eingangsgröße verwendet. Er beaufschlagt den druckabhängigen kleineren Vorsteuerkolben und dieser überträgt die Stellbewegung über ein drosselndes Wegeventil auf die volumenabhängige Pumpensteue-

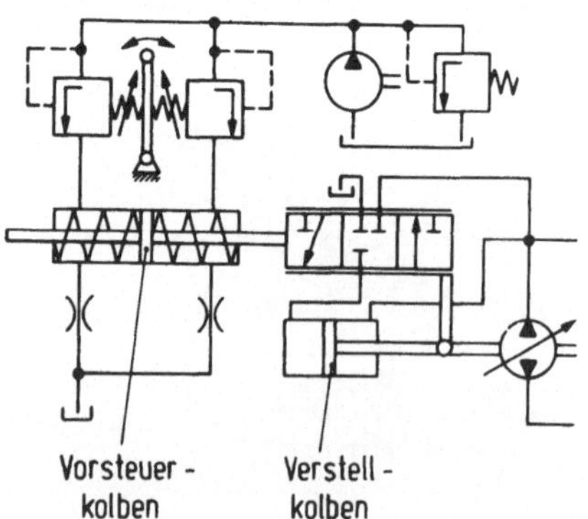

7.11
Kombination aus druckabhängiger Vorsteuerung und volumenabhängiger Pumpensteuerung

rung. Der Eingangsdruck für den Vorsteuerzylinder wird durch Handhebel über zwei einstellbare Druckbegrenzungsventile gesteuert.

Diese Steuerung ist, im Gegensatz zu der in Bild 7.9 abgebildeten druckabhängigen Steuerung, rückwirkungsfrei, da hier die Rückstellkräfte zwischen Pumpe und Verstellkolben das Kräftegleichgewicht am Vorsteuerkolben nicht beeinflussen. Sie ist für Fernbedienung geeignet; bei niedrigem Druckniveau können hohe Verstellkräfte aufgebracht werden.

Bei der in Bild 7.12 gezeigten **pneumatisch-hydraulisch betätigten Kombination** wirkt der als Eingangsgröße dienende Luftdruck auf zwei Druckbegrenzungsventile, die über das drosselnde Wegeventil wiederum den Verstellkolben betätigen.

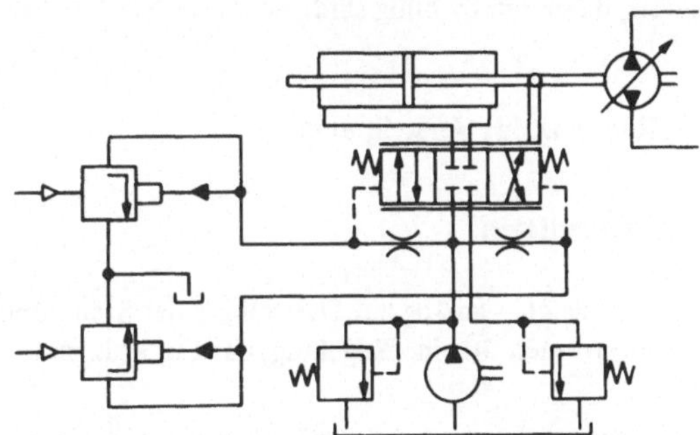

7.12
Kombination aus druckabhängiger pneumatisch-hydraulischer Vorsteuerung und volumenabhängiger Pumpensteuerung

Solche Steuerungen werden zur Fernbedienung in explosiver Atmosphäre eingesetzt. Sie haben bei relativ niedrigem pneumatischem Druck kurze Ansprechzeiten.

In Bild 7.13 sind zwei **elektrohydraulisch betätigte Kombinationen** gezeigt. Im linken Beispiel steuert ein 3/3-Wege-Magnetventil das dem Verstellkolben zugeleitete Ölvolumen. Dabei wird der Weg des Verstellkolbens induktiv erfaßt und in ein Regelgerät eingegeben, welches über das Ventil für die Zuordnung von Eingangsgröße und Hubvolumen sorgt. Für die in Bild 7.13 rechts abgebildete Ausführung einer elektrohydraulisch

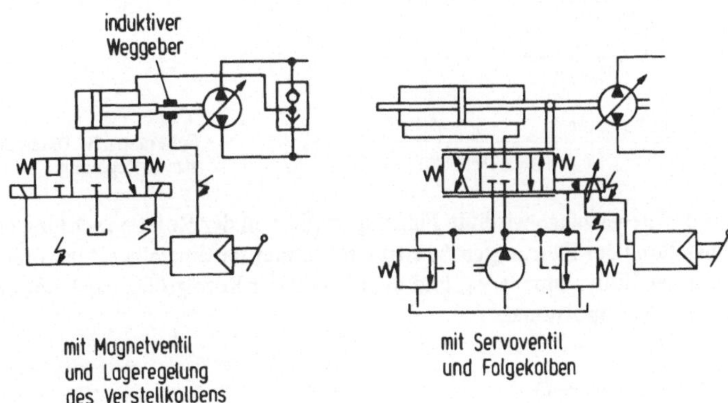

7.13
Kombination aus elektrohydraulischer Vorsteuerung und volumenabhängiger Pumpensteuerung

betätigten Steuerung wird ein elektrohydraulisches Servoventil zur Einstellung des Volumenstroms für den Verstellkolben verwendet. Da der in das Servoventil eingegebene elektrische Strom dem Weg des Servoventil-Kolbens, und damit auch dem Weg des Verstellkolbens, proportional ist, braucht hier der Weg des Verstellkolbens nicht erfaßt zu werden. Solche elektrohydraulischen Steuerungen haben sehr kleine Stellzeiten, und sie arbeiten sehr genau, da alle eventuellen Rückstellkräfte der Pumpe durch Regelung ausgeglichen werden können. Sie werden hauptsächlich für Prozeßsteuerungen verwendet, stellen aber relativ teure Lösungen dar.

Auch Steuerungen mit Proportionalventilen sind heute, z. B. im Mobilbereich, weit verbreitet, da sie relativ billig sind.

7.4 Regelung mit Verstellpumpen

7.4.1 Grundlagen

Bild 7.14 zeigt — analog zur Darstellung der Steuerung in Bild 7.6 — die beiden Darstellungsformen für eine Regelung, das Funktionsbild und das Blockschaltbild.

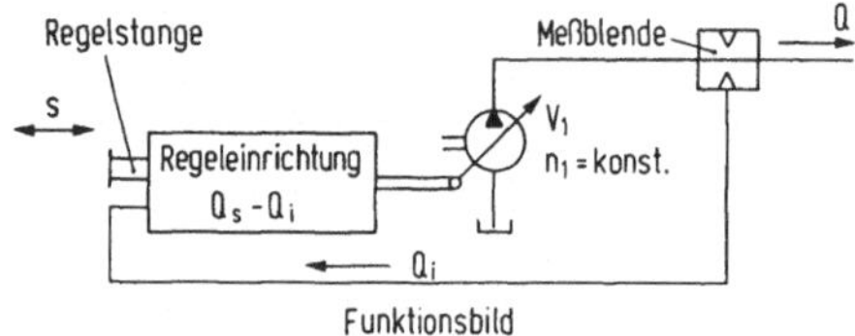

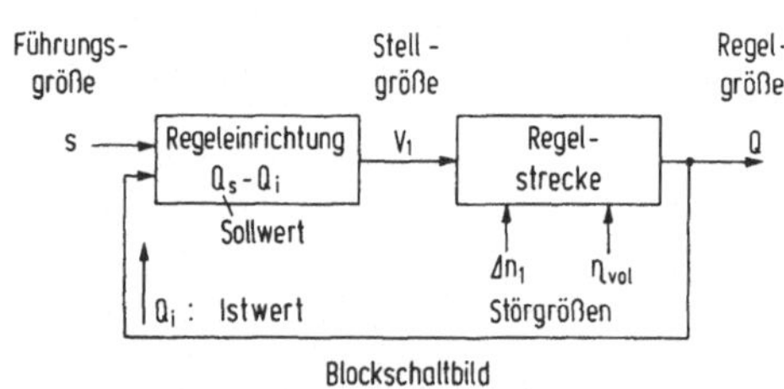

7.14
Schematische Darstellung einer Förderstrom-Regelung

Mit der Regelstange wird die Führungsgröße s an der Regeleinrichtung eingestellt. Jeder Einstellung der Führungsgröße s ist ein bestimmter Einstellwert der Stellgröße, das heißt des Hubvolumens V_1, und damit auch der Regelgröße, das heißt des Volumenstroms Q, proportional.

$$s \sim V_1 \sim Q \tag{7.15}$$

Da diese Proportionalität bekanntlich in der Regel durch Störgrößen (Δn_1, η_{vol}) beeinträchtigt werden kann, wird der Istwert Q_i der Regelgröße mit Hilfe einer Blende gemessen und der Regeleinrichtung zugeleitet. Im Regler wird der Istwert Q_i mit dem dort eingestellten Soll-Wert Q_s verglichen. Besteht eine Differenz zwischen Q_s und Q_i, so verändert die Regeleinrichtung automatisch das Hubvolumen der Verstellpumpe im Sinne einer Aufhebung dieser Differenz.

In diesem Sinne wird der Begriff des Regelns in DIN 19 226 beschrieben:

„Regeln ist der Vorgang in einem System, bei dem eine Größe, der Istwert (Q_i) der **Regelgröße** (Q), forlaufend erfaßt und mit der **Führungsgröße** (s), bzw. dem Sollwert (Q_s), verglichen und nach diesem Vergleich im Sinne einer Angleichung zwischen Soll- und Istwert beeinflußt wird."

Im Blockschaltbild erkennt man den geschlossenen Wirkungsablauf einer Regelung, den sogenannten „Regelkreis". Die „Regelstrecke" ist dabei derjenige Teil der Hydraulikanlage, in dem Störgrößen einen Einfluß auf die Regelgröße Q ausüben können.

Die Regeleinrichtung greift entweder dann ein, wenn die Störgröße eine Abweichung des Istwert vom Sollwert hervorgerufen hat oder aber dann, wenn die Führungsgröße verändert und dadurch ein neuer Sollwert eingestellt worden ist.

7.4.2 Regelungsarten

7.4.2.1 Druckregelungen

Die Druckregelung einer Pumpe hat grundsätzlich die Aufgabe, den Volumenstrom den Bedürfnissen des Verbrauchers so anzupassen, daß der eingestellte Systemdruck konstant bleibt. Der Sollwert des Druckes ist jedoch in der Praxis nicht immer vollkommen konstant zu halten, sondern er fällt infolge der praktischen Ausführung vieler Regeleinrichtungen mit wachsendem Volumen, bzw. wachsendem Förderstrom, leicht ab (Proportional-Verhalten).

Bild **7.15** zeigt eine einfache Druckregelung mit **Proportionalverhalten** (P-Verhalten). Die Abweichung des Druckes vom Sollwert kommt folgendermaßen zustande: Steigt z. B. infolge eines bleibenden Drehzahlanstiegs Δn_1 der Förderstrom Q plötzlich an, so wird der Druck vor der (hier als Verbraucher gezeichneten) Drossel größer. Dadurch wird der Verstellkolben gegen den eingestellten Federdruck nach links verschoben. Das Hubvolumen sinkt von $V_{1,1}$ auf $V_{1,2}$ ab, bei gleichzeitiger Erhöhung der Federspannung. Der neuen Stellung des Kolbens steht also eine größer gewordene Regelgröße p gegenüber; die Abweichung A vom Soll-Wert der Regelgröße nennt man die „b l e i b e n d e S o l l w e r t - A b w e i c h u n g".

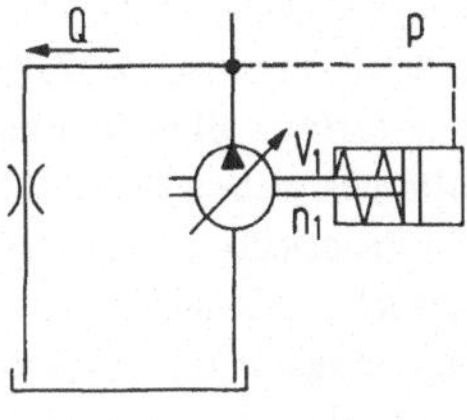

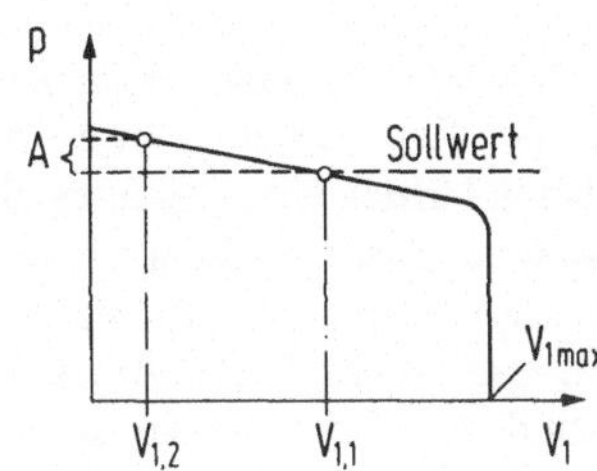

7.15
Direktwirkende Druckregelung (Nullhubregelung) mit Proportionalverhalten für eine Pumpe
p: Regelgröße; V_1: Stellgröße; A: bleibende Sollwertabweichung

P-Regelungen haben ein gutes Betriebsverhalten, weil bei einer kleinen Regelabweichung die Stellgröße nur langsam, bei einer großen Regelabweichung aber schnell verändert wird. Daher ist ein solches System wenig schwingungsanfällig.

Die in Bild 7.15 abgebildete Druckregelung wird auch als **Nullhubregelung** bezeichnet. Dabei wird der Stellkolben in Abhängigkeit vom Betriebsdruck direkt beaufschlagt und gegen den Federdruck verstellt. Der Federdruck wirkt in Richtung auf eine Vergrößerung des Hubvolumens V_1 hin, das heißt, er hält das Hubvolumen so lange auf seinem Maximalwert, wie der Betriebsdruck kleiner ist als die eingestellte Federvorspannung. Wird der Druck größer als die Federvorspannung, so schwenkt die Pumpe so lange auf ein kleineres Hubvolumen zurück, bis ein Mindesthubvolumen zur Aufrechterhaltung des Enddruckes erreicht ist.

Die Nullhubregelung ist energiesparend. Sie wird häufig dort eingesetzt, wo ein bestimmter Druck über längere Zeit aufrechterhalten werden muß, ohne daß ein größerer Volumenstrom erforderlich wäre. Das ist z. B. zum Halten eines eingespannten Werkstückes erforderlich.

Zum Vergleich mit dieser direktwirkenden Druckregelung mit Proportional-Verhalten zeigt Bild 7.16 eine indirektwirkende Druckregelung mit **Integralverhalten** (I-Verhalten). Sie arbeitet folgendermaßen: Steigt infolge eines bleibenden Drehzahlanstiegs Δn_1 der Ölstrom Q an, so steigt auch der Druck p. Er verschiebt das drosselnde Wegeventil gegen Federdruck nach links, so daß der Druck des Pumpenölstroms den Verstellkolben nach links verschieben und dadurch Hubvolumen und Volumenstrom auf einen kleineren Wert verstellen kann. Das Wegeventil schließt erst wieder, wenn der Sollwert von p erreicht ist. Hier entsteht keine bleibende Sollwert-Abweichung, aber das Hubvolumen ändert sich bei kleineren Regelabweichungen u. U. zu schnell, bei großen zu langsam, so daß Schwingungen nicht auszuschließen sind. Daher können leicht instabile Zustände auftreten.

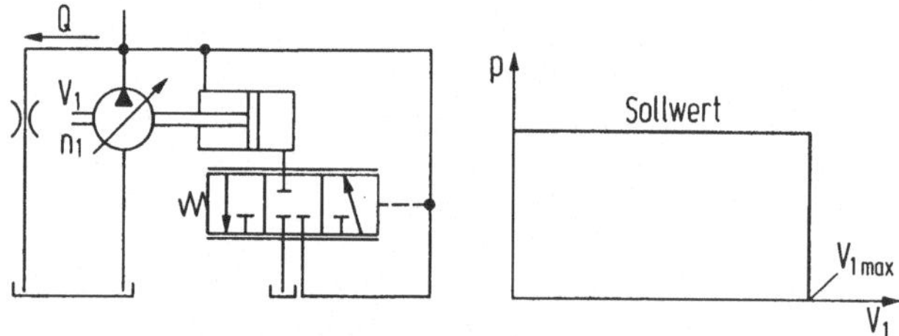

7.16 Druckregelung mit Integralverhalten für eine Pumpe

Man kann aber durch geeigneten Aufbau des hydraulischen Teils einer proportionalwirkenden Regelung die Sollwert-Abweichung gering halten, so daß man u. U. mit einfacheren Mitteln ein quasi-integrales Verhalten erreichen kann. Bild 7.17 zeigt eine direktwirkende Druckregelung mit verbessertem Proportionalverhalten. Hier wird ein kleines Druckbegrenzungsventil mit größerer Proportionalabweichung verwendet, das geöffnet wird, sobald der Systemdruck den am DBV eingestellten Federdruck übersteigt. Der sich dann vor der Drossel aufbauende Druck verschiebt den Verstellkolben und verän dert so das Hubvolumen. Dabei ergibt sich eine flachere p-Q-Kennlinie, das heißt eine geringere Sollwert-Abweichung.

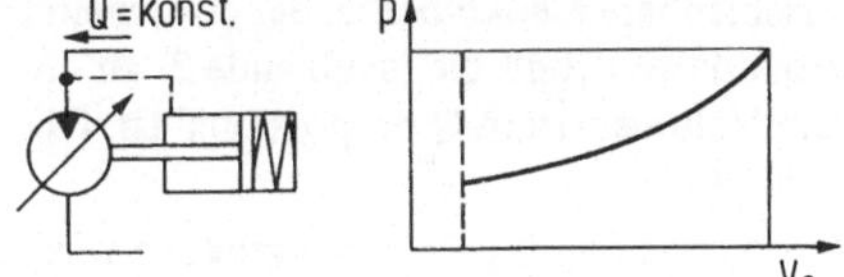

7.17
Direktwirkende Druckregelung mit verbessertem Proportionalverhalten durch Druckbegrenzungsventil

Man kann das Konstanthalten des Druckes bei schwankendem Abtriebsmoment auch durch Verstellen des Schluckvolumens V_2 des Hydraulikmotors erreichen. Dadurch wird das Antriebsmoment M_1 konstant, wenn das Hubvolumen V_1 der Pumpe konstant bleibt. In Bild **7.18** ist ein einfaches Beispiel für die **Druckregelung eines Motors** angegeben. Es handelt sich um eine sogenannte **Vollhubregelung**. Hier wirkt der Federdruck — im Gegensatz zur Nullhubregelung — in Richtung auf eine Verkleinerung des Schluckvolumens V_2. Er hält das Schluckvolumen so lange auf einem minimalen Wert, wie der Betriebsdruck kleiner ist als die Federvorspannung. Wird der Druck größer, so schwenkt der Motor auf ein größeres Schluckvolumen V_2 und die Motordrehzahl geht zurück. Weitere Motor-Regelungen können aus der Literatur entnommen werden, z. B. [45].

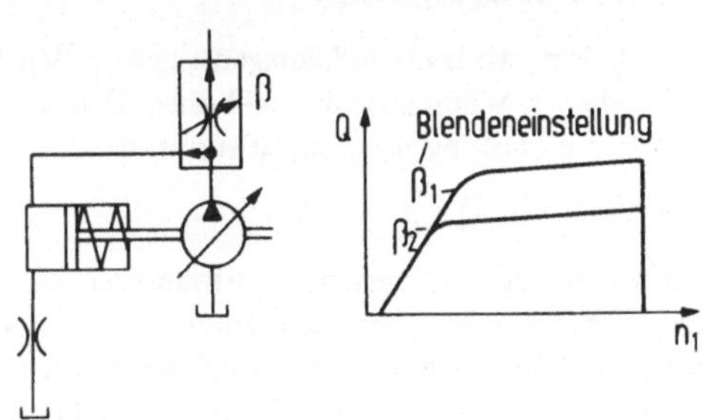

7.18
Druckregelung eines Motors (Vollhubregelung)

7.4.2.2 Stromregelungen

Die Volumenstromregelung einer Pumpe hat die Aufgabe, den Volumenstrom unabhängig von äußeren Einflüssen — wie z. B. Drehzahlschwankungen — konstant zu halten.

Bei der in Bild **7.19** skizzierten direktgesteuerten **proportionalwirkenden** Stromregelung entspricht der gewünschte Förderstrom der an der Meßblende des Stromregelventils ein-

7.19
Volumenstromregelung mit Proportionalverhalten

gestellten Druckdifferenz. Der von der Pumpe zuviel gelieferte Strom fließt über den By-Pass ab. Er wirkt mit dem durch die Drossel hervorgerufenen Staudruck auf den Verstellkolben und verschiebt ihn gegen die Feder, wobei das Hubvolumen V_1 so eingestellt wird, daß der durch die Meßblende fließende Volumenstrom den eingestellten Wert behält.

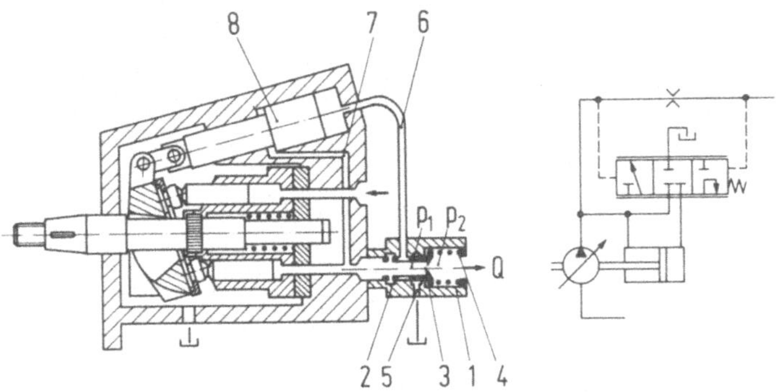

7.20 Volumenstromregelung mit Integralverhalten [44]

Bild 7.20 zeigt Aufbau und Schaltbild einer vorgesteuerten, **integralwirkenden** Stromregelung für eine Schrägscheiben-Axialkolbenpumpe. Im Regler 1 befindet sich der axial verschiebbare Meßkolben 2, der an seinem Ende die Meßblende 3 trägt. Der Pumpenölstrom durchströmt die Meßblende 3; an ihr entsteht die Druckdifferenz $p_1 - p_2$, die dem Volumenstrom Q proportional ist. Die Druckdifferenz wirkt gegen den Druck der Feder 4.

Wird Q und damit $p_1 - p_2$ zu groß, so wird der Meßkolben 2 so weit nach rechts verschoben, bis die Radialnut am Meßkolben den Zugang zum Tankanschluß 5 öffnet. Dadurch kann das im rechten Teil des Stellzylinders befindliche Öl über Leitung 6 zum Tank abfließen. Der Öldruck wirkt dann von der Hochdruckseite her über die Bohrung 7 auf die Ringfläche des Verstellkolbens 8 und verschiebt ihn nach rechts. Dadurch wird die Schrägscheibe zu einem kleineren Hubvolumen V_1 hin so lange verstellt, bis der Soll-Wert des am Regler eingestellten Volumenstroms wieder erreicht ist.

7.4.2.3 Leistungsregelungen

Überall dort, wo Hydraulikanlagen einen großen Volumenstrom bei kleinem Druck oder einen kleinen Volumenstrom bei hohem Druck zur Verfügung stellen müssen, empfiehlt es sich, die Leistungsregelung zu verwenden.

Aus $P = p \cdot Q = p \cdot n_1 \cdot V_1$

ergibt sich, daß bei konstanter Antriebsdrehzahl n_1 die Leistung konstant gehalten werden kann, wenn V_1 durch den Druck p verstellt wird. Konstruktiv kann man das dadurch erreichen, daß man den Druck auf einen Kolben wirken läßt, der von mehreren Federn mit unterschiedlichen Kennlinien gehalten wird (Bild 7.21). Bei richtiger Wahl

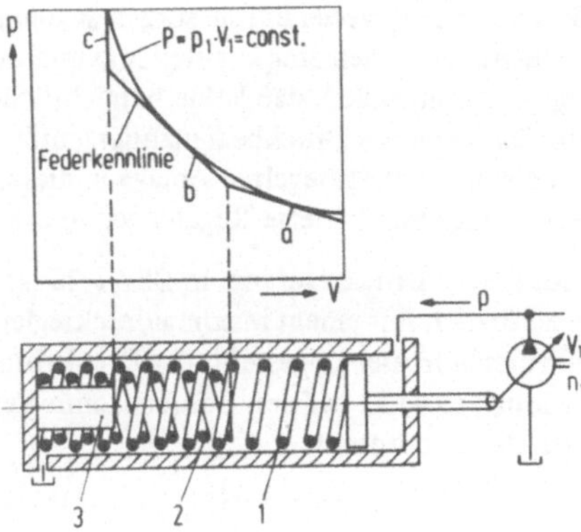

7.21
Erzeugung der Leistungshyperbel durch
Federn und Anschlag

können die Federkennlinien der Leistungshyperbel

$$P \sim p_1 \cdot V_1 = \text{konst.}$$

angenähert werden. Der Systemdruck verschiebt den Kolben jeweils so lange, bis Gleichgewicht zwischen Federdruck und Öldruck herrscht. In dem in Bild **7.21** gezeigten Beispiel hat der Kolben dabei zunächst den Druck der weichen Feder 1, dann den Druck
beider Federn 1 und 2 zu überwinden, bis er an den Anschlag im Zylinder gelangt. Dies
erfolgt entsprechend den im p-V-Diagramm mit a, b und c gekennzeichneten geraden
Linien, die den Hyperbelverlauf annähernd wiedergeben.

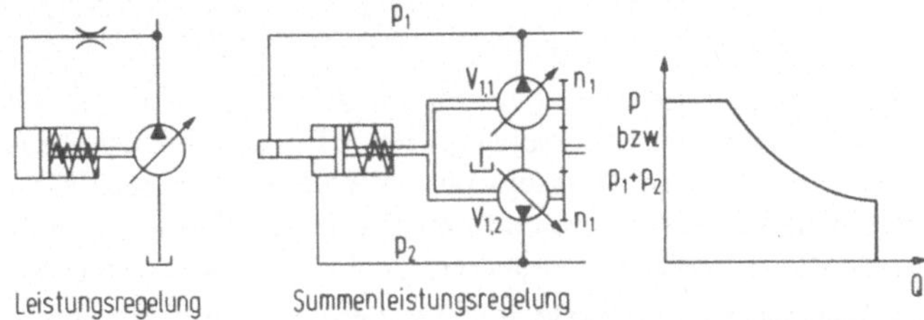

7.22
Leistungsregelungen

Häufig, z. B. in Erdbaumaschinen, wird auch die Summen-Leistungsregelung verwendet
(Bild **7.22**), bei der zwei von einem Motor angetriebene Hydropumpen mehrere Kreisläufe bedienen. Hier wird nach konstanter Gesamtleistung geregelt, und es ist:

$$P = n_1 \cdot (p_1 \cdot V_{1,1} + p_2 \cdot V_{1,2})$$

Wenn $V_{1,1} = V_{1,2} = V_1$ ist, wird:

$$P = n_1 \cdot V_1 \cdot (p_1 + p_2)$$

7.4.2.4 Kombinierte Regelungen

Bei der Entwicklung von Pumpenregelungen werden die oben beschriebenen Regelungsarten oft kombiniert, um besonders günstige Betriebsbedingungen zu erreichen. Darüber
hinaus werden Regelungen und kombinierte Regelungen häufig auch mit sogenannten

„Begrenzungen" versehen; sie sorgen automatisch dafür, daß bestimmte Hydraulikgrößen nicht über einen eingestellten Maximalwert hinaus ansteigen. Dabei wird die Begrenzung so durchgeführt, daß keine beträchtlichen Verlustleistungen entstehen, so wie es
beim Einsatz eines Druckbegrenzungsventils der Fall ist. Meist werden der Druck oder
die Leistung einer geregelten Anlage in dieser Weise begrenzt. Die folgenden Beispiele
zeigen einige kombinierte Regelungen und Begrenzungen.

Förderstrom-Druckregelung. In Bild 7.23 ist eine Förderstrom-Regelung dargestellt,
die zusätzlich mit einem Maximaldruckregler versehen ist. Der Ölvolumenstrom wird mit
der Verstelldrossel eingestellt, der Druckabfall $(p_1 - p_2)$ ist dem Volumenstrom Q proportional; er wirkt auf den Förderstromregler (p_2 auf die rechte, p_1 auf die linke Seite)
gegen den Federdruck.

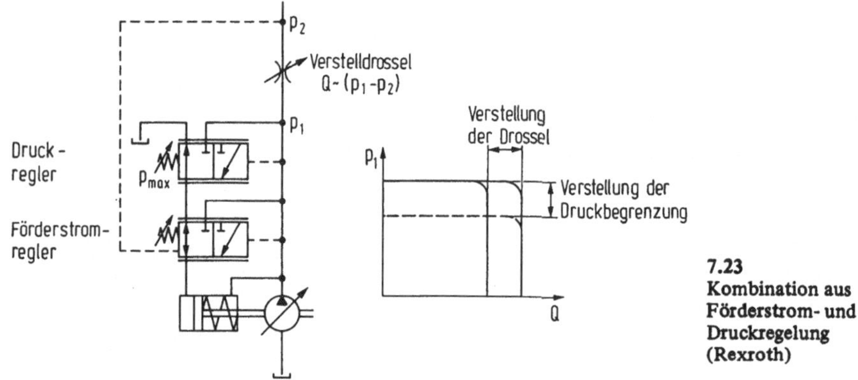

7.23
Kombination aus
Förderstrom- und
Druckregelung
(Rexroth)

Steigt die Pumpendrehzahl n_1, so entsteht auf Grund des größer gewordenen Förderstroms Q ein größerer Druckabfall $(p_1 - p_2)$. Er verschiebt das Förderstromregelventil
nach rechts, so daß der Druckölstrom den Verstellkolben ebenfalls nach rechts in Richtung auf ein kleineres Hubvolumen verstellen kann. Sobald die Druckdifferenz der
Federkraft des Förderstromreglers entspricht, ist die Verstellung beendet.

Am Druckregler wird der gewünschte Maximaldruck p_{max} eingestellt. Solange er nicht
erreicht wird, tritt das Druckregelventil nicht in Aktion. Sobald er jedoch überschritten
wird, wird der Ventilschieber des Druckregelventils nach rechts geschoben, so daß der
Verstellkolben die Pumpe auf ein kleineres Hubvolumen verstellt. Der Druckregler
wirkt hier also als Druckbegrenzung. Daher erübrigt sich ein Druckbegrenzungsventil,
es sei denn, man will aus Sicherheitsgründen oder zur Absicherung „schneller" Druckspitzen zusätzlich eins verwenden. Die Druckbegrenzung wird hier aber nicht wie beim
DBV, das den Volumenstrom in den Tank abfließen läßt, durch hohe Verluste erkauft, sondern der Druckregler verstellt die Pumpe so lange auf ein kleineres Hubvolumen zurück, bis
der Druck unter den Maximaldruck sinkt. Während der Zeit, in der der Druckregler anspricht, ist der Förderstromregler ohne Wirkung.

Leistungsregelung mit Druckbegrenzung. Die in Bild 7.24 dargestellte Leistungsregelung
mit Druckbegrenzung arbeitet grundsätzlich wie die schon beschriebene einfache Leistungsregelung. Wird der am DBV eingestellte Druck überschritten, so wird der rechte

Druckraum im Steuerzylinder entlastet, so daß der Pumpendruck den Steuerkolben,
und damit auch den Verstellkolben, nach rechts zu einem kleineren Hubvolumen, bzw.
zu einem kleineren Förderstrom hin verstellen kann.

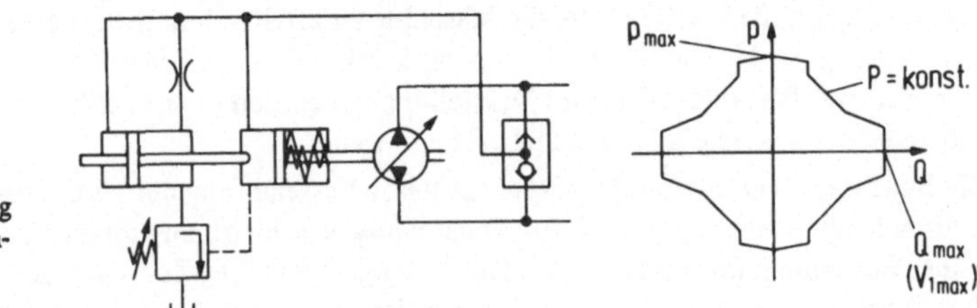

7.24
Leistungsregelung
mit Druckbegren-
zung

8 Planung und Betrieb hydraulischer Anlagen

Wie bereits in der Einleitung zu diesem Buch beschrieben, bietet die Ölhydraulik dem
Maschinenbaukonstrukteur gegenüber früheren mechanischen Lösungen heute eine Vielzahl von neuen Gestaltungsmöglichkeiten an. Dabei besteht einmal die Möglichkeit, die
bisher mit rein mechanischen Mitteln verwirklichten Funktionen der einzelnen Baugruppen einer Maschine mit ölhydraulischen Mitteln zu verwirklichen, also z. B. die bisher
durch Seilzug betätigte Bremse eines Automobils durch eine ölhydraulische Bremse oder
das bisher mechanisch betätigte Hubwerk eines Schlepper-Mähbalkens durch ein mit
Hydrozylinder arbeitendes Hubwerk zu ersetzen. Sehr häufig wird in der Praxis zunächst
eine solche begrenzte Aufgabe vorliegen. Aber auch hier wird es in vielen Fällen schon
möglich sein, über die Ölhydraulik bessere Funktionen zu erreichen und die Bedienung
der Maschine zu vereinfachen.

Bei der Entwicklung neuer Maschinen oder Typenreihen sollte jedoch immer wieder
überlegt werden, ob nicht dort, wo man einzelne Funktionen einer Maschine ohnehin
mit Hilfe der Ölhydraulik lösen will, eine grundsätzlich neue, von den bisherigen mechanischen Lösungen wesentlich abweichende Konzeption zu größerem Fortschritt, zu
größeren Absatzerfolgen und für den Anwender zu besseren Arbeitsbedingungen führen
wird. Die schon erwähnte Ablösung des früheren Seilbaggers durch den Hydraulikbagger
ist ein gutes Beispiel hierfür. Mit dem Hydraulikbagger entstand eine völlig neuartige
Lösung, die auf Grund ihrer arbeitswirtschaftlichen Vorzüge sehr rasch zu großer Bedeutung gelangte. Ähnliche Beispiele gibt es auf vielen Gebieten des Maschinenbaus.

Um solche Lösungen zu erreichen und die Möglichkeiten der Ölhydraulik voll auszu-
nutzen, muß der Konstrukteur sich von altgewohnten Begrenzungen frei machen, die
die Verwendung mechanischer Lösungen ihm auferlegten, und oft wesentliche Teile der
Gesamtkonzeption der Maschine den Bedingungen der Ölhydraulik anpassen. Darüber
hinaus bedarf es neben der Kenntnis dieser Bedingungen in jedem Fall einer sorgfältigen
Planung und Berechnung der Hydraulikanlage. Beides soll in den folgenden Abschnitten
dargestellt werden. Dazu werden zunächst einige grundlegende, in Hydraulikanlagen
häufig verwendete Schaltungen behandelt.

8.1 Schaltungsbeispiele

Ähnlich, wie man bei der Entwicklung einer Maschine zunächst in der Regel die mechanischen Funktionen festlegt, die die Maschine zu erfüllen hat, geht man auch bei der Entwicklung der Hydraulikanlage von den Funktionen aus, die mit Hilfe der Ölhydraulik erfüllt werden sollen. Zu ihrer Darstellung haben sich die mit Hilfe der Hydraulik-Schaltzeichen zu erstellenden Schaltpläne bewährt.

Die Synthese einer Hydraulikanlage, das heißt Verknüpfung der Hydraulikelemente zu einer vollständigen Anlage und ihre Darstellung, geschieht am einfachsten über Schaltpläne. Zusammen mit ergänzenden Darstellungen, wie Weg-Zeit-Diagrammen, Kraft-Zeit-Diagrammen, Datenlisten usw., ermöglichen sie einen hervorragenden Überblick über Aufbau und Funktion einer Anlage. Aber auch zur Analyse einer schon vorhandenen fertigen Hydraulikanlage sind Schaltpläne unerläßlich.

Das Zusammenstellen und das Lesen von solchen Schaltplänen will aber erarbeitet sein, und es sind einige grundlegende Gesichtspunkte zu beachten. Sie sollen hier an Hand von einfachen Schaltungen dargestellt werden. Eine solche Darstellung kann im Rahmen dieses Buches nur einige wenige grundlegende Beispiele enthalten. Zur Fortsetzung solcher Studien werden die einschlägigen Bücher empfohlen. Eine Vielfalt von sorgfältig zusammengestellten, detaillierten Schaltungsbeispielen findet man bei Zoebl [46] und in anderen Büchern [47, 48, 49].

Schaltpläne enthalten meist immer wiederkehrende Elemente und Elementegruppen, mit deren Hilfe man den Aufbau einer Anlage leichter überblicken kann. Es sind dies die folgenden Elementegruppen:

a. Elemente zur Erzeugung des Volumenstroms (Umformung von mechanischer in hydraulische Energie)
b. Elemente zur Begrenzung des Öldrucks (Sicherung gegen Überlastung)
c. Elemente zur Bestimmung der Durchflußrichtung (Bewegungsrichtung des Abtriebs)
d. Elemente zur Bestimmung der Volumenstromstärke (Bewegungsgeschwindigkeit des Abtriebs)
e. Elemente zur Erzeugung der Abtriebsbewegung (Umformung von hydraulischer in mechanische Energie)

Bei der Erstellung von Schaltplänen, insbesondere aber beim Lesen bereits fertiggestellter Schaltpläne, empfiehlt es sich, diese Elementegruppen als Gedankengerüst zu verwenden, um danach den Schaltplan aufzubauen oder einen fertigen Schaltplan zu lesen.

So fehlen z. B. bei einer einfachen hydraulischen Fahrzeugbremse die Elementegruppen b, c und d, denn es sind dazu nur ein Hydrozylinder mit Fußpedal zur Erzeugung der hydraulischen Leistung (Elementegruppe a) und vier Bremszylinder in den Rädern zur Erzeugung der Abtriebsbewegung (Elementegruppe e) erforderlich. Die in den Bildern 8.1, 8.2 und 8.3 dargestellten Schaltpläne haben z. B. gleiche Elementegruppen a und b, und auf Bild 8.1 ist z. B. auch die Elementegruppe e bei beiden Schaltungen gleich.

8.1.1 Schaltungen für einzelne Verbraucher

An Hand der im folgenden abgebildeten Schaltungen werden Beispiele aus drei Gruppen behandelt:

— Grundschaltungen (Bild **8.1** bis **8.4**)
— Eilgangschaltungen (Bild **8.5** bis **8.7**)
— Sperrkreisschaltungen (Bild **8.8**)

Aus allen Gruppen wird nur eine kleine Auswahl der Schaltungsmöglichkeiten oder — wie bei der Sperrkreisschaltung — nur ein einzelnes Beispiel gegeben. Die Erläuterungen sind den Bildern direkt zugeordnet.

Steuerung eines einfachwirkenden Zylinders (Bild 8.1)

a. mit 3/2-WV, handbetätigt

Ventil nach links: Heben; Ventil nach rechts: Senken.

Festhalten des Kolbens nur in den Endlagen möglich; während des Haltens oben fließt Ölstrom über DBV ab: hohe Verluste, große Erwärmung.

b. mit 3/3-WV, handbetätigt

Ventil nach links: Heben;
Ventil in Mitte: Halten;
Ventil nach rechts: Senken.

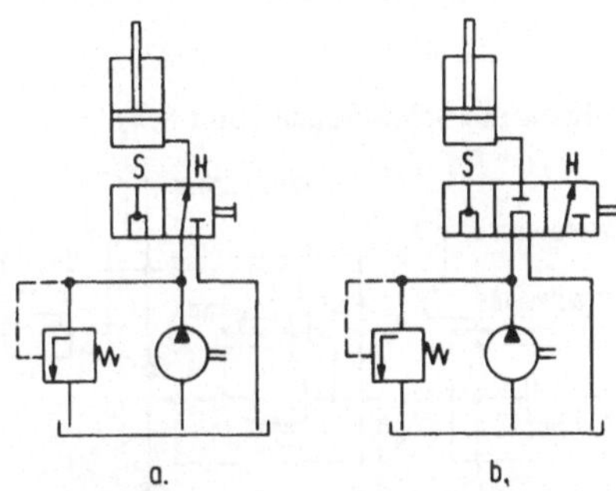

8.1 Steuerung eines einfachwirkenden Zylinders

Festhalten des Kolbens in jeder Stellung möglich; allerdings ist ein Absinken infolge von Lecköolverlusten möglich (Abhilfe siehe Bild **8.8**). Während des Haltens freier Ölumlauf: geringe Verluste, geringe Erwärmung.

Steuerung eines Gleichlaufzylinders (Bild 8.2)

a. mit 4/3-WV, handbetätigt

Ventil nach links: Kolben nach links;
Ventil in Mitte: Halten;
Ventil nach rechts: Kolben nach rechts.

Festhalten des Kolbens in jeder Stellung möglich. Während des Haltens freier Ölumlauf: geringe Verluste, geringe Erwärmung.

b. mit 4/3-WV, handbetätigt, mit Federzentrierung

Ventil nach links: Kolben nach links;
Ventil in Mitte: Schwimmstellung;
Ventil nach rechts: Kolben nach rechts.

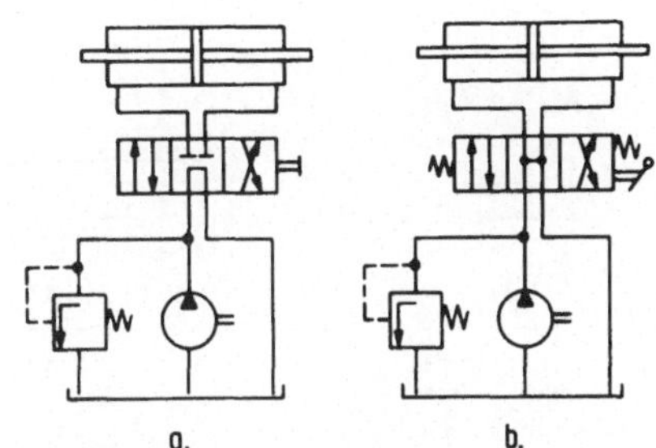

8.2 Steuerung eines Gleichlaufzylinders

Bei Schwimmstellung sind beide Zylinderräume und die Pumpe mit dem Ölbehälter verbunden; der Kolben kann durch äußere Kraft bewegt werden.

Steuerung eines Motors (Bild 8.3)

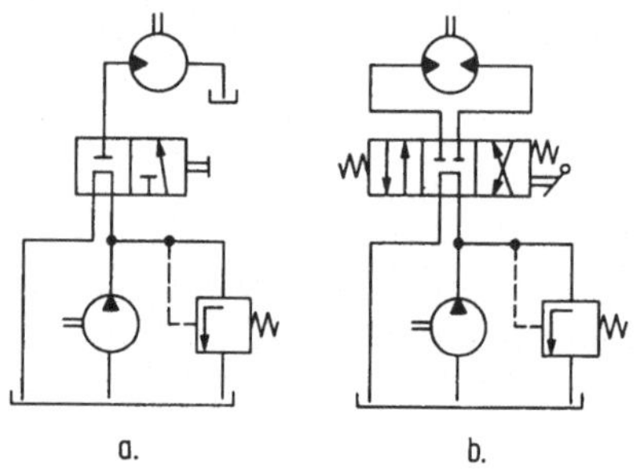

a. mit 3/2-WV, handbetätigt

Abtrieb am Motor nur in einer Richtung möglich; Bremsen mit dem Motor nicht möglich, da Rücklauf nicht gesperrt; in Stoppstellung freier Ölumlauf.

b. mit 4/3-WV, handbetätigt mit Federzentrierung

Abtrieb am Motor in beide Richtungen möglich; Bremsen mit dem Motor möglich; in Neutralstellung wird der Motor blockiert, das Öl läuft frei um.

8.3 Steuerung eines Motors

Verlustarme Schaltungen (Bild 8.4)

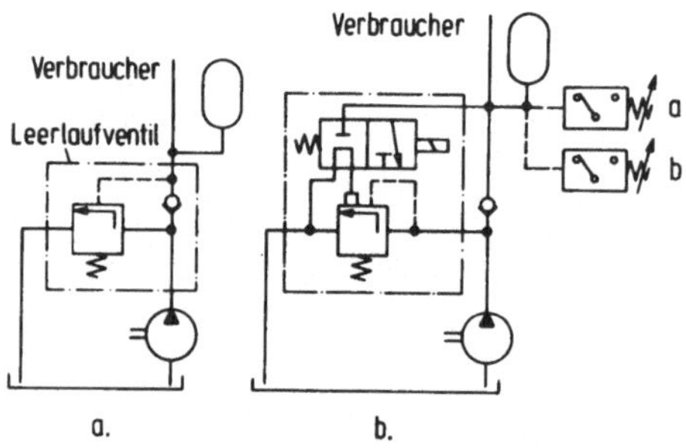

a. mit Leerlaufventil

Leerlaufventil schaltet auf drucklosen Umlauf, wenn p_{max} erreicht ist. Sinkt der Verbraucherdruck, so wird der Ablauf zum Ölbehälter wieder gesperrt.

b. mit Druckschaltern

Druckschalter a schaltet Ventil auf freien Durchfluß, wenn p_a erreicht ist. Sinkt der Druck unter p_b, so wird der Durchfluß zum Ölbehälter gesperrt, p_a und p_b sind einstellbar.

8.4 Verlustarme Schaltungen

Eilgangschaltungen, nur mit Ventilen (Bild 8.5)

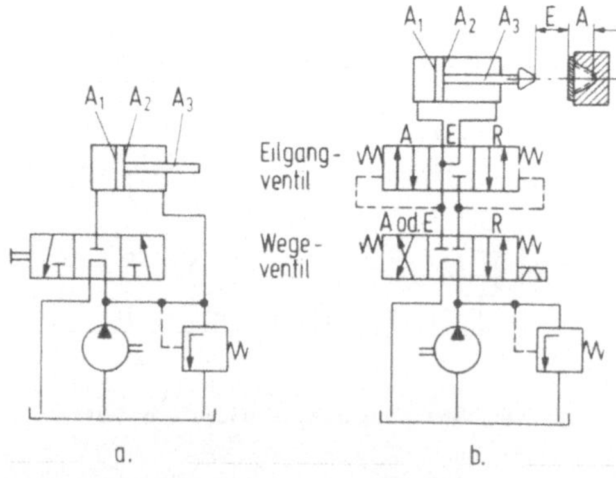

8.5 Eilgangschaltungen, nur mit Ventilen

a. mit mechanischer Bedienung

Ventil nach links: Ausfahren im Eilgang

$$v_E = \frac{Q}{A_1 - A_2} = \frac{Q}{A_3}$$

Ventil nach rechts: Rückhub

$$v_R = \frac{Q}{A_2}$$

b. mit automatischer Umschaltung

WV nach rechts: Eilgang (E) bis zum Beginn des Preßvorganges (Ende der Strecke E)

$$v_E = \frac{Q}{A_3} ; \quad F_E = p \cdot A_3$$

Infolge Druckerhöhung dann automatische Umschaltung des Eilgangventils nach rechts, das heißt Arbeitsgang (Pressen bis Ende der Strecke A) mit kleinerer Vorschubgeschwindigkeit und größerer Kraft.

$$v_A = \frac{Q}{A_1} ; \quad F_A = p \cdot A_1$$

Nach elektromagnetischer Umschaltung des WV nach links: Rückhub.

$$v_R = \frac{Q}{A_2} ; \quad F_R = p \cdot A_2$$

Eilgangschaltungen mit Doppelpumpen (Bild 8.6)

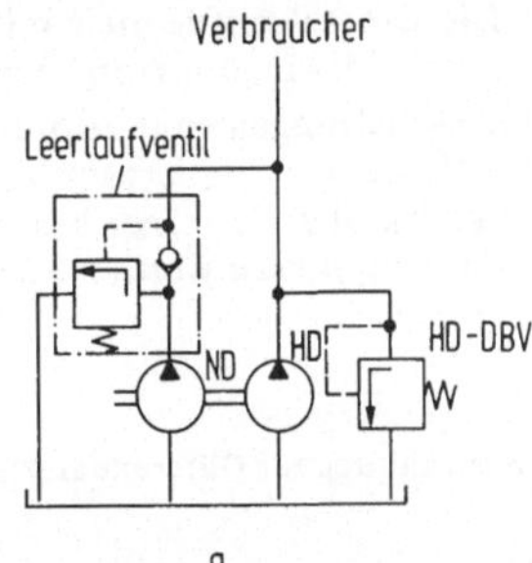

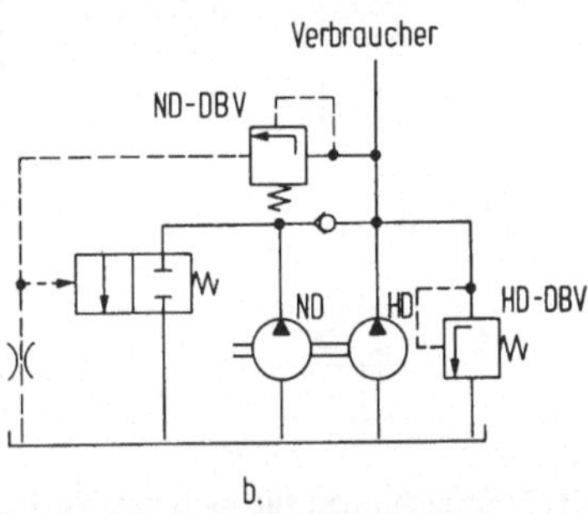

8.6
Eilgangschaltungen mit Doppelpumpen

a. Umschaltung durch Leerlaufventil

Während des Eilgangs liefern ND- und HD-Pumpe zum Verbraucher. Ist eingestellter ND erreicht, so schaltet Leerlaufventil den großen Förderstrom der ND-Pumpe auf drucklosen Umlauf, HD-Pumpe fördert mit kleinem Förderstrom und großem Druck zum Verbraucher. Nach Abfall des Arbeitsdruckes schaltet Leerlaufventil ab und beide Pumpen arbeiten wieder gemeinsam.

b. Umschaltung durch vorgesteuertes Wegeventil

Während des Eilgangs ist 2/2-Wegeventil gesperrt, der Förderstrom beider Pumpen fließt zum Verbraucher. Nach Erreichen des Einstelldruckes des ND-DBV wird 2/2-Wegeventil auf Durchfluß geschaltet. Großer Förderstrom der ND-Pumpe läuft drucklos ab, kleiner Förderstrom der HD-Pumpe bewirkt Arbeitshub mit erforderlichem Hochdruck.

Eilgangschaltung mit Niederdruckspeicher (Bild 8.7)

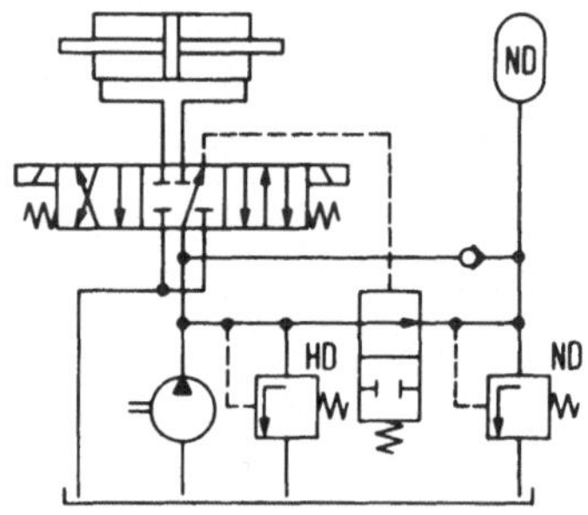

8.7
Eilgangschaltung mit Niederdruckspeicher

In der gezeichneten Stellung wird das 2/2-WV mit Steueröl beaufschlagt und der ND-Speicher gefüllt. 6/3-WV nach links: Öl von Pumpe und ND-Speicher strömen in die rechte Zylinderseite, 2/2-WV wird geschlossen. Bei Druckanstieg schließt RÜV und die Pumpe arbeitet allein.

Sperrkreisschaltung für Differentialzylinder (Bild 8.8)

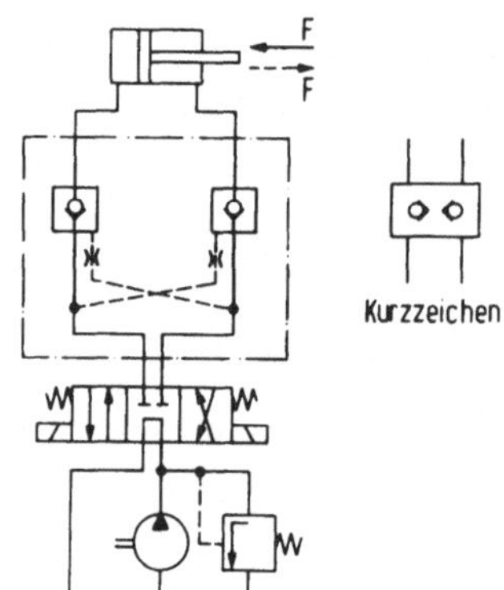

Der Kolben gibt unter der Last F in beiden Richtungen nicht nach, da der Rücklauf gesperrt ist. Wird das 4/3-WV geschaltet, so wird das jeweils im Rücklauf liegende Rückschlagventil durch den Steuerölstrom von der Hochdruckseite her entsperrt. Die Drosselventile dienen jeweils zum Verhindern von Schwingungsvorgängen.

Sperrkreisschaltungen sind erforderlich, weil die Lecköölverluste in Schieberventilen ein Festhalten des Zylinderkolbens in einer bestimmten Stellung nicht erlauben; hierzu werden Sitzventile benötigt.

8.8
Sperrkreisschaltung für Differentialzylinder

8.1.2 Schaltungen für mehrere Verbraucher

Sollen mit einer Hydraulikanlage mehrere Verbraucher betrieben werden, so können damit verschiedenartige Forderungen verbunden sein. Zylinder können z. B. in einer bestimmten Folge nacheinander betrieben werden, oder es besteht die Forderung, mehrere Zylinder genau gleichzeitig ausfahren zu lassen, wie z. B. beim Heben einer Plattform. Bei Anlagen mit einer größeren Zahl von Verbrauchern ist es möglich, diese parallel oder in Reihe zu schalten.

Die folgenden Beispiele befassen sich mit

- Folgeschaltungen (Bild **8.9**)
- Gleichlaufschaltungen (Bild **8.10**)
- Parallelschaltungen (Bild **8.11** und **8.12**)
- Reihenschaltungen (Bild **8.13** und **8.14**)

Folgeschaltung zweier Zylinder (Bild 8.9)

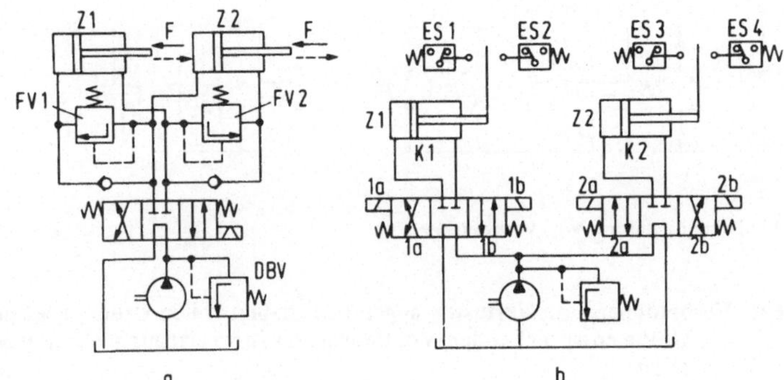

8.9
Folgeschaltung
zweier Zylinder

a. Steuerung mit Folgeventilen (FV)

4/3-WV nach links: rechte Seite von Z1 beaufschlagt. Bei Anschlag des Kolbens steigt der Druck und öffnet FV 2; dadurch bewegt sich auch Z2 nach links. Nach Umschalten des WV: Z2 nach rechts usw.

b. Steuerung mit Endschaltern

Ausgangsstellung: K1 und K2 links

1. Start: WV 1a unter Strom
            K1 nach rechts

2. ES 2: WV 1a stromlos, WV 2a unter Strom
           K2 nach rechts

3. ES 4: WV 2a stromlos, WV 1b unter Strom
           K1 nach links

4. ES 1: WV 1b stromlos, WV 2b unter Strom
           K2 nach links

5. ES 3: WV 2b stromlos

Gleichlaufschaltungen (Bild 8.10)

a. mit mechanisch gekoppelten Zylindern

guter Gleichlauf durch Zwangsführung, großer Aufwand

b. mit Stromteiler gesteuerte Motoren

der Ölstrom wird bei einer Drehrichtung im Zulauf aufgeteilt, bei der anderen Drehrichtung im Rücklauf vereinigt.

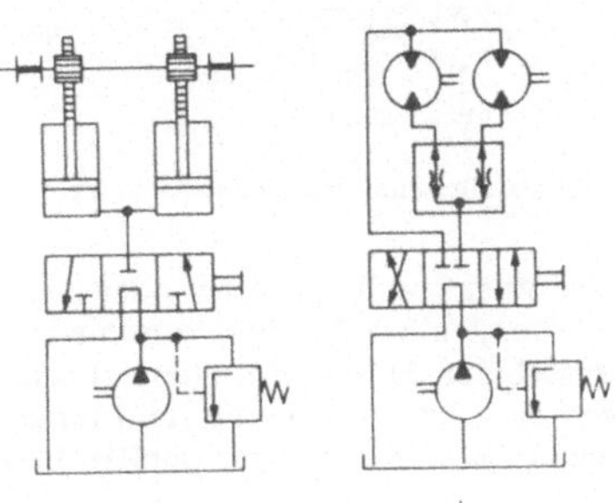

8.10
Gleichlaufschaltungen

Parallelschaltung von Verbrauchern (Bild 8.11)

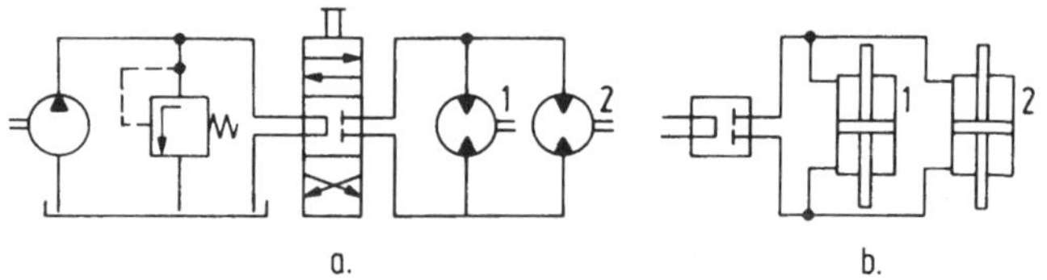

8.11 Parallelschaltung von Verbrauchern

Beide Verbraucher (von Verlusten abgesehen) haben vollen Druck, aber nur den anteiligen, ihrer Größe entsprechenden Volumenstrom zur Verfügung. Ohne Berücksichtigung der Verluste ist

$$p = p_1 = p_2; \quad Q = Q_1 + Q_2$$

a. Parallelschaltung zweier Motoren

Bei gleich großen Motoren und gleich großer Belastung: $M_1 = M_2$

Bei Antrieb beider Hinterräder eines Fahrzeugs durch zwei Motoren: Differentialwirkung bei Kurvenfahrt.

b. Parallelschaltung zweier Zylinder

Bei gleich großen Zylindern: $F_1 = F_2$

Parallelschaltung dreier Zylinder (Bild 8.12)

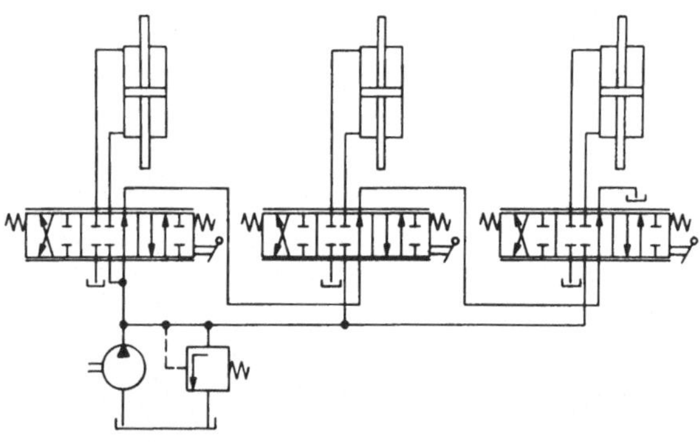

8.12 Parallelschaltung dreier Zylinder

Es können wahlweise einer oder mehrere Zylinder gleichzeitig betätigt werden. Sind die Belastungen der Zylinder verschieden groß, so kann durch entsprechende Betätigung der drosselnden 6/3-WV trotzdem gleiche Geschwindigkeit für alle drei Zylinder erreicht werden. Ohne Drosselung steht für jeden Zylinder der volle Pumpen-Öldruck zur Verfügung. Bei gleichzeitiger Betätigung verfügt jeder aber nur über einen Teilölstrom, da

$$Q = Q_1 + Q_2 + Q_3$$

Reihenschaltung von Verbrauchern (Bild 8.13)

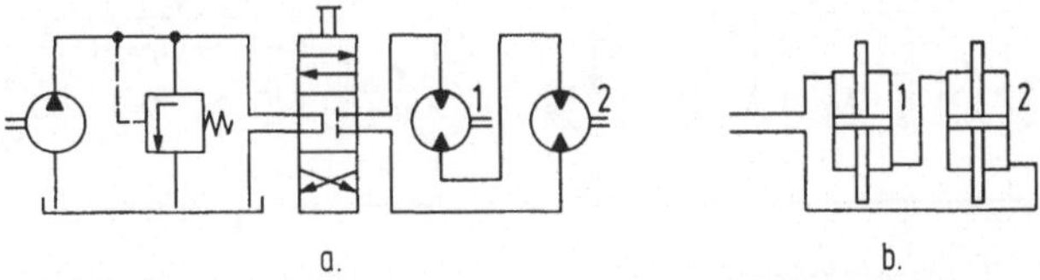

8.13
Reihenschaltung
von Verbrauchern

Beide Verbraucher haben (von Verlusten abgesehen) vollen Volumenstrom, aber nur den anteiligen, ihrer Belastung entsprechenden Druck zur Verfügung

$$Q = Q_1 = Q_2; \quad p = p_1 + p_2$$

a. Reihenschaltung zweier Motoren
Bei gleich großen Motoren: $n_1 = n_2$

b. Reihenschaltung zweier Zylinder
Bei gleich großen Zylindern: $v_1 = v_2$

Reihenschaltung dreier Zylinder (Bild 8.14)

Es können wahlweise einer oder mehrere Zylinder gleichzeitig bedient werden. Die betätigten Zylinder bewegen sich gleich schnell, ohne daß drosselnde WV verwendet werden müssen. Bei Betätigung aller drei Zylinder erhält jeder Zylinder nur einen anteiligen Druck, da

$$p = p_1 + p_2 + p_3$$

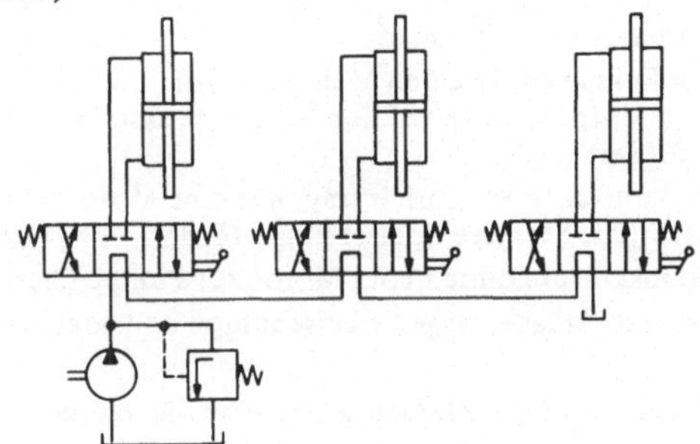

8.14 Reihenschaltung dreier Zylinder

8.1.3 Systemschaltungen

Für bestimmte Anwendungsfälle haben sich Schaltungssysteme herausgebildet, die zu Standardausführungen geworden sind. Es sind dies vor allem die folgenden Schaltungen:

— offener Kreislauf (Bild **8.15** und **8.16**),
— geschlossener Kreislauf (Bild **8.15** bis **8.17**),
— Konstantstrom-Schaltung (Bild **8.18**),
— Konstantdruck-Schaltung (Bild **8.19**),
— Load-Sensing-Schaltung (Bild **8.20**).

Die Frage, ob eine Anlage zweckmäßig in offenem oder geschlossenem Kreislauf gestaltet werden soll, stellt sich vor allem bei der Entwicklung eines aus Hydropumpe und Hydromotor bestehenden hydrostatischen Getriebes. Konstantstrom-, Konstantdruck- und Load-Sensing-Schaltungen werden vor allem für Anlagen mit einer größeren Zahl von verschiedenen Verbrauchern, Zylindern und Motoren, verwendet. Die Wahl des einen oder des anderen Systems wird durch den speziellen Verwendungszweck und durch wirtschaftliche Gründe bestimmt.

Offener und geschlossener Kreislauf für konstante Stromrichtung (Bild 8.15)

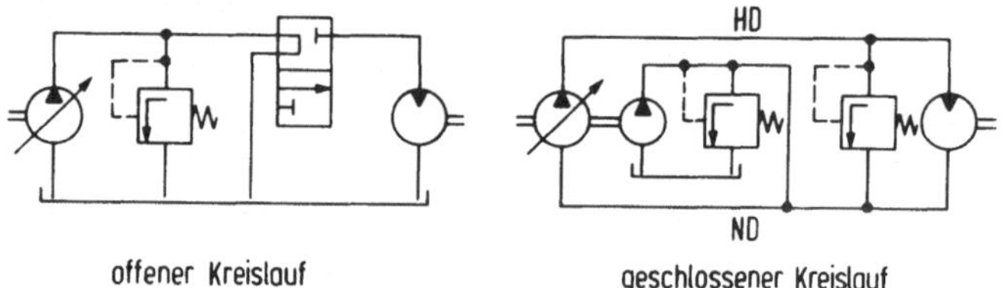

8.15 Offener und geschlossener Kreislauf für konstante Stromrichtung

Offener Kreislauf

Die Pumpe saugt Öl aus dem Behälter an, der Motor fördert in den Behälter zurück.

Die Pumpe fördert nur in eine Stromrichtung, das heißt, der Motor hat nur eine Dreh-richtung. In der gezeichneten Ausgangsstellung läuft der Ölstrom frei um. Bei Unter-druck in der Ansaugleitung besteht Kavitationsgefahr.

Billigere Anlage.

Geschlossener Kreislauf

Die Pumpe fördert den Volumenstrom hochdruckseitig (HD: z. B. 180 bar) zum Motor, vom Motor wird er auf der Niederdruckseite (ND: 5 bis 10 bar) direkt zur Pumpe zurück-gefördert.

Da konstante Stromrichtung, nur eine Motordrehrichtung und HD- und ND-Seite unver-änderbar. Kleinere Speisepumpe fördert in ND-Seite und gleicht Lecköllverluste aus.

Bremskräfte können vom Motor zur Pumpe übertragen werden.

Teurere Anlage, wegen Speisepumpe und sonstigen Elementen (siehe Bild **8.17**).

Offener und geschlossener Kreislauf für veränderliche Stromrichtung (Bild 8.16)

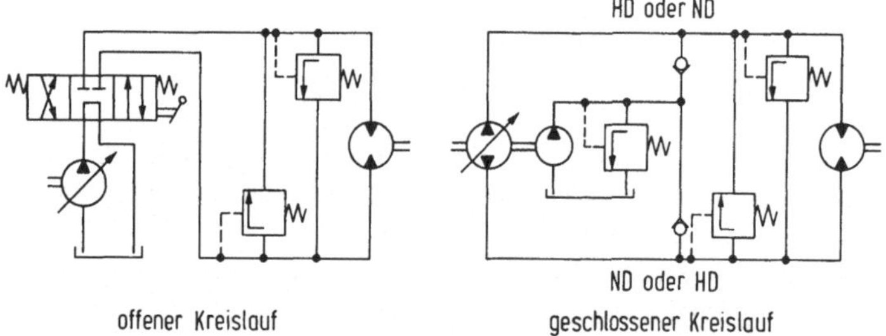

8.16 Offener und geschlossener Kreislauf für veränderliche Stromrichtung

Offener Kreislauf

Umsteuern der Motor-Drehrichtung erfolgt über 4/3-WV. Pumpe saugt aus Behälter, Motor fördert in Behälter zurück.

Geschlossener Kreislauf

Umsteuern der Motor-Drehrichtung durch Verstellen der Pumpe. Dabei wird HD-Seite zur ND-Seite, ND-Seite zur HD-Seite. Aus diesem Grund sind zwei RÜV zum Einspeisen des ND-Öls und zwei DBV zum Absichern der jeweiligen HD-Seite erforderlich.

Kompletter geschlossener Kreislauf für einen Fahrantrieb (Bild 8.17)

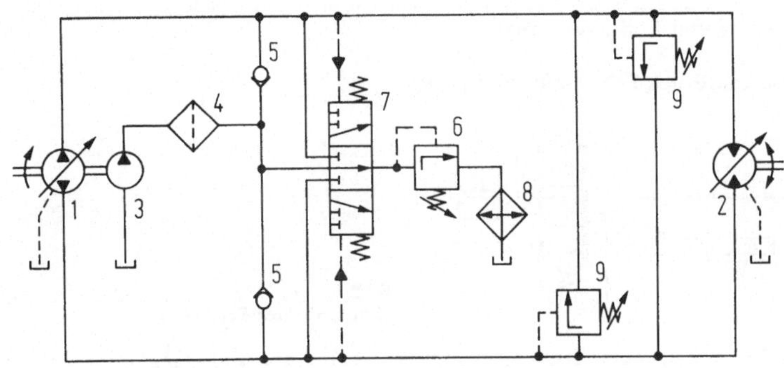

8.17 Kompletter geschlossener Kreislauf für einen Fahrantrieb

Er erfüllt die folgenden Forderungen:

- Abtrieb für beide Drehrichtungen,
- stufenlose Verstellbarkeit,
- Treiben und Bremsen bei Vorwärts- und Rückwärtsfahrt,
- Austauschen und Kühlen des warmen Öls.

Die Hauptpumpe 1, eine Verstellpumpe für beide Förderrichtungen, fördert Öl zum Motor 2, der konstantes oder verstellbares Hubvolumen haben kann. Von dort strömt das Öl zurück zur Pumpe.

In die jeweilige Niederdruckleitung wird durch die Speisepumpe 3 über den Filter 4 und eines der Rückschlagventile 5 Öl eingespeist. Der Speisedruck (5–10 bar) wird am Druckbegrenzungsventil 6 eingestellt. Das zur Spülung eingespeiste Öl (bis zu ca. 15% des max. Volumenstroms, d. h. mehr als die Leckölverluste) wird über das Spülventil 7, das Druckbegrenzungsventil 6 und den Kühler 8 abgeführt. Dabei wird das Spülventil durch Drucköl von der jeweiligen Hochdruckseite geschaltet, so daß das Öl aus der Niederdruckseite abfließen kann. Die jeweilige Hochdruckseite ist durch eines der beiden Druckbegrenzungsventile 9 abgesichert, die das Öl im Betriebsfall in die Niederdruckseite abfließen lassen.

Konstantstrom-Schaltung (Bild 8.18)

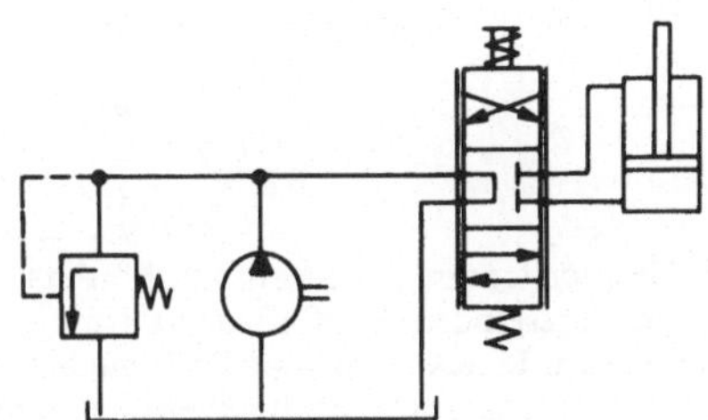

8.18
Konstantstrom-Schaltung

Sie besteht aus Konstantpumpe, DBV und einem oder mehreren Verbrauchern, die durch drosselnde WV gesteuert werden; diese Elemente sind in der Regel in offenem Kreislauf geschaltet.

Die Konstantpumpe liefert bei konstanter Antriebsdrehzahl einen konstanten Förderstrom. Soll die Geschwindigkeit des Verbraucherkolbens unter dem maximal möglichen Wert liegen, so muß der Ölstrom im WV aufgeteilt werden. Der für die gewünschte Geschwindigkeit benötigte Teil fließt zum Verbraucher; der andere Teil wird im Ventil gedrosselt und fließt über das Ventil zum Tank. Daher herrscht gleicher Druck für Nutzleistung und Verlustleistung.

Konstantdruck-Schaltung (Bild 8.19)

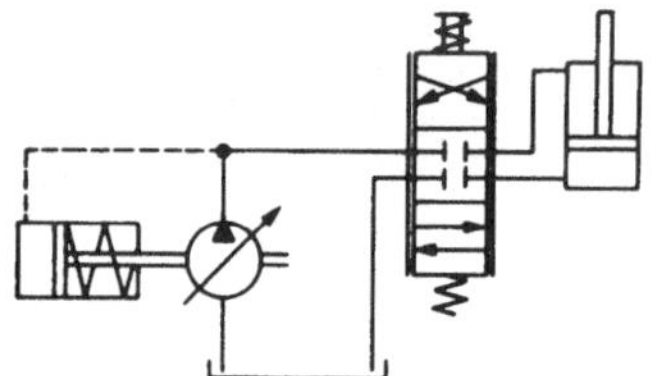

8.19
Konstantdruck-Schaltung

Sie besteht aus einer druckgeregelten Verstellpumpe und einem oder mehreren Verbrauchern, die durch ein drosselndes WV geschaltet werden.

Die Verstellpumpe paßt den Förderstrom so an den Verbraucher an, daß ein nahezu konstanter Druck erhalten bleibt. Die Differenz zwischen Pumpendruck und Verbraucherdruck wird am WV weggedrosselt. In Ruhestellung des WV liefert die Pumpe nur den zum Ersatz des Lecköls nötigen Volumenstrom, allerdings bei Maximaldruck.

Load-Sensing-Schaltung (LS-Schaltung) (Bild 8.20)

Sie ist im Prinzip eine kombinierte Förderstrom-Druckregelung (siehe Abschn. 7.4.2.4) und besteht aus einer Verstellpumpe mit Förderstromregler und Überdruckventil und einem oder mehreren Verbrauchern. Die Steuerung erfolgt mit einem speziellen drosselnden WV, das über eine zusätzliche Steuerleitung den Förderstromregler mit dem jeweiligen Lastdruck beaufschlagt.

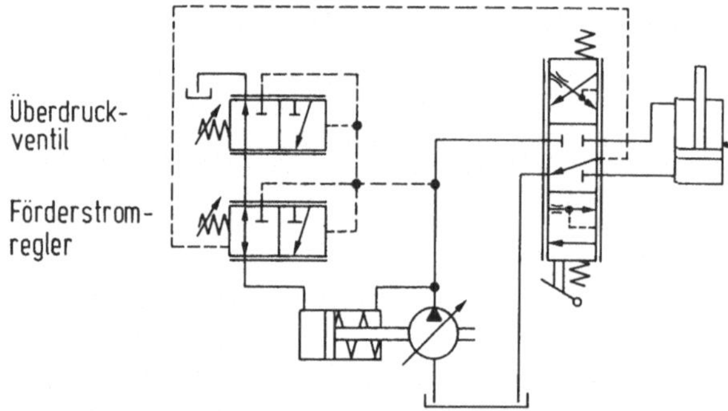

8.20
Load-Sensing-Schaltung (LS-Schaltung)

Der Förderstromregler regelt den Förderstrom der Pumpe so, daß der Differenzdruck Δp am drosselnden WV für jeden Öffnungsquerschnitt konstant bleibt, und zwar unabhängig vom Druckbedarf der Verbraucher. Bei Erreichen des eingestellten Maximaldruckes spricht das Überdruckventil an und verstellt die Pumpe auf ein kleineres Hubvolumen.

Wird der Öffnungsquerschnitt des WV vergrößert, so verringert sich die Druckdifferenz Δp und der Förderstromregler vergrößert das Hubvolumen der Pumpe so lange, bis die Druckdifferenz Δp am WV wieder der am Förderstromregler eingestellten Federkraft entspricht.

Über das drosselnde WV kann man den Förderstrom direkt dem Verbraucher anpassen, wobei der Pumpendruck nur um Δp über dem Lastdruck liegt.

Systemvergleich zwischen Konstantstrom-, Konstantdruck- und Load-Sensing-Schaltung (Bild 8.21)

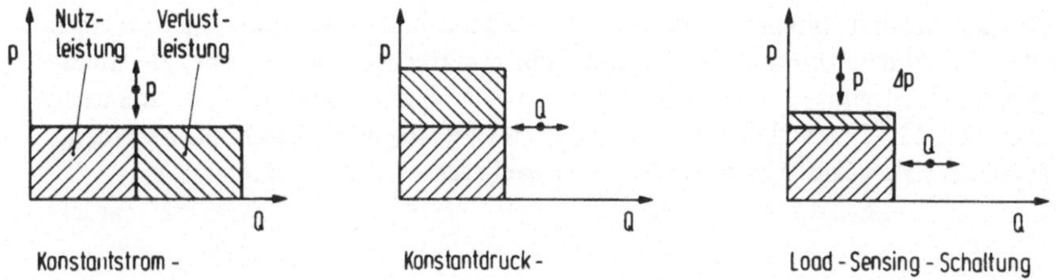

8.21 Systemvergleich zwischen Konstantstrom-, Konstantdruck- und Load-Sensing-Schaltung

Konstantstrom-Schaltung

Q = konst. p stellt sich verbraucherabhängig ein; der nicht benötigte Volumenstrom wird zum Behälter abgeführt.

Bei Antrieb mehrerer Zylinder mit unterschiedlicher Belastung würde zuerst der Zylinder mit der kleinsten Last bewegt werden, nach Erreichen seiner Endlage der Zylinder mit der nächsthöheren Last usw. Dies läßt sich vermeiden, indem über die Wegeventile gezielt gedrosselt wird, z. B. durch die Bedienungsperson. Einfache, relativ billige Schaltung.

Konstantdruck-Schaltung

Q stellt sich verbraucherabhängig ein. p = konst.

Der vom Verbraucher nicht benötigte Druck wird am WV abgebaut; er bestimmt die Verlustleistung. Geeignet für gleichzeitigen Betrieb mehrerer Zylinder mit unterschiedlichem Druckbedarf. Aufwendigere, teurere Schaltung.

Load-Sensing-Schaltung

Q und p stellen sich verbraucherabhängig ein.

Die Verlustleistung wird durch die relativ niedrige Druckdifferenz Δp über dem drosselnden WV bestimmt. Wesentliche Vorteile bei Betrieb größerer Anlagen mit Zylindern und Motoren unterschiedlichen Druckbedarfs.

Gute Feinsteuerung möglich, in Mobilanlagen bewährt. Sehr energiesparende, aber teure Anlage. In Zukunft ist eine weitere Verbreitung vor allem im Mobilbereich bei größeren Leistungen zu erwarten.

8.2 Planung und Berechnung

In diesem Abschnitt werden zusammenfassend und mit Unterstützung von kurzen Planungs- und Berechnungsbeispielen die wesentlichen Gesichtspunkte behandelt, die der Maschinenbaukonstrukteur bei der Planung von Hydraulikanlagen zu beachten hat. Ergänzend sollen dabei auch einige Hinweise zu Vorüberlegungen gegeben werden, die hinsichtlich des späteren Betriebsverhaltens der Anlage angestellt werden sollten.

8.2.1 Bestimmung der Grunddaten

Die Vorgehensweise bei der Planung und Entwicklung von Hydraulikanlagen richtet sich nach Art und Umfang der zu lösenden Aufgabe, und es ist schwer, hier allgemeingültige Richtlinien zu erstellen. Trotzdem gibt es verdienstvolle Versuche, die grundlegenden Überlegungen soweit wie möglich in einer Planungssystematik zusammenzufassen [41, 42]. Hier sollen nur die wichtigsten Gesichtspunkte beschrieben werden, die bei der Entwicklung einer Hydraulikanlage beachtet werden sollten.

8.2.1.1 Planungsschritte

1. **Projekterfassung.** Ermitteln der technologischen Funktionen der zu entwickelnden Maschine und der darin von der Hydraulik zu verwirklichenden Aufgaben.
   Erfassen der Vorschriften und Randbedingungen.

2. **Ermittlung der Bewegungsfunktionen.** Wege, Geschwindigkeiten, Drehzahlen, zeitlicher Ablauf.

3. **Ermittlung der aufzubringenden Lasten.** Kräfte, Drehmomente.

4. **Bestimmung der Abtriebsgruppe.** Bestimmen von Antriebsart und Betriebsdruck. Festlegen von Art und Größe der Arbeitszylinder, Motoren, Ölbehälter, Filter, Speicher, Wärmetauscher.

5. **Bestimmung der Antriebsgruppe.** Festlegen von Pumpenart und Pumpenhubvolumen.

6. **Bestimmung der Steuer- oder Regelverfahren.** Bestimmen von Ventilarten und -größen, einschließlich der Betätigungsarten.
   Bestimmen der Verbindungselemente (Rohre, Schläuche, Verkettungen, Steuerblöcke).

7. **Erstellung des Schaltplans**

8. **Überprüfung der wärmetechnischen Gegebenheiten**

9. **Abschätzung der Kosten.** Anschaffungskosten, Betriebskosten.

Die Aufführung der hier wiedergegebenen Planungsschritte soll als Anhalt dienen. In der Praxis werden die einzelnen Schritte nicht immer in dieser Reihenfolge behandelt werden können, und sie werden teilweise auch ineinander übergehen. So werden erste wärmetechnische Überlegungen schon bei der Bestimmung der Abtriebsgruppe anzustellen sein. Kostenbetrachtungen werden z. B. in jeder einzelnen Phase durchzuführen sein, oder es werden bei der Bestimmung von Antriebsart und Betriebsdruck u. U. schon Festlegungen hinsichtlich der Pumpenart und des Hubvolumens zu treffen sein.

Es empfiehlt sich, schon bei der Ermittlung der Bewegungsfunktionen mit der Erstellung von Funktionsdiagrammen zu beginnen, in die der Bewegungsablauf und der Kraft- oder Drehmomentenverlauf über der Zeit eingetragen werden.

8.2.1.2 Funktionsdiagramme

Funktionsdiagramme geben einen Einblick in den zeitlichen Ablauf der geforderten Bewegungen und in die dabei aufzuwendenden Kräfte, bzw. Drehmomente. Sie sind zusammen mit dem zu erstellenden Anforderungskatalog die Grundlage für die Bestimmung der erforderlichen Ölvolumenströme und Betriebsdrucke und damit für die Auswahl aller Hydraulikelemente. Das folgende Beispiel möge den Aufbau und die Anwendung solcher Funktionsdiagramme zeigen.

Beispiel

Planung des hydraulischen Vorschubantriebs für ein Waagerecht-Bohrgerät (Bild 8.22).
(Ohne Berücksichtigung der Wirkungsgrade)

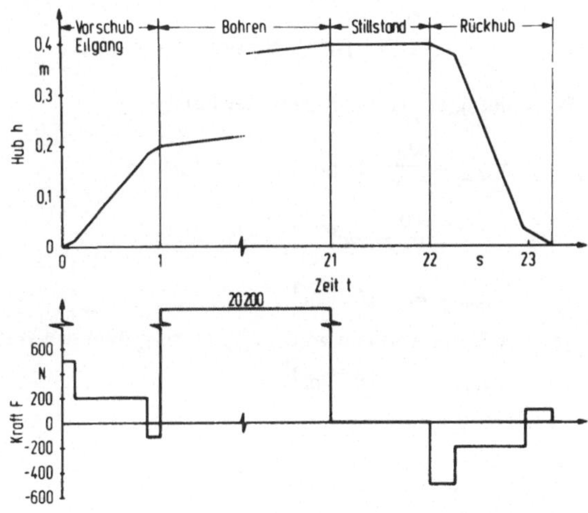

8.22 Funktionsdiagramme für hydraulischen Bohrmaschinenvorschub

Gegeben sei:

Gewicht der Bohrervorschubeinheit	m:	200	kg
Beschleunigungskraft bei $b = 1,5$ m/s^2	F_1:	300	N
Reibkräfte (insgesamt)	F_2:	200	N
Vorschubkraft beim Bohren	F_v:	20000	N
Eilganggeschwindigkeit vorwärts	v_E:	0,2	m/s
Vorschubgeschwindigkeit beim Bohren	v_A:	0,01	m/s
Rückhubgeschwindigkeit	v_R:	0,36	m/s

Projektierungsschritte:

1. Erstellen der Funktionsdiagramme (s. Bild 8.22)

2. Wahl des maximalen Betriebsdruckes:

$$p_{max} = 50 \text{ bar} = 50 \cdot 10^5 \text{ N/m}^2$$

3. Berechnung der erforderlichen Kolbenfläche

$$A_K = \frac{F_{max}}{p_{max}}; \quad \text{aus Kraft-Zeit-Diagramm } F_{max} = 20.200 \text{ N}$$

$$A_K = \frac{20\,200}{50 \cdot 10^5} = 4{,}04 \cdot 10^{-3} \text{ m}^2$$

$$d_K = 71{,}72 \text{ mm}$$

Es wird ein Kolbendurchmesser von

$$d_K = 80 \text{ mm } (A_K = 5{,}03 \cdot 10^{-3} \text{m}^2) \text{ gewählt.}$$

4. Berechnung des maximalen Förderstromes Q_{max}

$$Q_{max} = A_K \cdot v_E$$
$$= 5{,}03 \cdot 10^{-3} \cdot 0{,}2 \cong 1 \cdot 10^{-3} \text{m}^3/\text{s}$$

5. Berechnung des **Hubvolumens der Pumpe**

$$V_{max} = \frac{Q_{max}}{n}; \quad n = 25 \text{ s}^{-1} \doteq 1500 \text{ min}^{-1}$$

$$= \frac{10^{-3}}{25} \text{ m}^3$$

$$V_{max} = 40 \cdot 10^{-6} \text{m}^3$$

Wegen der Leckölverluste wird V_{max} etwas größer gewählt

$$V_{max} = 50 \cdot 10^{-6} \text{m}^3$$

8.2.1.3 Antriebsart und Betriebsdruck

Die Überlegungen zur Wahl von Antriebsart und Betriebsdruck sind eng miteinander verknüpft. Sie beeinflussen auch die Anschaffungs- und Betriebskosten der Anlage wesentlich. So verwendet man z. B. für Drucke ab 250 bar häufig Kolbenpumpen, während man bis zu Drucken von 200 bar die kleineren, billigeren Zahnradpumpen verwenden kann. Der Gesamtkostenaufwand aus Anschaffungs- und Betriebskosten kann bei Verwendung zweier Pumpen, nämlich einer Hochdruckpumpe mit kleinerem Volumenstrom und einer Niederdruckpumpe mit größerem Volumenstrom, u. U. geringer sein als bei Verwendung einer einzigen Pumpe für größeren Volumenstrom und größeren Druck (siehe nachfolgendes Beispiel).

Bei der Wahl der **Antriebsart** sind mehrere Überlegungen anzustellen:

— Art und Zahl der zu versorgenden Hydraulikgeräte (z. B. nur ein Zylinder oder ein ganzes Hydrauliksystem)

— Genauigkeit und Gleichförmigkeit der Förderung (z. B. Vorschubantrieb für Werkzeugmaschinen)

- Raumbedarf
- Wirtschaftlichkeit

Bei der Beurteilung der Wirtschaftlichkeit hat man häufig zwischen den folgenden Lösungen zu entscheiden:

- Konstantpumpen-Antrieb mit Drosselsteuerung
- Doppelpumpen-Antrieb mit HD- und ND-Pumpe
- Verstellpumpen-Antrieb

Eine Konstantpumpe mit Drosselsteuerung sollte man nur für kleinere Volumenströme oder dann verwenden, wenn der überwiegende Teil des Förderstroms vom Verbraucher ständig benötigt wird.

Wird bei größeren Verbraucherkräften nur ein kleiner Volumenstrom und beim selben Einsatzfall bei kleineren Kräften ein großer Volumenstrom benötigt, so empfiehlt sich die Verwendung einer Doppelpumpe oder einer Verstellpumpe. Das folgende Beispiel zeigt einen Vergleich zwischen Einfach- und Doppelpumpenantrieb.

Beispiel

Antrieb für eine hydraulische Presse zum Biegen von Flacheisen (Bild 8.23)
Es wird der idealisierte Arbeitsablauf betrachtet.

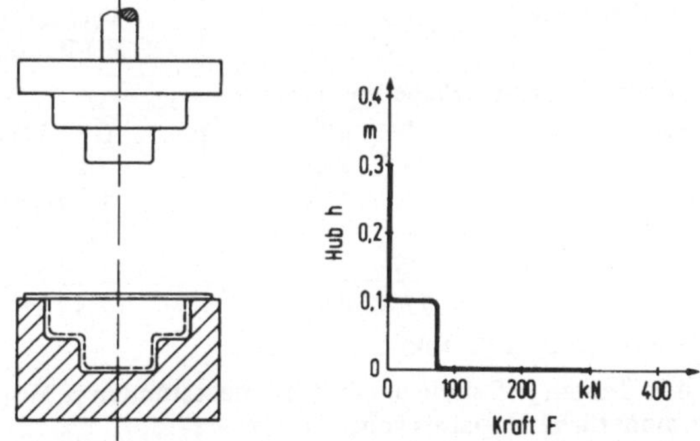

8.23 Schaubild und Funktionsdiagramm für hydraulische Presse

Gegeben:

Einzeltakt	Zeit s	Weg m	Druck bar	Preßkraft kN
Senken des Stempels	2,4	0,2	–	–
Vorbiegen	1,2	0,1	50	75
Prägen	0,7	–	200	300
Rückhub	1,7	0,3	10	–
Wechsel des Werkstücks	2,0	–	–	–
Gesamttaktzeit	8,0			

Es sollen zwei Antriebsvarianten verglichen werden:

a. Einzelzahnradpumpe

b. Doppelzahnradpumpe

Antriebsdrehzahl $n = 25\ s^{-1} \triangleq 1500\ min^{-1}$

Für Hin- und Rückhub des Stempels und für das Vorbiegen des Flacheisens sind der volle Ölstrom und ein niedriger Öldruck erforderlich. Während des Prägevorgangs wird jedoch nur ein geringer Ölstrom und der volle Öldruck benötigt.

Vergleich zwischen Einzel- und Doppelpumpen-Antrieb

Einzelzahnradpumpe	Doppelzahnradpumpe
$V_1 = 50 \cdot 10^{-6}\ m^3$	ND-Pu.: $V_{11} = 45 \cdot 10^{-6}\ m^3$ HD-Pu.: $V_{12} = 5 \cdot 10^{-6}\ m^3$

Funktion

Während der gesamten Taktzeit fließt der volle Ölstrom $Q = 1,25 \cdot 10^{-3}\ m^3/s$	Beide Pumpen arbeiten beim Senken, Biegen und Rückhub.
Beim Prägen strömt der größte Teil des Öles durch das DBV ab.	Beim Prägen arbeitet nur die kleine HD-Pumpe. Die große ND-Pumpe wird auf drucklosen Umlauf geschaltet.
Leerlaufverluste beim Wechseln des Werkstückes	Leerlaufverluste beider Pumpen beim Wechseln des Werkstückes und der ND-Pumpe beim Prägevorgang.

je Arbeitstakt erforderliche Energie

Senken	0 kWs	0 kWs
Vorbiegen	7,5 kWs	7,5 kWs
Prägen	17,5 kWs	1,75 kWs
Rückhub	2,13 kWs	2,13 kWs
Leerlaufverluste	0,5 kWs	1,0 kWs
	27,63 kWs	12,38 kWs

Differenz: 15,25 kWs/Takt

Bei 450 Takten je Stunde und 350 Betriebsstunden je Monat (2 Schichten) ergibt sich eine **monatliche Ersparnis** von:

$$\frac{15,25 \cdot 450 \cdot 350}{3600} = 667,19\ kWh\ (\text{à}\ 0,17\ DM/kWh) \triangleq 113,42\ DM$$

Der **Betriebsdruck** für Hydrozylinder ist in weiten Grenzen wählbar. Nach DIN 24 312 sind die folgenden Werte genormt:

25, 40, 63, 100, 160, 200, 250, 315, 400 bar.

Je größer man den Druck wählt, umso kleiner, leichter und evtl. billiger werden Pumpen und Motoren, aber umso größer können Verschleiß und damit Betriebskosten werden. Auch müssen bei der Wahl höherer Drucke die übrigen Bauelemente entsprechend stärker ausgelegt werden, und es können leichter Druckschwingungen und Geräusche auftreten.

Aus den genannten Gründen haben sich in den verschiedenen Anwendungsgebieten des Maschinenbaus bestimmte Bereiche für die Wahl der Betriebsdrucke herausgebildet (Tafel **8.1**).

Tafel **8.1** Übliche Betriebsdrucke für einige Bereiche
des Maschinenbaus

Werkzeugmaschinen		
spanabhebend:	Vorschubantrieb	10– 50 bar
	Kopiereinrichtung	10– 50 bar
	Spannvorrichtung	10–500 bar
spanlos:	Verformungspressen	
	Abkantpressen	100–500 bar
	Blechscheren	
Fahrzeugbau		
Fahrantrieb		100–400 bar
Lenkung		50–150 bar
Bremsen		50–150 bar
Hubantriebe		100–350 bar
Baumaschinen		
Bagger, Lader Planiergeräte		100–350 bar
Schildvortriebsmaschinen		300–400 bar
Landmaschinen		
Schlepper		150–250 bar
Sonstige Landmaschinen		100–250 bar
Schiffsbau		100–300 bar
Flugzeugbau		100–300 bar
Bergbau		
Strebausbau		300–500 bar
Maschinen		100–300 bar

8.2.1.4 Planungsbeispiel (nach H. W. Bienert [50])

Überall dort, wo häufig sich wiederholende ähnliche Anwendungsfälle vorliegen, empfiehlt es sich, die Planung der Hydraulikanlage durch Erstellung von Projektblättern zu systematisieren. In solchen Blättern, die in Form von Fragebögen angelegt werden, können alle wesentlichen, mit den Forderungen an die Hydraulikanlage zusammenhängenden Fragen aufgeführt und auch Räume für die erforderlichen Antworten vorgesehen werden. Dadurch kann die Planung wesentlich erleichtert und erreicht werden, daß alle wichtigen Fragen auch tatsächlich Berücksichtigung finden.

Bienert [50] hat einen Vorschlag für ein solches Projektblatt vorgelegt und seine Verwendung in einem anschaulichen Beispiel dargestellt. Dies Beispiel, das im folgenden wiedergegeben werden soll, befaßt sich mit der Planung einer Hydraulikpresse, bestehend aus Spanntisch, Spannzange und Preßzylinder. Für die in Bild **8.24** und in Bild **8.25** beschriebene Hydraulikanlage gelten die folgenden Erläuterungen:

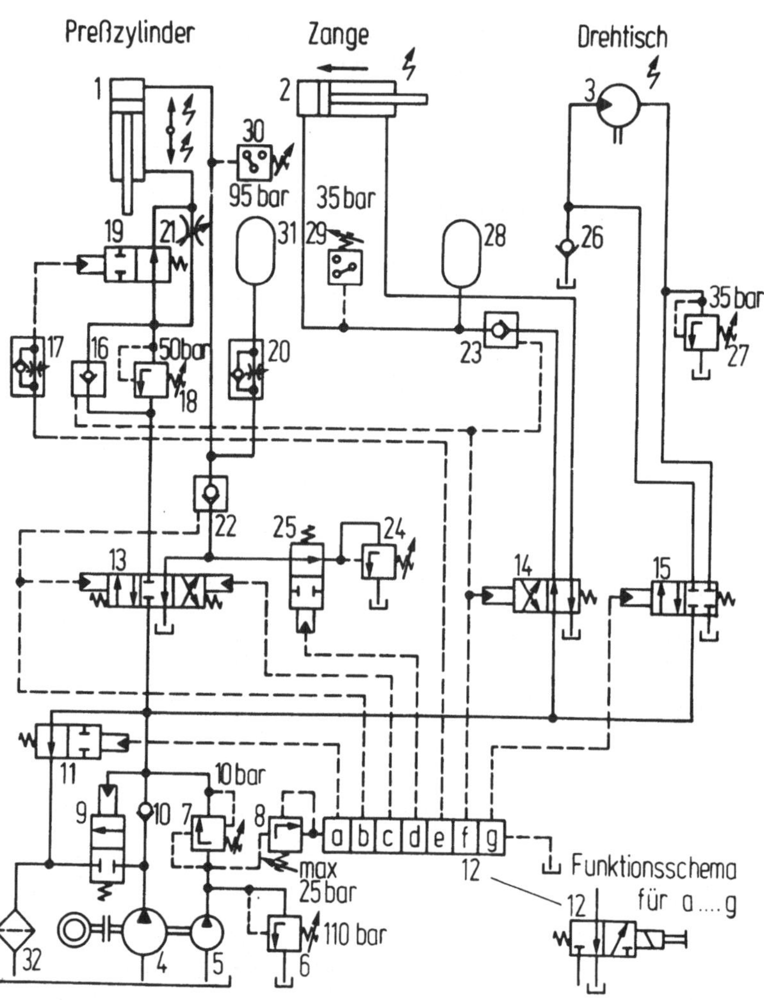

8.24 Schaltplan der hydraulischen Presse

Funktionsbeschreibung

Für den Betrieb der Anlage sind erforderlich:

Bei Takten mit größerer Kolbengeschw.: $p = 40$ bar, $Q = 1{,}00 \cdot 10^{-3}$ m^3/s
zum langsamen Anheben der Last (Takt 4): $p = 60$ bar, $Q = 0{,}17 \cdot 10^{-3}$ m^3/s
zum Pressen (Takt 12): $p = 90$ bar, $Q = 0{,}17 \cdot 10^{-3}$ m^3/s

Daher wurde eine Doppelpumpe mit selbsttätiger Umschaltung gewählt.

Bis zu $p = 40$ bar fördern beide Pumpen 4 und 5; bei höherem p schaltet ND-Pumpe 4 über 2/2-WV 9 auf drucklosen Umlauf; dann fördert HD-Pumpe 5 allein nur noch $0{,}17 \cdot 10^{-3}$ m^3/s bei $p = 90$ bar; dabei wird außer dem Drucköl für Preßzylinder noch Drucköl für Vorsteuerung geliefert.

Wegeventile (WV) und entsperrbare Rückschlagventile werden über hydraulische Vorsteuerung elektromagnetisch betätigt.

„Horizontal-Transport" (Takt 1) wird eingeleitet durch elektrisches Kommando auf „Elektropiloten" a, f, g; dadurch wird druckloser Ölumlauf über 2/2-WV 11 gesperrt und Ölstrom über 4/2-WV 15 auf Hydromotor 3 gegeben.

Zylinder 2 hält, gesteuert von 4/2-WV 14, Zange geöffnet; dabei wird auch SPV 23 entsperrt gehalten.

Endschalter E 1 am Tisch quittiert Taktende und gibt Kommando für **„Auflegen"** (Takt 2); dadurch erhält Elektropilot c Spannung und bringt 4/3-WV 13 in Rückwärtsstellung; Drucköl wird dadurch zum Preßzylinder 1 geleitet, so daß Kolben bis zum Auflegen ausfährt; dabei hält Elektropilot f Zange weiter geöffnet; auch RS 16 wird von Elektropilot f geöffnet gehalten, so daß Öl aus Zylinder 1 abfließen kann.

Auflegekraft darf maximal 5000 N sein, gesteuert durch DBV 24 mit $p = 8$ bar, Auflegetakt wird zeitabhängig beendet.

Ein Zeitrelais gibt nach 2 sec. das Kommando für **„Greifen"** (Takt 3); Elektropilot a hält Pumpe weiter in Betrieb; Elektropilot f ist stromlos geworden; 4/2-WV 14 geht in Null-Vorwärtsstellung; die Zange hält das Werkstück.

Takt 3 wird druckabhängig beendet; Druckschalter 29 quittiert erforderlichen und in Speicher 28 gespeicherten Druck; er gibt Kommando **„Anheben"** (Takt 4); Pilot b bringt 4/3-WV 13 in Vorwärtsstellung und entsperrt SPV 22; Zylinder 1 hebt Last.

Endschalter E 2 quittiert Takt „Anheben" und gibt Kommando **„Horizontal-Leertransport"** (Takt 5); Elektropilot g schaltet 4/2-WV 15 auf Vorwärtsstellung; Hydromotor 3 dreht sich um $90°$, dadurch wird Weg für Senkvorgang freigegeben.

Tisch gibt beim Senken über Endschalter E 1 Kommando für **„Senken zur Teilmontage"** (Takt 6); dabei wird Last um 0,6 m in eine Zwischenstellung gesenkt; Stellung muß genau angefahren und während Montage arretiert bleiben.

Das große Gewicht während Takt 6 macht als Übergang von Senkgeschwindigkeit zum Halten einen einstellbaren Bremsweg erforderlich.

Einleitung des **„Bremsens"** (Takt 7) durch Endschalter E 3; Elektropilot e schließt 2/2-WV 19; Schließvorgang kann durch einstellbares DRÜV 17 zeitlich verändert werden, so daß beliebige Bremscharakteristik möglich. Nach Schließen von WV 19 bremst einstellbares Drosselventil 21 den Kolben des Preßzylinders 1; dieser geht langsam in Haltstellung, die durch Endschalter E 4 festgelegt ist.

Danach **„Teilmontage"** (Takt 8) usw.

Projektbeschreibung

a) Zweck: Zwischenmontage und Pressen von Spezialgehäusen

b) Ölhydraulisch auszuführende Funktionen (lfd. Nr. und Benennung): 1. Vertikal-
transport mit Pressen, 2. Klammern, 3. Horizontaltransport

c) Schwerpunkt technisch – wirtschaftlich:
T |—|—ʃ— x —|—|—|—|—|—| W
Einzelanlage – ca. 3 Anlagen
Kleinserie – Großserie

d) Automatik – Halbautomatik – Handbetrieb – Hand-Notbetrieb

e) Kommandogabe: elektrisch – mechanisch – hydraulisch

f) Spannung für Pumpen: 3 ~ 380 V, Energie für Steuerung: = 60 V

g) Voraussichtl. Einschaltdauer der Gesamtanlage 60% (100% ED = Achtstundenbe-
trieb)

h) Äußere Einflüsse: Tropenschutz – Seewasser – chemische Einflüsse – Explosions-
schutz,
Gruppe: starker Schmutzanfall (z. B. Bergbau) – welche stoßartigen Beanspruchungen (z. B. Brecher, Planierraupen usw.):
Umgebungstemperatur max. 40 °C, min. 15 °C

i) Inland – Export – Übersee – Entwicklungsländer

k) Sonstige Bedingungen und Wünsche für die Gesamtanlage:

Einzelfunktionen und -daten zu Funktionsdiagrammen

Ordinate in die Funktionen unterteilen und Antworten zu den folgenden Fragen in die
Felder links der Ordinate eintragen

1. Benennung der Funktion (z. B. Spannen, Wenden, Transport usw.)

2. Arbeitsspiele je Zeiteinheit (Schalthäufigkeit, Frequenz, z. B. 18/min usw.)

3. Größe der Massen, die beschleunigt und verzögert werden müssen

4. Einstellbarer Bremsweg gefordert oder erwünscht

5. Anzahl der für diese Funktion gedachten Zylinder oder Hydromotoren

6. Evtl. gewünschte Befestigung der Zylinder und Ausführung: 6.1 Fußbefestigung –
6.2 Fußflansch – 6.3 Kopfflansch – 6.4 Gelenkbefestigung – 6.5 Gürtelflansch –
6.6 Gürtelgelenk – 6.7 kardanische Befestigung – 6.8 Kugelgelenk – 6.9 hartver-
chromte Kolbenstange (hv)

7. Welche max. Kolbenstangenkraft, welches max. Drehmoment kann auftreten

8. Evtl. Kolbendurchmesser (1. Zahl), Kolbenstangendurchmesser (2. Zahl), Kolbenhub (3. Zahl)

9. Volle Kolbenfläche (1. Zahl), Ringfläche (2. Zahl)

10. Max. Öldruck

11. Welche Sicherheitsvorschriften sind zu beachten (z. B. Abfangen Ausleger im Falle
Leitungsschäden)

12. Äußere Einflüsse, die nur diese Funktion betreffen: 12.1 Gase – 12.2 Dämpfe –
12.3 Nässe – 12.4 Basen – 12.5 Säuren – 12.6 starker Schmutzanfall – 12.7 harte
mechanische Einflüsse (Steine, Schrott usw.) – 12.8 im Freien – 12.9 im Raum –
12.10 max. und min. Umgebungstemperatur

13. Sonstige Bedingungen und Wünsche, die nur diese Funktion betreffen

+   Aktive Kolbenkräfte durch Öldruck von der Pumpe oder vom Speicher kommend

−   Reaktive Kolbenkräfte durch potentielle Energie (z. B. Gewichtsbelastung, Federbelastung) oder durch kinetische Energie (z. B. Abbremsen von Massen)

$\downarrow$ = Zylinder und Hydromotoren müssen bei Einwirken reaktiver Kräfte in ihrer Stellung verharren

$\uparrow$ O $\downarrow$ Zylinder und Hydromotoren sollen in hydraulischer Nullstellung durch äußere Kräfte verstellt werden können (Schwimmstellung)

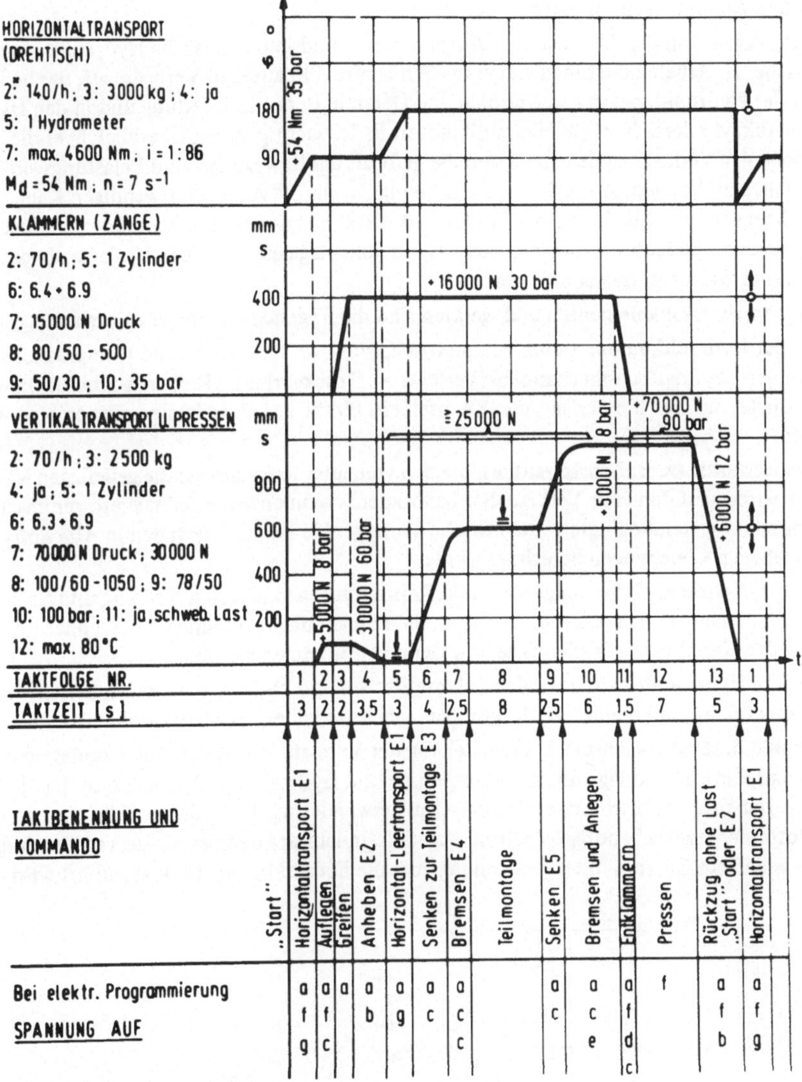

TAKTFOLGE NR.	1	2	3	4	5	6	7	8	9	10	11	12	13	1
TAKTZEIT [s]	3	2	2	3,5	3	4	2,5	8	2,5	6	1,5	7	5	3

TAKTBENENNUNG UND KOMMANDO

Bei elektr. Programmierung SPANNUNG AUF														
	a	a	a	a	a	a	a		a	a	a	f	a	a
	f	f		b	g	c	c		c	c	f		f	f
	g	c					c			e	d		b	g
											c			

** Bedeutung der Zahlen: s. S. 220 unter „Einzelfunktionen"*

8.25 Funktionsdiagramme für die hydraulische Presse

8.2.2 Leistungsfluß und Wirkungsgrade

Ergänzend zu den in Abschnitt 3.7.2 angestellten Betrachtungen zu den Wirkungsgraden von Pumpen und Motoren sollen hier der Leistungsfluß und die Wirkungsgrade der gesamten Hydraulikanlage behandelt und ein Überblick über den Leistungsverlauf zwischen An- und Abtrieb gegeben werden.

Abgesehen von den Verlusten im Antriebsmotor und in den über die Hydraulik angetriebenen Arbeitsmaschinen treten in allen Hydraulikbauteilen Verluste auf, das heißt in der Hydropumpe, in den Ventilen und Geräten, in der Rohrleitung und in den Hydraulikzylindern, bzw. im Hydraulikmotor. Es ist wichtig, einen Überblick über die Höhe der Verluste zu gewinnen, um die geforderten Bewegungs- und Belastungsverläufe erfüllen zu können. Auch für die Berechnung der für die Anlage notwendigen Kühleinrichtungen, wie Ölbehälter oder Kühler, ist die Kenntnis der zu erwartenden Verlusthöhen von Bedeutung, da die in einer Hydraulikanlage auftretenden Verluste überwiegend in Wärme umgewandelt werden.

In den Hydraulikelementen und -geräten sind die folgenden Verluste zu erwarten:

In der **Hydraulikpumpe** treten volumetrische Verluste als Lecköl- und Kompressionsverluste, hydraulisch-mechanische Verluste als Druckverluste (Reibungs- und Strömungsverluste) auf. Sie können aus den Kennfeldern für die gewählte Pumpe entnommen werden.

Stromventile (z. B. Drosselventile), die den von einer Konstantpumpe gelieferten Volumenstrom auf den vom Verbraucher benötigten Volumenstrom reduzieren, verursachen vor allem systembedingte volumetrische Verluste. Sie können nach den in Abschnitt 2 gegebenen Gleichungen berechnet werden.

In den **Ventilen, Hydraulikgeräten und Rohrleitungen** sind durch Reibung und Strömung entstehende Druckverluste zu erwarten. Sie können nach Abschnitt 2 berechnet, bzw. aus den Kennlinien der Elemente und Geräte entnommen werden.

Die im **Hydromotor** auftretenden volumetrischen und hydraulisch-mechanischen Verluste können, wie bei den Hydropumpen, aus Kennfeldern ermittelt werden.

In Bild **8.26** ist als Beispiel zur Darstellung der Verluste in einer Hydraulikanlage der Schaltplan einer Anlage mit Konstantpumpe und Hydromotor abgebildet, in der ein in den Nebenstrom geschaltetes Drosselventil verwendet wird. Mit seiner Hilfe wird dem Motor der jeweils benötigte Ölstrom zugeteilt, indem der darüber hinaus von der Pumpe gelieferte Ölstrom unter Erwärmung über die Drossel in den Tank abgeführt wird. In

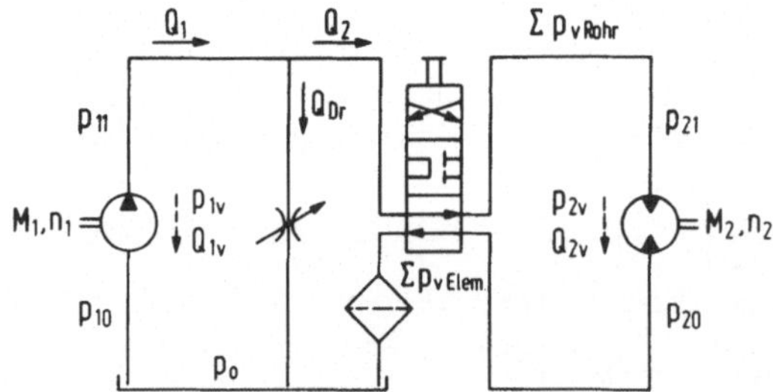

8.26
Schaltplan zur Darstellung der Verluste in einer hydraulischen Anlage

dem in Bild 8.27 wiedergegebenen Leistungsflußdiagramm sind die in dieser Anlage auftretenden Verluste getrennt nach den links aufgeführten volumetrischen und den rechts angegebenen hydraulisch-mechanischen Verlusten wiedergegeben. An Hand solcher Darstellungen und der darin enthaltenen Überlegungen kann überprüft werden, ob die geforderten Werte für Antriebsdrehzahl und Abtriebsmoment erreicht werden können.

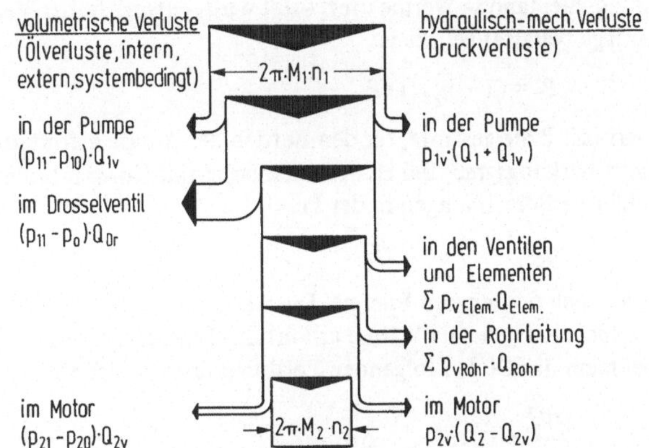

8.27
Leistungsflußdiagramm der in Bild 8.26 dargestellten Anlage

Für die Erstellung der Wärmebilanz und für die Berechnung der wärmetechnischen Elemente einer Anlage benötigt man die Gesamtverlustleistung. Sie ist

$$P_v = P_1 - P_2 = 2\pi \cdot (n_1 \cdot M_1 - n_2 \cdot M_2) \tag{8.1}$$

8.2.3 Wärmetechnische Auslegung

8.2.3.1 Grundlagen

Erster Hauptsatz der Thermodynamik. Nach dem ersten Hauptsatz der Thermodynamik ist Wärme eine Energieform; auch für sie gilt das Gesetz von der Erhaltung der Energie.

In Hydraulikanlagen wird Wärme aus mechanischer Energie erzeugt, in Ölmasse und Anlagenbauteile weitergeleitet und dort zum einen Teil gespeichert, zum anderen Teil von der Anlagenoberfläche, bzw. von Kühler und Anlagenoberfläche, wieder abgegeben. Physikalisch beschrieben heißt das: Die einem geschlossenen, nichtadiabaten System zugeführte Arbeit bewirkt zum einen eine Änderung der inneren Energie des Systems und wird zum anderen nach außen abgegeben.

Ist   W   die dem System zugeführte Arbeit,
        U   die innere Energie,
       $Q_{wä}$ die abgegebene Wärme,

so gilt: $dW = dU + dQ_{wä}$ [kWs] $\tag{8.2}$

Für näherungsweise Berechnungen können die Glieder dieser Gleichung einzeln berechnet werden. Unter Verwendung der Leistungsdarstellung ist

$$\frac{dW}{dt} = \frac{dU}{dt} + \frac{dQ_{wä}}{dt} \quad [kW] \tag{8.3}$$

Dem Hydrauliksystem zugeführte Leistung. Die dem Hydrauliksystem zugeführte Leistung, die dann in Wärme umgesetzt wird, entspricht der Verlustleistung, mit der die Anlage behaftet ist. Sie ist

$$P_v = (1 - \eta_{ges}) \cdot P \tag{8.4}$$

Darin ist P die gesamte, für den Betrieb der Anlage erforderliche Leistung, η_{ges} ihr Gesamt-Wirkungsgrad. Bei Hydraulikanlagen mit Konstantpumpen rechnet man für überschlägige Berechnungen in der Praxis mit

$$\eta_{ges} = 70 \text{ bis } 75\%$$

Änderung der inneren Energie. Die während des Betriebes der Hydraulikanlage durch Verluste entstehende Wärme erhöht die Temperatur des Öles und der Anlagenteile; hierbei kann das Öl den folgenden Leistungsanteil speichern.

$$\frac{dU}{dt} = Q \cdot \rho \cdot c_p \cdot \Delta\vartheta \tag{8.5}$$

Darin sind Q der Ölvolumenstrom, ρ die Öldichte, c_p die spezifische Wärmekapazität des Öles und $\Delta\vartheta$ die Temperaturdifferenz.

Vom Hydrauliksystem abgegebene Wärme. Hat sich die Hydraulikanlage über die Umgebungstemperatur hinaus erwärmt, so fließt ein Wärmestrom nach außen. Dabei kann die Wärmeübertragung erfolgen durch:

- Strahlung
- Konvektion
- Wärmeübergang
- Wärmeleitung

Strahlung ist der Wärmetransport durch elektromagnetische Wellen. Sie kann bei der Berechnung hydraulischer Anlagen vernachlässigt werden.

Unter **Konvektion** versteht man die Wärmeübertragung innerhalb eines Stoffes, dessen Teile sich relativ zueinander bewegen (z. B. Flüssigkeiten).

Als **Wärmeübergang** wird die Wärmeübertragung zwischen der Oberfläche eines festen Körpers und einem sich relativ zu ihr bewegenden Medium bezeichnet (z. B. Übergang von Öl auf Rohrinnenwand oder von Rohraußenwand auf bewegte Luft).

Die dabei übertragene Wärmeleistung kann, wie folgt, errechnet werden:

$$\frac{dQ_{wä}}{dt} = \alpha \cdot A \cdot \Delta\vartheta \tag{8.6}$$

Darin sind:

α: der Wärmeübergangskoeffizient

A: die Wärme aufnehmende oder abgebende Fläche

$\Delta\vartheta$:   die Temperaturdifferenz zwischen bewegtem Medium und festem Körper

Unter **Wärmeleitung** versteht man die Wärmeübertragung innerhalb eines Stoffes, ohne daß sich die Stoffteilchen relativ zueinander bewegen (z. B. in Feststoffen).

Die dabei übertragene Leistung ist:

$$\frac{dQ_{wä}}{dt} = -\lambda \cdot A \cdot \frac{d\vartheta}{dx} \tag{8.7}$$

Darin sind:

λ: der Wärmeleitkoeffizient

$\dfrac{d\vartheta}{dx}$:   das Temperaturgefälle im wärmeleitenden Körper in x-Richtung

Bei der Berechnung von Hydraulikanlagen müssen meist nur Wärmeübergang und Wärmeleitung berücksichtigt werden. Das geschieht über die Berechnung des sogenannten Wärmedurchgangs, der beide Übertragungsarten beinhaltet.

Mit **Wärmedurchgang** wird die Wärmeübertragung zwischen zwei bewegten Medien bezeichnet, die durch eine feste Wand voneinander getrennt sind.

In Bild **8.28** ist dieser Vorgang dargestellt: das im Rohr (oder im Behälter) befindliche Öl mit $\vartheta_{\ddot{O}l} > \vartheta_{Umgebung}$ gibt auf dem Wege des Wärmeübergangs Wärme an die Rohrinnenwand ab. Sie wird durch Wärmeleitung an die Rohraußenwand und von hier über einen weiteren Wärmeübergang an das das Rohr umgebende Medium abgegeben.

Die bei diesem Gesamtvorgang übertragene Leistung ist

$$\frac{dQ_{wä}}{dt} = k \cdot A \cdot \Delta\vartheta \tag{8.8}$$

Die Wärmedurchgangszahl k ist darin:

$$k = \frac{1}{\dfrac{1}{\alpha_1} + \dfrac{s}{\lambda} + \dfrac{1}{\alpha_2}} \tag{8.9}$$

8.28 Wärmedurchgang durch eine Wand

Stoffdaten. In Tafel **8.2** sind einige der für die Berechnung von Hydraulikanlagen erforderlichen Stoffdaten wiedergegeben.

Tafel **8.2** Stoffdaten zur wärmetechnischen Berechnung einer Hydraulikanlage

	Wärmeleitkoeffizient $\lambda_{20°C}$ [kW/(m · K)]	Spez. Wärmekapazität c [kJ/kg · K]	Dichte ρ [kg/m^3]
Mineralöl	$0,126 \cdot 10^{-3}$	1,88	900
Wasser	$0,598 \cdot 10^{-3}$	4,18	1000
Stahl/Eisen	$(15 \text{ bis } 58) \cdot 10^{-3}$	0,47	7860
Kupfer	$(350 \text{ bis } 390) \cdot 10^{-3}$	0,39	8960
Aluminium	$210 \cdot 10^{-3}$	0,92	2700

Da es schwierig ist, im voraus brauchbare Werte für den Wärmeübergangskoeffizienten α zu ermitteln, verwendet man für die Bestimmung des Wärmedurchgangs häufig durch Erfahrung an Hydraulikanlagen gewonnene Faustwerte für die Wärmedurchgangszahl, ohne sie nach Gl. (8.9) zu errechnen.

Wärmedurchgangszahlen k [kW/(m^2 · K)]

Schlechte Luftzirkulation	7 bis 10 · 10^{-3}
frei umströmter Behälter	10 bis 15 · 10^{-3}
Behälter im künstlichen Luftstrom (v = 2 m/s)	15 bis 30 · 10^{-3}
Wasserkühler (Öl und Wasser zwangsbewegt)	150 bis 200 · 10^{-3}

8.2.3.2 Erwärmungsverlauf

Bei Betrachtung der Erwärmungs- und Abkühlungsvorgänge muß unterschieden werden zwischen dem von der Masse (bestehend aus Öl und Material) abhängigen Wärmespeichervermögen und dem (auch von der Anlagenoberfläche abhängigen) Wärmeabgabevermögen.

Das **Wärmespeichervermögen** einer Hydraulikanlage ist

$$C = \Sigma\, m_i \cdot c_i = m_{\ddot{O}l} \cdot c_{\ddot{O}l} + m_M \cdot c_M \tag{8.10}$$

und das **Wärmeabgabevermögen**

$$S = \Sigma\, k_i \cdot A_i \tag{8.11}$$

mit $m_{\ddot{O}l}$:   Masse des Öls

           m_M: Masse des Materials der Anlagenbauteile

           $c_{\ddot{O}l}$:   spez. Wärmekapazität des Öls

           c_M: spez. Wärmekapazität der Anlagenbauteile

           k: Wärmedurchgangszahl

Nach Inbetriebnahme der Anlage wird die gesamte Verlustleistung bis zum Erreichen der Beharrungstemperatur $\vartheta_{\ddot{O}l,max}$ in Wärmespeicherleistung (gespeichert in Öl und Anlagenbauteilen) und in Wärmeabgabeleistung umgesetzt (siehe Bild **8.29**). Es ist also

$$P_v = (m_{\ddot{O}l} \cdot c_{\ddot{O}l} + m_M \cdot c_M)\, \frac{d(\Delta\vartheta)}{dt} + k \cdot A \cdot \Delta\vartheta \tag{8.12}$$

Die Lösung dieser Differentialgleichung ergibt nach Einführung der Randbedingung, daß zu Beginn der Erwärmung, das heißt zur Zeit t = 0, $\vartheta_{\ddot{O}l} = \vartheta_{Umg}$ ist

$$\Delta\vartheta = \vartheta_{\ddot{O}l} - \vartheta_{Umg} = \frac{P_v}{k \cdot A} \cdot \left(1 - e^{-\frac{t}{\tau}}\right) \tag{8.13}$$

Darin ist die sogenannte Zeitkonstante τ die für den Erwärmungsvorgang charakteristische Größe. Sie gibt die Zeit an, in der die Differenz zwischen der Umgebungstemperatur ϑ_{Umg} und der Beharrungstemperatur $\vartheta_{\ddot{O}l,max}$ 63% ihres Maximalwertes erreicht hat.

$$\tau = \frac{\text{Wärmespeichervermögen C}}{\text{Wärmeabgabevermögen S}}$$

$$\tau = \frac{V_{\text{Öl}} \cdot \rho_{\text{Öl}} \cdot c_{\text{Öl}} + m_M \cdot c_M}{k \cdot A} \qquad (8.14)$$

Bei der Berechnung von Hydraulikanlagen vernachlässigt man das Wärmespeichervermögen der Anlagenbauteile meistens, da ihre Masse und auch ihre spezifische Wärmekapazität gegenüber den entsprechenden Öldaten relativ klein sind. Dadurch ergibt sich rechnerisch ein schnelleres Ansteigen der Temperatur als in der Praxis, so daß die Vernachlässigung zu einer Vergrößerung der Sicherheit führt. Die Zeitkonstante ist dann

$$\tau = \frac{V_{\text{Öl}} \cdot \rho_{\text{Öl}} \cdot c_{\text{Öl}}}{k \cdot A} \qquad (8.15)$$

Bild **8.29** zeigt die oben erörterten Zusammenhänge. Nach unendlich langer Zeit ($t = \infty$) wird

$$\Delta\vartheta_{max} = \frac{P_v}{k \cdot A} \qquad (8.16)$$

8.29
Temperaturverlauf und Zeitkonstante

Die Öltemperatur nähert sich dann asymptotisch ihrer Beharrungstemperatur

$$\vartheta_{\text{Öl,max}} = \vartheta_{\text{Umg}} + \Delta\vartheta_{max} \qquad (8.17)$$

Sobald sie erreicht ist, werden alle in der Anlage entstehenden Verluste in Form von Wärme nur noch an die Umgebung abgegeben.

Wird die Anlage abgeschaltet, so kühlt sie sich wieder ab; der Temperaturabfall folgt dann der Gleichung

$$\Delta\vartheta = \vartheta_{\text{Öl}} - \vartheta_{\text{Umg}} = \frac{P_v}{k \cdot A} \cdot e^{-\frac{t}{\tau}} \qquad (8.18)$$

In der Praxis bewegt sich die Temperatur bei wechselndem Ansteigen und Absinken zwischen ϑ_{Umg} und der errechneten Beharrungstemperatur $\vartheta_{\text{Öl,max}}$.

8.2.3.3 Berechnungsbeispiel

Gegebene Anlage- und Stoffdaten

Antriebsleistung:	Anlage A:	P:	4	kW
	Anlage B:	P:	8	kW
Ölvolumen		$V_{\text{Öl}}$:	$20 \cdot 10^{-3}$	m^3
Dichte des Öls		$\rho_{\text{Öl}}$:	900	kg/m^3
Wärmekapazität des Öls		$c_{\text{Öl}}$:	1,88	$kJ/(kg \cdot K)$

Masse der Anlagenbauteile	m_M:	10	kg
Wärmekapazität der Anlagenbauteile	c_M:	0,47	kJ/(kg · K)
Oberfläche der Anlage (einschl. Ölbehälter)	A:	2	m^2
Wärmedurchgangszahl	k:	$14 \cdot 10^{-3}$	kW/(m^2 · K)
Umgebungstemperatur	ϑ_{Umg}:	20	°C
Gesamtwirkungsgrad	η_{ges}:	0,75	

Ermittlung des Temperaturverlaufs. Hierzu werden die beiden folgenden Gleichungen verwendet:

$$P_V = (1 - \eta_{ges}) \cdot P \tag{8.4}$$

$$\Delta\vartheta = \frac{P_V}{k \cdot A} (1 - e^{-\frac{t}{\tau}}) \tag{8.13}$$

Mit den genannten Zahlenwerten wird:

$$\frac{1}{\tau} = \frac{k \cdot A}{V_{Öl} \cdot \rho_{Öl} \cdot c_{Öl} + m_M \cdot c_M} = \frac{14 \cdot 10^{-3} \cdot 2}{20 \cdot 10^{-3} \cdot 900 \cdot 1,88 + 10 \cdot 0,47} \, s^{-1}$$

$$\frac{1}{\tau} = \frac{28 \cdot 10^{-3}}{33,84 + 4,70} = 7,30 \cdot 10^{-4} \, s^{-1}$$

$$\tau = \frac{1}{7,30 \cdot 10^{-4}} = 1372,9 \, s \triangleq 22,88 \, min$$

Weiter sind:

		Anlage A		**Anlage B**	
P_V:	$(1 - 0,75) \cdot 4 =$	1	kW	2	kW
$\dfrac{P_V}{k \cdot A} = \Delta\vartheta_{max}$:	$\dfrac{1}{14 \cdot 10^{-3} \cdot 2} =$	35,71	°C	71,42	°C
$\vartheta_{Öl,max} = \vartheta_{Umg} + \Delta\vartheta_{max} = 20 + 35,71 =$		55,71	°C	91,42	°C

Damit wird:

Für Anlage A: $\Delta\vartheta = 35,71 \cdot (1 - e^{-7,3 \cdot 10^{-4} \cdot t})$ °C

Für Anlage B: $\Delta\vartheta = 71,42 \cdot (1 - e^{-7,3 \cdot 10^{-4} \cdot t})$ °C

Für Anlage A ist kein Kühler erforderlich, da die maximale Öltemperatur unter dem zulässigen Wert von 60 °C bleibt.

Anlage B muß jedoch mit einem Ölkühler ausgerüstet werden. Bild **8.30** zeigt die Temperaturverläufe beider Anlagen.

Auswahl des Ölkühlers für Anlage B

Ölkühler werden in der Regel von speziellen Herstellern bezogen; diese nehmen auf Grund der folgenden vom Anwender vorgegebenen Daten die Auswahl vor:

- Ölvolumenstrom $Q_{Öl}$
- Ölgesamtvolumen $V_{Öl}$
- Verlustleistung P_V
- Umgebungstemperatur ϑ_{Umg}
- Betriebstemperatur ϑ_{Betr}

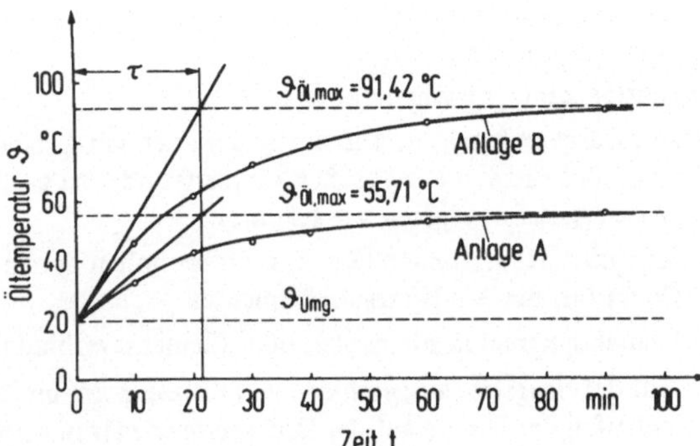

8.30
Temperaturverlauf für das
Berechnungsbeispiel

Die Verlustleistung muß teilweise von der Anlage (P_{Anl}), teilweise vom Kühler ($P_{Kühl}$) aufgenommen werden. Die vom Kühler aufzunehmende Wärmeleistung ist somit:

$$P_{Kühl} = P_v - P_{Anl}$$
$$= (1 - \eta_{ges}) \cdot P - k \cdot A \cdot \Delta\vartheta; \quad \Delta\vartheta = \vartheta_{Betr} - \vartheta_{Umg}$$
$$= (1 - 0,75) \cdot 8 - 14 \cdot 10^{-3} \cdot 2 \cdot (60 - 20) \, kW$$

$$P_{Kühl} = 2 - 1,12 = 0,88 \, kW$$

8.3 Überlegungen zum Betriebsverhalten

Möglichst schon vor Beginn der Planung, spätestens aber nach Erarbeitung des ersten Überblicks über Aufbau und Funktion der geplanten Hydraulikanlage, sollte der Konstrukteur Überlegungen darüber anstellen, ob sich aus dem Betriebsverhalten der einzelnen Hydraulikelemente und -geräte für den von ihm gewählten Anlagenaufbau Schwierigkeiten beim Betrieb der Anlage ergeben könnten. Vor allem die folgenden, noch einmal kurz dargestellten Gesichtspunkte verdienen dabei Beachtung.

8.3.1 Schwingungs- und Kavitationserscheinungen

Schwingungserscheinungen. Schwingungserscheinungen in Geräten und Bauelementen können zu erheblichen Betriebsstörungen in einer Hydraulikanlage führen. Sie können z. B. durch folgende Ursachen entstehen:

– ungleichförmiger Antrieb der Pumpe,
– Pumpe arbeitet mit starker Förderstrompulsation,
– Stick-slip-Erscheinungen,
– schwingende Elemente, z. B. in Ventilen,
– zu schnelle Schaltvorgänge.

Kavitationserscheinungen. Im Abschnitt 2.1.3.3 wurde die Möglichkeit von Betriebsstörungen durch Beimengungen von ungelöster Luft im Öl beschrieben. Danach kann Öl bekanntlich bei Atmosphärendruck etwa 9% Luft in gelöster Form aufnehmen. Wird dem Öl ein größerer Luftanteil zugeführt, so bilden sich Blasen im Öl, die die Ursache für Kavitation sein können.

Kavitation kann entstehen durch:

— zu niedrigen Druck im Ansaugstutzen oder Saugkanälen von Pumpen, z. B. infolge zu großer Saughöhe, zu großer Viskosität oder zu großer Ansauggeschwindigkeit (Ansauggeschwindigkeit v = 1,5 m/s)

— Absinken des statischen Druckes infolge hohen dynamischen Druckes an engen Querschnitten von Hydraulikelementen

— Undichtigkeiten in Elementen oder Elementeverbindungen

Die auf der Saugseite ausgeschiedene, in Blasenform im Öl vorhandene Luft kann nach Durchlaufen der Pumpe auf der Druckseite wieder in gelöste Form übergehen. Die durch die Druckerhöhung plötzlich zerfallenden Blasen können erhebliche Geräusche und, infolge der Volumenänderung im Öl, Schwingungserscheinungen und Zerstörungen an Bauelementen hervorrufen.

Um diese Erscheinungen zu vermeiden, sollte der Druck in der Saugleitung möglichst wenig unter 1 bar liegen.

8.3.2 Eigenschaften der Druckflüssigkeit

Beim Betrieb von Hydraulikanlagen müssen vor allem die möglichen Veränderungen von Viskosität und Dichte der Druckflüssigkeit während des Betriebs bedacht werden, die sich aus Temperatur- und Druckänderungen ergeben können.

Viskositätsänderungen können die Reibungsverhältnisse zwischen sich bewegenden Maschinenteilen wesentlich verändern: Zu gering gewordene Viskosität kann z. B. zu unzureichender Schmierung und damit zum Fressen von Lagern oder Kolben führen, wie auch zu höheren Lecköl verlusten.

Infolge von **Temperaturänderungen** oder infolge von Kompression des Öls durch äußere Kräfte können unerwünschte Funktionsveränderungen entstehen, wenn sie nicht schon bei der Planung durch entsprechende Maßnahmen berücksichtigt werden. Die folgenden beiden Beispiele mögen dies zeigen.

Beispiel 1

Absinken des Kolbens eines Stützzylinders infolge Sinkens der Außentemperatur.

Gegeben sei:

Kolbendurchmesser:	d = 100 mm
Kolbenhub:	s = 500 mm
Wärmeausdehnungs-Koeffizient bei konstantem Druck:	$\gamma = 0{,}65 \cdot 10^{-3}$ 1/K
Absinken der Temperatur von +15 °C auf −15 °C:	$\Delta\vartheta = 30$ °C
voll ausgefahrener Kolben	

Die Volumenänderung infolge des Absinkens der Temperatur ist:

$$\Delta V = \gamma \cdot \Delta\vartheta \cdot V$$

und die **Absenkung:**

$$\Delta s = \frac{\Delta V}{A} = \gamma \cdot \Delta\vartheta \cdot \frac{V}{A}; \frac{V}{A} = s$$

$$\Delta s = 0,65 \cdot 10^{-3} \cdot 30 \cdot 500 \text{ mm}$$

$$\Delta s = 9,75 \text{ mm}$$

Beispiel 2

Absinken des Kolbens eines Stützzylinders infolge der Änderung der Belastung.

Gegeben sei:

Kolbendurchmesser: $d = 100$ mm
Kolbenhub: $s = 500$ mm
Kompressionsmodul: $K = 1,4 \cdot 10^4$ bar
Erhöhung des Druckes von 100 bar auf 300 bar: $\Delta p = 200$ bar
voll ausgefahrener Kolben

Die Volumenänderung infolge der Erhöhung des Druckes ist:

$$\Delta V = \frac{1}{K} \cdot \Delta p \cdot V$$

und die **Absenkung**

$$\Delta s = \frac{1}{K} \cdot \Delta p \cdot s$$

$$= \frac{1}{1,4 \cdot 10^4} \cdot 200 \cdot 500 \text{ mm}$$

$$\Delta s = 7,14 \text{ mm}$$

Bei beiden Beispielen ist die Volumenänderung infolge der Kontraktion, bzw. der Dehnung der Zylinderwand nicht berücksichtigt. Sie kann meist vernachlässigt werden.

8.3.3 Sonstige Einflüsse

Auch die Rand- und Umweltbedingungen für die Anlage sind schon bei der Planung zu berücksichtigen. Vor allem die Bestandteile der Luft, wie Feuchtigkeit, Staub, chemische Beimengungen usw., sind hier zu nennen. Aber auch die Bedingungen, unter denen der Transport zum Verbraucher erfolgt, müssen mit beachtet werden. So ist z. B. der Seetransport bei nicht ausreichender Konservierung oder Verpackung der Geräte mit erhöhter Korrosionsgefahr verbunden.

Feuchtigkeit und Salzgehalt der Luft können auch während des Betriebes zu schneller Korrosion führen. Staub kann Verschleiß an Kolben oder Lagern verursachen, und zu kleine Filter können unter Umständen schnell verstopfen.

Eine Anlage in sonnenreichen, warmen Gegenden muß anders konzipiert werden, als eine Anlage für arktische Gebiete. Besondere Vorkehrungen sind zu treffen, wenn die Anlage in Gebiete mit starken Tag-Nacht-Temperaturunterschieden arbeiten muß.

9 Anwendungsbeispiele

In diesem Abschnitt soll die Anwendung der Ölhydraulik an Hand von Beispielen aus einigen Gebieten des Maschinenbaus dargestellt werden. Dies soll zusammenfassend für die drei folgenden Gebiete geschehen:

— Hydrostatische Getriebe
— Hydraulik in mobilen Arbeitsmaschinen
— Hydraulik in stationären Maschinen

Im Rahmen dieses Buches kann nur eine kleine Auswahl von Beispielen wiedergegeben werden. Weitere Beispiele können aus Büchern [51, 52], vor allem aus den von Ebertshäuser herausgegebenen o + p-Taschenbüchern [53], entnommen werden. Die hier dargestellten Beispiele wurden in erster Linie nach didaktischen Gesichtspunkten, weniger nach ihrer Aktualität, ausgewählt.

9.1 Hydrostatische Getriebe

Hydrostatische Getriebe werden für stationäre Maschinen und für Mobilmaschinen verwendet. Die Verwendung für die letztgenannten Maschinen gewinnt zunehmende Bedeutung, obwohl der Wirkungsgrad der Hydrostatischen Getriebe erheblich kleiner ist als der der üblichen Zahnradstufengetriebe. Der Grund für die wachsende Bedeutung ist in der Tatsache zu sehen, daß die Fahrgeschwindigkeit hydrostatisch angetriebener Mobilmaschinen stufenlos und unter Last verändert werden kann. Dadurch konnte z. B. beim Einsatz von Erntemaschinen eine um 15 bis 20% höhere Flächenleistung erzielt werden. Darüber hinaus ist bei Verwendung eines hydrostatischen Getriebes ein wesentlich höherer Bedienungskomfort zu erreichen.

Bauarten hydrostatischer Getriebe (Bild 9.1)

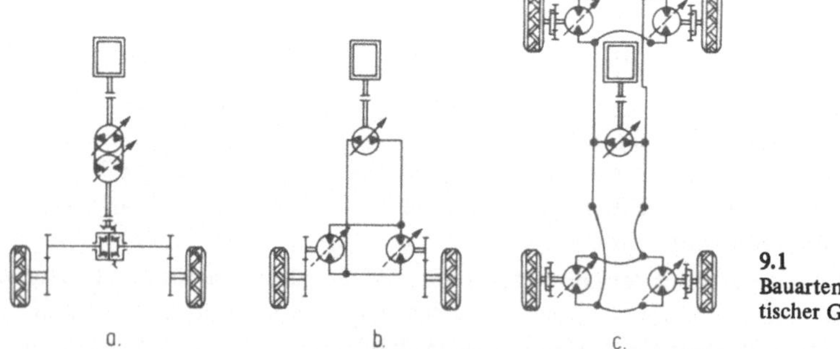

9.1
Bauarten hydrostatischer Getriebe

a. Kompaktgetriebe mit mechanischem Differential
Kompaktgetriebe, bei denen Pumpe und Motor in einem Gehäuse zusammengefaßt sind, haben sich für Fahrantriebe vor allem dort bewährt, wo wahlweise ein Zahnradstufen-

getriebe oder ein hydrostatisches Getriebe verwendet werden soll. Ein solches, z. B. aus zwei Axialkolbenmaschinen entwickeltes, Kompaktgetriebe (siehe Bild **9.3**) kann in seinen äußeren Abmessungen etwa dem Zahnradstufengetriebe angeglichen werden, so daß ein wahlweiser Einbau möglich ist.

b. Aufgelöste Bauweise für Hinterachsantrieb

Die Verstellpumpe ist direkt an den Verbrennungsmotor angeflanscht, die beiden parallel geschalteten Motoren (Konstantmotoren) sind mit nachfolgender mechanischer Untersetzung direkt mit den Hinterrädern verbunden ($p_1 = p_{2,1} = p_{2,2}$). Durch die Parallelschaltung entsteht Differentialwirkung für die Räder, so daß sich ein mechanisches Differentialgetriebe erübrigt.

Für die meisten Arbeitsmaschinen wird die aufgelöste Bauweise verwendet.

c. Aufgelöste Bauweise für 4-Radantrieb

Die Verstellpumpe versorgt die 4 parallel geschalteten Motoren.

Kennlinien und Kennfeld eines hydrostatischen Getriebes mit Primär- und Sekundärverstellung (Bild 9.2)

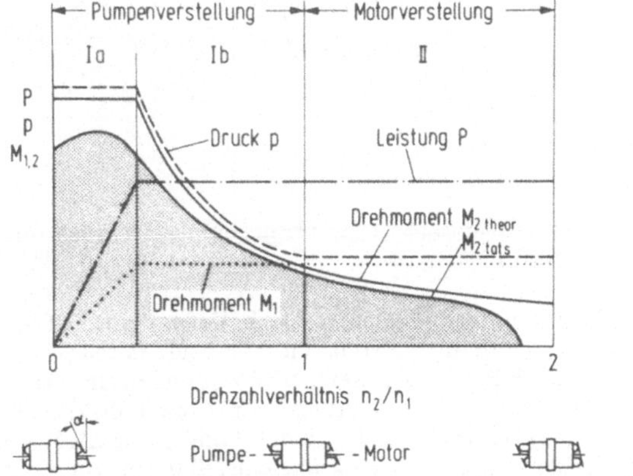

9.2
Kennlinien und Kennfeld eines hydrostatischen Getriebes mit Primär- und Sekundärverstellung

In diesem Beispiel sind Axialkolbenpumpe und Axialkolbenmotor gleicher Baugröße zu einem Kompaktgetriebe verbunden. Bei stehendem Fahrzeug ist die Schrägscheibe der Pumpe nicht, die des Motors voll ausgeschwenkt (Schwenkwinkel der Pumpe $\alpha_{Pu} = 0$, Schwenkwinkel des Motors $\alpha_{Mot,max}$). Bei Fahrtbeginn wird der Schwenkwinkel der Pumpe so lange vergrößert, bis er den Maximalwert erreicht hat und die Abtriebsdrehzahl n_2 so groß geworden ist wie die Antriebsdrehzahl n_1. Danach beginnt man, den Schwenkwinkel der Motorschrägscheibe und damit das Schluckvolumen V_2 des Motors zu verkleinern, so daß die Abtriebsdrehzahl n_2 sich weiter erhöht.

Aus dem Diagramm können die Verläufe der An- und Abtriebsmomente M_1 und M_2, des Druckes p und der Leistung P entnommen werden. M_2 ist in der Anlaufphase durch die Einstellung des DBV begrenzt. Drehmomentverluste und Drehzahlschlupf bewirken eine Verringerung des tatsächlichen Abtriebsmomentes M_2 gegenüber dem theoretischen Moment M_{2theor}.

Im Gegensatz zum hydrodynamischen Antrieb kann bei einem hydrostatischen Getriebe nicht nur die M_2-Kennlinie, sondern das gesamte unter der Kennlinie M_{2tats} liegende Kennfeld ausgenutzt werden.

**Getriebe mit Axialkolben-Schrägscheibenmaschinen für Primär- und Sekundärverstellung
(Bild 9.3)**

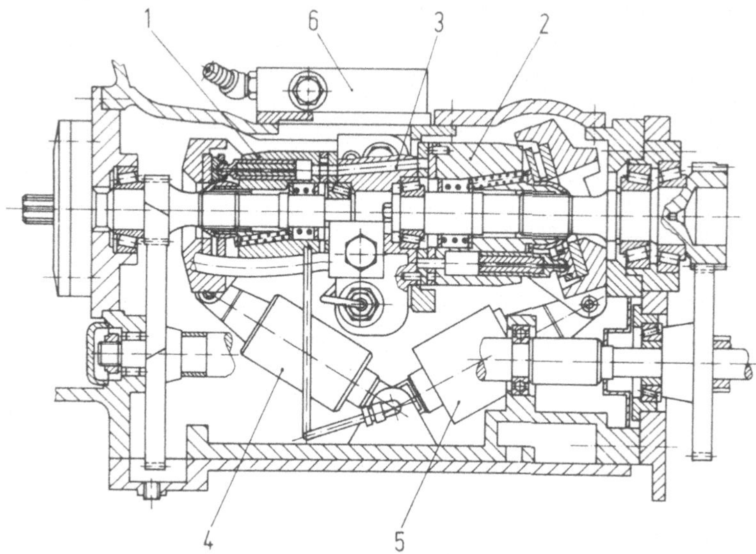

9.3 Getriebe mit Axialkolben-Schrägscheibenmaschinen für Primär- und Sekundärverstellung
(Sundstrand/IHC)

Das Getriebe besteht aus Verstellpumpe 1, Verstellmotor 2 (mit gegenüber der Pumpe
etwas größerem Verdrängungsvolumen), die beide in raumsparender und funktionsgün-
stiger back-to-back-Bauweise miteinander verbunden sind. Der von der Pumpe erzeugte
Drucköls trom fließt über die Bohrung 3 direkt zum Motor. Die Verstellung der Schrägscheiben erfolgt über die Verstellzylinder 4 und 5, die Steuerung über den Ventilblock 6.
Die Pumpe arbeitet mit Schwenkwinkeleinstellungen von $\alpha = 0$ bis $18°$, der Motor wird
von $18°$ bis auf $9°$ zurückgeschwenkt.

Dieses Getriebe wird statt eines Zahnradstufengetriebes wahlweise in einen 57-kW-
Schlepper eingebaut. Getriebe mit Primär- und Sekundärverstellung werden auch mit
anderen Verdrängermaschinen, z. B. mit Flügelzellenmaschinen angeboten.

Prinzip der Leistungsverzweigung (Bild 9.4)

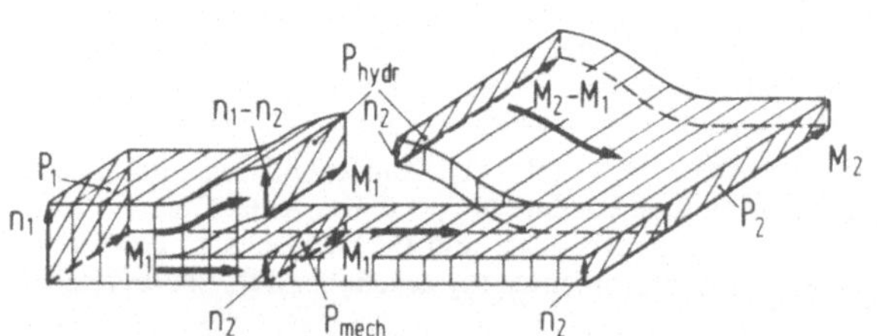

9.4
Prinzip der Leistungsverzweigung (nach [54])

Da die rein hydraulische Leistungsübertragung in Getrieben mit relativ niedrigen Wirkungsgraden arbeitet, hat man Hydrogetriebe mit Leistungsverzweigung entwickelt, in

denen in bestimmten Betriebsbereichen ein Teil der Leistung hydraulisch, ein anderer Teil mechanisch übertragen werden kann. In diesem Bild ist das Prinzip der Leistungsaufteilung dargestellt.

Die in das Getriebe hineingegebene mechanische Leistung

$$P_{1\text{mech}} = 2\pi \cdot M_1 \cdot n_1$$

wird aufgeteilt

a. in die **hydraulisch übertragene Leistung**

$$P_{\text{hydr}} = 2\pi \cdot M_1 \cdot (n_1 - n_2) = p \cdot Q \qquad (9.1)$$

die über Hydraulikpumpe und -motor umgewandelt wird in

$$P_{\text{hydr}} = 2\pi \cdot (M_2 - M_1) \cdot n_2 \qquad (9.2)$$

b. in die **mechanisch übertragene Leistung**, die das Getriebe unverändert durchläuft.

$$P_{\text{mech}} = 2\pi \cdot M_1 \cdot n_2 \qquad (9.3)$$

P_{hydr} und P_{mech} werden am Getriebeausgang dann (z. B. über ein Zahnradstufenpaar) wieder summiert zu

$$P_{2\text{mech}} = 2\pi \cdot M_2 \cdot n_2 \qquad (9.4)$$

Entscheidend für den Anteil der mechanisch übertragenen Leistung ist die Drehzahldifferenz $(n_1 - n_2)$, die sich z. B. bei Mobilmaschinen ständig ändert (siehe Gl. 9.1 und Bild **9.4**):

Geht n_2 gegen 0, so wird fast die gesamte in das Getriebe gegebene Leistung hydraulisch übertragen.

Geht n_2 gegen n_1, so wird fast die gesamte Leistung mechanisch übertragen.

Konstruktiv wird die Leistungsverzweigung über die in Bild **9.5** dargestellten Wege verwirklicht.

Schema der Getriebebauarten mit Leistungsverzweigung (Bild 9.5)

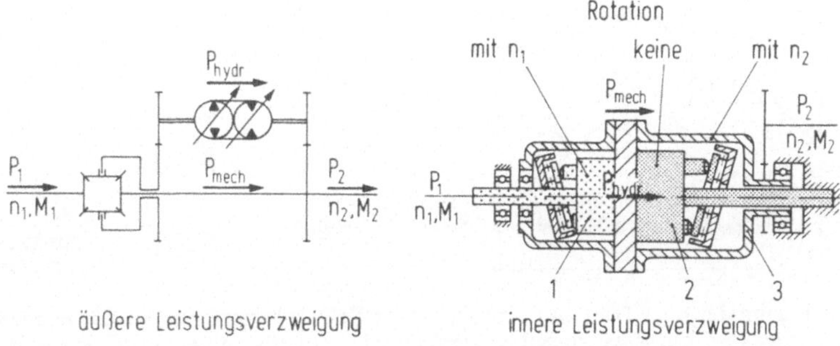

9.5 Schematische Darstellung der Getriebebauarten mit Leistungsverzweigung

Äußere Leistungsverzweigung

Die äußere Leistungsverzweigung erfolgt hier über ein Differential- oder Planetengetriebe, die Summierung mit einem Zahnradpaar. Im Bereich von $n_2 = 0$ bis $n_2 = n_1$ wird zunächst das Hubvolumen der Pumpe von 0 bis zum Maximum vergrößert und anschließend das Hubvolumen des Motors verringert. Für Rückwärtsfahrt wird die Pumpe zur anderen Seite ausgeschwenkt.

Innere Leistungsverzweigung

Die beiden Schrägscheiben-Axialkolbeneinheiten sind in back-to-back-Anordnung kompakt zusammengebaut. Dabei wird der Zylinderblock 1 der Primäreinheit mit der Antriebsdrehzahl n_1 angetrieben und der Zylinderblock 2 der Sekundäreinheit festgehalten. Das Gehäuse 3 läuft mit der Abtriebsdrehzahl n_2 um.

Gleichzeitig mit dem Gehäuse laufen auch die Schwenkscheiben mit n_2 um, so daß für die Primäreinheit 1 — deren Zylinderblock mit n_1 dreht — die Drehzahldifferenz $(n_1 - n_2)$ maßgebend ist und für die Sekundäreinheit 2 — deren Zylinderblock festgehalten wird — die Drehzahl n_2. Das Antriebsdrehmoment M_1 wirkt einmal auf die Betriebsflüssigkeit der Pumpe und zum anderen als Reaktionsmoment über die Schwenkscheibe der Pumpe auf das Umlaufgehäuse. Die Antriebsleistung $P_1 = 2\pi \cdot M_1 \cdot n_1$ wird auf diese Weise in Drehrichtung aufgespalten in $P_{hydr} = 2\pi \cdot M_1 \cdot (n_1 - n_2)$ und $P_{mech} = 2\pi \cdot M_1 \cdot n_2$.

Die Leistungssummierung ist wieder eine Summierung des mechanisch über Primärschwenkscheibe und Umlaufgehäuse wirkenden Drehmomentes M_1 und des hydraulisch über Sekundärschwenkscheibe auf das Umlaufgehäuse wirkenden Drehmomentes $(M_2 - M_1)$, jeweils multipliziert mit der Abtriebsdrehzahl n_2.

Bei Neutralstellung der Primärschwenkscheibe wird kein Ölstrom erzeugt, und die Abtriebsdrehzahl ist Null. Beim Durchfahren des Vorwärtsbereiches wird zunächst die Primärschwenkscheibe bis zum Maximalwinkel geschwenkt und anschließend die Sekundärschwenkscheibe zurückgestellt. Dabei verkleinert sich der Anteil der hydraulischen Leistung immer mehr, bis schließlich die gesamte Leistung mechanisch übertragen wird.

9.2 Sekundärgeregelte hydrostatische Antriebe

Prinzip der Sekundärregelung (Bild 9.6 und 9.7)

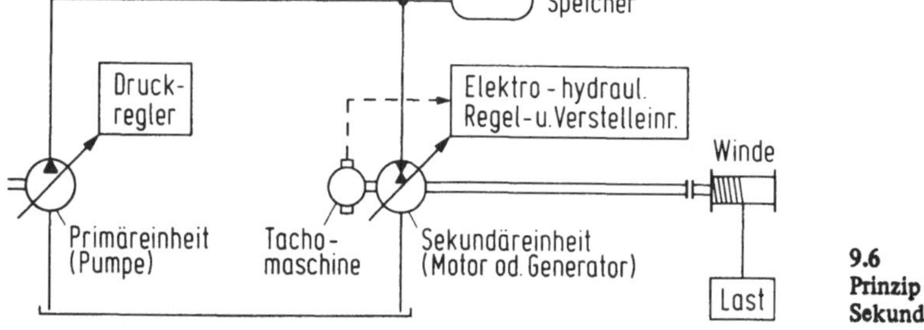

9.6
Prinzip der Sekundärregelung

Seit Beginn der 80er Jahre hat die sogenannte Sekundärregelung, die als Drehzahlregelung eines Hydromotors angesehen werden kann, ständig an Bedeutung gewonnen. Bei den bisher in diesem Buch behandelten konventionellen hydrostatischen Antriebssystemen sind die Hydropumpe (Primäreinheit) und der Hydromotor (Sekundäreinheit) durch den Ölvolumenstrom Q miteinander gekoppelt. Man spricht von einem System mit „eingeprägtem Volumenstrom", d. h. der Volumenstrom der Pumpe bestimmt die Abtriebsdrehzahl des Motors. Ein Drehmomentanstieg des Verbrauchers bewirkt dabei eine Druckerhöhung im Hydrauliksystem.

Im Gegensatz dazu sind bei den sekundärgeregelten hydrostatischen Antriebssystemen Hydropumpe und Hydromotor über den konstanten Betriebsdruck p miteinander ge-

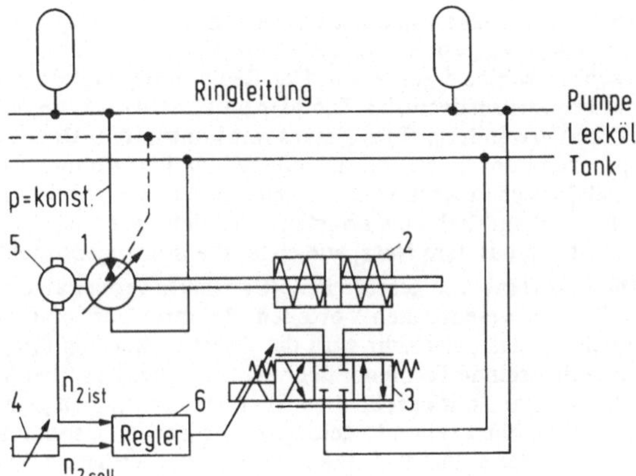

9.7
Vereinfachter Schaltplan
für eine Sekundärregelung

koppelt. Man spricht von einem System mit „eingeprägtem Druck". Der konstante
Druck wird durch eine druckgeregelte Hydropumpe oder eine Konstantpumpe mit
zusätzlichem Speicher erzeugt, bzw. er kann — ähnlich wie der elektrische Strom — von
einer Leitung oder Ringleitung abgenommen werden. Bei gleichbleibendem Druck bewirkt ein Drehmomentenanstieg hier eine Vergrößerung des Verdrängungsvolumens und
somit des Volumenstroms der Sekundäreinheit (gilt für Motorbetrieb).

Die Drehzahl der Sekundäreinheit wird durch Veränderung des Verdrängungsvolumens
(also unabhängig von der Pumpenregelung) geregelt (Bild 9.6). Das geschieht über eine
Regel- und Verstelleinrichtung, die von einer Tachomaschine mit dem Ist-Wert der
Drehzahl und mit dem vorgegebenen Sollwert versorgt wird. Anstatt der in den Bildern
9.6 und 9.7 gezeigten, am häufigsten verwendeten elektrischen Tachomaschinen (Dreh-
zahlmesser), werden auch hydraulische Tachomaschinen benutzt, die als Pumpen oder
Motoren arbeiten. Wenn z. B. die Antriebsdrehzahl infolge eines ansteigenden Drehmomentes sinkt, so verstellt der Regler das Verdrängungsvolumen der Sekundäreinheit
auf einen größeren Wert, solange, bis die Drehzahl ihren Soll-Wert wieder erreicht hat.

Geht man — wie in anschaulichen Beispielen von Kordak [55, 56] dargestellt — davon
aus, daß die Sekundäreinheit (wie in Bild 9.6 angedeutet) eine Winde antreibt, so wird
sie natürlich zum Heben, zum Senken und zum Halten der Last in konstanter Höhe eingesetzt. Befinden sich die Sekundäreinheit und die von ihr angetriebene Last in Ruhe, so
entspricht das mechanische Drehmoment an der Winde dem hydraulischen Drehmoment
an der Sekundäreinheit. Es ist gleich dem Produkt aus dem konstanten Druck und dem
Verdrängungsvolumen $M = p \cdot V$.

Wird das Verdrängungsvolumen der Sekundäreinheit vergrößert, so beginnt die Winde
die Last zu heben, wird es verringert, so beginnt die Last zu sinken. Beim Heben der
Last wirkt die Sekundäreinheit also als Motor, beim Senken der Last (Umkehr der
Drehmoment-Richtung) jedoch wird die mechanische Energie der sinkenden Last der
Sekundäreinheit zugeführt, so daß sie als Generator wirken kann. Die Energie wird
dann — aufgrund der Richtungsänderung des Volumenstroms — dem System zugeführt;
sie kann dann z. B. in einem Hydrospeicher gespeichert werden. In ähnlicher Weise kann
man z. B. bei Verwendung der Sekundärregelung auch den Bremsvorgang eines Fahrzeuges zur Energierückgewinnung ausnutzen, indem die Schwenkscheibe über Null in
den negativen Bereich geschwenkt wird.

Bild 9.7 zeigt einen etwas vereinfachten Schaltplan für eine Sekundärregelung, bei dem
der konstante Druck von einer Ringleitung abgenommen wird. Das Schluckvolumen der
Sekundäreinheit 1 wird dabei vom Stellzylinder 2 verstellt, der über ein Proportional-

ventil 3 ebenfalls von der Ringleitung versorgt wird. Die Soll-Drehzahl wird mit Potentiometer 4 eingestellt, die Ist-Drehzahl von der mit der Sekundäreinheit verbundenen Tachomaschine 5 gemessen. Der Regler 6 betätigt nach erfolgtem Soll/Ist-Wert-Vergleich das Proportionalventil 3. Die hier beschriebene Art eines sekundärgeregelten Antriebs unter Verwendung eines Netzes mit konstantem Druck (konstanter Spannung) und entsprechend der Belastung sich einstelldendem Volumenstrom (Strom) läßt die Analogie zu elektrischen Antrieben zu. Jeder an ein elektrisches Netz angekoppelter Verbraucher erhält bekanntlich eine konstante Betriebsspannung (220/380 V) und entnimmt nur so viel Strom aus dem Netz, wie er für die ihm zugeordnete Aufgabe benötigt.

Die für offene und geschlossene Kreisläufe verwendbare Sekundärregelung bietet eine Reihe von wesentlichen Vorteilen. Bei ihrer Verwendung entstehen keinerlei systembedingte Verlust, vielmehr wird die Energie zwischen Primär- und Sekundäreinheit ganz ohne drosselnde Elemente übertragen. Daher kann bei Verwendung der Sekundärregelung meistens mit erheblichen Energieeinsparungen gerechnet werden. Das dynamische Verhalten einer sekundärgeregelten Anlage ist besonders günstig, weil der volle Systemdruck an der Sekundäreinheit ständig zur Verfügung steht. Bei Verwendung von Sekundäreinheiten mit über Null hinaus verstellbarem Hubvolumen (Vier-Quadranten-Betrieb) kann bei entsprechenden Betriebzuständen des Verbrauchers (Absenken einer Windenlast, Abbremsen eines Fahrzeuges) Energie zurückgewonnen und u. U. gespeichert werden. Ferner kann eine größere Anzahl von Verbrauchern parallel betrieben werden, ohne daß sie sich gegenseitig beeinflussen.

Fahr- und Schwenkantrieb eines Spezialfahrzeugs (Bild 9.8)

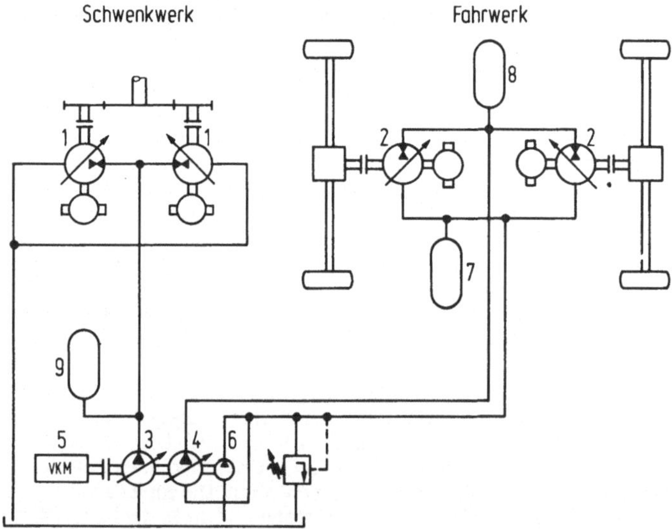

9.8 Fahr- und Schwenkantrieb eines Spezialfahrzeuges (nach [56])

Das Spezialfahrzeug hat die Aufgabe, Einzelteile von hohem Gewicht (bis zu 10 t) an einem bestimmten Punkt aufzunehmen und sie nach schnellstmöglichem Transport über eine längere Strecke (40 m) positionsgenau abzusetzen. Das Gesamtgewicht des beladenen Fahrzeugs beträgt 53 t. Im abgebildeten Schaltplan (Bild 9.8) sind nur die

Antriebe zum Fahren und zum Schwenken des Auslegers dargestellt. Diese bestehen aus je 2 sekundärgeregelten Einheiten 1 und 2 gleicher Funktion. Bei beiden Antrieben wird für jede Drehrichtung nur eine der beiden Sekundäreinheiten verwendet, die jeweils andere erzeugt ein geringes Gegenmoment. Auf diese Weise wird eine Verspannung im Antrieb erreicht, so daß das unvermeidliche mechanische Spiel nicht zum Tragen kommen kann. Auf der Hochdruckseite werden Schwenk- und Fahrantrieb versorgt von je einer druckgeregelten Verstellpumpe 3 und 4, die wiederum von einem Verbrennungsmotor 5 angetrieben werden. Eine zusätzliche Speisepumpe 6 versorgt außerdem die Niederdruckseite des Fahrantriebs, so daß dieser als geschlossener Kreislauf anzusehen ist. Der Niederdruckspeicher 7 verhindert, daß es bei starkem Volumenstrombedarf (von Nieder- zur Hochdruckseite) (Nutzbremsung) zu Kaviation kommt. Diese Maßnahmen sind beim Drehwerksantrieb aufgrund des geringen Abstandes zum Tank nicht erforderlich.

Durch die Verwendung eines Hochdruckspeichers 8, der teilweise von der bei Bremsvorgängen freiwerdenden hydraulischen Energie aufgeladen wird, konnte eine Verbrennungskraftmaschine installiert werden, die nur einen Bruchteil der Leistung liefert, die vom Antriebssystem kurzzeitig maximal aufgenommen wird.

Antrieb eines Schaufelradbaggers (Bild 9.9)

Der in Bild 9.9 vereinfacht dargestellte Hydraulikschaltplan eines Schaufelradbaggers zeigt nur die wichtigen Antriebe ohne Nebenaggregate. Alle Antriebe werden über eine Ringleitung durch zwei druckgeregelte Pumpen 1 versorgt. Über die Ringleitung können beliebig viele Verbraucher betrieben werden, ohne daß sie sich gegenseitig beeinflussen.

Das Schaufelrad wird von vier parallel geschalteten, sekundärgeregelten Einheiten angetrieben. Auch weitere Antriebe sind parallel geschaltet. Auf diese Weise kann auch bei Ausfall einzelner Aggregate mit verminderter Leistung weitergearbeitet werden.

Die Fahrantriebe und das Oberbau-Schwenkwerk sind ebenfalls sekundärgeregelt. Dadurch ergibt sich einerseits eine feinfühlige Regelbarkeit der Drehzahl, andererseits die Möglichkeit, die hydraulische Energie verlustfrei an den Verbraucher heranzuführen. Eine Bremsenergierückgewinnung kommt für den Schaufelradbagger aufgrund der geringen Fahrgeschwindigkeit und der hohen Reibung am Schaufelrad nicht in Frage. Weiterhin treten keine Belastungsspitzen auf, die den Leistungsbedarf im stationären Betrieb erheblich überschreiten. Aus diesen Gründen benötigt das Antriebssystem keinen Hydrospeicher.

Die weiteren hydraulischen Antriebe, Kettenspannvorrichtung links und rechts, Förderbandschwenkwerk sowie die Hubzylinder zum Anheben von Förderband und Ausleger wurden in konventioneller Weise realisiert. Die beiden Hubzylinder sind einseitig wirkend mit entsperrbarem Rückschlagventil ausgeführt. Ein Absinken durch Lecköl ist somit ausgeschlossen. Erst bei Entsperrung des Rückschlagventils erfolgt das Absenken durch Eigengewicht.

Dynamischer Prüfstand für Verbrennungskraftmaschinen (Bild 9.10)

Sekundärgeregelte Hydrauliksysteme sind geradezu prädestiniert für die dynamische Simulation mechanischer Lasten zur Untersuchung und Verbesserung von Verbrennungskraftmaschinen. Hierfür gibt es mehrere Gründe:

1. Das geringe Eigenträgheitsmoment der Sekundäreinheiten erlaubt es, dem Prüfling beliebige, hochdynamische Belastungsverläufe, wie z. B. Drehmomentsprünge oder schnelle Drehzahlveränderungen, aufzuzwingen. Die auf diesem Sektor mit der Hydraulik konkurrierenden elektrischen Antriebe haben demgegenüber ein etwa um den Faktor 80 höheres Eigenträgheitsmoment.

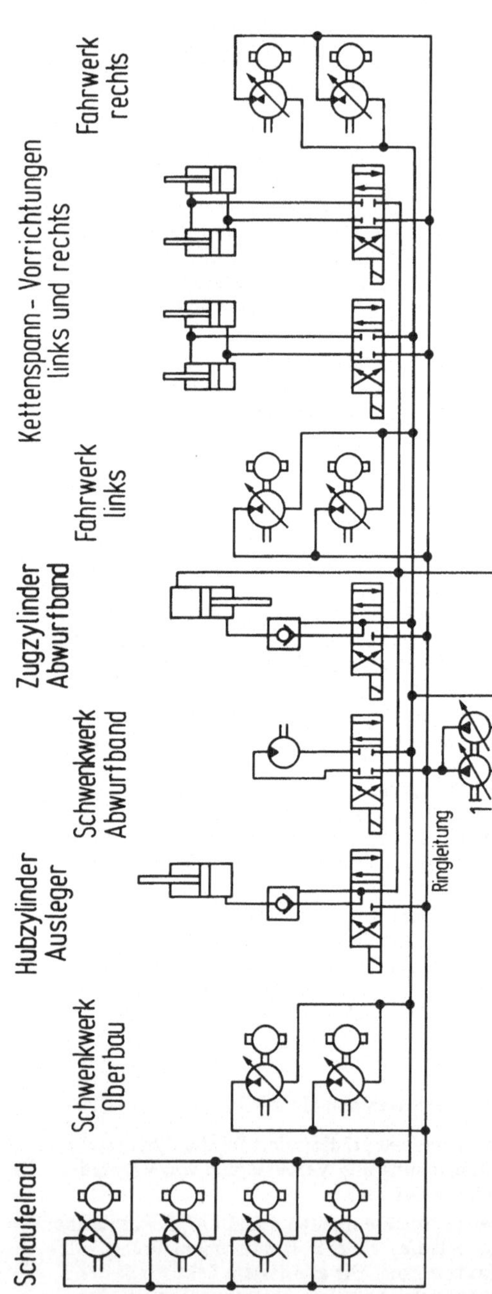

9.9 Antrieb eines Schaufelradbaggers (nach [56])

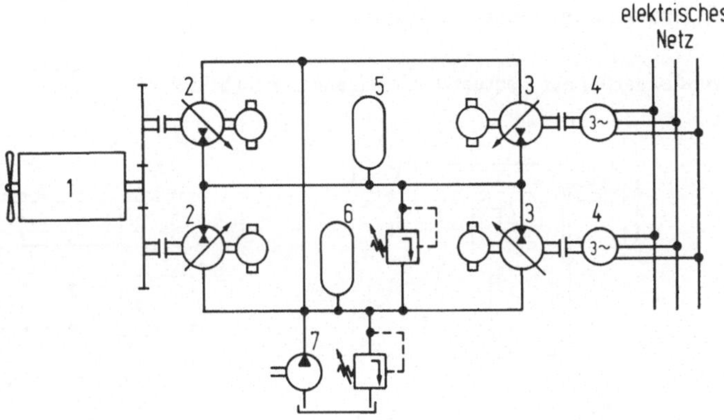

9.10 Dynamischer Prüfstand für Verbrennungskraftmaschinen (nach [56])

2. Es läßt sich problemlos ein Vier-Quadraten-Betrieb realisieren, d. h. für Drehmoment und Drehzahl ist jede Vorzeichenkombination möglich. Die vielfach verwendeten Bremsprüfstände (z. B. Wirbelstrombremse) können dagegen nur ein Belastungs-, kein Schubmoment aufbringen.

3. Sekundärgeregelte Hydroeinheiten bieten die Möglichkeit, die freiwerdende Energie wahlweise als hydraulische Energie zwischenzuspeichern (Hydrospeicher) oder in ein hydraulisches Leitungsnetz einzuspeisen (siehe Bild 9.7), das z. B. mit weiteren Prüfständen verbunden ist. Da bei Motorenprüfständen große Energiemengen umgesetzt werden, bereitet die abzuführende Wärme hier keine Probleme, insbesondere auch dann nicht, wenn viele Prüfstände in räumlicher Nähe betrieben werden (Prüffeld). Weiterhin besteht aber auch die Möglichkeit der Umwandlung in elektrische Energie. Hierzu wird eine zweite Sekundäreinheit als Motor geschaltet und treibt eine mit dem elektrischen Netz verbundene Drehstromasynchronmaschine als Generator an.

Bei dem in Bild **9.10** schematisch dargestellten Prüfstand ist der zu prüfende Verbrennungsmotor 1 über ein Zwischengetriebe mit zwei sekundärgeregelten Axialkolbeneinheiten 2 gekoppelt, die dem Prüfling einen beliebig vorgebbaren Belastungsverlauf aufprägen. Die vom Verbrennungsmotor aufgenommene Leistung wird hydraulisch über zwei weitere Sekundäreinheiten 3 an Drehstromasynchronmaschinen 4 geleitet, die die Leistung an das elektrische Netz abgeben. Auf dem gleichen Wege kann im Schubbetrieb dem Netz elektrische Leistung entnommen und zum Antreiben des Verbrennungsmotors verwendet werden. Die Lastspitzen, die beim Beschleunigen und Verzögern auftreten, werden durch den Hochdruckspeicher 5 ausgeglichen. Auf diese Weise werden Zusatzmaßnahmen zur Stabilisierung des elektrischen Netzes überflüssig.

Die Ausführung der Schaltung als geschlossener Kreislauf mit Niederdruckspeicher 6 und Speisepumpe 7 ermöglicht die räumliche Trennung von Prüfstand und Hydrauliksystem.

9.3 Hydraulik in mobilen Arbeitsmaschinen

Grundbauarten der hydrostatischen Lenkungen (Bild 9.11)

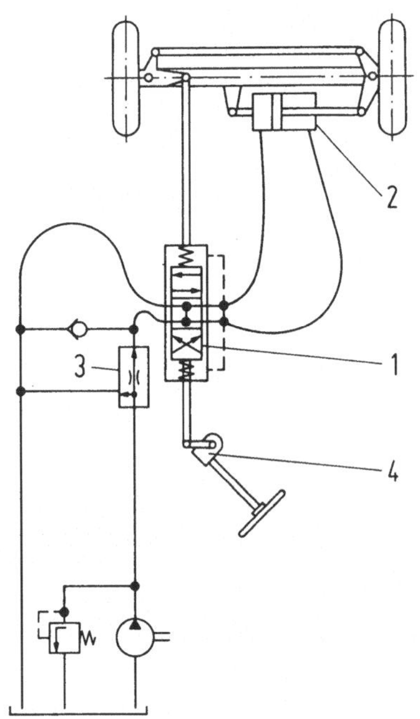

9.11 Grundbauarten der hydrostatischen Lenkungen

Hydrostatische Lenkhilfe

Das Lenkventil 1 ist in der Lenkschubstange angeordnet. Sein Ventilkolben stützt sich über Federn im Ventilgehäuse ab.

In der Neutralstellung des Lenkventils 1 sind alle Anschlüsse miteinander verbunden. Die Hydropumpe fördert das Öl drucklos zum Tank. Der Lenkzylinder 2 ist in Schwimmstellung geschaltet, so daß äußere Kräfte eine Rückstellung der Räder bewirken können. Das losgelassene Lenkrad wird dabei über die Lenkstange zurückgedreht.

Wird das Lenkrad betätigt, so verschiebt sich der Lenkventilkolben gegen eine der Federn. Der Verstellzylinder 2 wird einseitig mit Drucköl beaufschlagt und schwenkt die Räder im Sinne der Lenkraddrehung. Wird das Lenkrad festgehalten, so schiebt sich der Lenkventilkolben wieder in die Neutralstellung (Folgekolbenprinzip). Zur Verbesserung der Lenkeigenschaften wird der Ölstrom durch das Stromregelventil 3 konstant gehalten.

Fällt die Hydraulik aus, so werden die Lenkkräfte vom Lenkgetriebe 4 über den Lenkventilkolben (der dann gegen die Federkraft an den Anschlag geschoben wird) mechanisch

auf die Lenkachse übertragen. Der Kolben kann über das Rückschlagventil Öl nach-
saugen.

Vollhydrostatische Lenkung

Bei der vollhydrostatischen Lenkung (Bild **9.11b**) besteht im Gegensatz zur hydraulischen Lenkhilfe keine mechanische Verbindung mehr zwischen dem Lenkrad und den
gelenkten Rädern. Durch die hydraulischen Verbindungsleitungen kann die Anordnung
der Komponenten sehr flexibel gestaltet werden.

Hauptorgane der Lenkung sind die Dosiereinheit 1, das Lenkventil 2 und der Lenkzylinder 3. Dosiereinheit und Lenkventil sind bei praktischen Ausführungen in einem
Gehäuse zur sog. Lenkeinheit zusammengefaßt. Die Dosiereinheit ist in der Regel als
Zahnringmaschine (s. Bild **3.23**) ausgeführt; sie hat die Aufgabe, dem Lenkzylinder 3
eine dem Lenkausschlag entsprechende Ölmenge zuzuteilen. Der Kolben des Lenkventils
ist über die Lenkspindel mit dem Lenkrad mechanisch verbunden, so daß eine Drehung
des Lenkrades zunächst eine Verstellung des Lenkventilkolbens bewirkt. Der vom Lenkventil 2 dadurch angeregelte Volumenstrom wird in die Dosiereinheit 1 geleitet, so daß
deren Rotor eine Drehung vollführt und dem Lenkzylinder 3 ein der Lenkraddrehung
entsprechendes Ölvolumen zuteilt. Durch die Drehung des Rotors wird der äußere
Mantel des Lenkventils dem innneren Kolben nachgeführt (Folgekolbenprinzip), so daß
sich das Lenkventil bei Erreichen der gewünschten Radstellung wieder in Neutralstellung
befindet. Mit Hilfe der Zentrierfedern 4 wird die Neutralstellung nach Loslassen des
Lenkrades wieder exakt eingestellt. In der Neutralstellung fördert die Konstantpumpe
drucklos in den Tank; Dosiereinheit 1 und Lenkzylinder 3 sind dann in Schwimmstellung geschaltet. Wird das Lenkrad nicht losgelassen, sondern in der neuen Stellung festgehalten, so fließt noch so lange Öl durch Lenkventil 2 und Dosiereinheit 1, bis die
Dosiereinheit des Lenkventil in die Neutralstellung bewegt hat. Aus Sicherheitsgründen
müssen zwischen Lenkventil 2 und Lenkzylinder 3 sekundärseitige Druckbegrenzungsventile 5 (Schockventile) und entsprechende Nachsaugventile 6 angeordnet werden.

Fällt die Konstantpumpe aus, so wird durch Drehen des Lenkrades das Lenkradventil bis
an einen der mechanischen Anschläge 7 ausgelenkt, so daß die Dosiereinheit mechanisch
direkt vom Lenkrad angetrieben wird. Die Dosiereinheit wirkt dann als Notlenkpumpe.
In diesem Fall kann Öl über die Rückschlagventile 8 nachgesaugt werden.

Hydrostatische Lenkungen in verschiedenen Hydraulik-Systemen (Bild **9.12**)

Hydrostatische Lenkungen in Arbeitsmaschinen können sowohl in Konstantstrom-
und Konstantdruck-, als auch in Load-Sensing-Systemen integriert werden. Sie werden
dann oft gemeinsam mit den anderen Verbrauchern von einer Pumpe in einem sog.
Zentralhydrauliksystem versorgt. Die wichtigsten Schaltungsarten sind in den folgenden
drei Bildern dargestellt.

Hydrostatische Lenkung im Konstantstrom-System

Bei der in Bild **9.12a** dargestellten Anordnung der Lenkung in einer Konstantstrom-
Anlage wird der Pumpenvolumenstrom von einer Konstantpumpe 1 im 3-Wege-Strom-
regelventil 2 aufgeteilt in einen konstanten Volumenstrom für den Lenkzylinder 3 und
in einen Volumenstrom für die Arbeitshydraulik. Eine über das 3-Wege-Stromregelventil
hinausgehende Prioritätsschaltung für die Lenkung ist nicht erforderlich, da bei sinken-
dem Pumpenvolumenstrom lediglich der Volumenstrom zur Arbeitshydraulik geringer
wird. Sowohl das Lenkventil 4, als auch die Wegeventile für die Arbeitshydraulik müssen
in der Neutralstellung über eine Umlaufstellung (open center) verfügen.

Dieses System ist mit einfachen Komponenten aufgebaut und daher kostengünstig, es
hat aber den Nachteil, daß ständig ein Volumenstrom durch die Lenkung und die
Arbeitshydraulik fließt, so daß höhere Energieverluste entstehen.

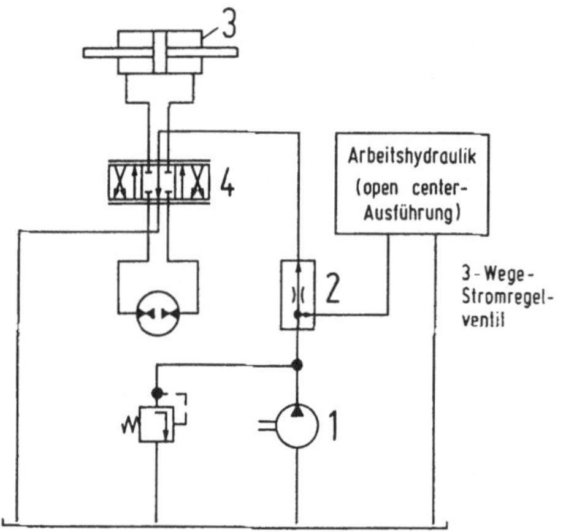

a. Konstantstrom - System

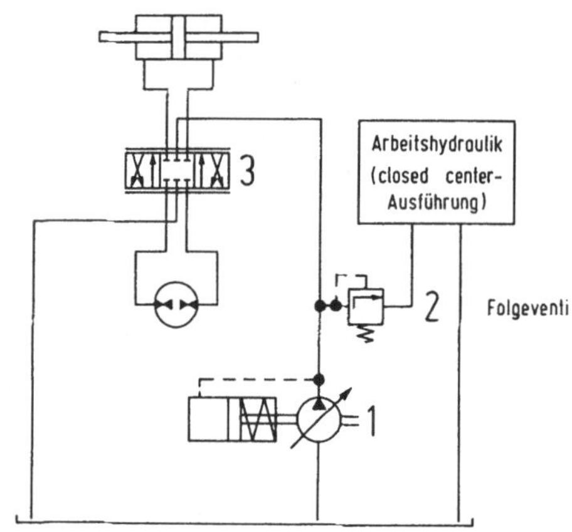

b. Konstantdruck - System

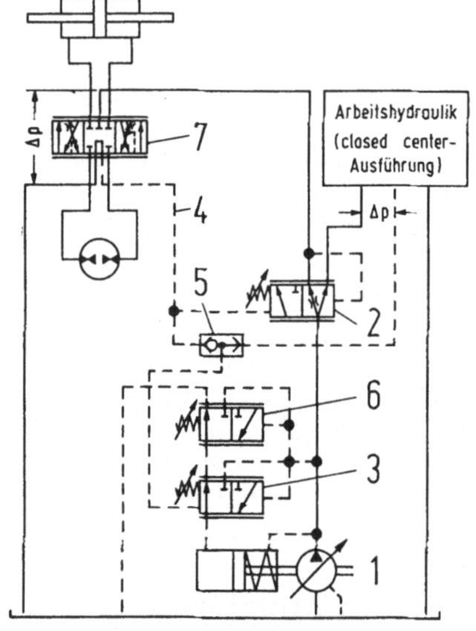

c. Load - Sensing - System

9.12
Hydrostatische Lenkungen
in verschiedenen Hydraulik-Systemen

Hydrostatische Lenkung im Konstantdruck-System

Bei der in Bild **9.12b** dargestellten Anlage wird durch eine auf konstanten Druck ge-
regelte Verstellpumpe 1 der Pumpenvolumenstrom dem Volumenstrombedarf von
Lenkung und Arbeitshydraulik genau angepaßt. Die Priorität für die Lenkung wird
dadurch erreicht, daß das Folgeventil 2 erst dann zur Arbeitshydraulik öffnet, wenn der
Pumpendruck einen am Folgeventil 2 eingestellten Wert überschreitet. Sowohl das Lenk-

ventil 3, als auch die Wegeventile für die Arbeitshydraulik müssen in Neutralstellung als
Sperrstellung (closed center) ausgeführt sein. Nur so kann die Pumpe den eingestellten,
erforderlichen Druck aufbauen.

Dieses System ist wegen der verwendeten Verstellpumpe etwas aufwendiger, verursacht
aber infolge des geregelten Volumenstroms weniger Energieverluste als das Konstant-
strom-System. Es entsteht jedoch auch bei diesem System infolge des stets konstanten
Pumpendruckes (auch bei geringstem Lastdruck) unvermeidbare Energieverluste.

Hydrostatische Lenkung im Load-Sensing-System mit Verstellpumpe

Dieses System (Bild 9.12c) verfügt neben der druck- und förderstromgeregelten Verstellpumpe 1 über ein Prioritätsventil 2. Der Pumpenregler 3 regelt das Verdrängungsvolumen der Pumpe derart, daß der Pumpendruck stets um die Steuerdruckdifferenz
Δp über dem gerade herrschenden maximalen Lastdruck liegt. Der jeweilige Lastdruck
wird dem Pumpenregler über die Signalleitung 4 zugeführt. Im Wechselventil 5 wird der
höhere Lastdruck von Lenkung oder Arbeitshydraulik ausgewählt. Damit ist gewähr-
leistet, daß die Pumpe auf die jeweils höchste Anforderung reagiert. Der Druckregler 6
begrenzt den Pumpendruck auf einen maximalen Wert. Mit Hilfe des Prioritätsventils 2
wird sichergestellt, daß der Druckabfall Δp über der Lenkung stets konstant bleibt. Bei
zu geringem Pumpenvolumenstrom (kurzzeitig zu geringer Pumpendrehzahl) oder einem
sehr großen Volumenstrom der Arbeitshydraulik drosselt das Prioritätsventil den
Volumenstrom zur Arbeitshydraulik so lange, bis der mit der Feder des Prioritätsventils
eingestellte Druckabfall Δp über dem Lenkventil 7 wieder erreicht ist.

Das Lenkventil und auch die Wegeventile der Arbeitshydraulik müssen in Neutralstellung über eine Sperrstellung (closed center) verfügen. Durch Anpassung des Volumen-
stromes und des Druckes an den Bedarf der Verbraucher werden die Energieverluste
minimiert. Jedoch arbeitet auch dieses System nicht ganz ohne Verluste durch die am
Pumpenregler 3 eingestellte Steuerdruckdifferenz und durch das unterschiedliche Last-
druckniveau zwischen Lenkung und Arbeitshydraulik, wenn beide gleichzeitig betätigt
werden.

Das Load-Sensing-System mit Verstellpumpe, Regelung, Signalleitungen und Prioritätsventil ist insgesamt aufwendiger als die vorher beschriebenen Systeme.

Hydrostatischer Fahrantrieb eines Radladers (Bild 9.13)

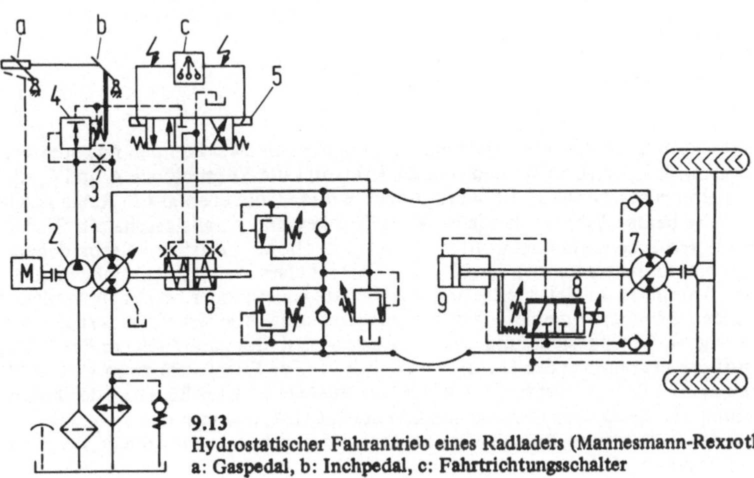

9.13
Hydrostatischer Fahrantrieb eines Radladers (Mannesmann-Rexroth)
a: Gaspedal, b: Inchpedal, c: Fahrtrichtungsschalter

Der Fahrantrieb ist in geschlossenem Kreislauf geschaltet. Die Steuerung der Fahrgeschwindigkeit über Gas- und Inchpedal ermöglicht eine komfortable Bedienung.

Die vom Dieselmotor angetriebene Verstellpumpe 1 ist mechanisch mit einer Steuerpumpe 2 verbunden, die gleichzeitig als Speisepumpe dient. Der drehzahlproportionale Förderstrom der Steuerpumpe erzeugt an der Blende 3 einen Druckabfall, der mit Hilfe des Regelventils 4 in einen Steuerdruck umgesetzt wird. Über das Fahrtrichtungsventil 5 beaufschlagt der Steuerdruck den Verstellzylinder 6 und bewirkt dadurch bei zunehmender Dieselmotordrehzahl eine Vergrößerung des Fördervolumens der Pumpe.

Bei Überlastung der Brennkraftmaschine (Motordrückung) sinkt der Steuerdruck, und der Schwenkwinkel der Pumpe wird zurückgenommen. Durch den Einsatz des Inchpedals wird die automatische Regelung übersteuert und eine manuelle Volumenstromeinstellung vorgenommen. Dadurch kann ein geringer Volumenstrom bei hoher Antriebsmotordrehzahl (Kuppeln), bzw. ein schnelles Rückschwenken der Pumpe (Bremsen) erreicht werden.

Als Abtrieb dient ein Verstellmotor 7, der die Wahl von 2 Fahrbereichen ermöglicht. Dazu wird das minimale bzw. maximale Schluckvolumen des Motors mit Hilfe eines elektrisch angesteuerten Ventils 8 über den Verstellzylinder 9 eingestellt.

Bagger-Hydraulikanlage mit Summenleistungsregelung (Bild 9.14, 9.15)

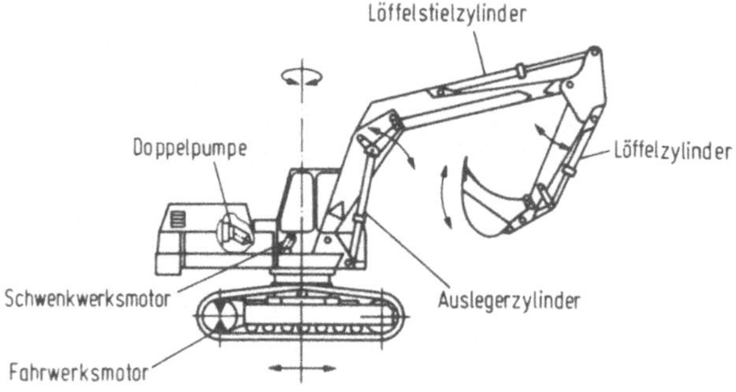

9.14 Hydrostatische Antriebe an einem Bagger

Die Schaltung besteht aus 2 offenen Kreisen, die von zwei Pumpen mit Summenleistungsregelung versorgt werden. Pumpe I versorgt die Ventilblöcke A und C, die in Reihe geschaltet sind, Pumpe II die Ventilblöcke B und C, die ebenfalls in Reihe geschaltet sind. Die beiden Verbraucher jedes Ventilblockes sind parallelgeschaltet. Rückschlagventile verhindern ein ungewolltes Absinken des höher belasteten Verbrauchers. Durch diese Kombination können jeweils zwei Verbraucher − außer dem Fahrwerk − in beliebiger Kombination gleichzeitig und unabhängig voneinander betrieben werden; dabei werden sie immer von einer eigenen Pumpe versorgt. Alle Arbeitswerkzeuge besitzen eine eigene Druckabsicherung und der Auslegerzylinder zusätzlich ein Drosselrückschlagventil zur Begrenzung der Senkgeschwindigkeit. Der Rücklaufölstrom wird gefiltert und gekühlt. Ein vom Zulaufdruck gesteuertes Druckventil 1 im Rücklauf der Fahrmotoren verhindert eine zu hohe Geschwindigkeit bei Talfahrt, indem es den Volumenstrom bei zu kleinem Zulaufdruck drosselt. Der Bagger wird durch unterschiedliche Drosselung des Zulaufs zu den Fahrmotoren gelenkt.

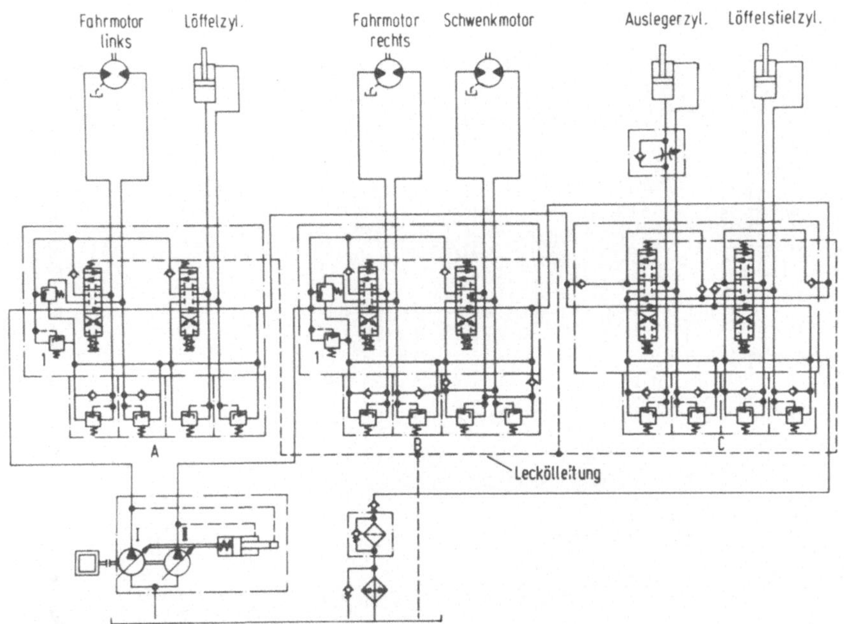

9.15 Schaltplan einer Bagger-Hydraulikanlage mit Summen-Leistungsregelung

Baggerhydraulikanlage mit Load-Sensing-Verstellpumpe und Leistungsregelung (Bild 9.16)

Die Anlage arbeitet mit einer Verstellpumpe 1 und einer Vorförderpumpe 2, beide für Arbeitshydraulik und Fahrwerk, sowie je einer Konstantpumpe 3 und 4 für Vorsteuerung und Drehwerk. Die Verstellpumpe 1 wird durch einen kombinierten Regler, bestehend aus Förderstromregler 5 und übergeordnetem Leistungsregler 6, geregelt. Während der Arbeitsdruck im Drehwerkskreis direkt den Ventilschieber des Ventils 6 beaufschlagt, wird der Pumpendruck der Verstellpumpe 2 über den Hebel 7 auf den Schieber des Ventils 6 übertragen. Der sich einstellende Verstellweg dieses Ventils ist daher abhängig von der Stellung des Pumpenverstellzylinders 9. Bei großem Fördervolumen der Verstellpumpe bewirkt eine Systemdruckänderung eine geringe Pumpenverstellung (geringer Hebelarm), bei geringem Fördervolumen eine stärkere Verstellung (großer Hebelarm). So wird die für die Leistungsregelung erforderliche Leistungshyperbel erreicht. Den LS-Ventilen 9 bis 13 sind Primärdruckwaagen 14 bis 18 vorgeschaltet, um auch bei unterschiedlichen Lastdrücken eine gleichmäßige Bewegung aller Verbraucher zu erreichen. Der jeweils höchste Verbraucherdruck wird über die Wechselventile 19 bis 22 zum Förderstromregler 5 geleitet. Um ein Zusammenbrechen des LS-Druckes und damit eine Verstellung der Pumpe 1 bei Bergabfahrt zu vermeiden, werden die Primärdruckwaagen 17 und 18 über zusätzliche Wechselventile 23 und 24 im Sekundärkreis der Fahrhydraulik durch die jeweilige Hochdruckseite beaufschlagt [57].

Elektronisch geregeltes Drei-Pumpen-Baggerhydrauliksystem (Bild 9.17)

Die Anlage arbeitet mit den 3 Verstellpumpen 1, 2 und 3 und einer Konstantpumpe 4. Die Steuerung und Überwachung der Hydraulikpumpen und des Antriebsmotors erfolgt

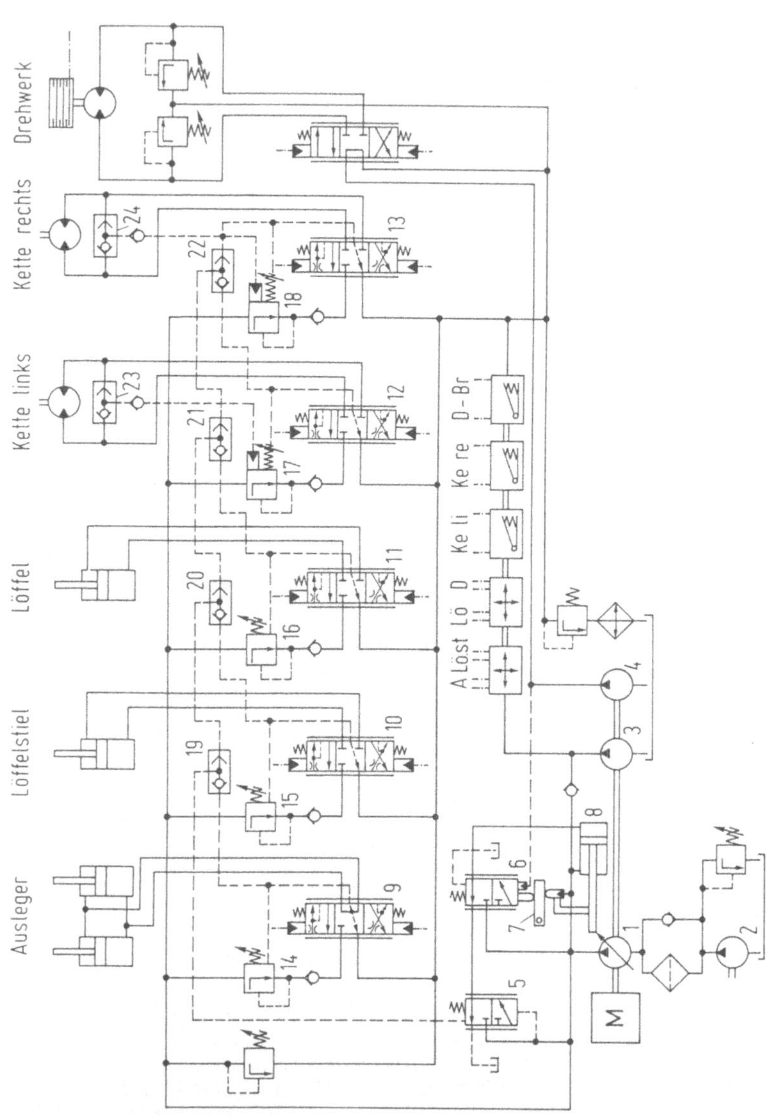

9.16 Baggerhydraulikanlagen mit Load-Sensing-Verstellpumpe und Leistungsregelung (nach Case-Poclain)

durch ein Mikroprozessor-System. Das Drehwerk wird durch die momentengesteuerte Pumpe 1 im geschlossenen Kreislauf betätigt. Die übrigen Pumpen arbeiten im offenen Kreislauf.

Die Pumpe 1 für die Drehwerksbetätigung fördert immer nur einen so großen Volumenstrom, wie er notwendig ist, um die Druckdifferenz am Drehwerksmotor auf dem Sollwert zu halten. Beim Beschleunigen des Oberwagens ist das Drehmoment proportional

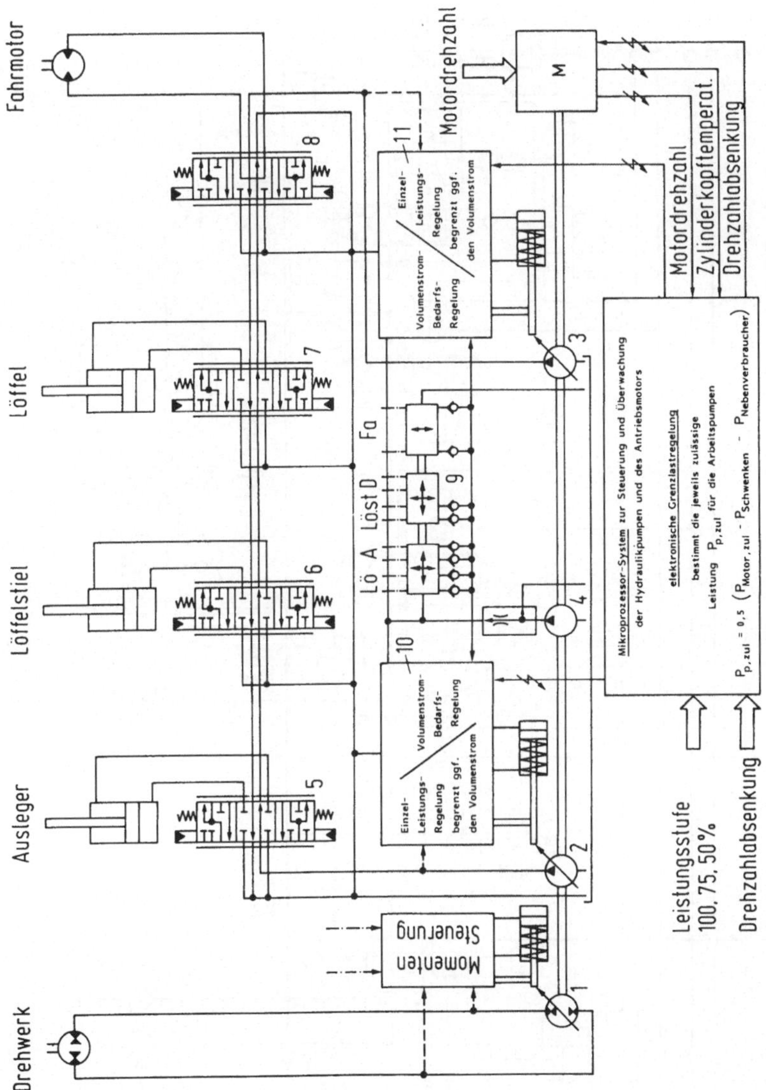

9.17 Elektronisch geregeltes Drei-Pumpen-Baggerhydrauliksystem (nach O & K)

zur Auslenkung des Steuerhebels. Beim Abbremsen kann die kinetische Energie zurückgewonnen und zum Antrieb der anderen Pumpen genutzt werden. Die Pumpe 1 wirkt dann als Motor.

Der Wegeventilsteuerblock mit den Wegeventilen 5 bis 8 ist so ausgeführt, daß bei Betätigung nur eines Verbrauchers dieser durch die Volumenströme der Pumpen 2 und 3 beaufschlagt werden kann (Doppelbeaufschlagung). Die Steuerung der Pumpen 2 und

3 erfolgt bedarfsabhängig durch den Vorsteuerdruck des am weitesten geöffneten Wegeventils. Der jeweils höchste Vorsteuerdruck wird über die Rückschlagventile 9 zur
Pumpensteuerung gemeldet. Wird kein Verbraucher betätigt, schwenken die Pumpen
zurück. Bei dieser Bedarfssteuerung kann sich bei gleichzeitiger Betätigung zweier Verbraucher eine gegenseitige Beeinflussung ergeben. Die Grenzlastregelung verhindert eine
Überlastung des Verbrennungsmotors durch die Pumpen 2 und 3. Sinkt die Motordrehzahl bei hoher Last über einen an den Einzelleistungsreglern 10 und 11 eingestellten

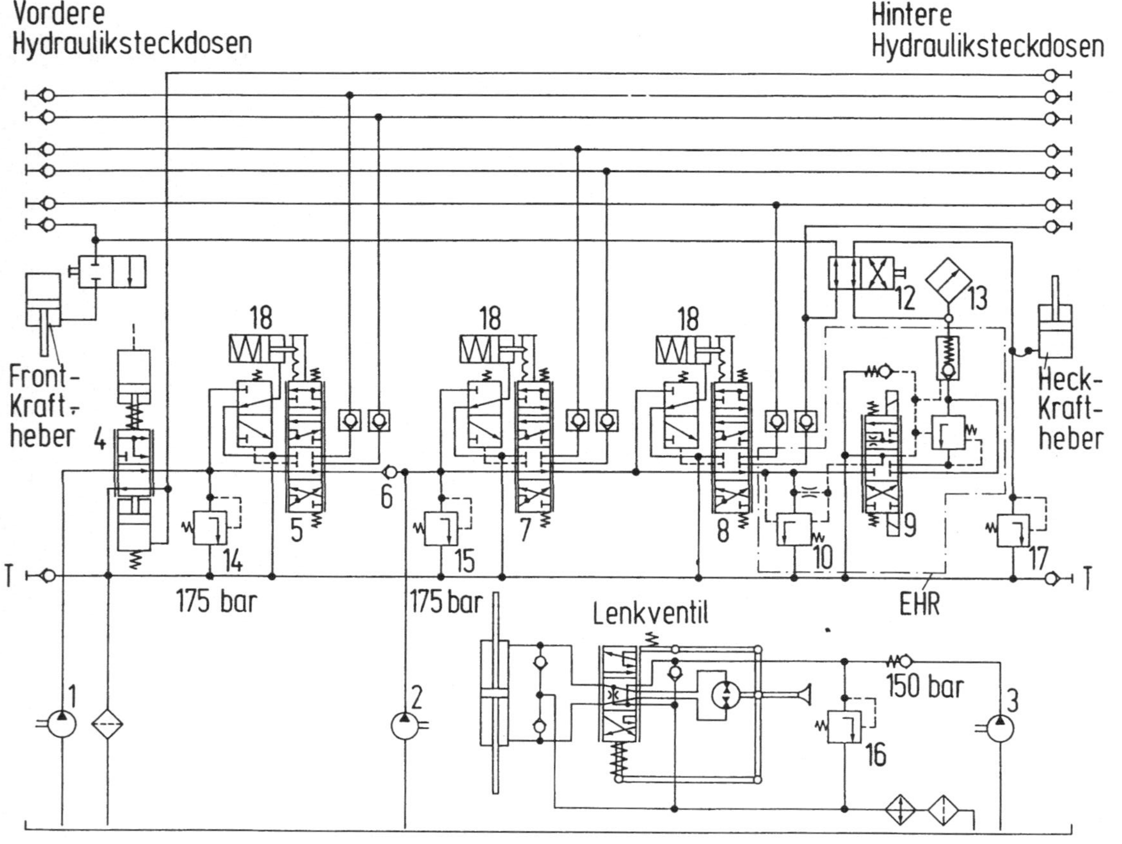

9.18 Konstantstromanlage eines landwirtschaftlichen System-Schleppers (nach KHD)

Wert, so verstellen sie die Pumpen derart, daß der Motor nicht abgewürgt werden kann. Die Einzelleistungsregelung ist der Bedarfssteuerung übergeordnet und hat gegenüber normalen Leistungsregelungen den Vorteil, daß keine Leistungsreserven für Nebenantriebe erforderlich sind. [57]

Konstantstrom-Anlage eines landwirtschaftlichen System-Schleppers (Bild 9.18)

Die Anlage arbeitet mit den beiden Konstantpumpen 1 und 2 für die Arbeitshydraulik und mit einer Konstantpumpe 3 für den Lenkungskreislauf. Das Anhängerbremsventil 4 und das Wegeventil 5 werden nur durch die Pumpe 1 versorgt, wobei das Bremsventil die Priorität vor dem Wegeventil hat. Über das Rückschlagventil 6 kann bei Neutralstellung des Wegeventils 5 der überschüssige Ölstrom zusätzlich zur Versorgung der Wegeventile 7 und 8 sowie des Kraftheberregelventils 9 verwendet werden. Das Kraftheberregelventil ist in Neutralstellung geschlossen. Der Pumpenvolumenstrom wird dann durch die Druckwaage 10 zum Tank geleitet. Durch die Druckwaage 11 wird ein lastdruckunabhängiger Volumenstrom des Krafthebers sowohl beim Heben als auch beim Senken erreicht. Durch Umschalten des Wegeventils 12 kann das Kraftheberregelventil auch für den Frontkraftheber verwendet werden. In Verbindung mit dem elektronischen Druckaufnehmer 13 kann dann eine Zylinderdruckregelung realisiert werden, mit der es möglich ist, die Auflagekraft eines angehängten Gerätes einzustellen und konstant zu halten. Die Druckabsicherung der Anlage erfolgt primärseitig durch die Druckbegrenzungsventile 14, 15 und 16, sowie sekundärseitig am Heckkraftheber durch Ventil 17 und durch die „kick out"-Rastung 18 an den Wegeventilen. [58]

Konstantdruck-Anlage eines landwirtschaftlichen Schleppers (Bild 9.19)

In der dargestellten Anlage versorgt die Speisepumpe 1 sowohl die Hydraulikanlage als auch Bremsen, Kupplung und Schmierstellen mit Niederdrucköl. Das Vorspannventil 2 ist auf einen Druck von etwa 7 bar eingestellt. Die Hauptpumpe 3 ist eine Verstellpumpe mit Nullhubregelung; sie fördert bei etwa gleichbleibendem Druck nur soviel Drucköl, wie von den Verbrauchern benötigt wird.

Das Folgeventil 4 ist geöffnet, solange ein ausreichender Druck vorhanden ist. Sinkt der Druck unter den eingestellten Wert, so schließt es und verhindert damit ein weiteres Abfallen des Druckes und eine Unterversorgung der Lenkung.

Die Verbraucher der dargestellten Anlage sind parallel geschaltet. Die Stromregelventile 5 vor den von Hand schaltbaren Wegeventilen begrenzen die Kolbengeschwindigkeit und Motordrehzahl der Verbraucher.

Der hydrostatische Frontantrieb wird durch Magnetventile zugeschaltet. Das 4/3-WV 6 schaltet den Ölumlauf zu den Motoren ein, und das 3/2-WV 7 schaltet die Kupplungen zwischen Motoren und Vorderrädern ein. Beim Betätigen der Kupplung für das Schaltgetriebe wird der hydrostatische Frontantrieb durch Elektroschalter abgeschaltet.

In den langsamen Gängen sind die Motoren über das 4/2-WV 8 parallel geschaltet (langsam), in den mittleren in Reihe (schnell). In den schnellen Gängen ist der Frontantrieb immer abgeschaltet. Das Umschalten von Parallel- auf Reihenschaltung erfolgt automatisch durch die Wahl der Gangstufe (Elektroschalter). In der dargestellten Anlage sind die Frontlader- und Kraftheberzylinder doppeltwirkend ausgeführt, da im Rücklauf ein Druck von 7 bar herrscht.

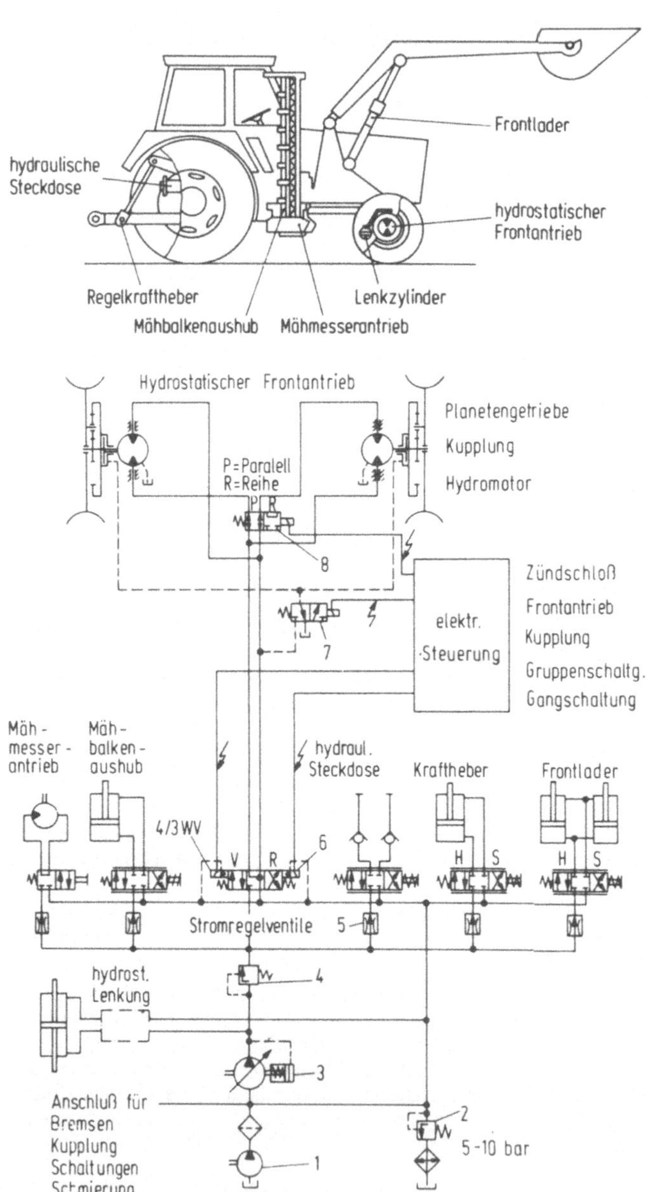

9.19 Konstantdruck-Anlage eines landwirtschaftlichen Schleppers (John Deere)

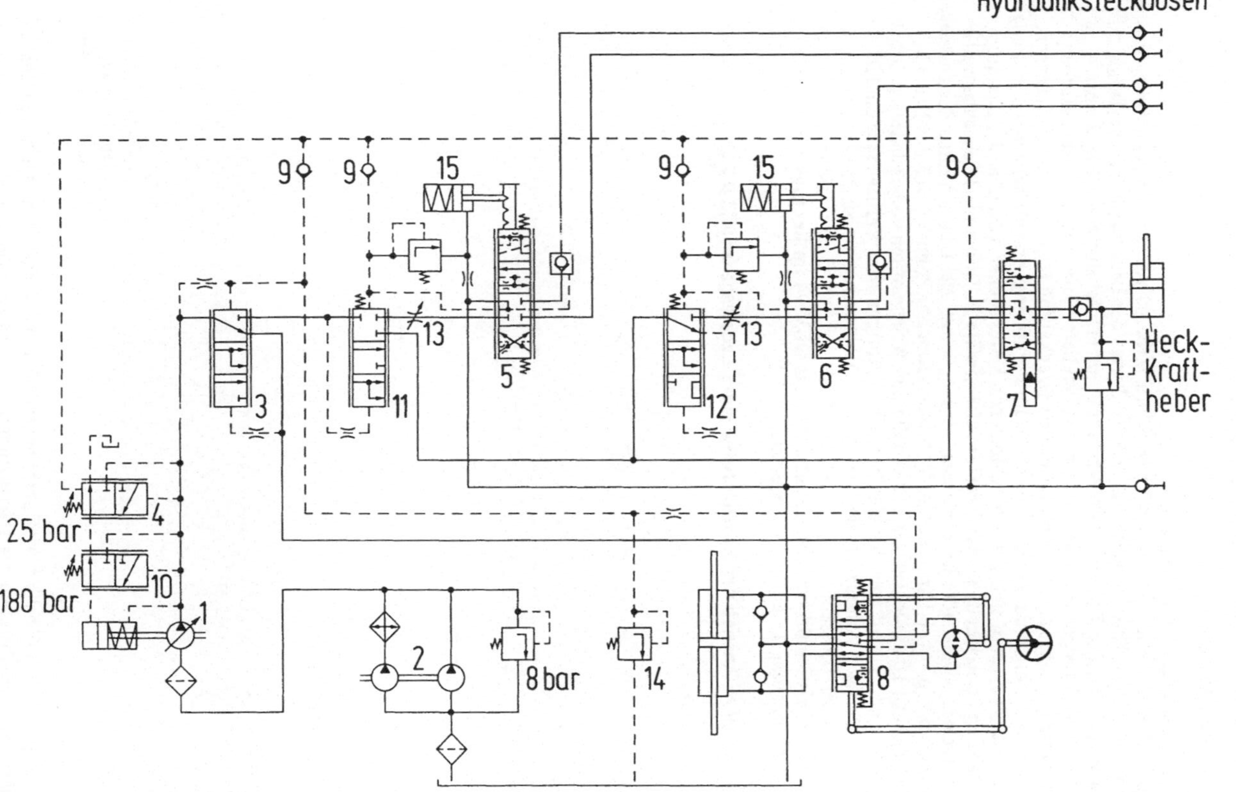

9.20 Load-Sensing-Anlage eines landwirtschaftlichen Schleppers (nach Case-IHC)

Load-Sensing-Anlage eines landwirtschaflichen Schleppers (Bild 9.20)

Die Anlage arbeitet mit einer Verstellpumpe 1, sowie einer Speisepumpe 2 (Doppelpumpe). Die Verstellpumpe versorgt sowohl die Arbeitshydraulik als auch die hydrostatische Lenkung. Durch das Prioritätsventil 3 wird die Lenkung immer vorrangig mit Drucköl versorgt. Die Regelung der Verstellpumpe erfolgt durch das Regelventil 4 derart, daß die Pumpe nur so viel Volumenstrom liefert, um über den Wegeventilen 5–7 und dem Lenkventil 8 einen konstanten Druckabfall (Δp = 25 bar) zu erzeugen. Der Volumenstrom zum Verbraucher ist dadurch immer proportional zur Auslenkung der Ventile. Der Lastdruck der angeschlossenen Verbraucher wird über die Lastdruckmeldeleitung (gestrichelt) an das Regelventil 4 gemeldet. Durch die Rückschlagventile 9 wird nur der jeweils höchste Lastdruck weitergeleitet. Bei Überschreiten des zulässigen Systemdrucks (p = 180 bar) wird der Volumenstrom der Pumpe durch das Druckbegrenzungsventil 10 zurückgeregelt. Durch die den Wegeventilen vorgeschalteten Druckwaagen 11 und 12 wird auch bei gleichzeitiger Betätigung der Verbraucher ein lastdruckunabhängiger Volumenstrom erreicht. Der Volumenstrom zu den Wegeventilen kann mittels der Drosseln 13 von Hand eingestellt werden. Die sekundärseitige Druckabsicherung des Hydrauliksystems erfolgt durch das DBV 14 im Lenksystem sowie die „kick out"-Rastung 15 an den Wegeventilen. [59]

Hydrostatischer Antrieb der Arbeitsorgane eines Ladewagens (Bild 9.21)

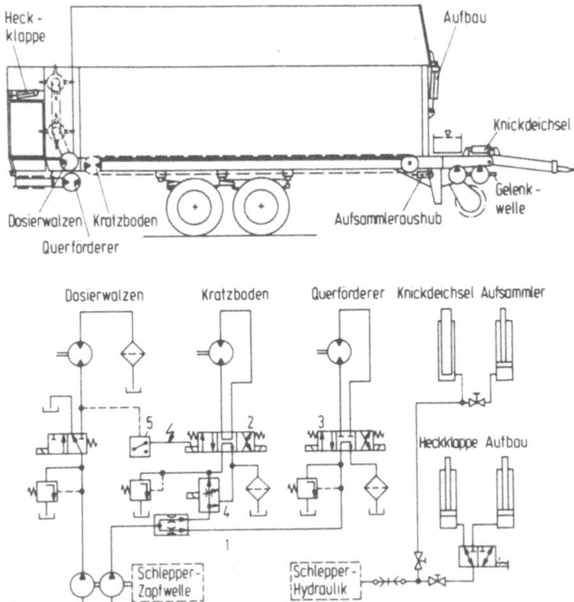

9.21
Hydrostatischer Antrieb
der Arbeitsorgane eines
Ladewagens (Mengele)

Die Schlepperhydraulik wird zum Betätigen der Knickdeichsel, zum Ausheben des Aufsammlers, zum Hochstellen des Dürrfutteraufbaus und zum Öffnen der Heckklappe genutzt.

Die auf dem Ladewagen installierte Bordhydraulik mit zwei von der Schlepperzapfwelle angetriebenen Konstantpumpen versorgt die restlichen Verbraucher mit Drucköl. Eine

Pumpe beaufschlagt den Hydromotor zum Antrieb der Dosierwalzen. Die zweite Pumpe treibt über den Stromteiler 1 die Hydromotoren des Kratzbodens und des Querförderers an. Die Umsteuerung des Kratzbodens auf Rücklauf und des Querförderers von Links- auf Rechtsauswurf erfolgt über Magnetventile 2 und 3. Zur stufenlosen Regulierung der Kratzbodengeschwindigkeit ist ein elektromagnetisch gesteuertes 3-Wege-Stromregelventil 4 installiert. Bei Verstopfen der Dosierwalzen steigt der Öldruck in deren Zulaufleitung, und ein Druckschalter 5 schaltet den Kratzbodenvorschub automatisch ab. Das Wegeventil 2 läßt sich dann nur noch in die Stellung Rückwärtslauf schalten.

Hydrostatische Überlastungssicherung (Bild 9.22)

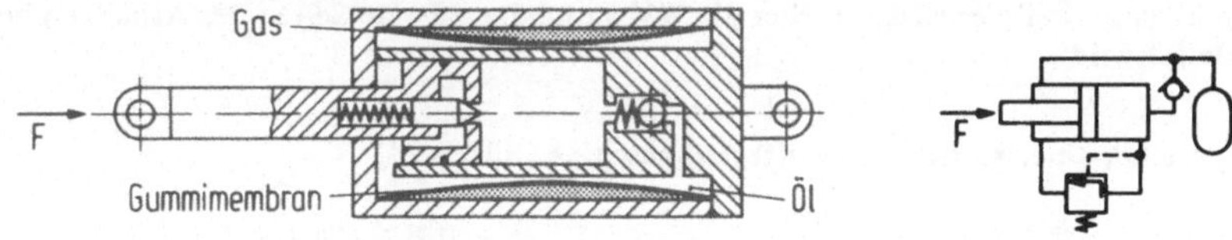

9.22 Hydrostatische Überlastungssicherung

Es handelt sich um eine Überlastsicherung zum Schutz des Raffers einer Aufsammelpresse. Die Sicherung soll folgende Aufgaben erfüllen:

a. Ansprechen, wenn der Raffer auf einen Widerstand trifft, der ohne Sicherung zum Bruch führen würde.

b. Automatisches Wiedereinrasten nach Beseitigung des Widerstandes.

Das Gas im Speicher ist mit ca. 15 bar vorgespannt. Dadurch steht der Differentialkolben normalerweise am linken Anschlag. Tritt eine zu hohe Kraft F auf, so schließt das RÜV, und das Öl im Zylinder wird über das DBV auf die Niederdruckseite abgeblasen. Der Kolben bewegt sich nach rechts. Die Energie wird in Wärme umgesetzt. Fällt F weg, so bewegt sich der Kolben wieder zum linken Anschlag.

9.4 Hydraulik in stationären Maschinen

Hydrostatisch angetriebene Waagerecht-Stoßmaschine (Bild 9.23)

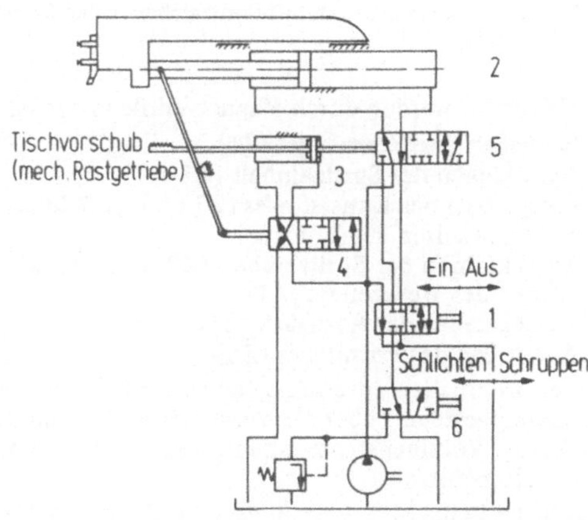

9.23
Hydrostatisch angetriebene
Waagrecht-Stoßmaschine

Steht das 6/2-WV 1 in der gezeichneten „Aus"-Stellung, so fließt der Pumpenölstrom drucklos in den Behälter zurück, weil der Ölrücklauf aus dem Arbeitszylinder 2 gesperrt und der Kolben des Steuerzylinders 3 in Endstellung ist.

Wird WV 1 auf „Ein" geschaltet, so werden die linke Seite des Steuerzylinders 3 und die linke Seite des Arbeitszylinders 2 beaufschlagt; der Hauptzylinder bewegt sich nach rechts. Durch die mechanische Kopplung wird dabei das WV 4 durch den Arbeitskolben nach links geschaltet. Hat der Arbeitskolben seine Endlage fast erreicht, so bewegt sich der Steuerkolben 3 nach links und schaltet das WV 5 um, so daß der Arbeitskolben sich wieder nach links bewegt.

Beim Schlichten — nach Umschalten von WV 6 — erfolgt der Vorlauf des Arbeitskolbens im Eilgang, weil der Ölstrom über die WV 6 und 5 auf beide Seiten des Arbeitskolbens geleitet wird.

Hydraulik einer Kunststoff-Spritzgießmaschine (Bild 9.24)

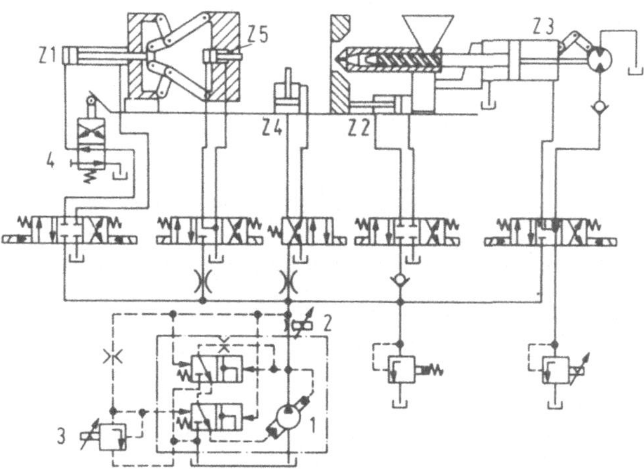

9.24 Hydraulik einer Kunststoff-Spritzgießmaschine (nach Mannesmann-Rexroth)

Die Zylinder werden durch Magnetventile in nachstehender Taktfolge gesteuert:
1. Schließen des Werkzeuges (Z1)
2. Verschieben der Spritzeinheit (Z2)
3. Einspritzen des Kunststoffes (Z3 schiebt Schnecke vor)
4. Konstanthalten des Druckes
5. Zurückfahren der Spritzeinheit (Z2) und der Schnecke (Z3)
6. Öffnen des Werkzeuges (Z1)
7. Zurückziehen der Kernzüge (Z4)
8. Ausstoßen des Formteiles (Z5)

Die erforderlichen unterschiedlichen Kolbengeschwindigkeiten und Arbeitsdrucke werden programmgesteuert über die Verstelldrossel 2 und das Druckbegrenzungsventil 3 eingestellt. Die Volumenstrom- und druckgeregelte Verstellpumpe 1 liefert den entsprechenden Volumenstrom.

Das Sicherheitsventil 4 verhindert das Schließen des Werkzeuges bei geöffneter Abdeckung.

Hydrostatisch angetriebener Industrieroboter (Bild 9.25)

Die drei Hauptbewegungen des relativ einfachen Industrieroboters werden hydraulisch durch den Zylinder
Z1 für die Linearbewegung des Armes, den Zylinder Z2 für das
Schwenken des Armes und den
Motor M3 für die Drehbewegung
des Roboters erzeugt. Die Bewegungen werden über die Servoventile SV1, SV2 und SV3 angesteuert,
die druckgeregelte Pumpe 4 liefert
den erforderlichen Förderstrom,
der zum Schutz der Servoventile
den HD-Filter 5 durchläuft.

Die von der Steuerung 6 vorgegebenen Sollwerte werden im Regler
7 mit den von den Aufnehmern A1,
A2 und A3 erfaßten Istwerten 1, 2,
3 verglichen. Mit den daraus ermittelten Stellgrößen werden die Servoventile angesteuert.

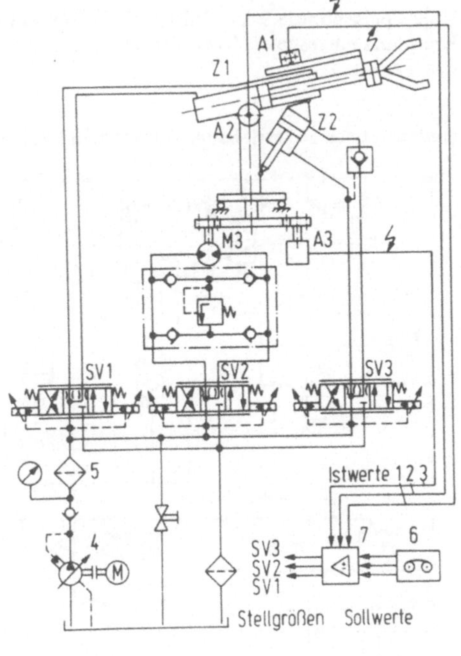

9.25
Hydrostatisch angetriebener Industrie-
roboter (nach [60])

Hydrostatisch angetriebene Tabakschneidemaschine (Bild 9.26)

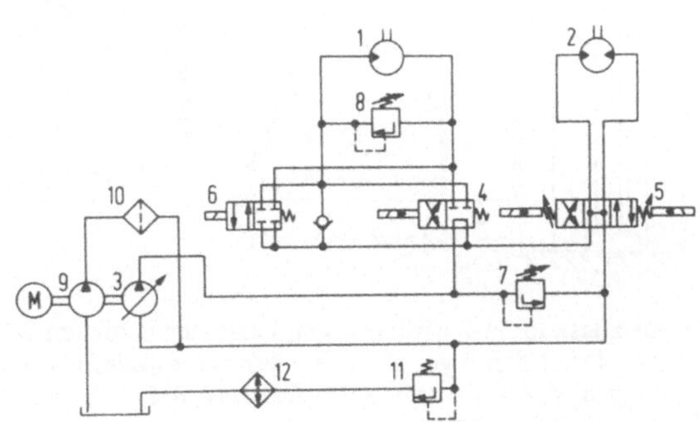

9.26
Hydrostatisch angetriebene
Tabakschneidemaschine
(nach Hauni)

In der Tabakschneidemaschine werden u. a. Messertrommel und Transportketten hydrostatisch angetrieben. Um Ausstoßschwankungen infolge unterschiedlicher Tabakbe-
schaffenheit zu vermeiden, wird die Drehzahl des Messertrommel-Motors 1 und des
Transportketten-Motors 2 über das Hubvolumen der Verstellpumpe 3 geregelt. Die Motoren sind über die Wegeventile 4 und 5 in Reihe geschaltet, so daß die Schnittlänge des
Tabaks bei Drehzahländerung konstant bleibt. Wegeventil 6 dient zum Abbremsen des

Messertrommel-Motors. Die DBV 7 und 8 schützen vor Druckspitzen beim Ein- und Ausschalten des Messertrommel-Motors.

Über Speisepumpe 9 und Filter 10 wird Öl in die Niederdruckseite des geschlossenen Kreislaufs eingespeist. Über ND-DBV 11 und Kühler 12 fließt das überschüssige Öl in den Tank.

Hydrostatisch angetriebener Aufzug (Bild 9.27)

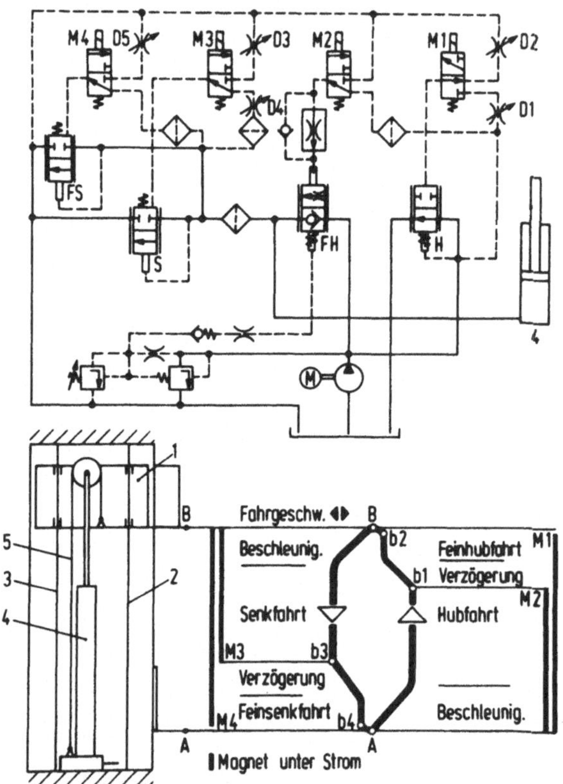

9.27
Hydrostatisch angetriebener
Aufzug (nach Flohr-Otis)

Die Aufzugskabine 1 wird an zwei, bzw. vier Schienen 2 und 3 geführt und über Hubzylinder 4 und Seil 5 gehoben. Bei der dargestellten Ausführung ist die Hubhöhe doppelt so groß wie der Hubweg des Kolbens. Bei größeren Hubhöhen werden Gleichlauf-Teleskopzylinder verwendet.

Die hydraulischen Funktionen sind aus dem Schaltplan zu entnehmen: Beim Anfahren werden Pumpe und Elektromotor und gleichzeitig die Magnetventile M_1 und M_2 eingeschaltet. Der über M_1 fließende Steuerölstrom schließt das Hubventil H (Schließgeschwindigkeit über Drossel D_1 einstellbar), so daß nach Überwindung der Beschleunigungsstrecke der volle Volumenstrom zum Hubzylinder fließt und die Kabine hebt.
Bei b_1 wird M_2 stromlos, FH wird in Drosselstellung geschaltet, so daß nach einer gewissen Verzögerungsstrecke die Feinhubfahrt bis zur Endstation B erfolgt. Kurz vor-

her, in Punkt b_2, werden Motor und Magnetventil M_1 abgeschaltet, und das Hubventil H öffnet sich (Öffnungsgeschwindigkeit durch Drossel D_2 einstellbar), der Ölstrom fließt in den Tank.

Die über die Magnetventile M_3 und M_4, das Senkventil S und das Feinsenkventil FS gesteuerte Senkfahrt verläuft entsprechend.

Servohydrautische Prüfanlage (Bild 9.28)

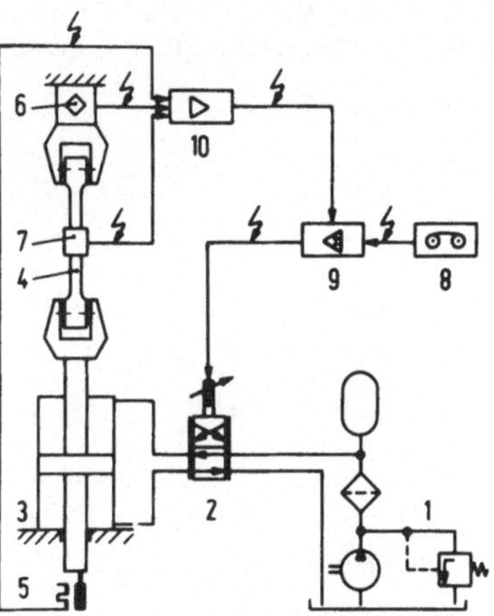

9.28
Servohydraulische Prüfanlage (Schenk)

Die Prüfanlage hat die Aufgabe, einen Prüfkörper mit einem zeitlich veränderlichen Beanspruchungsverlauf so zu belasten, daß zeitaufwendige Versuche in der Praxis teilweise ersetzt werden können; z. B. Ermittlung der Schwingfestigkeit von Probekörpern in Abhängigkeit von Werkstoffparametern.

Der hydraulische Teil der Prüfanlage besteht aus Hochdruckpumpenaggregat mit Hydrospeicher 1, elektrohydraulischem Servoventil 2 und doppeltwirkendem Prüfzylinder 3. Je nach Prüfprogramm wird mit einem Wegaufnehmer 5 der Weg der Kolbenstange, mit einem Dehnungsaufnehmer 7 die Belastung des Prüfkörpers 4 oder mit einem Kraftaufnehmer 6 die vom Kolben erzeugte Kraft gemessen. Das Prüfprogramm wird vom Sollwertgeber 8 vorgegeben. Im Regelverstärker 9 werden die von den Meßaufnehmern über den Meßverstärker 10 gelieferten Istwerte mit den Sollwerten verglichen.

Hydrostatische Leistungsbremse (Bild 9.29)

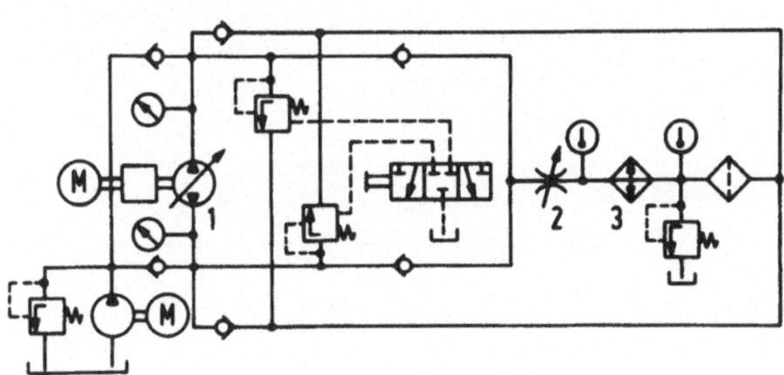

9.29
Hydrostatische
Leistungsbremse

Die zur Aufnahme von Leistungs- bzw. Wirkungsgradkennlinien verwendeten Wasser- oder Drehstromwirbelbremsen sind nicht für Messungen bei sehr kleinen Drehzahlen und hohen Drehmomenten geeignet. Dazu können jedoch hydrostatische Leistungsbremsen sehr gut verwendet werden [55].

Der z. B. von einem Elektromotor angetriebene Prüfling (z. B. ein Getriebe) wird vor die Verstellpumpe geschaltet. Die mechanische Eingangsleistung wird durch diese Hydropumpe in hydraulische Leistung umgewandelt, die durch Einstellung von Verstellpumpe 1 und Verstelldrossel 2 variiert werden kann. Die Leistung wird in der Drossel in Wärme umgesetzt und über einen Kühler 3 an die Umgebung abgeführt.

Normen und Richtlinien

Druckflüssigkeiten

DIN 51 524 Teil 1 forderungen	6/85	Druckflüssigkeiten, Hydrauliköle HL, Mindestan- forderungen
DIN 51 524 Teil 2	6/85	Druckflüssigkeiten, Hydrauliköl HLP, Mindestan- forderungen
DIN 51 524 Teil 3	8/88	Druckflüssigkeiten, Hydrauliköle HVLP Mindestan- forderungen
VDMA 24 317	8/82	Fluidtechnik-Hydraulik: Schwerentflammbare Druck- flüssigkeiten, Richtlinien
DIN 24 320	8/86	Schwerentflammbare Hydraulikflüssigkeiten Gruppe HFAE; Eigenschaften, Anforderungen
CETOP R 39 H		CETOP-Empfehlung: Tabelle der erforderlichen Angaben für Druckflüssigkeiten
CETOP RP 86 H		CETOP-Empfehlung: Richtlinie für den Einsatz schwerentflammbarer Druckflüssigkeiten in hydraulischen Systemen
VDMA 24 314	11/81	Fluidtechnik-Hydraulik; Wechsel von Druckflüssig- keiten, Richtlinien

Schaltzeichen, Begriffe

DIN ISO 1219	8/78	Fluidtechnische Systeme und Geräte: Schaltzeichen
VDMA	10/78	Fluidtechnik, Richtlinien für die Anwendung der DIN ISO 1219
DIN 24 312	9/85	Fluidtechnik; Druck; Werte, Begriffe

Hydraulikelemente

DIN ISO 4391	10/84	Fluidtechnik-Hydraulik; Pumpen, Motoren, Kompakt- getriebe; Kenngrößen, Begriffe, Formelzeichen
DIN 20 021 Teil 1—3	2/87	Fluidtechnik; Schläuche mit Textileinlage
DIN 20 022 Teil 1—4	2/87	Fluidtechnik; Schläuche mit Drahtgeflecht-Einlage
DIN 20 023 Teil 1—2	3/87	Fluidtechnik; Schläuche mit Drahtspiral-Einlage
DIN 20 024	2/87	Fluidtechnik; Schläuche und Schlauchleitungen; Prüfungen
DIN 24 331	1/72	Ölhydraulik — Hydropumpen und Hydromotore. Geometrische Verdrängungsvolumen, Werte
DIN 24 340 Teil 2	11/82	Hydroventile; Lochbilder und Anschlußplatten für die Montage von Wegeventilen
DIN 24 340 Teil 2 Vor-N.	11/82	Hydroventile; Lochbilder und Anschlußplatten für die Montage von Druckventilen und Sperrventilen

DIN 24 342	7/79	Fluidtechnik — Einbaumaße für 2-Wege-Einbauventile
DIN 24 550 Teil 1	6/88	Fluidtechnik; Hydraulikfilter; Begriffe, Nenndrücke, Nenngrößen, Anschlußmaße
DIN 24 552	5/90	Fluidtechnik; Hydrospeicher in Hydrosystemen; Begriffe, Allgemeine Anforderungen
DIN 24 552 Beiblatt I	5/90	Fluidtechnik; Hydrospeicher in Hydrosystemen; Schaltungsbeispiele

Hydraulikanlagen

DIN 9679	10/88	Hydraulische Leistungsübertragung für Traktoren mit einer Zapfwellenleistung über 48 kW
DIN 24 343	2/82	Fluidtechnik — Hydraulik; Wartungs- und Inspektionsliste für hydraulische Anlagen
VDI-Richtlinien 2152	3/75	Hydrostatische Getriebe; Begriffe, Bauarten, Berechnungsgrundlage, Wirkungswiese
VDI-Richtlinien 3027	11/67	Inbetriebnahme und Instandhaltung. Ölhydraulische Anlagen
VDI-Richtlinie 3225 Bl. 1	10/66	Ölhydraulische Schaltungen; Schaltpläne
VDI-Richtlinie 3286	12/75	Hydrostatische Getriebe

Literaturverzeichnis

[1] V i t r u v : Zehn Bücher der Architektur. Wiss. Buchgesellschaft, Darmstadt 1981.
S. 189 bis 491

[2] R a m e l l i , A.: Le diverse et artificiose machine. Paris 1588. Schatzkammer
mechanischer Künste. Deutsche Ausgabe 1620

[3] G e r l a c h , W.; L i s t , M.: Johannes Kepler, Dokumente zu Lebenszeit und
Lebenswerk. Ehrenwirth-Verlag, München 1971

[4] L e u p o l d , J.: Theatri Machinarum Hydraulicarum. Verlag Chr. Zunkel,
Leipzig 1724

[5] E c k h a r d t , F.: Druckflüssigkeiten – Auswahl, Eigenschaften, Probleme,
Anwendung.
o + p (1980) H. 2, S.   81 bis 84
                H. 3, S. 167 bis 173
                H. 4, S. 275 bis 279
                H. 6, S. 358 bis 364

[6] R e i c h e l , J.: Probleme beim Arbeiten mit Druckflüssigkeiten. o + p (1982)
H. 5, S. 346 bis 348

[7] G u s e , W.: Schwerentflammbare Druckflüssigkeiten – Eigenschaften und Verwendung. o + p (1980) H. 6, S. 449 bis 454

[8] P e e k e n , H.; S p i e k e r , M.: Druck- und temperaturabhängige Eigenschaften
von Hydraulikflüssigkeiten.
Teil I: Druck- und Temperaturverhalten der Viskosität von Hydraulikflüssigkeiten.
          o + p (1981) H. 12, S. 903 bis 907
Teil II: Dichte und Kompressibilität von Hydraulikflüssigkeiten.
          o + p (1982) H. 1, S. 24 bis 26

[9] S c h l i c h t i n g , H.: Grenzschichttheorie. Verlag G. Braun, Karlsruhe 1990

[10] K a h r s , M.: Der Druckverlust in den Rohrleitungen ölhydraulischer Antriebe.
VDI-Forschungsheft 537. Düsseldorf 1970

[11] H e r n i n g , F.: Stoffströme in Rohrleitungen. 4. Aufl. VDI-Verlag, Düsseldorf
1966

[12] E c k , B.: Technische Strömungslehre. Bd. 1: 9. Aufl. 1988, Bd. 2: 8. Aufl. 1981
Springer-Verlag, Berlin – Heidelberg – New York

[13] C h a i m o w i t s c h , J. M.: Ölhydraulik. VEB-Verlag Technik, Berlin 1961

[14] D u b b e l ,: Taschenbuch für den Maschinenbau. 16. Aufl. Springer-Verlag,
Berlin – Heidelberg – New York 1987

[15] B e c k e r , E.: Technische Strömungslehre. 6. Aufl. B. G. Teubner, Stuttgart
1986

[16] V o g e l p o h l , G.: Betriebssichere Gleitlager. Springer-Verlag, Berlin – Heidelberg – New York 1958

[17] P e e k e n , H.: Dubbel, Taschenbuch für den Maschinenbau. 14. Aufl., Abschnitt G 6. Springer-Verlag, Berlin — Heidelberg — New York 1981

[18] R e n i u s , K. Th.: Untersuchungen zur Reibung zwischen Kolben und Zylinder bei Schrägscheiben-Axialkolbenmaschinen. VDI-Forschungsheft 561. Düsseldorf 1974

[19] B ö i n g h o f f , O.: Untersuchungen zum Reibungsverhalten der Gleitschuhe in Schrägscheiben-Axialkolbenmaschinen. VDI-Forschungsheft 584. Düsseldorf 1977

[20] R o t h , K. H.: Konstruieren mit Konstruktionskatalogen. Springer-Verlag, Berlin — Heidelberg — New York 1982

[21] B a c k é , W.; H a h m a n n , W.: Kennlinien und Kennfelder hydrostatischer Getriebe, VDI-Bericht 130. Düsseldorf 1969. S. 39 bis 48

[22] M o l l y , H.: Die Zahnradpumpe mit evolventischen Zähnen — Eine Betrachtung über den Fördervorgang und seine rechnerische Grundlage. o + p (1958) H. 1, S. 24 bis 26

[23] W ü s t h o f f , P.; W i l l e k e n s , M.: Das geometrische Hubvolumen und die Ungleichförmigkeit verstellbarer Flügelpumpen. Industrie-Anzeiger (1973) H. 16, S. 293 bis 296

[24] H o f f m a n n , D.: Die Dämpfung von Flüssigkeitsschwingungen in Ölhydraulikleitungen. VDI-Forschungsheft 575. Düsseldorf 1976

[25] B a r t h o l o m ä u s , W.; K r ü g e r , H.: Hydrostatische Bauelemente. Konstruktion (1961) H. 10, S. 373 bis 382

[26] B a c k é , W.: Elektrohydraulik. Industrie-Anzeiger (1977) H. 43, S. 764 bis 767

[27] B a c k é , W.: Entwicklungstendenzen in der Ölhydraulik. o + p (1975) H. 4, S. 237 bis 249

[28] R a t i a c z a k , H.: Proportionalmagnete für Hydroventile. Fluid (1974) H. 6, S. 30 bis 31

[29] L u , Y. H.: Statisches und dynamisches Verhalten von Proportionalmagneten. o + p (1981) H. 5, S. 403 bis 407

[30] K a s p e r b a u e r , K.: HERION-Proportionalventile zur Steuerung und Regelung von Geschwindigkeit und Druck. HERION-Druckschrift 00679, 1979

[31] H e i s e r , J.: Proportionalventile mit lagegeregeltem Magnetstellglied. Bosch, Techn. Berichte (1977) H. 1, S. 34 bis 43

[32] B e i t l e r , G.: Durchflußwiderstände von Wegeventilen. o + p (1981) H. 11, S. 840 bis 843

[33] N i k o l a u s , H.: Untersuchung der Widerstandscharakteristik von hydraulischen Festwiderständen . . . Diss. TH Karlsruhe 1967

[34] B a c k é , W.: Konstruktive und schaltungstechnische Maßnahmen zur Energieeinsparung. o + p (1982) H. 10, S. 695 bis 707

[35] E b e r t s h ä u s e r , H.; S o p h a , K.: Krausskopf-Taschenbücher „ölhydraulik und pneumatik" (1973), Band 3, S. 201 bis 203

[36] Bosch-Handbuch, Hydraulik in Theorie und Praxis. Stuttgart 1981

[37] Rexroth-Handbuch, Der Hydraulik-Trainer. Lohr 1978

[38] Sperry-Vickers, Handbuch der Hydraulik. Bad Homburg 1973

[39] H o e p k e , E.: Führen und Dichten im Zylinder. fluid (1972) H. 12, S. 41 bis 43

[40] K n o l l , E.: Hydrobehälter in Fahrzeughydrauliken. fluid (1978) H. 4, S. 32 bis 38

[41] S t u h r m a n n , K.: Gestaltung von Ölbehältern. o + p (1977) H. 4, S. 284 bis 286

[42] P a n z e r , P.; B e i t l e r , G.: Arbeitsbuch der Ölhydraulik. Krausskopf-Verlag, Wiesbaden 1969

[43] B ö i n g h o f f , O.; H o f f m a n n , D.: Merkmale der Geschwindigkeitssteuerung in hydrostatischen Anlagen. o + p (1975) H. 8, S. 605 bis 607

[44] B ö i n g h o f f , O.; v a n d e r K o l k , H. J.: Grundlagen und Systematik der Steuerung und Regelung verstellbarer Verdrängermaschinen. o + p (1972) H. 5, S. 193 bis 200

[45] B ö i n g h o f f , O.: Steuerungen und Regelungen für verstellbare Verdrängermaschinen. o + p (1974) H. 1, S. 49 bis 56

[46] Z o e b l , H.: Schaltpläne der Ölhydraulik. 4. Aufl. Krausskopf-Verlag, Wiesbaden 1973

[47] Z o e b l , H.: Ölhydraulik. Springer-Verlag, Wien 1963

[48] B a c k é , W.: Hydraulische Schaltungstechnik. Vorlesungsumdruck, Aachen 1976

[49] K a u f f m a n n , E.: Hydraulische Steuerungen. 3. Aufl. Vieweg-Verlag, Braunschweig 1988

[50] B i e n e r t , H. W.: Planung ölhydraulischer Anlagen. o + p (1962) H. 3, S. 93 bis 96

[51] B a c k é , W.: Grundlagen der Ölhydraulik. Vorlesungsumdruck, 4. Aufl. Aachen 1979

[52] B a u e r , G.: Ölhydraulik. 5. Aufl. B. G. Teubner, Stuttgart 1988

[53] E b e r t s h ä u s e r , H.: Anwendungen der Ölhydraulik. Krausskopf-Taschenbücher 7 und 8. Krausskopf-Verlag, Mainz 1972

[54] M o l l y , H.: Stufenloses hydrostatisches Getriebe mit Leistungsverzweigung. Grundlagen der Landtechnik (1965) H. 2, S. 47 bis 54

[55] K o r d a k , R.: Neuartige Antriebskonzeption mit sekundärgeregelten hydrostatischen Maschinen. o + p 25 (1981) Nr. 5, S. 387 bis 392

[56] Rexroth-Hydraulik-Trainer: Hydrostatische Antriebe mit Sekundärregelung Band 6 (1989)

[57] v a n H a m m e , Th.; M ö l l e r , J.: Entwicklungstendenzen der Hydrostatik in Baumaschinen, beobachtet auf der Bauma '89. o + p 33 (1989) Nr. 8, S. 615 bis 625

[58] v a n H a m m e , Th.: Schlepperhydraulik. Jahrbuch Agrartechnik Nr. 2, Frankfurt: Maschinenbau-Verlag GmbH, 1989 S. 34 bis 37

[59] F r i e d r i c h s e n , W.; M ö l l e r , J.: Neue Entwicklungen und Tendenzen der Hydraulik in Landmaschinen und Ackerschleppern. o + p 34 (1990) Nr. 3, S. 148 bis 160

[60] W i e m e r , K.; F a h l b u s c h , J.: Industrie-Roboter. HERION-Information Nr. 4 (1976), S. 129 bis 136

Sachverzeichnis

Additive 21
Alterung 21
Amplitudengang 130
Anschlußplatte 154
Ansprechempfindlichkeit 127
Antrieb 11
–, hydrodynamischer 11
–, hydrostatischer 11, 12
– eines Motors 15
– – Zylinders 14
Arbeitsdruck 32
Axialkolbenmaschine 59
–, Berechnung 65
–, Schrägachsenbauart 59
–, Schrägscheibenbauart 62
–, Taumelscheibenbauart 64

Behälter (s. a. Ölbehälter) 163
Berechnungsbeispiele 211
–, Absinken eines Kolbens 230, 231
–, Antrieb für eine hydraulische Presse
   215
–, Erwärmungsverlauf 227
–, Vorschubantrieb für Bohrgerät 213
Bernoulli'sche Bewegungsgleichung 35
Betätigungsmittel für Ventile 105
Betrieb von Anlagen 199
Betriebsdaten von Pumpen und Motoren
   84, 85
Betriebsverhalten von Anlagen 229
– – Dichtungen 162
– – Pumpen und Motoren 80, 81,
   82, 83
Blende 143, 177
Blockschaltbild 185, 192
Blockventil 154
Bode-Diagramm 131
Bunsen'scher Lösungskoeffizient 30

Cartridge Element 149

Dämpfung 92, 93, 94
Dehnschlauch 157
Dichte 28
– -Druck-Verhalten 29
– -Temperatur-Verhalten 28
Dichtung 160
–, Betriebsverhalten 162
–, dynamische 161
–, statische 160

Drehmoment 33
–, Axialkolbenmaschine 66
–, Radialkolbenmaschine 70
–, Zahnrad- und Zahnringmaschine 75
Drossel 46
–, Volumenstrommessung 47
– ventil 143
Druck-Eingangsstrom-Kennlinie 130
–, eingeprägter 237
– flüssigkeit 20
– –, Arten und Stoffdaten 21
– –, Aufgaben und Anforderungen 20
– –, Dichteverhalten 28
– –, Luftaufnahmevermögen 30
– –, Mineralöle 21
– –, Motoren- und Getriebeöle 21
– –, schwerentflammbare 21
– –, Viskositätsverhalten 24
– pulsation 88
– ventil 133
– –, Betriebsverhalten 141
– –, Druckbegrenzungsventil 134
– –, Druckregel- oder Druckreduzier-
   ventil 137
– –, Druckverhältnisventil 135
– –, Folgeventil 136
– –, kombinierte 139
– –, Proportional-Druckventil 140
– –, Verhältnisdruckregelventil 138
– verlust, Druckabfall 36
– – faktor 41
– – in Krümmern und Leitungs-
   elementen 43
– – – Rohrleitungen 36
– – – Ventilen und Geräten 46
– – – Wegeventilen 126
– verstärkung 127, 130
Durchfluß-Eingangsstrom-Kennlinie 129
– -Lastdruck-Kennlinie 129
– verstärkung 127
– zahl 47

Eilgangschaltung 101, 202, 203
Einbauventile, 2-Wege- 149
Einstelldruck 141
Elektromechanische Wandler 107
–, proportional wirkende 109
–, schaltende 107
Endlagendämpfung 101
Endschalter 205

Energiesteuerung 104
Energiewandlung 32
– mit Kolben und Zylinder 32
– – rotierendem Verdränger 33
Energiewandler für absätzige Bewegung 95
– – stetige Bewegung 58
Erwärmungsverlauf 226

Filter 165
–, Bauarten 168
–, Berechnung 171, 172, 173
– einsatzarten 167
– – in getrenntem Kreislauf 168
– –, Hochdruck-Filter 168
– –, Niederdruck-Filter 168
– –, Rücklauffilter 168
– –, Saugfilter 167
– elemente 166
– –, Faserstoffilter 167
– –, Magnetfilter 167
– –, Oberflächenfilter 166
– –, Siebfilter 166
– –, Sintermetallfilter 167
– –, Spaltfilter 166
– –, Tiefenfilter 167
– feinheit 166
Flügelzellenmaschine 75
–, Berechnung 77
–, einhubige 76
–, mehrhubige 76
Folgeschaltung 205
Förderstrompulsation 88, 89
Frequenzgang-Verhalten 130
Funktionsdiagramm 213

Geräuschentstehung 31, 229
Getriebe, hydrostatisches 232, 233, 234, 235
Gleichlaufschaltung 205
Gleitlager 50
–, Arten 50
–, Reibungsverhalten 52
Gleitschuh 63

Heizer 174
Henry'sches Gesetz 30
Hubvolumen (s. a. Verdrängungsvolumen) 33
Hydrodynamik 34
Hydrostatik 31
Hysterese 128

Isotherme Strömung 37, 39, 42

Kavitation 229
Kennlinie 128
–, Durchfluß-Lastdruck- 128
–, – -Signal- 128
–, Lastdruck-Eingangsstrom- 130
–, Magnetkraft-Hub- 109, 113
– von Pumpen und Motoren 80, 86, 87, 88
Kompressibilität 29
Kompressionsmodul 29
Konstantdruck-Schaltung 210
Konstantstrom-Schaltung 209
Kontinuitätsgleichung 34
Konvektion 224
Kraftwirkung strömender Flüssigkeiten 49
Kreislauf 208
–, geschlossener 208
–, offener 208
Kühler 174
Kugelkopfkolben 64

Laminare Strömung 37, 39
Leckö/verlust durch Dichtung 162
– – Spalte 48
Leistung 33, 34
–, Axialkolbenmaschine 66
Leistungsfluß 179
Leistungsübertragung 11
–, hydrodynamische 11
–, hydrostatische 13
Leistungsverzweigung 234
–, äußere 235
–, innere 236
Load-Sensing-Schaltung 210
Lochplatte 154
Luftaufnahmevermögen von Öl 30

Magnet 107
–, Gleichstrom- 107
–, kraftgesteuerter Proportional- 112
–, lageregelter Proportional- 113
– kraft-Hub-Kennlinie 109, 113
–, Proportional- 111
–, Schaltvorgänge 108
–, Wechselstrom- 107
Meßgerät 176
Mineralöl 21, 22, 23
Mischreibung 52
Motoren, Übersicht 58
Motorsteuerung 187

Nichtisotherme Strömung 37, 40, 43
Normen 250, 251

Öffnungsdruck 141
Ölbehälter 163
–, Behältergröße 163
–, geschlossener 164
–, offener 163
Ölhydraulik, Begriff 11
–, geschichtliche Entwicklung 16

Parallelschaltung 206
Phasengang 130
Planung 199, 211
Planungsbeispiel 217
Primäreinheit 236
Primärverstellung 185
Proportional-Wegeventil 124
Pulsation 88
Pulsationsdämpfung 92
Pumpen, Übersicht 58
– steuerung 187

Radialkolbenmaschine 68
–, außenbeaufschlagte 70
–, Berechnung 70
–, innenbeaufschlagte 68
Regelkreis 193
Regelung mit Verstellpumpe 192
–, Druckregelung 193
–, kombinierte Regelung 197
–, Leistungsregelung 196
–, Stromregelung 195
Reibungsschubspannung 25
Reihenschaltung 207
Reynolds'sche Zahl 37
Richtlinien 205, 251
Ringleitung 237
Rohrleitung (s. a. Verbindungselemente) 156
Rohrwiderstandsbeiwert 37, 38, 40
Rollflügelmaschine 78
–, Berechnung 78

Schaltgerät 176
–, Druckschalter 176
–, Kolben-Druckschalter 176
–, Rohrfeder-Druckschalter 176
Schaltpläne, Beispiele 236
–, mobile Arbeitsmaschinen 236
–, stationäre Maschinen 244
Schaltungsbeispiele 200
– für einzelne Verbraucher 201
– – mehrere Verbraucher 204
– – Systemschaltung 207
Schaltzeichen 53

Schlauchleitung (s. a. Verbindungselemente) 157
Schleppdruck 162
Schließdruck 141
Schluckvolumen (s. a. Verdrängungsvolumen) 33
Schraubenmaschine 79
Schwingung 229
Schwenkmotor 102
– mit direkter Beaufschlagung 104
– – Drehkeilwelle 103
– – Zahnstange und Ritzel 103
Schwerentflammbare Druckflüssigkeit 21, 22, 23
Sekundäreinheit 236
Sekundärgeregelte Antriebe 236
Sekundärverstellung 185
Signalfluß 179
– bild 183
Servoventil 122
Spaltverluste 48
Speicher 169
–, Berechnung 171
–, Sicherheitsbestimmungen 173
– bauarten 169
– –, Blasenspeicher 170
– –, Kolbenspeicher 170
– –, Membranspeicher 170
Sperrflügelmaschine 77
–, Berechnung 78
Sperrkreisschaltung 204
Sperrventil 131
–, einfaches Rückschlagventil 132
–, entsperrbares Rückschlagventil 132
–, Drosselrückschlagventil 133
Sprungfunktion 131
Steuerblock 154
Steuerkette 185
Steuerung 185
–, druckabhängige 190
–, Motor- 187
–, Pumpen- 187
–, volumenabhängige 188
– mit Verstellpumpe 185
– – –, Führungssteuerung 186
– – –, Haltegliedsteuerung 186
– – –, hydraulische Steuerung 188
– – –, kombinierte Steuerung 190
– – –, mechanische und elektrische Steuerung 187
– – –, Programmsteuerung 186
Steuerscheibe 60
Stick-Slip-Effekt 162

Strahlung 224
Stribeck-Kurve 52
Strömung 37
—, isotherme 39, 42
—, laminare 39
Strömung, nichtisotherme 40, 43
—, turbulente 42
Strömungskraft 49
Stromventil 143
—, Betriebsverhalten 148
—, Drosselventil 143
—, Proportional-Stromventil 147
—, Stromregelventil 144
—, Stromteilerventil 146

Tachomaschine 237
Tauchspule 111
Torque-Motor 110
Tragdruck 51
—, hydrodynamischer 51
—, hydrostatischer 51
Turbulente Strömung 37, 42

Überdeckung 117
Umkehrspanne 128
Ungleichförmigkeitsgrad 91

Ventil 105
—, Anschluß- und Verknüpfungsarten 154
— -Betätigungsmittel 105
— —, direkte Druckbetätigung 106
— —, elektromechanische Wandler 107
— —, indirekte Druckbetätigung 106
— —, mechanische Betätigung 106
—, Betriebsverhalten 126
—, Drehschieber- 115
—, Druck- 133
—, Druckabfall 126
—, dynamisches Verhalten 130
—, Einbau- 149
—, Kennlinie 128
—, Längsschieber- 114
—, Sitz- 116
—, Sperr- 143
—, statisches Verhalten 127
—, Strom- 143
—, Übersicht 105
—, Wege- 114
Verbindungselement 156
—, Rohrleitung 156
—, Rohrverbindung 159
—, Schlauchleitung 157
—, Schlauchverbindung 160

Verbundverstellung 185
Verdrängermaschinen, Übersicht 58
Verdrängungsvolumen 33
—, Axialkolbenmaschine 65
—, Flügelzellenmaschine 77
—, Radialkolbenmaschine 70
—, Rollflügelmaschinen 79
—, Schraubenmaschinen 80
—, Sperrflügelmaschinen 79
—, Zahnrad- und Zahnringmaschinen 75
Verkettung 155
Viskosität 24
—, dynamische 25
—, kinematische 25
—, Viskositäts-Druck-Verhalten 27, 231
—, — -Temperatur-Verhalten 26, 230
Viskositäts-Druck-Koeffizient 27
— index 27
Volumenstrom 33
—, eingeprägter 236
— -Meßgeräte 177
— —, Hitzdraht-Anemometer 177
— —, Meßturbine 177
— —, Ovalradzähler 177
— —, Zahnrad-Meßmotor 177
— verstellung 179
— — durch Doppel- oder Mehrfachpumpe 180
— — — Konstantpumpe und Drosselventil 181
— — — verstellbare Verdrängermaschine 183
Vorsteuerventil 106, 119

Wärme 223
— abgabevermögen 226
— ausdehnungskoeffizient 28
— leitkoeffizient 225
— übergangskoeffizient 224
— speichervermögen 226
— tauscher 226
Wärmetechnische Auslegung 223
— —, Wärmedurchgang 225
— —, Wärmeleitung 225
— —, Wärmeübergang 224
Wandler 107
—, proportionalwirkende elektromechanische 109
—, schaltende elektromechanische 107
Wegeventil 114
—, Betätigungskräfte 117
—, Drehschieberbauart 115
—, drosselnde 120

—, elektromechanisch betätigte 122
—, Längsschieberbauart 116
—, nichtdrosselnde 118
—, Sitzbauart 116
—, Überdeckung 117
Widerstandsbeiwert 44
Wirkungsgrad 80
—, hydraulisch-mechanischer 80
—, volumetrischer 80

Zahnradmaschine 71
—, Außen- 71
—, Berechnung 75

Zahnradmaschine, Innen- 73
Zahnringmaschine 74
—, Berechnung 75
Zeitkonstante 226
Zylinder 96
—, Differential- 100
—, doppeltwirkender 96
—, Einbau 102
—, einfachwirkender 96
—, Endlagendämpfung 101
—, Gleichlauf- 99
—, Mehrfach- oder Teleskop- 97
—, Plunger- oder Tauchkolben- 96
—, Übersicht 95

Warnecke
Einführung in die Fertigungstechnik

Von Prof. Dr.-Ing.
Dr. h.c. Dr.-Ing. E.h.
Hans-Jürgen Warnecke
Universität Stuttgart und
Fraunhofer-Institut für
Produktionstechnik und
Automatisierung (IPA)

unter Mitarbeit von
Dipl.-Ing. **Pavel Svejda**
Universität Stuttgart

1990. VIII, 253 Seiten mit
166 Bildern und 8 Tabellen.
13,7 × 20,5 cm.
Kart. DM 28,80
ISBN 3-519-06323-9

Teubner Studienbücher

Preisänderungen vorbehalten.

Das vorliegende Buch vermittelt einen umfassenden Überblick über das ganze Gebiet der industriellen Fertigungstechnik. Behandelt werden sowohl klassische als auch neue Fertigungsverfahren in Grundlagen und Anwendung. Ergänzt wird der Stoff durch Grundlagen der Werkstofftechnik sowie durch Wirtschaftlichkeitsbetrachtungen, die bei der Auswahl von Fertigungsverfahren von Bedeutung sind. Die übersichtliche, systematische und leicht verständliche Darstellungsweise, die durch zahlreiche Abbildungen unterstützt wird, steht dabei im Vordergrund.

Das Buch wendet sich an Studenten der verschiedenen ingenieur- und wirtschaftswissenschaftlichen Fachrichtungen, insbesondere des Maschinenwesens und der Verfahrenstechnik. Es soll ihnen ein fundiertes Wissen vermitteln als Grundlage für Studium und Beruf.

Aus dem Inhalt:

Grundlagen: Maßeinheiten, Toleranzen, Paßsysteme, Werkstoffe, Geschichtliches – Urformen: Gießverfahren, Galvanoformung, Sintern – Umformen: Druck-, Zugdruck-, Zugumformen – Trennen: Zerteilen, Spanen, Abtragen – Fügen: Schweißen, Löten, Kleben – Beschichten: aus dem flüssigen, festen, gasförmigen und ionisierten Zustand – Stoffeigenschaftändern: Wärmebehandeln von Stählen – Kunststoffverarbeitung – Fertigungswirtschaftliche Entscheidungen bei der Auswahl von Fertigungsverfahren

B.G.Teubner Stuttgart

Teubner Studienbücher zum Maschinenbau

Becker, E.: **Technische Strömungslehre**

Becker, E.: **Technische Thermodynamik**

Becker, E. u. W. Bürger: **Kontinuumsmechanik**

Becker, E. u. E. Piltz: **Übungen zur Technischen Strömungslehre**

Bishop, R. E. D.: **Schwingungen in Natur und Technik**

Böhme, G.: **Strömungsmechanik nicht-newtonscher Fluide**

Bremer, H.: **Dynamik und Regelung mechanischer Systeme**

Carlsson, L. A. u. R. B. Pipes: **Hochleistungsfaserverbundwerkstoffe**

Goetzberger, A. u. V. Wittwer: **Sonnenenergie**

Hagedorn, P.: **Aufgabensammlung Technische Mechanik**

Hahn, H. G.: **Bruchmechanik**

Heinloth, K.: **Energie**

Kneubühl, F. K.: **Repetitorium der Physik**

Kneubühl, F. K. u. M. W. Sigrist: **Laser**

Leonhard, W.: **Digitale Signalverarbeitung in der Meß- und Regelungstechnik**

Magnus, K.: **Schwingungen**

Magnus, K. u. H. H. Müller: **Grundlagen der Technischen Mechanik**

Matthies, H. J.: **Einführung in die Ölhydraulik**

Müller, H. H. u. K. Magnus: **Übungen zur Technischen Mechanik**

Pfeiffer, F.: **Einführung in die Dynamik**

Pfeiffer, F. u. E. Reithmeier: **Roboterdynamik**

Profos, P.: **Einführung in die Systemdynamik**

Schiehlen, W.: **Technische Dynamik**

Schwarz, H. R.: **Methode der finiten Elemente**

Schwarz, H. R.: **FORTRAN-Programme zur Methode der finiten Elemente**

Stiefel, E.: **Einführung in die numerische Mathematik**

Unger, J.: **Konvektionsströmungen**

Walcher, W.: **Praktikum der Physik**

Warnecke, H.-J.: **Einführung in die Fertigungstechnik**

 **B. G. Teubner Stuttgart**